„Technikphilosophie“
in Vergangenheit und Gegenwart

Gizella Kovács/Siegfried Wollgast (Hrsg.)

Technikphilosophie

in Vergangenheit und Gegenwart

Mit Beiträgen von:

Bernd Adelhoch
Gerhard Banse
Imre Hronszky
Gizella Kovács
Helga Petzoldt
János Rathmann
Margit Rezsö
Hans-Ulrich Wöhler
Ernst Woit
Siegfried Wollgast

Akademie-Verlag
Berlin 1984

Erschienen im Akademie-Verlag, 1086 Berlin, Leipziger Straße 3—4

Lizenznummer: 202 · 100/21/84
Printed in the German Democratic Republic
Gesamtherstellung: VEB Druckerei „Thomas Müntzer", 5820 Bad Langensalza
Einbandgestaltung: Ingo Scheffler
LSV 0155
Bestellnummer: 754 271 2 (6771)

01800

Inhalt

Vorwort der Herausgeber

Im bürgerlichen Deutschland ist die „Technikphilosophie" in ihrer klassischen Form entstanden. Sie hat in der zweiten Hälfte des 19. und in der ersten Hälfte des 20. Jh. nachhaltig auf Europa und die USA ausgestrahlt. Die Philosophen der BRD sind vom Erbe dieser „Technikphilosophie" ausgegangen. Ungeachtet starker politologischer, soziologischer u. a. von den USA ausgehender Einflüsse auf das westeuropäische Geistesleben, spielt die „Technikphilosophie" der BRD in Westeuropa auch heute eine wesentliche Rolle. Seit dem X. Deutschen Philosophiekongreß der BRD in Kiel (1972) ist diese Rolle — auch unter dem Einfluß der Entwicklung des wissenschaftlich-technischen Fortschritts und der allgemeinen Krise des Kapitalismus — enorm gewachsen. Unterschiedliche Konzeptionen wurden entwickelt. Sie alle dienen letztlich der ideologischen Stabilisierung des kapitalistischen Systems. Gleichzeitig nimmt die Auseinandersetzung mit der marxistischen Auffassung von den philosophischen Problemen der Technik und den Technikwissenschaften zu. W. Schirmacher gesteht hinsichtlich der Beschäftigung mit philosophischen Fragen der Technik und der Technikwissenschaften in der BRD gegenüber dem Marxismus einen Nachholebedarf ein: „Besondere Aufmerksamkeit hatten die Marxisten von Anfang an der westlichen Philosophie der Technik gewidmet, wovon eine Reihe Bücher und Broschüren zeugen. Lange bevor die ‚Philosophie der Technik' bei uns anerkannt wurde, erschien sie dem philosophischen Gegner beobachtenswert."[1]

Damit werden Ansprüche an die Marxisten formuliert, zugleich wird — das zeigt Schirmachers Beitrag deutlich — eine Kampfansage ausgesprochen. Die Marxisten haben ihre Positionen zur Kritik der bürgerlichen „Technikphilosophie" ständig zu vertiefen und zu präzisieren, neue ideologische Erscheinungen einzuschätzen. Dabei ist Kritik kein Selbstzweck. Sie muß in enger Verbindung mit der Darstellung der historischen Vorzüge, Werte und Gesetzmäßigkeiten des Sozialismus stehen. Auch dies wird in vorliegender Arbeit zu beachten gesucht.

In der zweiten Hälfte der 70er Jahre ist die „Technikphilosophie" in ein neues Entwicklungsstadium eingetreten. Will man der bürgerlichen Publizistik glauben, so steht die Menschheit durch die gegenwärtige wissenschaftlich-technische Revolution an einem Wendepunkt. Sicher gibt die in den 50er Jahren unseres Jahrhunderts einsetzende wissenschaftlich-technische Revolution und der darauf basierende wissenschaftlich-technische Fortschritt gravierende Probleme

[1] W. Schirmacher, Heutige Probleme marxistischer Technikphilosophie, in: Der Mensch und die Wissenschaften vom Menschen. Beiträge des XII. Dt. Kongresses für Philosophie in Innsbruck vom 29. 9.—3. 10. 1981, hrsg. v. G. Frey u. J. Zelger, Bd. 1 u. 2, Innsbruck 1983.

auf. Aber der Hauptinhalt unserer Epoche ist der Übergang vom Kapitalismus zum Sozialismus. Indem wir das beachten, erhalten die sich aus der wissenschaftlich-technischen Revolution ergebenden Fragen — auch jene, die mit dem antiimperialistischen Befreiungskampf einhergehen — einen völlig anderen Stellenwert.

Die aufstrebende Bourgeoisie hatte den Naturbegriff zu ihrem Panier gemacht. Mit dem ersten Deutlichwerden von ernstlichen Widersprüchen des Kapitalismus wurde dann jedoch Natur pervertiert und Industrie gegen Natürliches gestellt. Dies hatte Wirkungen auf die bürgerliche Ideologie. Sie begannen an der Wende vom 18. zum 19. Jh. hervorzutreten und haben sich in der Gegenwart unter den Bedingungen der Verbindung von allgemeiner und zyklischer Krise des Kapitalismus potenziert. Diese Entgegenstellung von Natürlichem und Industrie wurde Weltanschauung, erfaßte Alltag, Kunst, Moral. Sie „macht sich heute in ihren ästhetischen und ethischen Ansichten, in ihrem Protest gegen willkürlichen Umgang der Menschen mit der Natur und am Mißbrauch der Kreatur zur maschinell-großindustriellen Nahrungsmittelproduktion fest. Und hinter solchem — partiell berechtigten — Protest wirkt der gegenüber Mensch-Kreatur-Natur gleichmacherische Gedanke, der Natur-Evolution und Höherentwicklung wieder zu bestreiten beginnt."[2]

Dieser pessimistischen Richtung in der bürgerlichen Ideologie der Gegenwart, speziell der „Technikphilosophie" gegenüber, darf der „Technikoptimismus" nicht unterschätzt werden. Ja, auf den ersten Blick hin scheint im akademischen Bereich die „technikoptimistische" Variante sogar zu dominieren. Angesehene „Technikphilosophen" der BRD wie H. Lenk, G. Ropohl, H. Sachsse, F. Rapp, A. Huning vertreten durchaus technikoptimistische Positionen.[3] Sicherlich liegt bei diesem „Optimismus" persönliche Überzeugung vor. Wir müssen aber auch ihren Adressatenkreis sehen: Wie soll der Ingenieur und Technikwissenschaftler kreativ tätig sein können, wenn sein Forschungs- und Arbeitsgegenstand weitgehend oder gänzlich abgewertet wird?

Wesentlich erscheint bei dieser Haltung auch das „Paradoxon eines irrationalistischen Rationalismus"[4]. Der Irrationalismus ist ein bestimmender Grundzug des gegenwärtigen bürgerlichen weltanschaulichen Denkens. Gleichzeitig darf nicht übersehen werden, daß die Bourgeoisie stets ein solches Wissen über ihre Gesellschaft und deren Perspektiven zu gewinnen sucht, das sie befähigt, die entscheidenden ökonomischen, politischen und ideologischen Prozesse im Kapitalismus in ihrem Klasseninteresse zu lenken. Daher haben Konzeptionen von einer „rationalen" Vervollkommnung der kapitalistischen Gesellschaft und in ihrem Rahmen von der „Machbarkeit" des wissenschaftlich-technischen Fortschritts u. a. auch in der Gegenwart einen festen Platz in der bürgerlichen Ideologie.

[2] M. Buhr/R. Steigerwald, Verzicht auf Fortschritt, Geschichte, Erkenntnis und Wahrheit. Zu den Grundtendenzen der gegenwärtigen bürgerlichen Philosophie, Berlin 1981, S. 83.

[3] Vgl. G. Banse/S. Wollgast, Neue Aspekte der „Technikphilosophie" in der BRD, in: Deutsche Zeitschrift für Philosophie (Berlin) (im folgenden DZfPh), 4/1979, S. 481ff.

[4] Vgl. E. Fromm, Das Paradoxon eines irrationalistischen Rationalismus, in: Einheit (Berlin), 6/1980, S. 639ff.; vgl. E. Fromm, Wissenschaftlich-technischer Fortschritt im Zerrbild bourgeoiser Futurologen, in: Einheit, 12/1981, S. 1218ff.; vgl. Denken gegen die Zeit. Die geistige Krise des Imperialismus. Redaktion E. Fromm/A. Loesdau/U. Plener, Berlin 1981, S. 206ff.

Es wäre unzutreffend, ihnen nur eine Alibi-Funktion gegenüber dem wachsenden Irrationalismus zuzubilligen. Vielmehr werden diese Konzeptionen für die Steuerung von Teilprozessen der kapitalistischen Gesellschaft, für das Gewinnen empirisch gesicherter Erkenntnisse über das Handeln und Verhalten der Menschen usw. ständig genutzt. Soziologische, psychologische, verhaltenstheoretische Untersuchungen erbrachten Einsichten in das Verhalten des Menschen als Wähler, als Käufer, als „Arbeitnehmer" usw. Nicht selten werden die damit erzielten Erfolge in Teilbereichen der Gesellschaft als Beweis dafür angeführt, daß „rationelle" Theorien zur Gestaltung der ganzen kapitalistischen Gesellschaft durchaus möglich — und heute unbedingt nötig seien. Philosophische Grundlage solcher Theorien ist der Positivismus bis hin zum „kritischen Rationalismus".

Die Wissenschaften in den Dienst der Gesellschaft und ihrer Entwicklung zu stellen ist heute ein reales Erfordernis für jeden gesellschaftlichen Fortschritt. Ja, keine Gesellschaft vermag ohne Nutzung des wissenschaftlich-technischen Fortschritts in der Gegenwart zu existieren. Mit dem Anspruch, durch bessere Methoden, Modelle und Alternativen die sozialen Widersprüche im Kapitalismus lösen zu wollen, soll von der Tatsache abgelenkt werden, daß der Widerspruch zwischen Kapital und Arbeit, der allen sozialen Widersprüchen des Kapitalismus zugrunde liegt, sich in dieser Gesellschaftsordnung nicht lösen läßt, daß es zu seiner Aufhebung der Errichtung sozialistischer Produktionsverhältnisse bedarf. Gegen diese vom historischen Materialismus wissenschaftlich begründete und durch die Praxis der sozialistischen Gesellschaft bestätigte Erkenntnis soll die „Sozialtechnologie" als Gegenposition fungieren und wirksam gemacht werden.

Die verschärfte Krisensituation des Kapitalismus und der wachsende Einfluß des realen Sozialismus ist eine wesentliche Ursache dafür, daß es zu einer Annäherung von optimistischen und pessimistischen, rationalistischen und irrationalistischen Konzeptionen kommt. Das gilt auch für die „Technikphilosophie". So steht der bürgerliche „Rationalismus", indem er die objektiven Gesetzmäßigkeiten des Geschichtsprozesses ablehnt, indem er objektive gesellschaftliche Verhältnisse auf subjektive Wertvorstellungen reduziert, indem er sich auf Teilbereiche der Gesellschaft und ihre „Machbarkeit" orientiert und zugleich leugnet, daß die Gesellschaft als Ganzes plan- und leitbar sei, auf letztlich gleichen weltanschaulichen Positionen wie der Irrationalismus.

Eine sehr spezifische Form der Verbindung von Rationalismus und Irrationalismus in der „Technikphilosophie" findet sich z. B. bei F. Rapp. Nachdem er in einem Artikel den Gegensatz „zwischen dem mythischen Denken und dem nüchternen, versachlichten Naturverständnis der Moderne, durch das die dynamische, wissenschaftlich-technische Entwicklung überhaupt erst möglich wurde", verdeutlicht hat, skizziert er sein weiteres Anliegen wie folgt: „In einem zweiten Schritt wird dann aufgezeigt, daß die auf dem Gebiet der **deskriptiv-empirischen Naturforschung** eliminierten mythischen Vorstellungen im Bereich der **normativ-theoretischen Handlungsentwürfe** nach wie vor in verdeckter Gestalt wirksam sind."[5] Diese These sucht F. Rapp dann am Beispiel der modernen Technik im einzelnen zu belegen.

[5] F. Rapp, Technik als Mythos. Ein Kolloquium, hrsg. von H. Poser, Berlin (West)—New York 1979, S. 111.

In der jetzigen Etappe der allgemeinen Krise des Kapitalismus entwickelt sich, verstärkt auch durch die sozialen Auswirkungen des wissenschaftlich-technischen Fortschritts auf die Mittelschichten, in zunehmendem Maße ein nicht-proletarischer Protest gegen bestimmte Erscheinungsformen des Kapitalismus. Dieser Protest versteht sich durchaus als systemkritisch. Er lehnt die positivistisch-reformistische Traditionslinie ab, ist aber zugleich noch nicht bereit, auf die Positionen des proletarischen Antikapitalismus überzugehen. „Unter diesen Bedingungen ist diesen Kräften das Anknüpfen an die Traditionslinie des **bürgerlichen** Protestes gegen **bürgerliche** Lebensformen . . ., mit ihrer Technikfeindschaft, ihrer ‚Entfremdungs'- und Bürokratiekritik und der daraus ‚abgeleiteten' Feindschaft gegenüber dem realen Sozialismus sehr naheliegend."[6]

„Technikphilosophie" im eigentlichen Sinne ist ein Produkt des Kapitalismus. Sie war stets mit dessen Entwicklung verknüpft. Das gilt auch für die Gegenwart. Um aber die Gegenwart zu verstehen, muß man die Vergangenheit einer Bewegung, Strömung, Theorie, ihre Geschichte und Vorgeschichte kennen. Deshalb wurde im vorliegenden Band auch das Reflektieren über Technik in der Periode des Manufakturkapitalismus, eine Studie zur Geschichte des philosophischen Unterrichts an den höheren technischen Bildungsanstalten in Deutschland im 19. Jh., ein Beitrag über die Widerspiegelung der damaligen Philosophie in **dem** Fachorgan der Ingenieure in der Weimarer Republik sowie ein Beitrag über die „Technikphilosophie" während der Herrschaft des Faschismus in Deutschland aufgenommen. Dabei zeigt sich: Viele scheinbar völlig „neue" theoretische Probleme der Gegenwart wurzeln in der bürgerlichen Ideologie der Vergangenheit, an sie wird mehr oder weniger modifiziert angeknüpft. Weiter ist bürgerliches Denken bei der Lösung der mit Technik zusammenhängenden philosophischen Fragen bis zur Gegenwart in den Grundlinien zumeist nicht gekommen.

Der erste Beitrag unseres Bandes will eine Zusammenfassung der gesicherten Erkenntnisse unserer Philosophie über die Bearbeitung der philosophischen Probleme der Technik und der Technikwissenschaften sowie eine — ebenso globale — Einschätzung der „Technikphilosophie" geben. Die Artikel über kleinbürgerliche Strömungen in der bürgerlichen „Technikphilosophie", zur Einschätzung der Haltung der „Technikphilosophen" zum Problem Krieg und Frieden sowie zur „Technikphilosophie" bei M. Heidegger scheinen uns für das Verständnis bürgerlicher „Technikphilosophie" der 70er Jahre und für deren differenzierte Einschätzung bedeutsam.

Jeder Autor trägt für den Inhalt seines Beitrages die volle Verantwortung. Unterschiedliche Standpunkte der Autoren betrachten wir als Widerspiegelung des Diskussions- und Erkenntnisstandes. Philosophie hat unterschiedliche Funktio-

[6] M. Buhr/R. Steigerwald. Verzicht auf Fortschritt, Geschichte, Erkenntnis und Wahrheit, a. a. O., S. 87. — Der sog. nicht-proletarische Protest äußert sich als ökologischer Reformismus z. B. bei R. Jungk, K. Traube, F. Duve. Anders geartet ist der Protest konservativer Kräfte wie H. Gruhl, E. Pestel, J. Illich. Der „revolutionäre Reformismus" (z. B. A. Gorz, Ökologie und Freiheit. Beiträge zur Wachstumskrise 2, Reinbek bei Hamburg 1980) sucht beide Linien zu „vermitteln" und gegen den realen Sozialismus zu wenden (vgl. ebenda, S. 127).

nen, dementsprechend tritt in den einzelnen Artikeln die weltanschauliche, theoretische, politische oder Bildungsfunktion jeweils in den Vordergrund.

Die Herausgeber danken allen an der Erarbeitung dieses Bandes Beteiligten sowie Herbert Hörz, Zentralinstitut für Philosophie der Akademie der Wissenschaften der DDR, für die stete Förderung dieses Projektes und Karl-Friedrich Wessel, Sektion Marxistisch-leninistische Philosophie der Humboldt-Universität zu Berlin, für wertvolle Hinweise. Wir möchten betonen, daß die gemeinsame Arbeit an diesem Buch die freundschaftlichen Beziehungen zwischen den beteiligten Vertretern und Institutionen beider sozialistischer Bruderländer vertieft hat.

Dresden/Budapest, im März 1982

Siegfried Wollgast
Gizella Kovács

Gerhard Banse

Die „Technikphilosophie“ in der Sicht des dialektischen und historischen Materialismus

Die mit dem wissenschaftlich-technischen Fortschritt der Gegenwart verbundenen Probleme, seine Wirkungen auf die gesellschaftliche Existenz und Entwicklung, d. h. sein Zusammenhang mit den geschichtlichen Prozessen der Gegenwart, gehören zu den zentralen weltanschaulichen Problemen unserer Epoche. Dieser Zusammenhang ist nicht nur von theoretischem Interesse. Er besitzt auch unmittelbare praktische Bedeutung für die Gestaltung der entwickelten sozialistischen Gesellschaft und die Schaffung der Bedingungen für den allmählichen Übergang zum Kommunismus. Daher gewinnen mit dem wissenschaftlich-technischen Fortschritt verbundene weltanschauliche Fragen in der geistigen Auseinandersetzung unserer Zeit, im ideologischen Kampf zwischen Sozialismus und Kapitalismus um die Zukunft der Menschheit zunehmend an Bedeutung. Die Zahl der Publikationen und Stellungnahmen zu diesen Fragen wächst ständig. Ihr Bezug zu politischem Handeln und Verhalten wird immer deutlicher.

Der wissenschaftlich-technische Fortschritt als die Gesamtheit der mit der Erhöhung des wissenschaftlich-technischen Niveaus verbundenen Tätigkeiten und Ergebnisse im gesellschaftlichen Reproduktionsprozeß umfaßt quantitative und qualitative Veränderungen in Wissenschaft und Technik. Diese zielen darauf ab, die vorhandenen Produktionsfonds sowie die technologischen Prozesse ständig zu vervollkommnen und immer besser zu nutzen. Der wissenschaftlich-technische Fortschritt vollzieht sich in zwei Formen, einerseits in der Vervollkommnung bekannter Erzeugnisse und Verfahren (evolutionäre Komponente), andererseits in der Hervorbringung völlig neuer, bis dahin unbekannter Erzeugnisse und Verfahren (revolutionäre Komponente).

Der wissenschaftlich-technische Fortschritt stellt die Menschheit vor viele neue und komplizierte Aufgaben. Sie betreffen die Produktivkraft- wie die Persönlichkeitsentwicklung. Diese Aspekte werden vor allem deutlich in den sich in der Gegenwart rapide beschleunigenden Prozessen der wissenschaftlich-technischen Revolution (z. B. Automatisierung, Anwendung von Mikroelektronik und Industrierobotern, Nutzung neuartiger Wirkungsprinzipien und Effekte), durch die der Mensch in der Tendenz und unter entsprechenden gesellschaftlichen Bedingungen immer stärker und wirksamer zum schöpferischen Gestalter, zum Kontrolleur und damit zum Beherrscher des Produktionsprozesses werden kann. Die daraus erwachsenden Aufgaben reichen von höheren Anforderungen an die physische und psychische Leistungsfähigkeit des Menschen, sein Schöpfertum und seine Risikobereitschaft, seine Disponibilität und Initiative, seine Bildung und Kultur über die Sicherung und Verbesserung der ökologischen Existenzbedingungen der Menschheit in allen Weltregionen bis hin zur Schaffung effektiver Sozialstrukturen, die ein friedliches Zusammenleben gewährleisten.

Die Lösung dieser Aufgaben bei gleichzeitiger bewußter Gestaltung und humaner Lenkung dieses Prozesses ist eine ernsthafte Herausforderung an alle Wissenschaften, zumal die Möglichkeiten der wissenschaftlich-technischen Revolution — zumindest in zahlreichen sozialistischen Ländern — zur Hauptreserve für Leistungswachstum und Effektivität der Volkswirtschaft geworden sind.[1] Die mit dem wissenschaftlich-technischen Fortschritt verbundenen Aufgaben fordern zugleich vor allem die unterschiedlichen Gesellschaftsordnungen heraus, im friedlichen Wettstreit der Systeme ihre Fähigkeiten und Möglichkeiten unter Beweis zu stellen, eine derartige Entfaltung des wissenschaftlich-technischen Fortschritts zu sichern. Gesellschaftlicher Fortschritt ist in der Gegenwart an die immer bessere und wirksamere Verbindung von wissenschaftlich-technischem, ökonomischem, sozialem und geistig-kulturellem Fortschritt gebunden.

Dabei wird dieser Prozeß von zahlreichen weltanschaulichen und politisch-ideologischen Auseinandersetzungen begleitet, die die theoretische Einordnung und Wertung des wissenschaftlich-technischen Fortschritts einschließlich seiner sozialen Wirkungen, die Bedeutung der Technik für den gesellschaftlichen Fortschritt u. a. zum Inhalt haben. Sie verdeutlichen das Ringen um die geistige Bewältigung der vielschichtigen Probleme dieser für die Menschheitsentwicklung mitentscheidenden Prozesse. Das zeigt sich in scheinbar kaum zusammengehörenden Diskussionen wie z. B. über die Beherrschbarkeit des wissenschaftlich-technischen Fortschritts, über die Veränderung der Stellung des Menschen im Produktionsprozeß, über wissenschaftlich begründete Werte für die Entwicklung von Wissenschaft und Technik und über die moralische Verantwortung des Wissenschaftlers und Ingenieurs.

Der wissenschaftlich-technische Fortschritt und seine Verbindung mit der gesellschaftlichen Höherentwicklung ist auch im Sozialismus ein widerspruchsvoller Prozeß, in dem ständig Neues mit Altem, Entstehendes mit Vergehendem, Bekanntes mit Unbekanntem ringt. Phasen von Progression, Stagnation und Regression sind dabei miteinander verflochten. Schrittweise und den gesellschaftlichen Möglichkeiten entsprechend werden die aus dem Kapitalismus stammenden historischen Disproportionen, sozialen Gegensätze und antagonistischen Widersprüche überwunden und dem Sozialismus adäquate effektive, humanistische Formen für die Bewegung und Lösung der Entwicklungswidersprüche geschaffen. Wesentliche Ursachen dafür, daß gegenwärtig Technik und wissenschaftlich-technischer Fortschritt sowohl innerhalb der bürgerlichen Ideologie und Philosophie als auch in der ideologischen Auseinandersetzung zwischen Sozialismus und Kapitalismus immer mehr „ins Gespräch" kommen, sind vor allem:

[1] Vgl. Rechenschaftsbericht des ZK an den X. Parteitag der SED. Berichterstatter E. Honecker, Berlin 1981, S. 49; zum Gesamtzusammenhang von wissenschaftlich-technischer Entwicklung und gegenwärtiger gesellschaftlicher Entwicklung vgl. P. N. Fedoseev/W. Kalweit/G. Kröber (Hrsg.), Sozialismus und wissenschaftlich-technische Revolution. Materialien einer internationalen wissenschaftlichen Konferenz, Berlin 1983.

1. der immer deutlicher werdende, aber keineswegs problemlose und widerspruchsfreie Zusammenhang zwischen wissenschaftlich-technischem, ökonomischem, sozialem und kulturellem Fortschritt;

2. die objektiven Möglichkeiten, die sich aus dem wissenschaftlich-technischen Fortschritt ergeben, ihre positiven wie negativen Folgen für die Existenz der Menschheit und die Veränderungen der Mensch-Natur-Beziehungen;

3. die immer deutlicher zutage tretenden Vorzüge des Sozialismus und ihre Verbindung mit den Errungenschaften der wissenschaftlich-technischen Revolution in Abhängigkeit von objektiven und subjektiven Faktoren, wie ökonomisches Leistungsvermögen, internationale, politische und ideologische Bedingungen, neu auftretende Erfordernisse und Belastungen;

4. die Notwendigkeit, aus der technikwissenschaftlichen Tätigkeit und der Entwicklung der Technikwissenschaften erwachsende philosophische Fragen auch für Technikwissenschaftler und Ingenieure weltanschaulich, erkenntnistheoretisch-methodologisch und politisch-ideologisch wirksam zu beantworten.

Die gegenwärtige internationale Lage zeigt hinsichtlich des wissenschaftlich-technischen Fortschritts zumindest zweierlei: *Einerseits* wird die wachsende Rolle von Wissenschaft und Technik bei der weiteren Veränderung des Kräfteverhältnisses in der Welt zugunsten der Kräfte des Friedens und des Sozialismus, beim weiteren Ausbau gleichberechtigter Beziehungen zwischen Staaten unterschiedlicher Gesellschaftsordnung auf der Grundlage der Politik der friedlichen Koexistenz, bei der Sicherung des Friedens und dem Schutz der Errungenschaften des Sozialismus sowie beim wirtschaftlichen Leistungszuwachs in den sozialistischen Ländern deutlich. *Andererseits* werden auch die enormen Anstrengungen sichtbar, die seitens hochentwickelter imperialistischer Länder unternommen werden, um Wissenschaft und Technik für die Verstärkung ihres politischen, militärischen und ökonomischen Einflusses in der Welt, für die Produktion von Destruktivkräften zu nutzen. Der wissenschaftlich-technische Fortschritt ist so zu einem Hauptfeld der Klassenauseinandersetzung zwischen Sozialismus und Kapitalismus geworden.

Die vergangenen Jahre haben besonders deutlich gezeigt, daß nur der Sozialismus — trotz zahlreicher theoretisch wie praktisch noch zu bewältigender Probleme — wissenschaftlich-technischen Fortschritt, ökonomischen Leistungsanstieg **und** sozialen Fortschritt im Einklang miteinander zu entwickeln vermag. Im Sozialismus wird die dem Kapitalismus immanente prinzipielle Trennung von Produktivkraft- und Persönlichkeitsentwicklung des Menschen, von Effektivität und Humanität der Produktion schrittweise aufgehoben. Der Wert von Wissenschaft und Technik, ihre soziale Funktion, besteht hier in ihrem Beitrag zur Förderung des materiellen und kulturellen Wohlergehens der Menschen und der Gewährleistung der dafür erforderlichen materiell-technischen und sozialen Bedingungen.

Die kapitalistische Wirklichkeit beweist dagegen, daß die stete Anwendung der neuesten Errungenschaften von Wissenschaft und Technik — ein Wesensmerkmal der kapitalistischen Produktionsweise[2] — ständig die Widersprüche im Kapita-

[2] „Die moderne Industrie betrachtet und behandelt die vorhandne Form eines Produktionsprozesses nie als definitiv. Ihre technische Basis ist daher revolutionär, während die aller früheren

lismus verschärft, insbesondere den Widerspruch zwischen Kapital und Arbeit. Die Möglichkeiten der wissenschaftlich-technischen Revolution können sich unter kapitalistischen Verhältnissen infolge der auf Maximalprofit orientierten gesellschaftlichen Ziele der kapitalistischen Produktionsweise nicht voll und umfassend durchsetzen.

So ist es nicht verwunderlich, daß im kapitalistischen Herrschaftsbereich weltanschauliche Reflexionen zum wissenschaftlich-technischen Fortschritt zuzunehmen. Er wird als wichtigste Ursache für Krisenerscheinungen, gleichzeitig aber auch als Mittel für die Überwindung von Krisen angesehen. Die innere Widersprüchlichkeit der kapitalistischen Produktionsweise äußert sich auch in diesen scheinbar oder tatsächlich divergierenden Auffassungen und Haltungen. Sie vereinen in sich Zukunftsangst, resignierenden Protest, utopische Alternativen, raffinierte Manipulation und kapitalistische Apologie. Ausdruck dafür sind u. a. Protestaktionen gegen Kernkraftwerke, gegen Umweltbelastungen und gegen kapitalistische Rationalisierung sowie die Suche nach „alternativen" Lebensformen. Eine Subsumierung des wissenschaftlich-technischen Fortschritts unter das Ziel der Profitmaximierung und Systemerhaltung ist aber mit der Emanzipierung der Hauptproduktivkraft Mensch unvereinbar. Gerade deshalb rücken Fragen nach dem Sinn des Lebens, nach der Stellung des Menschen in der Welt, nach dem Charakter und den Triebkräften des gesellschaftlichen Fortschritts immer stärker in den Mittelpunkt weltanschaulich-theoretischer Überlegungen, auch in kapitalistischen Ländern. Diese sind in der Gegenwart unmittelbarer denn je mit der Technik und dem technischen Fortschritt verbunden. Ob als bewußte Setzung oder als spontane Reflexion, ob als Protest gegen herrschende Großtechnologie oder imperialistisches Wirtschaftsmanagement, ob als Flucht in Irrationalismus und Fatalismus oder als euphorisches Engagement einer angeblich vor uns stehenden „dritten industriellen Revolution" — all diese Konzeptionen versuchen auf ihre Weise, die Frage nach der Perspektive der Menschheit, die Frage danach, was sie in der Zukunft erwartet und was dafür zu tun sei, zu beantworten.

Damit ist die spätbürgerliche Philosophie gezwungen, sich den weltanschaulichen Fragen zu stellen, die die gegenwärtige gesellschaftliche und wissenschaftlich-technische Entwicklung aufwirft. Dabei greift sie häufig auf Gedanken zurück die nicht so neu sind, wie sie scheinen. Das zeigt ein Blick in die Geschichte.

Mit Technik, technischem Schaffen und mit den Folgen technischer Errungenschaften für die Gesellschaft zusammenhängende Fragen waren in allen Klassengesellschaften Gegenstand philosophischer Reflexionen — wenn auch in unterschiedlichem Maße, auf unterschiedlicher philosophischer Grundlage und mit unterschiedlichen Intentionen. Diese Reflexionen umfaßten dabei neben Sinn und Aufgabe der Technik ihre geistigen Voraussetzungen, die Bedeutung technischen Schaffens für die gesellschaftliche und kulturelle Entwicklung sowie für die mit der Technik und ihrer Meisterung verbundenen Bevölkerungsgruppen.

Produktionsweisen wesentlich konservativ war. Durch Maschinerie, chemische Prozesse und andre Methoden wälzt sie beständig mit der technischen Grundlage der Produktion die Funktionen der Arbeiter und die gesellschaftlichen Kombinationen des Arbeitsprozesses um." (K. Marx, Das Kapital. Erster Band, in: K. Marx/F. Engels, Werke [im folgenden MEW], Bd. 23, Berlin 1971, S. 510f.); vgl. auch J. Hund (Hrsg.), Unterm Rad des Fortschritts? Technik, Umwelt, Gesellschaft, Köln 1981.

In der Antike bezogen sich mit der Technik verbundene weltanschauliche Überlegungen vorrangig auf die Einschätzung und Wertung der Technik für die Gesellschaft und ihre Entwicklung sowie auf den Zusammenhang von Natur und Technik. In dieser Zeit waren die Technikwissenschaften noch nicht entstanden, die Herstellung technischer Dinge erfolgte überwiegend handwerklich, und das technische Wissen (als Wissen von der bzw. über die Technik und ihre Herstellung) wurde gegenüber dem wissenschaftlichen Wissen als weniger wertvoll betrachtet.

Im Zusammenhang mit der seit dem 11. Jh. in Europa einsetzenden dynamischen Entwicklung der Städte als Zentrum der Wirtschaft, Politik, Wissenschaft und Kunst sowie als Grundlage der Entwicklung des Bürgertums ergaben sich auch allmähliche Wandlungen in der generellen Bewertung der Technik. Besonders in den Gedankengängen progressiver, von den Arabern angeregter Vertreter rationalistischen Denkens bekamen die „artes mechanicae" — als Sammelbezeichnung für produzierende und technisch-konstruktive Tätigkeiten — eine neue Stellung. Sie wurden in Verbindung mit Naturwissenschaft und Mathematik sowie auf der Grundlage einer christlichen Leistungsethik in das System der Philosophie integriert.

Mit dem Aufkommen des Kapitalismus, mit dem Übergang von der Handwerks- zur Manufakturproduktion und den revolutionären Veränderungen in der Naturwissenschaft rückte der Zusammenhang von Naturerkenntnis und technischem Schaffen in den Vordergrund; Ingenieurtätigkeit, technisches Wissen und industrielle Praxis wurden zusammenfassend und in ihrer Bedeutung für die Philosophie reflektiert.[3] „Das Bürgertum gebrauchte zur Entwicklung seiner industriellen Produktion eine Wissenschaft, die die Eigenschaften der Naturkörper und die Betätigungsweisen der Naturkräfte untersuchte"[4]. Damit einher ging eine Umbewertung des (technischen) Erfahrungswissens. Immer mehr setzte sich die Überzeugung durch, daß die aus der gewerblichen und Arbeitspraxis stammenden Kenntnisse das bisher in Büchern fixierte Wissen bereichern, ergänzen, unter Umständen auch korrigieren. Gleichzeitig wurde dem Zusammenhang von technischer Entwicklung und gesellschaftlichem Progreß, den Möglichkeiten technischer Neuerungen für weiteren gesellschaftlichen Fortschritt nachgespürt. Erinnert sei z. B. an die Utopien von Th. Morus „Utopia" (1516), J. V. Andreae „Christianopolis" (1619), T. Campanella „Der Sonnenstaat" (1623) und F. Bacon „Neu-Atlantis" (1627). Verwiesen sei auch auf die Überlegungen von J.-J. Rousseau oder D. Diderot in einer späteren Entwicklungsphase, in der zweiten Hälfte des 18. Jh.

Wenn in diesen Arbeiten auch noch nicht die „moderne" Technik als eine hochproduktive, durch vielfältige Stoff-, Energie- und Informationsflüsse gekennzeichnete Technik reflektiert wurde, so stellen sie doch kühne Antizipationen des technischen Fortschritts und der Beziehungen zwischen gesellschaftlicher und technischer Entwicklung dar. Zugleich wurden hier bereits zahlreiche Widersprüche herausgearbeitet, die sich aus der Entwicklung und Nutzung einer nicht auf

[3] Vgl. dazu den Beitrag von H.-U. Wöhler in diesem Band.

[4] F. Engels, Einleitung [zur englischen Ausgabe (1892) „Die Entwicklung des Sozialismus von der Utopie zur Wissenschaft"], in: MEW, Bd. 19, Berlin 1962, S. 533.

gesellschaftlichem Interesse beruhenden Technik ergeben. Die Debatte um die gesellschaftliche Entwicklung erfolgt somit nicht erst heute unter Einbeziehung und Wertung der Technik und ihrer Entwicklung. In zahlreichen theoretischen Auffassungen der Vergangenheit sind dafür bereits Elemente vorgezeichnet.

Als sich im 19. Jh. in Deutschland im großen Maßstab eine dem Kapitalismus adäquate materiell-technische Basis herausbildete — die große Maschinerie —, als eine für die wissenschaftliche Gestaltung dieser Maschinerie verantwortliche Berufsgruppe entstand — die Ingenieure — und als sich die technischen Wissenschaften und ein technisches Bildungswesen im Hochschulbereich herausbildeten (Polytechnika bzw. Technische Hochschulen), verstärkten sich auch die Reflexionen über den Zusammenhang von technischem und sozialem Wandel. Dabei wurde von bereits erarbeiteten Wertungen, Denkhaltungen und Verhaltensmustern ausgegangen und auf ihnen aufgebaut. Gleichzeitig wurden die neuen Bedingungen, Zustände und Erfordernisse berücksichtigt. So nahmen die Diskussionen über den Sinn der Technik und ihre Wirkungen eine neue Dimension an.[5] Seit dieser Zeit üben sie eine eigenständige Funktion im bürgerlichen bzw. spätbürgerlichen Weltanschauungsdenken aus.

Die sich um die Mitte des 19. Jh. in Deutschland herausbildende „Technikphilosophie“ stellt gegenüber vorangegangenen Reflexionen zu Technik und technischem Fortschritt eine neue Qualität dar. Diese zeigt sich in folgenden Sachverhalten:

1. Unter Einbeziehung vorhandenen Gedankengutes wird versucht, eine umfassende „Theorie der Technik“ zu geben, die die historischen, kulturellen und ökonomischen Aspekte der Technik ebenso berücksichtigt wie die Sachverhalte, die sich auf ihre Erfindung, Herstellung und ihren gesellschaftsverändernden Charakter beziehen. In diesem Sinne sind „technikphilosophische“ Überlegungen direkt oder indirekt in umfassendere kulturphilosophische Überlegungen eingebettet.

2. Die „Technikphilosophie“ reflektiert — im Gegensatz zu den philosophischen Überlegungen in ihrer Vorgeschichte — die neue Entwicklungsstufe der Technik und Technologie, die im wesentlichen durch die große Maschinerie gekennzeichnet ist.

3. Sie besitzt eine eigenständige Funktion innerhalb der bürgerlichen Ideologie (worauf noch eingegangen wird).

4. „Technikphilosophie“ bildet sich zu einer Zeit heraus, da eine wissenschaftlich fundierte Gesellschaftstheorie im Entstehen begriffen bzw. in Teilbereichen bereits entstanden war.

„Technikphilosophie“ oder „Philosophie der Technik“ steht seither als Sammelbegriff für jene Richtungen bürgerlicher Philosophie, die sich auf idealistischer oder naturwissenschaftlich-materialistischer Grundlage besonders mit der Technik beschäftigen, weltanschaulich-philosophische, erkenntnistheoretisch-methodologische, soziale und ethische Fragestellungen der Technikwissenschaften, der Technik, der technischen Entwicklung sowie der Beziehung zwischen Technik und Mensch bzw. Technik und Gesellschaft in den Mittelpunkt ihrer philosophischen Überlegungen stellen. Diese Richtungen bürgerlichen Philosophierens dienen als

[5] Vgl. dazu den Beitrag von H. Petzoldt in diesem Band.

theoretische Grundlage für „technisch" oder „technologisch" begründete bürgerliche Gesellschaftskonzeptionen (z. B. Theorie der zweiten industriellen Revolution, Konzeption der postindustriellen Gesellschaft, Konzeption des technotronischen Zeitalters) oder können zumindest dafür genutzt werden.

Gelegentlich wird diese Fassung des Begriffs „Technikphilosophie" als zu weit angesehen. Eine derartige Auffassung übersieht, daß sich unsere Bestimmung als Fazit einer historischen Untersuchung ergeben hat. Aus ihr läßt sich nicht ohne weiteres die eine oder andere Denkrichtung oder die eine oder andere Person eliminieren, es sei denn um den Preis des Objektivitäts- bzw. Wahrheitsverlustes. „Technikphilosophie" umfaßt nicht nur wissenschaftstheoretische oder methodologische Arbeiten, richtet sich auch nicht nur an Ingenieure und Technikwissenschaftler. Sie besteht nicht nur aus den philosophischen Reflexionen nach weltanschaulicher Klarheit strebender Ingenieure und sich gelegentlich zum Thema äußernder Philosophen. Zur „Technikphilosophie" gehören auch kulturphilosophische, gesellschaftstheoretische u. a. Überlegungen, die sich an einen breiten Personenkreis richten und in einem ebenso breiten Personenkreis ihren Ursprung haben. Zur „Technikphilosophie" gehören auch jene Erwägungen, die, das „Phänomen" Technik aus dem gesellschaftlichen Zusammenhang reißend, isoliert in Gedanken zu fassen beabsichtigen. Alle diese Spielarten gilt es zu erfassen und kritisch zu bewerten.[6]

Seit ihrem Entstehen haben alle mehr oder weniger bedeutsamen bürgerlich-philosophischen Systeme und Richtungen auf die Technik-Diskussion Einfluß genommen: hervorgehoben seien der Neukantianismus, der Positivismus, der Vulgärmaterialismus, die Lebensphilosophie, die „philosophische" Anthropologie, der Existentialismus und in jüngster Zeit der „kritische Rationalismus".[7] Auch Elemente der klassischen deutschen Philosophie — vor allem Auffassungen I. Kants und G. W. F. Hegels — werden bei der Begründung „technikphilosophischer" Systeme immer wieder genutzt.

Für den sich in den vierziger Jahren des 19. Jh. herausbildenden Marxismus war die philosophische Analyse der Technik, ihrer Entwicklung und ihrer Funktionen in der Gesellschaft eine wichtige Grundlage. Durch die Untersuchung der Rolle und des Platzes der Technik in der gesellschaftlichen Produktion, einschließlich ihres Einflusses auf die Arbeits- und Lebensbedingungen der Lohnarbeiter, haben K. Marx und F. Engels einen Beitrag für eine theoretisch fundierte Darstellung der weiteren Entwicklung der kapitalistischen Produktionsweise und der Hauptwege der Produktivkraftentwicklung auf der Grundlage des tech-

[6] Einen analogen (auf die „Wissenschaftsphilosophie" bezogenen) weiten Standpunkt vertritt auch R. Mocek: „Neben die reine, systematische Philosophie (Prototyp M. Heidegger, E. Bloch) tritt zunehmend das Philosophieren ‚am Medium der Wissenschaft' . . . Doch damit ist eine wichtige Frage berührt . . .: die Frage nämlich, ob man all das, was von nicht als Fachphilosophen zu bezeichnenden Autoren an Philosophie produziert wird, nicht auch als Philosophie bezeichnen sollte. Ich meine, man muß ganz klar sehen, daß vor allem auf naturphilosophischem Gebiet eine solche Trennung bzw. Unterscheidung kaum noch durchführbar ist." (R. Mocek: Entwicklungstendenzen der gegenwärtigen bürgerlichen Philosophie, in: Wiss. Hefte der Pädagogischen Hochschule Köthen, 3/1980, S. 42f.); vgl. auch H.-M. Gerlach/ R. Mocek, Bürgerliches Philosophieren in unserer Zeit, Berlin 1982, S. 57ff.

[7] Vgl. dazu die Beiträge von M. Rezsö, B. Adelhoch und S. Wollgast in diesem Band.

nischen Fortschritts geleistet. Damit wurde ein wichtiger Beitrag zur wissenschaftlichen Begründung der proletarischen Revolution und des Aufbaus der kommunistischen Gesellschaft geleistet. Diese gegenüber der bürgerlichen „Technikphilosophie" grundsätzlich anderen Ergebnisse resultieren nicht nur aus einem anderen methodisch-methodologischen Vorgehen (konkrete Analyse, Vordringen zum Wesen der Zusammenhänge u. a.), sondern auch aus grundlegend anderen theoretischen Ausgangspositionen. Von den Klassikern des Marxismus wurde Technik stets als gesellschaftliche Erscheinung und als ein Moment des menschlichen Stoffwechsels mit der Natur gefaßt[8].

Die Bearbeitung und Beachtung der philosophischen Fragen der Technik und des technischen Fortschritts innerhalb des Marxismus hat gerade in letzter Zeit stark zugenommen. Das führt zu folgenden Fragen: 1. Gibt es im Marxismus ein Analogon zur bürgerlichen „Technikphilosophie"? 2. Welche Bedeutung besitzt die Bearbeitung philosophischer Fragen der Technik und des technischen Fortschritts durch den Marxismus-Leninismus?

Gelegentlich wird die Forderung nach einer positiven, materialistisch verstandenen, marxistischen Technikphilosophie erhoben, die als Analogie zur bürgerlichen „Technikphilosophie" anzusehen sei. Um die Berechtigung oder Ablehnung einer solchen Forderung begründen zu können, seien einige Parallelen zur Verwendung des Terminus „Naturphilosophie" gezogen.

In dem 1969 erschienenen Buch „Naturphilosophie — von der Spekulation zur Wissenschaft" wird von den Herausgebern im Vorwort Naturphilosophie folgendermaßen gefaßt: „Die traditionelle Sammelbezeichnung der philosophischen Reflexion, die an der Nahtstelle von Naturerkenntnis und Philosophie angesiedelt ist, der Inbegriff ihrer Wechselbeziehungen, heißt Naturphilosophie". Die Herausgeber führen diesen Gedanken weiter, indem sie das Arbeitsgebiet „Philosophische Probleme der modernen Naturwissenschaften" und eine „marxistisch-leninistische Naturphilosophie" gleichsetzen. Eine Aversion marxistischer Philosophen gegen die Verwendung der Bezeichnung „marxistisch-leninistische Naturphilosophie" sei sachlich nicht gerechtfertigt. Dabei wird bekräftigend auf Lenin verwiesen.[9] In dem neun Jahre später erschienenen, ebenfalls von H. Hörz R. Löther und S. Wollgast herausgegebenen „Wörterbuch zu den philosophischen Fragen der Naturwissenschaften" gibt es dann nicht einmal ein eigenständiges Stichwort „Naturphilosophie" (nur verschiedene Naturphilosophien).[10] In dem von H. Hörz und U. Röseberg herausgegebenen Sammelband „Materialistische Dialektik in der physikalischen und biologischen Erkenntnis" wird durchgängig nur von „bürgerlicher Naturphilosophie" gesprochen.[11] K.-F. Wessel versteht

[8] Vgl. K. Marx, Das Kapital. Erster Band, in: MEW, Bd. 23, a. a. O., S. 194 (vgl. dazu den Beitrag von G. Kovács in diesem Band).

[9] Vgl. H. Hörz/R. Löther/S. Wollgast (Hrsg.), Naturphilosophie — von der Spekulation zur Wissenschaft, Berlin 1969, S. 8ff.

[10] Vgl. H. Hörz/R. Löther/S. Wollgast (Hrsg.), Philosophie und Naturwissenschaften. Wörterbuch zu den philosophischen Fragen der Naturwissenschaften, 2. durchges. Aufl., Berlin 1983, S. 634ff.

[11] H. Hörz/U. Röseberg (Hrsg.), Materialistische Dialektik in der physikalischen und biologischen Erkenntnis, Berlin 1981, S. 397f.

schließlich unter Naturphilosophie „metaphysische, einseitige, mehr oder weniger systematische Interpretationen oder Konstruktionen naturwissenschaftlicher Sachverhalte". Naturphilosophie ist für ihn ein „Spezialfall des konkreten Verhältnisses von Naturwissenschaft und Philosophie", gekennzeichnet durch philosophisches Denken idealistischer, metaphysischer und mechanistischer Prägung sowie durch vorgetäuschte innere Beziehungen zur Naturwissenschaft.[12]

Überblickt man zusammenfassend und wertend diese einzelnen Begriffsbestimmungen und Verwendungsweisen der Termini[13], so ist keine einheitliche Vorgehensweise erkennbar. Es lassen sich aber einige mehr oder weniger allgemeingültige Sachverhalte abheben:

- „Naturphilosophie", „Rechtsphilosophie" usw. wird zumeist auf entsprechende Phänomene der bürgerlichen Philosophie bezogen;
- mit diesen Wörtern werden Sachverhalte der vormarxistischen oder gegenwärtigen bürgerlichen Philosophie erfaßt, in denen die philosophischen Reflexionen über bestimmte Bereiche verselbständigt und zu einer eigenen philosophischen Theorie ausgebaut werden;
- mit diesen Begriffen werden vornehmlich einseitige, un- oder antidialektische Erscheinungen erfaßt.

Meines Erachtens sollte in analoger Weise eine Einigung hinsichtlich der Verwendungsweise des Terminus „Technikphilosophie" erzielt werden: „Technikphilosophie" bleibe bürgerlichen Reflexionen über Technik, technischen Fortschritt und Technikwissenschaften vorbehalten. Damit ist dann auch die historische Kontinuität gewahrt, entstand doch der Begriff „Technikphilosophie" im 19. Jh. als Ausdruck entsprechender bürgerlicher Reflexionen.

In Arbeiten innerhalb der marxistischen Philosophie wird schon seit Jahren von „philosophischen Fragen (Problemen) der Wissenschaften" gesprochen und damit zum Ausdruck gebracht, daß es sich hier um eine Forschungsrichtung mit einer spezifischen Aufgabenstellung **innerhalb** der marxistisch-leninistischen Philosophie handelt. Für das Gebiet der Technik heißt diese Forschungsrichtung „Philosophische Probleme der Technik und der Technikwissenschaften". Hierbei geht es weniger um einen Streit um Begriffe oder Termini, sondern um konkrete Inhalte, die mit einer bestimmten philosophischen Forschungsrichtung verbunden sind. Die Verwendung des Terminus „Technikphilosophie" für bestimmte Untersuchungen innerhalb des Marxismus birgt einerseits die Gefahr einer Aufgliederung des dialektischen und historischen Materialismus in einzelne Sparten in sich. Zum anderen stellt sie mindestens eine terminologische Annäherung an bürgerlich-philosophisches Denken dar. Eine auch terminologische Abgrenzung vom bürgerlichen Philosophieren über Technik und technischen Fortschritt bedeutet keinesfalls, daß konstruktive Problemstellungen oder Lösungsansätze der bürgerlichen Philosophie nicht durch den Marxismus aufgegriffen werden

[12] K.-F. Wessel, Konzeptionelle Bemerkungen zur Geschichte und Kritik der Naturphilosophie, in: Philosophie und Naturwissenschaften in Vergangenheit und Gegenwart, H. 6, T. 1, Humboldt-Universität zu Berlin 1978, S. 38.

[13] Ähnliches trifft auch auf die Verwendung von „Rechtsphilosophie", „Geschichtsphilosophie" u. a. zu. Vgl. z. B. G. Klaus/M. Buhr (Hrsg.), Philosophisches Wörterbuch, 11. Aufl., Leipzig 1975, S. 471, 1020.

können.[14] Der von S. V. Schuchardin unterbreitete Vorschlag zur Ausarbeitung einer „Theorie der technischen Wissenschaften"[15] entspricht dieser Forschungsrichtung nicht ganz: einerseits gehen in eine Theorie der Technikwissenschaften auch wissenschaftstheoretische, soziologische, historische u. a. Erkenntnisse ein, die nicht Gegenstand der Philosophie sind, andererseits ist das Forschungsgebiet philosophische Fragen der Technik und der Technikwissenschaften weiter als die von Schuchardin geforderte auszuarbeitende Theorie.

Zum Forschungsgebiet „Philosophische Fragen der Technik und der Technikwissenschaften" gehören weltanschauliche, soziale, erkenntnistheoretisch-methodologische und historisch-genetische Probleme der Struktur, Veränderung und Entwicklung von Technik und Technikwissenschaften im gesellschaftlichen Prozeß. insbesondere in den Beziehungen zu Produktivkräften und Produktionsverhältnissen, zum wissenschaftlich-technischen Fortschritt, zu den anderen Wissenschaften und zum Produktionsprozeß.[16] Zu diesem Gebiet gehören somit sowohl weltanschauliche Fragen der Technik und des wissenschaftlich-technischen Fortschritts wie auch die philosophischen Fragen der Technikwissenschaften. Fragen dieser Art ergeben sich im Zusammenhang mit der Entwicklung, der Anwendung und den Folgen von Technik, der Funktion der Technik in der Gesellschaft, der Stellung des Menschen zur Technik und den Entwicklungstendenzen des Mensch-Maschine- und des Mensch-Umwelt-Verhältnisses. Andererseits geht es um Probleme, die in der technischen und technikwissenschaftlichen Arbeit sichtbar werden und auch aus der philosophischen Arbeit resultieren.

Die Bearbeitung und Beantwortung dieser Probleme und Fragen muß letztlich einerseits dazu führen, daß die orientierende, sinngebende und heuristische Funktion der marxistisch-leninistischen Weltanschauung erhöht und ihre Beweiskraft gegenüber nichtmarxistischen Auffassungen gestärkt wird. Andererseits ist eine Verbesserung der technischen und technikwissenschaftlichen Arbeit zu erreichen. Das erfordert u. a.:

1. Es sind theoretische Grundlagen und Entscheidungshilfen für eine einheitliche technische Politik zu erarbeiten. Es geht z. B. um einheitliche Wissenschafts- und Produktionsstrategien, um sinnvolle Relationen zwischen der weiteren Vervollkommnung vorhandener technischer Systeme und der Einführung prinzipiell neuer wissenschaftlich-technischer Lösungen, um Erkenntnisse über den Zeitpunkt, da eine alte, bewährte technisch-technologische Lösung im Bereich der Produktion durch eine neue, effektivere, im Einführungsstadium aber auch mit einem bestimmten Risiko behaftete Lösung zu ersetzen ist. Dafür sind Erkenntnisse über Entwicklungstrends, -prinzipien und -gesetzmäßigkeiten ebenso erforderlich wie über Beziehungen und Widersprüche bestimmter technischer Bereiche und über Determinanten technischer Entwicklung.

[14] Zu den prinzipiellen Aufgaben der Forschungsrichtung „Philosophische Fragen der Wissenschaften" vgl. H. Hörz, Marxistische Philosophie und Naturwissenschaften, 2. Aufl., Berlin 1976.

[15] Vgl. S. V. Schuchardin, Die Stellung der technischen Wissenschaften im System der Wissenschaften, in: Wissenschaftliche Zeitschrift der Technischen Universität Dresden, 4/1979, S. 930.

[16] Vgl. dazu G. Banse, Technik — Technikwissenschaften — Philosophie. Diss. (B), Akademie der Wissenschaften der DDR, Berlin 1981.

2. Ausgehend von der materialistischen Grundhaltung der Technikwissenschaftler und Ingenieure, der objektiven Dialektik technischer Objekte und Prozesse und der Dialektik des Erkenntnis- und Schaffensprozesses in den Technikwissenschaften ist der philosophische Materialismus weiter zu vertiefen und die materialistische Dialektik als Theorie und Methode (Denkweise) weiter zu präzisieren. Insbesondere geht es um weitere Einsichten in den Zusammenhang von Struktur und Prozeß, von Gesetz und Bedingung, von Möglichkeit, Notwendigkeit und Zufall, von Finalität und Kausalität, von realistischer, spontanmaterialistischer, naturwissenschaftlich-materialistischer und konsequent materialistischer Haltung des Wissenschaftlers sowie um weitere Erkenntnisse über die Dialektik des Erkenntnisprozesses.

3. Der technischen und technikwissenschaftlichen Tätigkeit ist mit spezifisch philosophischen Mitteln theoretische Hilfe zu geben. Das kann über philosophische Verallgemeinerungen, präzisierte philosophische Aussagen und philosophische Hypothesen (z. B. hinsichtlich spezifischer Gesetze der Technik, der Theorie-Praxis-Beziehungen in den Technikwissenschaften und des Theoriebildungsprozesses in diesen Disziplinen) erfolgen. Diese Hilfe und Unterstützung vermag weiter durch marxistische Begriffskritik (z. B. bei der Bestimmung des Wesens der Technik als Objektbereich der Technikwissenschaften, bei der Herausarbeitung charakteristischer Merkmale der Technikwissenschaften), sowie durch die Untersuchung des wissenschaftlichen Arbeits- und Erkenntnisprozesses in diesen Wissenschaften (z. B. hinsichtlich des Zusammenhangs von Erkennen und Werten, unterschiedlicher Formen des Schöpfertums, der Rolle der Idee und der geistigen Vorwegnahme technisch-technologischer Lösungen) einschließlich des dafür erforderlichen Instrumentariums (z. B. hinsichtlich der Bedeutung von Experiment, Modell und Messung, von Bewertungs-, Entscheidungs- und Optimierungsverfahren in den Technikwissenschaften) geschehen.

Vielen der hier genannten Probleme und Aufgaben wendet sich auch die bürgerliche Ideologie und Philosophie speziell in Gestalt der „Technikphilosophie" zu.

Die „Technikphilosophie" entwickelt sich unabhängig vom oder in direkter Gegenposition zum Marxismus. Sie hat seit ihrer Entstehung verschiedene Aufgaben und Funktionen erfüllt. So übernimmt sie es, die Technik zu verteidigen oder zum Sündenbock zu machen, progressive und humanistische Gedanken zu kanalisieren, den Technikwissenschaftler und Ingenieur weltanschaulich zu aktivieren, weltanschauliche Antworten zu Sinn und Zweck der Technik zu geben, zum Selbstbewußtsein der Ingenieure beizutragen oder deren Tätigkeit im öffentlichen Bewußtsein herabzusetzen — je nach gesellschaftlichen Notwendigkeiten und Bedürfnissen. Dies ist die apologetische Funktion der „Technikphilosophie". Sie sucht die kapitalistische Gesellschaftsordnung zu stabilisieren und den Einfluß des Marxismus-Leninismus bzw. des real existierenden Sozialismus zurückzudrängen. Die daneben existierende „Selbstverständigungsfunktion" der „Technikphilosophie" sucht Antworten auf weltanschauliche, erkenntnistheoretisch-methodologische, ethische und historisch-genetische Probleme der Arbeit des Technikwissenschaftlers und Ingenieurs zu geben. Sie wendet sich also unmittelbar an diese Berufsgruppe. Weiterhin werden in der „Technikphilosophie" Stimmen erfaßt, die Verständnis für die Tätigkeit des Ingenieurs und den Gegenstand seiner Tätigkeit erzeugen und diese als gleichberechtigt und gleichwertig gegenüber anderen Berufsgruppen und Tätigkeiten darstellen. Nach einer repräsentativen Umfrage in der BRD fühlten sich immerhin in den Jahren 1970/71 75,8% der befragten Ingenieure in ihrem gesellschaftlichen Ansehen nicht richtig bewertet.[17] Schließlich bemüht sich „Technikphilosophie" um die Lösung eminent praktischer Fragen, so z. B. um Fragen der Technikbewertung und der Technologiefolgen-Abschätzung.

„Technikphilosophie" stellt somit seit jeher ein Bündel von unterschiedlich gearteten Versuchen dar, mehr oder weniger systematisch, ausgehend von den bislang in der Geschichte über Technik, technischen Fortschritt und technisches Schaffen angestellten Überlegungen, aus bürgerlicher Sicht die notwendige theoretische und weltanschauliche Wertung der Technik, der Technikwissenschaften, der technischen Entwicklung und der Tätigkeit des Ingenieurs vorzunehmen, sowie über die Widersprüche der kapitalistischen Gesellschaft in Bezug auf Technik und technischen Fortschritt zu reflektieren. Dabei wird den jeweils neuen inneren und äußeren gesellschaftlichen Bedingungen und den sich verändernden Erfordernissen zu entsprechen gesucht. Wie ist diese Vielfalt an Deutungen zu erklären?

All die unterschiedlichen „technikphilosophischen" Auffassungen, Ansätze, Konzeptionen usw. besitzen ihre bestimmte Zielgruppe innerhalb und außerhalb der kapitalistischen Gesellschaft (Wissenschaftler, Ingenieure, Jugendliche, Arbeitslose usw.). Sie widerspiegeln zudem in ihrer „pluralistischen Vielfalt" die differenzierten Interessen der verschiedenen Klassen und Schichten bzw. verschiedener Gruppierungen innerhalb dieser Klassen und Schichten einschließlich der herrschenden Klasse im Kapitalismus.

Das wird z. B. an den Diskussionen um Mikroelektronik oder Kernenergie deutlich. Die Darstellungen zur Mikroelektronik reichen (etwa) von fatalistischen Auffassungen, nach denen die Mikroelektronik Furien gleicht und Ursache für soziale Existenzunsicherheit und Arbeitslosigkeit ist — gleichsam ein „Job-Killer" —, bis zu realistischen Darstellungen der Möglichkeiten und Konsequenzen dieser modernen technischen Entwicklungsrichtung, von der apologetischen Verteidigung der Einführung der Mikroelektronik aus „Wettbewerbsgründen" und der Verharmlosung der gesellschaftlichen Wirkungen bis hin zu euphorischen Überlegungen, nach denen die Mikroelektronik das auslösende Moment der „dritten industriellen Revolution" sei. Dabei sind diese Haltungen und Meinungen größtenteils immer auf eine möglichst effektive Wahrnehmung bürgerlicher Klasseninteressen gerichtet und deshalb keinesfalls so pluralistisch, wie sie auf den ersten Blick scheinen.

Hinsichtlich der Erfassung und Wertung des Zusammenhangs von Technik und Gesellschaft lassen sich in der „Technikphilosophie" zwei Grundmuster aufweisen, die ihre objektive Grundlage in der widersprüchlichen Natur des Kapitalismus besitzen. Sie besteht „. . . darin, daß die kapitalistische Produktionsweise eine Tendenz einschließt nach absoluter Entwicklung der Produktivkräfte . . . während sie andrerseits die Erhaltung des existierenden Kapitalwerts und seine Verwertung im höchsten Maß . . . zum Ziel hat . . . Die kapitalistische

[17] Vgl. E. Kogon, Die Stunde der Ingenieure. Technologische Intelligenz und Politik, 2. Aufl., Düsseldorf 1976, S. 265.

Produktion strebt beständig, diese ihr immanenten Schranken zu überwinden, aber sie überwindet sie nur durch Mittel, die ihr diese Schranken aufs neue und auf gewaltigerm Maßstab entgegenstellen."[18] In der kapitalistischen Produktionsweise kreuzen sich folglich zwei Tendenzen. Die eine drängt im Interesse der Profitmaximierung auf eine schrankenlose Ausweitung der Produktivkräfte. Die andere begrenzt diese auf den beschränkten Zweck der Kapitalverwertung. Das gilt heute nicht anders als zu Lebzeiten von Marx — denn an der ökonomischen Basis des Kapitalismus hat sich trotz mannigfaltiger technisch-technologischer Veränderungen nichts Prinzipielles geändert. Diesen beiden sich widersprechenden Entwicklungstendenzen des Kapitalismus kommen in der „Technikphilosophie" der Technikoptimismus und der Technikpessimismus gleich. Der sog. Technikoptimismus ist hauptsächlich gekennzeichnet durch eine Idealisierung der Technik, durch die Überbewertung oder Verabsolutierung der technischen Entwicklung. Technik wird als einziges oder vorrangig determinierendes Moment gesellschaftlichen Fortschritts angesehen. Es wird die Vorstellung verbreitet, Wissenschaft und Technik könnten im „Alleingang" alle gesellschaftlichen Probleme lösen. Derartige Auffassungen sind in unterschiedlich starkem Maße mit den Namen P. K. von Engelmeyer, E. Zschimmer, M. Bense, F. Dessauer, K. Tuchel, in der Gegenwart u. a. mit den Namen A. Huning, H. Lenk, S. Moser, F. Rapp und G. Ropohl verbunden. Die zweite Grundrichtung bürgerlichen Technikverständnisses ist durch Ablehnung, Dämonisierung und Irrationalisierung der Technik gekennzeichnet. Die Technik wird weitgehend als Feind der Menschheit und Ursache aller Mißstände verteufelt. Als einige Hauptvertreter dieser Auffassungen seien J. Goldstein, O. Spengler, F. G. Jünger, G. Siebers, M. Heidegger und K. Jaspers genannt.

In Abhängigkeit von unterschiedlichen wirtschaftlichen und gesellschaftlichen Situationen oder Erfordernissen tritt die eine oder andere Variante — Technikoptimismus oder -pessimismus — mehr oder weniger deutlich in den Vordergrund. Spätestens seit dem Eintritt des Kapitalismus in seine allgemeine Krise läßt sich jedoch feststellen, daß **optimistische und pessimistische Auffassungen unterschiedlicher Ausprägung** nebeneinander bestehen — so auch in der Gegenwart. Optimistische Auffassungen äußern sich zumeist verstärkt bei wirtschaftlichem Aufschwung, bei konjunktureller Belebung und mit der Notwendigkeit, weiteres und schnelleres Wirtschaftswachstum zu realisieren, wenn die dem Kapitalismus innewohnenden Potenzen zur Produktivkraftentwicklung entschieden sichtbar oder gefordert werden. Die pessimistischen Stimmen dagegen gehen meist mit deutlich hervortretenden Widersprüchen in der Gesellschaft, mit Krisenzeiten, wenn die Gebrechen des Kapitalismus deutlich sichtbar werden bzw. zu werden drohen, einher. Heute nehmen die scheinbar optimistischen (rationalistischen) Richtungen weitgehende Anleihen beim Pessimismus (Irrationalismus) auf.

Von der spontanen Auflehnung gegen die moderne Technik einerseits bis zur Apologie des technischen Fortschritts andererseits reicht auch die Spannbreite weltanschaulicher Haltungen zur Technik, zu ihren Möglichkeiten und sozialen Konsequenzen. Dazu einige Beispiele:

[18] K. Marx, Das Kapital. Dritter Band, in: MEW, Bd. 25, Berlin 1964, S. 259f.

In einer Arbeit, die dem Zusammenhang von praktischer Philosophie und technischer Welt nachspürt, werden Thesen über die neuzeitliche Technik formuliert, u. a. **„Die Technik der Neuzeit ist achtlos und achtungslos gegenüber dem Menschen als einem Individuum und als einem Wesen mit Geschichte, da sie ihn zur Funktion ihrer selbst reduziert.“** Eine andere These lautet: **„daß die neuzeitliche Technik instrumentell nicht mehr verstehbar ist, sondern vom Mittel zum Zweck und zum Selbstzweck avancierte“**[19].

In einem Interview über die Ursachen der „Technikabstinenz“ der Jugend äußerte der Rektor der Universität Freiburg: „Viele Menschen fragen danach, ob es Wertmaßstäbe gibt, denen auch der Fortschritt unterliegt: Ob das Machbare wirklich immer und ohne jede Rücksicht getan werden soll und getan werden darf. Sie fragen, ob man den naturwissenschaftlich-technischen Fortschritt verantwortlich steuern oder ob man ihm freien Lauf lassen soll, und dies auch in so menschenentscheidenden Bereichen wie etwa der Atom- oder der Genforschung. Genau in dieser Situation wächst bei nicht wenigen das Gefühl, der Fortschritt könnte uns mehr und mehr aus den Händen gleiten, eine nicht mehr kontrollierbare, verhängnisvolle Eigendynamik entwickeln und uns dann eines Tages wirklich überrollen.“[20]

Über die „Machbarkeit der Zukunft“ liest man: „Die Bemühungen, die aus den Fugen geratene Welt mit technokratischen Mitteln wieder in Ordnung zu bringen, gleichen jenen Bemühungen, die die Krankheit mit eben jenen Mitteln heilen wollen, die diese doch ausgelöst haben. Wir haben uns mit dem Gedanken vertraut zu machen, daß das, worauf es in Zukunft eigentlich ankommt, die Kategorie des Machbaren bei weitem übersteigt.“[21] H. Sachsse schreibt: „Wir leben ganz und gar auf technische Weise. Aber wir sind nicht glücklich mit der Technik“.[22] Schließlich wird in einem „Plädoyer für Technik und Wissenschaft“ davon gesprochen, daß Technik und Wissenschaft wie jedes menschliche Unternehmen ihre Licht- und Schattenseiten haben, wobei jedoch in der Gesamtbilanz das Positive überwiege.[23]

Diese Vielfalt von Meinungen, Stimmen und Haltungen zur Technik in der spätbürgerlichen Welt ist ein Reflex der Entwicklung von Wissenschaft und Technik im gegenwärtigen Kapitalismus sowie der damit verbundenen gesellschaftlichen Wirkungen. Die Notwendigkeit des wissenschaftlich-technischen Fortschritts als Mittel zur Steigerung des Profits (über die Rationalisierung der Produktion und die verstärkte Ausbeutung der Werktätigen) einerseits — was auch gewisse Erleichterungen und Verbesserungen für die Werktätigen mit sich

[19] H. Ottmann, Praktische Philosophie und technische Welt. Prolegomena zu einer unfertigen Philosophie der Praxis, in: Zeitschrift für philosophische Forschung (Meisenheim/Glan), 34. Bd./1980, S. 160, 163.

[20] Interview mit B. Stoeckle „Zukunft lohnt sich doch“, in: Wirtschaftswoche (Düsseldorf), 20/1981, S. 38.

[21] A. Baumgartner, Über die Machbarkeit der Zukunft — Philosophische Aspekte, in: Universitas. Zeitschrift für Wissenschaft, Kultur und Literatur (Stuttgart), 36/1981, S. 734.

[22] H. Sachsse, Die moderne Technik und die heutige Technikdiskussion, in: Universitas. Zeitschrift für Wissenschaft, Kultur und Literatur (Stuttgart), 36/1981, S. 337.

[23] Vgl. W. Büchel, Plädoyer für Technik und Wissenschaft, in: Zeitschrift des Vereins deutscher Ingenieure (Düsseldorf), 123/1981, S. 319ff.

bringt bzw. bringen kann — und die sozialen Dimensionen des wissenschaftlich-technischen Fortschritts andererseits, die sich in wachsender Existenzunsicherheit, Technikfeindlichkeit und Destruktion menschlicher Existenz zeigen, sind der Rahmen, in dem sich die unterschiedlichen weltanschaulichen Positionen bewegen.

Zudem reproduziert sich die innere Widersprüchlichkeit der kapitalistischen Produktionsweise in der Widersprüchlichkeit des geistigen Lebens — und damit auch in der „Technikphilosophie“. Die Bourgeoisie benötigt Wissen, Kenntnisse und Erfahrungen für die Entwicklung speziell der materiellen Produktivkräfte ebenso wie für die Lenkung gesellschaftlicher Prozesse. Aber dieses Wissen — speziell auf gesellschaftlichem Gebiet — wird durch das Prisma der Klasseninteressen der Bourgeoisie gebrochen und dem Ziel der Stabilisierung und Gestaltung der kapitalistischen Gesellschaftsordnung untergeordnet. „Einerseits benötigt die Bourgeoisie möglichst exaktes Wissen für die Erhaltung ihrer Ordnung, andererseits ist sie an einer Aufdeckung der Wahrheit über ihr System und dessen objektive Gesetzmäßigkeiten nicht interessiert; einerseits ist der schnelle wissenschaftlich-technische Fortschritt eine Bedingung kapitalistischer Profitmaximierung, andererseits muß der gesellschaftliche Fortschritt als gesetzmäßiger Prozeß geleugnet werden; einerseits werden Sozial- und Geisteswissenschaften für die Analyse gesellschaftlicher Prozesse gebraucht, andererseits muß ein hartnäckiger Kampf gegen die einzige wissenschaftliche Gesellschaftstheorie unserer Zeit, den Marxismus-Leninismus, geführt werden.“[24]

Das vielfältige Spektrum der angebotenen weltanschaulichen Problemlösungen, die oft interessante Ideen, humanistische Überlegungen und realistische Ansätze einschließen, zwingt sowohl zu einer differenzierten Interpretation wie zum Herausheben verbindender, allgemeingültiger Sachverhalte. Solche allgemeingültigen Sachverhalte sind:

1. Alle in der bürgerlichen Ideologie Verbreitung findenden Varianten und Konzeptionen zum wissenschaftlich-technischen Fortschritt dienen — bewußt oder unbewußt, offen oder verdeckt, raffiniert oder ungeschickt — der Verschleierung der objektiv-realen Beziehungen zwischen Mensch und Technik bzw. zwischen Gesellschaft und Technik. Die Technik wird zum bestimmenden Moment in der Gesellschaft erklärt und nicht das Eigentum an den Produktionsmitteln; die revolutionäre Rolle der Arbeiterklasse für den gesellschaftlichen Fortschritt wird geleugnet oder unterbewertet. Eine derartige Irrationalisierung und Mystifizierung oder auch Glorifizierung der Technik ist Ausdruck des Unverständnisses des Zusammenhangs von technischer und gesellschaftlicher Entwicklung, Ausdruck der Hilflosigkeit beim Erfassen der objektiven Entwicklung der Produktivkräfte in ihrer komplizierten Wechselwirkung mit den Produktionsverhältnissen. Technische Errungenschaften waren und sind immer Objekte in der Hand des Menschen. Sie dienen stets menschlichen Zwecken, die zugleich gesellschaftliche Zwecke sind. In ihrer Zielsetzung, ihrer Anwendung und in ihren (sozialen) Wirkungen wird also Technik immer von den herrschenden gesellschaftlichen Verhältnissen, speziell von den Produktionsverhältnissen ge-

[24] Denken gegen die Zeit. Die geistige Krise des Imperialismus, Redaktion: E. Fromm/A. Loesdau/U. Plener, Berlin 1981, S. 46.

prägt bzw. zumindest beeinflußt. Damit ist ein prinzipieller Unterschied zwischen Mensch und Maschine deutlich gemacht: Menschen, Klassen, Völker sind Subjekte, d. h. aktive Gestalter des gesellschaftlichen Lebensprozesses. Sie setzen sich Ziele, schaffen Bedingungen für deren Erreichung und gestalten ihre Beziehungen untereinander — bewußt oder unbewußt — auf der Grundlage objektiver gesellschaftlicher Gesetze. In diesem Prozeß sind Maschinen und andere technische Errungenschaften, so kompliziert sie auch sein mögen, keine Partner des Menschen, keine gleichberechtigten oder gar sozialen Wesen, sondern Objekt des Menschen, seine — mitunter hochspezialisierten — Arbeitsmittel. Der Mensch ist letztendlich immer der „Auftraggeber" der Technik, er bestimmt über ihre Zwecksetzung und Funktion.

2. Viele dieser Auffassungen sind geeignet, die gesellschaftlichen Kräfte in kapitalistischen Ländern, die für progressive politische Veränderungen in diesen Ländern kämpfen, zu desorientieren, zu schwächen, zu neutralisieren und öffentlich zu diffamieren. Die objektiven Prozesse des wissenschaftlich-technischen Fortschritts, ihre Folgen und sozialen Auswirkungen im Kapitalismus werden „unter der Hand" in eine „Zivilisationskrise" der Menschheit, in eine „allgemeine", „globale" Krise verwandelt, die alle entwickelten — somit auch die sozialistischen — Industrienationen erfasse bzw. bereits erfaßt habe. Statt Gesellschaftskritik zu betreiben, wird Zivilisationskrise gepredigt. Dabei konstruiert man — angesichts der Ergebnisse beim Aufbau des realen Sozialismus und der humanen Gestaltung des wissenschaftlich-technischen Fortschritts in sozialistischen Ländern — eine „Zeit-" oder „Phasenverschiebung" zwischen den führenden kapitalistischen und den sozialistischen Ländern: Letztere hätten „aufgrund ihrer geringeren Produktivität lediglich ein geringeres Maß an solchem Fortschritt, folgen jedoch mit beträchtlicher Zeitverzögerung denselben Entwicklungslinien, die der ‚fortschrittliche' Westen vorgezeichnet hat"[25]. Damit erscheint antimonopolitischer Kampf, das Ringen um die einzig reale Alternative: die revolutionäre Umgestaltung der kapitalistischen Produktionsweise, als sinnlos. Derartige Auffassungen sind somit nicht nur ein Ausdruck des Erlebens der Krise des Kapitalismus bzw. ihrer philosophischen Reflexion, sondern zugleich auch eine Reaktion der bürgerlichen Ideologie auf die realen Möglichkeiten und ersten Erfolge der sozialistischen Länder bei der bewußten humanen Gestaltung des wissenschaftlich-technischen Fortschritts. Die objektiv vorhandenen Unterschiede, die es hinsichtlich des Einflusses der Gesellschaft auf die Beherrschbarkeit und Gestaltung des wissenschaftlich-technischen Fortschritts im Kapitalismus und Sozialismus gibt, werden dabei zumeist außer Acht gelassen oder nicht zur Kenntnis genommen.

3. Prinzipiell verbleiben diese Auffassungen über Technik und wissenschaftlich-technischen Fortschritt innerhalb der sozialökonomischen Grenzen des Kapitalismus. Sie wollen ihn lediglich reformieren, attraktiver machen. Ursachen der gegenwärtigen, mit der Technik verbundenen gesellschaftlichen Widersprüche werden so z. B. im Fehlen einer gründlichen technischen Allgemeinbildung, im „eindimensionalen Denken" (das allein auf maximale Naturbeherrschung und

[25] W. Becker, Technischer Fortschritt und das Freiheitsverständnis der liberalen Demokratie, in: 16. Weltkongreß für Philosophie 1978, Sektionsvorträge, Düsseldorf 1978, S. 84.

-ausnutzung gerichtet sei), in der Nichtsteuerbarkeit des technischen Fortschritts, in der durch Technik induzierten zügellosen Bedürfnisentwicklung, aber auch in zu wenig Technik gesehen. Analog sind dann auch die Vorschläge zur Lösung der Probleme: „technologische Aufklärung", Orientierung auf innere, „menschliche" Werte, Aufbau einer alternativen „kleinen" Technik und „mittleren" Technologie, Sicherstellung der Steuerung des technischen Fortschritts, mehr Technik usw. So werden zwar häufig in radikaler Weise Reformen gefordert, aber keineswegs revolutionäre Veränderungen angestrebt. Man belebt reaktionäres Gedankengut, entwickelt utopische Vorstellungen oder träumt romantisierend von einem „zurück zur Natur".[26]

Die wahren Ursachen für die Tendenz der zunehmenden Kluft zwischen Effektivität und Humanität der Produktion, für die sich scheinbar gegen den Menschen richtenden technischen Entwicklungen, für gestörte Mensch-Umwelt-Beziehungen usw., die hauptsächlich in den privaten Besitzverhältnissen an den Produktionsmitteln und den daraus resultierenden Profitinteressen der Monopole, d. h. in den Interessen der herrschenden Klasse zu suchen sind, können von der „Technikphilosophie" nicht aufgedeckt werden. Das würde ja verlangen, den wissenschaftlich-technischen Fortschritt vor allem in seinem realen Zusammenhang mit den jeweiligen Produktionsverhältnissen, mit den Wechselbeziehungen von Basis und Überbau, mit den objektiven und subjektiven Bedingungen des Wirkens der unterschiedlichen Klassen zu begreifen. Das aber wären dialektisch- und historisch-materialistische Gedankengänge, die in ihrer weltanschaulichen Bedeutung wie politischen Konsequenz von vornherein — explizit oder implizit — abgelehnt werden. Von den „Technikphilosophen" wird nicht im Bereich der Produktionsverhältnisse nach den objektiven Bedingungen und Ursachen für die Fehlentwicklung der Produktivkräfte gesucht, sondern auf subjektives Fehlverhalten des Menschen gegenüber der Natur, auf globale Menschheitsfragen. konvergenztheoretische Ideen, technische „Sachzwänge", „Eigengesetzlichkeiten" der Technik u. a. ausgewichen. Damit werden die Funktionsmechanismen des Kapitalismus mehr verschleiert als aufgedeckt, damit geht die Kritik an den Fundamenten vorbei: „Eine Kritik am Entwicklungsstand der Produktivkräfte statt an den Produktionsverhältnissen erlaubt die Interpretation der Widersprüche des Kapitalismus und der ihm eigenen Entfremdungserscheinungen als von der Gesellschaftsformation unabhängiges metaphysisches ‚Seinsgeschick', als anthropologische Bestimmung (oder ‚Verfehlung')."[27]

Die verschiedenen Funktionen der „Technikphilosophie", ihre verschiedenen Varianten bzw. Grundrichtungen gilt es differenzierter und theoretisch tiefgründiger zu erfassen. Dabei steht die apologetische Funktion im Vordergrund, geht es doch auch der „Technikphilosophie" darum, weltanschaulich begründete,

[26] Vgl. dazu G. Banse, Die Reflexion der Technik in der gegenwärtigen bürgerlichen Philosophie und Ideologie, in: Wiss. Hefte der Pädagogischen Hochschule Köthen, 3/1980, S. 77ff.; G. Banse/S. Wollgast, Mensch — Wissenschaft — Technik, in: Schriftenreihe für den Referenten, hrsg. vom Präsidium der Urania, 6/1982.

[27] H. H. Holz, Zur Kritik der bürgerlichen Technikphilosophie, in: Technik — Umwelt — Zukunft. Eine marxistische Diskussion über Technologie-Entwicklung, Ökologie, Wachstumsgrenzen und die „Grünen", Frankfurt/M. 1980, S. 89.

möglichst stabile und langfristig wirkende und wirksame Orientierungen im Sinne der Bourgeoisie und ihrer Interessen auszuarbeiten. Davon ist die „Selbstverständigungsfunktion" abzuheben, die in philosophischen Äußerungen von Natur- und Technikwissenschaftlern über sich, ihre Tätigkeit und über Technik und technischen Fortschritt zum Ausdruck kommt. Die philosophischen Äußerungen von Einzelwissenschaftlern — auch wenn sie idealistisch oder undialektisch sind — bergen zumeist sachliche Probleme oder humanistische Überlegungen, die es zu lösen bzw. aufzugreifen gilt. (Dabei ist zu berücksichtigen, daß derartige Auffassungen häufig ideologisch nicht minder wirksam und oftmals bewußt gesetzt sind.) So sind sicherlich die Vorschläge, die von Technikwissenschaftlern und Ingenieuren hinsichtlich „alternativer" Technik unterbreitet werden (Nutzung von Sonnen- und Windenergie, Verwendung städtischer und landwirtschaftlicher Abprodukte für die Brennstoffgewinnung, Fertigungseinheiten für die Klein- und Mittelserienproduktion), von E. F. Schuhmachers Apologie einer Kleintechnologie unter dem Motto „small is beautiful"[28] oder der von R. Jungk, K. Traube, F. Duve u. a. betriebenen Propagierung einer „Technik nach des Menschen Maß"[29] deutlich zu unterscheiden. Das Eintreten für eine Technik, die die Umwelt möglichst wenig beeinflußt oder beeinträchtigt, die natürlichen Ressourcen weitgehend schont und der Persönlichkeitsentwicklung Raum läßt, kann (muß aber nicht) humanistischen Überlegungen entspringen. Es ist illusorisch, utopisch oder reaktionär — insgesamt aber inhuman, die ganze Industrie in Frage zu stellen und „alternative Lebensweisen" in Form genügsamer, sich fast ausschließlich selbst versorgender kleiner Menschengruppen auf niedrigem Produktionsniveau als einzigen Ausweg anzusehen. Auf diese Weise sind die vor der Weltbevölkerung heute stehenden Probleme (man denke nur an die Fragen der Ernährung und der Gesunderhaltung der Menschen) niemals lösbar.

Beide genannten Funktionen erfassen die „Technikphilosophie" aber noch zu pauschal. Differenzierungen sind angebracht, um den gegenwärtigen Realitäten besser Rechnung tragen zu können. So lassen sich hinsichtlich der apologetischen Funktion z. B. offene oder verdeckte, bewußte oder unbewußte, taktische oder strategische Konzeptionen unterscheiden. Die „Selbstverständigungsfunktion" richtet sich einmal nach „innen", d. h. auf die Ingenieure selbst („Emanzipations-"[30], „Selbstbesinnungsfunktion"), zum anderen nach „außen",

[28] Vgl. E. F. Schuhmacher, Die Rückkehr zum menschlichen Maß, Reinbek bei Hamburg 1977; zur marxistischen Kritik der „mittleren Technologie" vgl. D. Seefelder, Mittlere Technologie als Alternative? in: Marxistische Blätter für Probleme der Gesellschaft, Wirtschaft und Politik (Frankfurt/M.), 6/1979, S. 39ff.

[29] Vgl. z. B. R. Jungk, Der Atomstaat, Hamburg 1979; K. Traube, Müssen wir umschalten? Von den politischen Grenzen der Technik, Hamburg 1978; Technologie und Politik, Das Magazin zur Wachstumskrise, hrsg. von F. Duve, Reinbek bei Hamburg 1980; zur Problematik der humanen Gestaltung der gegenwärtigen wissenschaftlich-technischen Entwicklung vgl. H. Hörz, Wissenschaftlich-technischer Fortschritt und sozialistischer Humanismus, in: DZfPh, 3/4/1981, S. 343ff.; H. Hörz, Globale Probleme der Menschheitsentwicklung, in: DZfPh, 11/1982, S. 1301ff.

[30] Vgl. K.-H. Flemmig, Voraussetzungen, Herausbildung und Entwicklung der bürgerlichen „Technikphilosophie" in Deutschland im 19. Jahrhundert, Diss. (A), Dresden 1981, S. 211ff.

d. h. auf andere Bevölkerungsgruppen. Bei den „philosophierenden Einzelwissenschaftlern“ ist zu unterscheiden, ob sie allgemein über Technik und technische Entwicklung sowie deren Bedeutung reflektieren oder die philosophischen Konsequenzen hervorheben, die sich ihrer Meinung nach aus ihrem unmittelbaren Tätigkeits- und Erlebensbereich ergeben usw.

Derartige Differenzierungen sollen einerseits eine klarere und parteiliche Wertung „technikphilosophischer“ Konzeptionen **und** Repräsentanten ermöglichen, andererseits der besseren Realisierung der Leninschen Forderung nach Herstellung eines Bündnisses zwischen dialektischen Materialisten und allen übrigen Materialisten dienen. Sie sollen also insgesamt eine konstruktivere Kritik ermöglichen, indem relative Wahrheit und Lüge, mangelnde Einsicht und Verfälschung, wissenschaftliche (philosophische) Hypothese und Spekulation, Teileinsicht und Irrtum voneinander getrennt und neben der Zurückweisung von Trennendem, ideologisch Falschem und weltanschaulich Unhaltbarem auch Gemeinsamkeiten, weiter zu erforschende Sachverhalte hervorgehoben werden. In diesem Zusammenhang sollte auch die Unterscheidung von Ideologie- und Erkenntnisfunktion innerhalb der bürgerlichen Philosophie, die mit der Unterscheidung von apologetischer und „Selbstverständigungsfunktion“ nicht identisch ist, für die Analyse und Kritik der „Technikphilosophie“ fruchtbar gemacht werden.[31]

Auch das Kategoriensystem zur Erfassung und Wertung unterschiedlicher Strömungen und Richtungen der „Technikphilosophie“ muß — aufbauend auf generellen Untersuchungen zur Analyse der bürgerlichen Philosophie und der Dialektik des geistigen Lebens im Kapitalismus[32] — weiter präzisiert werden. Gegenwärtig sind verschiedene Kategorien und Begriffe nebeneinander im Gebrauch, wobei die Beziehungen untereinander fast nicht geklärt sind und ihre Verwendung zumeist willkürlich und nur bei einem oder wenigen Autoren eindeutig ist. Solche Kategorien sind z. B. Optimismus, Pessimismus; Technophobie, Technikeuphorie; technologischer Determinismus; Technizismus, Szientismus, Antiszientismus; Rationalismus, Irrationalismus; Humanismus, Antihumanismus. Hinzu kommen solche wertenden Adjektive wie romantisch, spontan, illusionär, radikal, kritisch, fatalistisch usw.[33]

[31] Vgl. H.-M. Gerlach/R. Mocek, Methodologische Fragen der Kritik zeitgenössischer bürgerlicher Philosophie, in: DZfPh, 12/1979, S. 143ff. H.-M. Gerlach/R. Mocek, Bürgerliches Philosophieren in unserer Zeit, a. a. O., S. 35—55.

[32] Vgl. dazu vor allem M. Buhr/R, Steigerwald, Verzicht auf Fortschritt, Geschichte, Erkenntnis und Wahrheit. Zu den Grundtendenzen der gegenwärtigen bürgerlichen Philosophie, Berlin 1981; R. Steigerwald, Bürgerliche Philosophie und Revisionismus im imperialistischen Deutschland, Berlin 1980; Denken gegen die Zeit. Die geistige Krise des Imperialismus. Redaktion: E. Fromm/A. Loesdau/U. Plener, a. a. O.

[33] Vgl. z. B. Ju. N. Ababkov, Klassovaja suščnost' zapadnogermanskogo technicisma, Leningrad 1980, S. 7ff.; G. Bohring, Technik im Kampf der Weltanschauungen, Berlin 1976, S. 76ff.; D. Dietrich, Mensch und Technologie, Berlin 1980, S. 10; H. Hörz, Wissenschaftlich-technische Revolution in der weltanschaulichen Auseinandersetzung, in: DZfPh, 1/1978, S. 5ff.; S. Wollgast/G. Banse, Philosophie und Technik. Zur Geschichte und Kritik, zu den Voraussetzungen und Funktionen bürgerlicher „Technikphilosophie“, Berlin 1979, S. 25ff.; Spezifik der technischen Wissenschaften, Moskau/Leipzig 1980, S. 407ff.

Wie problematisch die gegenwärtig verwendeten Kategorien sind, sei am Beispiel des „Technikoptimismus“ verdeutlicht. Dieser Optimismus wäre z. B. besser als „Pseudo-Optimismus“ zu bezeichnen, denn es handelt sich hierbei um einen abstrakten, eingeschränkten Optimismus. Uneingeschränkter, realer Optimismus hinsichtlich der Welt und der Stellung des Menschen in ihr hat die Anerkennung der uneingeschränkten Erkennbarkeit der Welt und der Existenz objektiver Gesetze in Natur und Gesellschaft (einschließlich der Technik) zur Grundlage und Voraussetzung. Zumindest aber vor der Erkenntnis der Gesellschaft (einschließlich der Technik als gesellschaftlicher Erscheinung) und der Anerkennung der durchgängigen Wirkung objektiver Gesetze und Gesetzmäßigkeiten in diesem Bereich bleibt der bürgerliche „Technikoptimismus“ stehen. Darüber hinaus ist zu berücksichtigen, daß optimistische Interpretationsvarianten von Technik und technischem Fortschritt im 19. Jh. und um die Jahrhundertwende einen anderen Charakter hatten als in der Gegenwart: Jene waren durch einen linearen, evolutionistischen Optimismus gekennzeichnet, diese sind es durch eine Art „Dialektik von Macht und Ohnmacht“, durch die Einheit von „Hoffnung und Gefahr“, worin die Macht bzw. die Hoffnung überwiegt. Dabei gilt es weniger die Extreme Optimismus und Pessimismus zu erfassen als vielmehr ihre gegenseitigen Beziehungen, ihr Ineinanderumschlagen, ihr enges Verwobensein, aber auch ihre Schattierungen und Nuancen. In der „Technikphilosophie“ zeigen sich mannigfaltige Übergänge zwischen den Extremen. Es lassen sich beim gleichen Autor oft sogar in ein und demselben Werk sowohl technikoptimistische wie -pessimistische Auffassungen nachweisen. Schließlich zeigen sich gerade in der Gegenwart verstärkt Versuche, diese Polarisation abzuschwächen, zu überwinden, zu umgehen usw.

Eine differenziertere Analyse und Wertung des breiten Spektrums „technikphilosophischer“ Konzeptionen und Haltungen erfordert weiter die Beachtung folgender Sachverhalte:

Es gilt erstens der Geschichte der „Technikphilosophie“ größere Aufmerksamkeit zu schenken, die Entwicklung bestimmter Auffassungen und Konzeptionen zu verfolgen und ihre philosophiehistorischen Quellen aufzudecken. Geschichte erteilt der Gegenwart mancherlei Lehren, warnt vor schon begangenen Irrwegen und zeigt bereits erarbeitete Lösungsmöglichkeiten und Ansätze auf. Darüber hinaus läßt die Beachtung der Geschichte gegenwärtige Diskussionen erst richtig verstehen.

Bezogen auf die „Technikphilosophie“ zeigt deren Geschichte mindestens dreierlei: Ersten sind es in der „Technikphilosophie“ — wie bereits gezeigt wurde — der Sache nach hauptsächlich zwei Grundmuster, die mit mehr oder weniger neuen Argumenten, variiert oder abgewandelt immer wieder auftauchen. Zweitens hilft eine kritische Analyse der Geschichte, zahlreiche Thesen über die „Technikphilosophie“, die in der Vergangenheit entwickelt wurden und auch gegenwärtig noch verbreitet sind bzw. verbreitet werden, zu widerlegen. Solche Thesen äußern sich z. B. in den Behauptungen, daß sich die traditionelle „Schulphilosophie“ kaum der Technik und dem technischen Schaffen zugewandt habe, daß die „Technikphilosophie“ das Werk einiger Außenseiter sei, daß der Ingenieur stets völlig unpolitisch war u. a. Drittens zeigt eine derartige „Durchforstung“ der Geschichte der „Technikphilosophie“, daß eine Reihe von Fragen bis in die Gegenwart hinein immer wieder diskutiert und zu beantworten versucht wurde. Solche Fragen sind z. B. die nach dem Charakter der Technik, nach dem Zusammenhang von technischem und kulturellem Fortschritt, nach Merkmalen der Technikwissenschaften bzw. der Spezifik der Tätigkeit des Ingenieurs, nach den Voraussetzungen und Grundlagen des technischen Schöpfertums u. a.

Zweitens sind auseinanderzuhalten: a) die Darstellung objektiver Problemsituationen, Entwicklungstendenzen und -möglichkeiten (z. B. die Auswirkung bestimmter Produktionsverfahren auf die Umwelt; die Zunahme des Verbrauchs an natürlichen Ressourcen; Anforderung neuer komplexer technisch-technologischer Lösungen an Bildungsniveau und Qualifikationsstruktur; Möglichkeiten des effektiven Einsatzes von Industrierobotern; Perspektiven der Mikroelektronik; Differenzierungs- und Integrationsprozesse der Technikwissenschaften); b) die Darstellung der Ursachen von Problemsituationen und der Bedingungen und Möglichkeiten zur Überwindung dieser Problemsituationen bzw. Hemmnisse und Barrieren, die ihrer Lösung entgegenstehen (z. B. soziale Konsequenzen neuer Produktionsverfahren und Prinziplösungen; gestörte Mensch-Umwelt-Beziehungen; Schwierigkeiten der Verständigung zwischen Vertretern unterschiedlicher technikwissenschaftlicher Disziplinen); c) die weltanschauliche Verarbeitung und Darstellung der Problemsituationen, ihrer Ursachen wie der Überwindungsmöglichkeiten bzw. Hemmnisse. Häufig werden in einer Arbeit mehrere der angegebenen Sachverhalte behandelt, ohne genau zwischen ihnen zu differenzieren. Dabei gehen selbstverständlich in a) und b) häufig philosophische Überlegungen, Haltungen und Standpunkte — zumeist unbewußt — bereits ein. Bei einer Einschätzung ist diese Unterscheidung aber vorzunehmen. So gilt es, die naturwissenschaftlich-technischen Fakten und Details, eventuelle historische, ökonomische und soziologische Darstellungen, deren weltanschauliche Durchdringung und die daraus abgeleiteten politischen und sozialen Konsequenzen zu unterscheiden und gesondert zu bewerten.

Die Beachtung der angegebenen Sachverhalte widerlegt z. B. nicht nur die These von der Klassenindifferenz aller globalen Probleme (speziell der Umweltprobleme), sondern auch die Behauptung von der Konvergenz der verschiedenen sozialökonomischen Systeme infolge gemeinsamer Erscheinungsweisen und allgemeiner Entwicklungstendenzen des technischen Fortschritts „in Ost wie in West“ (Atomkraftwerke, Fließbänder, Großtechnologie, Mikroelektronik, Industrieroboter u. a.). Die Prozesse des wissenschaftlich-technischen Fortschritts, speziell der wissenschaftlich-technischen Revolution, sind in den sozialistischen und in den kapitalistischen Ländern äußerlich, vielfach technisch-technologisch und in einigen wissenschaftlich-technischen Kriterien ähnlich. Doch sie unterscheiden sich wesentlich voneinander hinsichtlich ihrer gesamtgesellschaftlichen Einordnung, ihrer sozialen Zielstellung, der konkreten Formen ihres Verlaufs, der technischen und sozialen Folgen sowie der sich aus ihnen ergebenden Resultate und Schlußfolgerungen. Die mit dem wissenschaftlich-technischen Fortschritt einhergehenden Folgen sind für die Menschheit nicht gesellschaftsneutral, sondern direkt oder indirekt klassenmäßig bedingt oder zumindest klassenmäßig beeinflußt. Diese sozialökonomische Bedingtheit oder Beeinflussung bezieht sich sowohl auf die Ursachen und die historische Entstehung des betreffenden Problems als auch auf das Ausmaß und die Schärfe seiner Entwicklung und Entfaltung. Dies ist

z. B. unbedingt zu berücksichtigen, wenn es um Einschätzungen des wissenschaftlich-technischen Fortschritts und seiner sozialen Folgen durch die „Technikphilosophie" geht.

Wenn H. Lenk durch den „‚Siegeszug' der abendländischen Kultur" einheitliche Werte und Rechte des Menschen und eine Weltgesellschaft im Entstehen begriffen sieht[34], wenn A. Huning als Funktion der Technik „die universale Menschwerdung" (auch oder gerade in der Zukunft) sieht[35], so mißachten sie nicht nur die Tatsache, daß um die Durchsetzung bestimmter Rechte und Werte (Recht auf Leben, Recht auf Arbeit und Bildung, Erhaltung des Friedens) harte politische Kämpfe geführt werden, sondern vor allem auch, daß Werte und Rechte an bestimmte Klassen und ihre soziale Lage gebunden sind und unterschiedliche Klassen unterschiedliche Wert- und Rechtsvorstellungen, die durchaus diametral entgegengesetzt sein können, besitzen. Da gegenwärtig noch unterschiedliche Gesellschaftssysteme mit verschiedenen, sich teilweise feindlich gegenüberstehenden Klassen existieren, kann von einer universellen (wenn nicht abstrakten und utopischen) Ethik ebensowenig die Rede sein wie von einer universalen Menschwerdung. Daran wird auch in Zukunft weiterer technischer Fortschritt **allein** nichts ändern.

Drittens sind bei der historischen Einordnung und Wertung der verschiedenen „technikphilosophischen" Auffassungen ihre Vertreter auf folgenden drei Ebenen konsequenter zu unterscheiden: a) die eigentlichen „Schöpfer" von Techniktheorien bzw. konzeptioneller Ansätze für die „Technikphilosophie" (Ingenieure und Philosophen)[36]. Hier ist für die Gegenwart u. a. auf H. Beck[37], A. Huning[38], H. Lenk[39], L. Mumford[40], F. Rapp[41], G. Ropohl[42], und H. Sachsse[43] zu verweisen; b) Philosophen und Techniker, die sich zu philosophischen Problemen der Technik und des technischen Fortschritts äußern; c) philosophische Richtungen, Konzeptionen und Gedankengebäude, die die unter a) und b) zu erfassen-

[34] Vgl. H. Lenk, Werte und Handlungsanalysen. Zur praktischen Bedeutsamkeit werttheoretischer Modellansätze, in: Werte und Wertordnungen in Technik und Gesellschaft. Vorträge und Diskussionen, hrsg. im Auftrag des VDI von S. Moser und A. Huning, Düsseldorf 1975, S. 132.

[35] Vgl. A. Huning, Die historische Funktion der Technik aus der Sicht der Philosophie, in: Technikgeschichte (Düsseldorf), 2/1976, S. 106ff.

[36] Vgl. die Zusammenstellung bei H. Lenk, Zu neueren Ansätzen der Technikphilosophie, in: H. Lenk/S. Moser (Hrsg.), Techne — Technik — Technologie. Philosophische Perspektiven, Pullach b. München 1973, S. 205ff.

[37] Vgl. H. Beck, Kulturphilosophie der Technik. Perspektiven zu Technik — Mensch — Zukunft, 2. völlig neu bearb. u. erg. Aufl. von Philosophie der Technik, Trier 1969.

[38] Vgl. A. Huning, Das Schaffen des Ingenieurs. Beiträge zu einer Philosophie der Technik, 2. Aufl., Düsseldorf 1978.

[39] Vgl. H. Lenk, Philosophie im technologischen Zeitalter, Stuttgart 1972.

[40] Vgl. L. Mumford, The Myth of Machine, 2 Bde., New York 1967/1970 (dt. unter dem Titel Mythos der Maschine. Technik und Macht, Frankfurt/M. 1978).

[41] Vgl. F. Rapp, Analytische Technikphilosophie, Freiburg/München 1978.

[42] Vgl. G. Ropohl, Eine Systemtheorie der Technik. Zur Grundlegung der Allgemeinen Technologie, München—Wien 1979.

[43] Vgl. H. Sachsse, Anthropologie der Technik. Ein Beitrag zur Stellung des Menschen in der Welt, Braunschweig 1978.

den Vertreter maßgeblich beeinflußten bzw. beeinflussen (die wichtigsten wurden bereits genannt). Dabei gilt es hinter der Vielzahl von modischen Phrasen und vordergründigen Aktualisierungen die philosophische Problematik, die weltanschaulichen Grundfragen deutlich herauszuarbeiten. Hierher gehört auch die Unterscheidung von solchen Autoren, die mehr „aus der Ferne" über Technik und technischen Fortschritt (zumeist in ihrer kulturellen Bedeutung oder anthropologischen Dimension) philosophisch reflektieren, von solchen, die unmittelbar und direkt mit Technikwissenschaften und Ingenieurpraxis verbunden sind und somit technischen Sachverstand in die Diskussion einbringen (können), was nicht ohne Bedeutung für die Wertung der Technik und für den Einfluß auf die technische Intelligenz ist. In dieser Weise sind z. B. sehr wohl die Arbeiten H. Becks, E. Fromms oder M. Heideggers von denen G. Ropohls oder F. Rapps und diese wiederum von denen H. Rumpfs[44] zu unterscheiden.

Abschließend seien einige Merkmale genannt, die die gegenwärtige „Technikphilosophie" charakterisieren, ohne sie an dieser Stelle näher untersuchen zu können.[45]

1. Es gibt auch in der Gegenwart nicht **die** „Technikphilosophie" als einheitliche, umfassende Konzeption. Gegenwärtige „Technikphilosophie" ist vielmehr ein Konglomerat unterschiedlicher, sich teilweise widersprechender Ansätze kulturphilosophischer, systemtheoretischer, wertphilosophischer u. a. Art, deren Ausgangspunk philosophische Überlegungen oder technikwissenschaftliche Probleme sein können. Darunter finden sich auch Konzeptionen, die unter einem bestimmten Gesichtspunkt einen einheitlichen, systematisierenden Entwurf all der unterschiedlichen Ansätze auszuarbeiten versuchen. Dazu gehört z. B. die von G. Ropohl geforderte „Allgemeine Technologie" als Grundlage für ein umfassendes Technikverständnis. All diese Konzeptionen unterscheiden sich von der traditionellen „Technikphilosophie", wie wir sie bis in die 60er Jahre nachweisen können.

2. Mit diesen verschiedenen Ansätzen und Konzeptionen geht eine Ausweitung des Spektrums der behandelten Fragen und der erarbeiteten Antworten einher. Die Palette der behandelten Fragen reicht von sozialphilosophischen Überlegungen der traditionellen „Technikphilosophie" einschließlich entsprechender Kulturkritik über die mögliche Bedeutung der Systemtheorie für Ingenieurwissenschaft, -praxis und -ausbildung und für die Erfassung der Wechselbeziehungen bis hin zu sprachphilosophischen Fragen, schließt dabei wissenschaftstheoretische Probleme der Technikwissenschaften und ethische Überlegungen bezüglich Ingenieurarbeit und Technikentwicklung ein.

[44] Vgl. H. Lenk/S. Moser/K. Schönert (Hrsg.), Technik zwischen Wissenschaft und Praxis. Technikphilosophische und techniksoziologische Schriften aus dem Nachlaß von Hans Rumpf, Düsseldorf 1981.

[45] Vgl. neben den Beiträgen von I. Hronszky/J. Rathmann und E. Woit in diesem Band G. Banse/S. Wollgast, Neue Aspekte der „Technikphilosophie" in der BRD, in: DZfPh, 4/1979, S. 481 ff.; H. H. Holz, Zur Kritik der bürgerlichen Technikphilosophie, in: Technik — Umwelt — Zukunft. Eine marxistische Diskussion über Technologieentwicklung, Ökologie, Wachstumsgrenzen und die „Grünen", a. a. O., S. 87 ff.

3. In vielen Überlegungen und Konzeptionen wird im Unterschied zur traditionellen „Technikphilosophie" — zumindest verbal — davon ausgegangen, daß ein Zusammenhang von technischer Entwicklung und Gesellschaft besteht, daß Interdependenzen zwischen technischer und gesellschaftlicher Entwicklung bestehen, daß Technik sozialökonomisch determiniert ist. Was allerdings unter sozialer Bedingheit und Bestimmtheit verstanden wird, wird zumeist nicht ausgeführt. So wird einerseits konstatiert, Technik sei auch oder vor allem ein „soziales Phänomen", zu den entsprechenden Abhängigkeiten und Wechselwirkungen zwischen technischer und gesellschaftlicher Entwicklung, zwischen Technik und Produktionsverhältnissen wird andererseits nicht vorgedrungen. Die Entscheidungsmechanismen, die die technische Entwicklung in diese oder in jene Richtung drängen, werden nicht aufgedeckt. Es wird zumeist nur von einer „sozialen Entscheidung" gesprochen. Der Zusammenhang von Bedürfnissen, Klasseninteressen und gesellschaftlichen Entscheidungen im Rahmen eines objektiven Möglichkeitsfeldes hinsichtlich bestimmter Zielstellungen wird nicht sichtbar gemacht. So schreibt z. B. F. Rapp: „Doch die Technik ist nicht nur ein ingenieurwissenschaftliches, sondern vor allem ein soziales Phänomen. Im weitesten Sinne gesehen stellt das Zustandekommen und die Nutzung technischer Objekte immer eine soziale Handlung dar, an der in direkter oder indirekter Form alle Mitglieder der Gesellschaft beteiligt sind."[46]

4. Eng verbunden mit dieser Betrachtung der Technik als „soziales Phänomen" ist die Abkehr von der Vorstellung einer wertneutralen Technik und die Hinwendung zur Wertproblematik: „Tatsächlich ... ist die Technik nicht wertneutral. Die technische Entwicklung ist eine ständige Folge von einzelnen Entscheidungen, und jede Entscheidung hängt von einem Bündel verschiedener Entscheidungskriterien ab. Jede Entscheidung ist also wertbezogen, und je nachdem, welche Wertkriterien in die Entscheidung einfließen, werden wir eine Form von Technik oder die andere Form von Technik haben. Die Vorstellung, die Technik sei frei von Ideologie, ist — hart gesagt — selbst eine Ideologie."[47] Damit erhebt sich die Frage, wie diese Ziel- und Wertvorstellungen zu begründen sind. Diese Frage wird in der „Technikphilosophie" unterschiedlich angegangen.[48] Der VDI-Ausschuß „Grundlagen der Technikbewertung" sucht gegenwärtig ein Schema der Wertentwicklung aufzustellen, und dann die Werte zu klassifizieren, um eine Übersicht über die für die technische Arbeit entscheidungsrelevanten Beurteilungskriterien zu gewinnen. Darüber hinaus werden Über-

[46] F. Rapp, Die technische Entwicklung als soziale Entscheidung, in: W. Ch. Zimmerli (Hrsg.), Technik — oder: wissen wir, was wir tun? Basel—Stuttgart 1976, S. 73.

[47] G. Ropohl in der Podiums-Diskussion „Technisch-wissenschaftliche Gemeinschaftsarbeit — Dienstleistungen für die Gesellschaft", in: ZVDI (Düsseldorf), 122/1980, S. 3.

[48] Vgl. z. B.: Werte und Wertordnungen in Technik und Gesellschaft. Vorträge und Diskussionen, hrsg. im Auftrag des VDI von S. Moser und A. Huning, a. a. O.; Wertpräferenzen in Technik und Gesellschaft. Vorträge und Diskussionen, hrsg. im Auftrage des VDI von S. Moser und A. Huning, Düsseldorf 1976; Maßstäbe der Technikbewertung. Vorträge und Diskussionen, hrsg. vom VDI, Düsseldorf 1978; Technikfolgen und sozialer Wandel. Zur politischen Steuerbarkeit der Technik, hrsg. von J. v. Kruedener und K. v. Schubert, Köln 1981 (speziell der Beitrag von W. Ch. Zimmerli).

legungen zur Methodik der Bewertung und zu deren Institutionalisierung angestellt. Ziel soll eine Richtlinie „Technikbewertung" sein.[49]

5. Die Arbeit an einer Richtlinie „Technikbewertung" macht bereits ein weiteres Merkmal gegenwärtiger „Technikphilosophie" deutlich: die Hinwendung zu einer „praktischen Philosophie" mit politischer und ideologischer Bedeutung. A. Huning brachte das mit folgenden Worten zum Ausdruck: „Vielleicht muß die Philosophie noch stärker als bisher die Rolle des Spähers übernehmen, der in die Zukunft blickt, um die dem Philosophen auch angetragenen Rollen des Krisenmanagers oder des Funktionärs der Humanität wahrnehmen zu können ... Eine besondere Aufgabe der Philosophie besteht in der Arbeit, die Resultate und Wechselwirkungen der Einzelwissenschaften zu integrieren und daraus sowohl wissenschaftstheoretische wie anthropologische Konsequenzen abzuleiten und als Direktiven an die Einzelwissenschaften zurückzugeben. Philosophie muß auch eine Rolle als politische Steuerungsinstanz — wenigstens als Mitbeteiligte — der einzelwissenschaftlichen Arbeit übernehmen. Technik ist wegen ihrer geschichtlichen Funktion immer auch eine eminent politische Aufgabe, Geschichte ist ja vor allem in ihrer Zukunftsdimension wesentlich Politik."[50]

6. Eine Reihe von Erscheinungen, Tendenzen, Widersprüchen usw. der gegenwärtigen kapitalistischen Welt werden häufig erkannt und recht kritisch gewertet, aber zu allgemeinen, alles umfassenden Sachverhalten stilisiert bzw. theoretisch verarbeitet. Die daraus abgeleiteten Reformvorschläge sollen die Überlebenschance des Imperialismus erhöhen; der reale Sozialismus wird als Alternative abgelehnt.

Ambivalenz von Technik wird gesehen, die Einteilung in bürgerlich-lineare Fortschrittsgläubigkeit und kulturkritischen Technikpessimismus gilt nur noch bedingt (zumindest für die „Technikphilosophie" der BRD, auf die sich die vorstehend gemachten Bemerkungen vornehmlich beziehen). Mit der wachsenden Sachlichkeit und Problemorientiertheit geht der — weitgehend bewußte — Versuch einher, eine „Technikphilosophie" zu entwickeln, die Ingenieure und Technikwissenschaftler kapitalistischer Länder — aber nicht nur sie und nicht nur dort — mit einer die weltanschaulichen Fragen der Gegenwart zumindest partiell beantwortenden und somit das kapitalistische System stabilisierenden Philosophie ausrüstet, sie im Interesse dieses Systems ideologisch aktiviert und zugleich gegen den Marxismus immunisiert.

[49] Vgl. G. Ropohl, Schlußwort, in: Maßstäbe der Technikbewertung, a. a. O., S. 191f.

[50] A. Huning, Die historische Funktion der Technik aus der Sicht der Philosophie, in: Technikgeschichte, a. a. O., S. 114f.

Gizella Kovács

Der Technikbegriff von Karl Marx und seine heutigen „marxologischen" Kritiker

Die Technik spielt in allen Bereichen des täglichen Lebens — im Zusammenhang mit Arbeit, Freizeit und Unterhaltung — wie im wissenschaftlichen Leben gleichermaßen eine Rolle. Der Technikbegriff ist in Diskussionen von Vertretern unterschiedlicher Weltanschauungen, bei Gesellschafts-, Natur- und Technikwissenschaftlern, in den Einzelwissenschaften, in der Philosophie, in der Technologie, in hochindustrialisierten und Entwicklungsländern, in kapitalistischen und sozialistischen Ländern einer der am häufigsten verwendeten Begriffe. Dieser Begriff ist jedoch bis heute nicht als wohldefiniert zu betrachten, als Begriff, der überall — in welche Sprache auch übersetzt und von wem verwendet — von allen auf gleiche Weise gedeutet wird. Möglicherweise hängt die allgemeine Verbreitung wie auch die Uneindeutigkeit des Begriffs „Technik" damit zusammen, daß er sich von dem altgriechischen Worte „téchne" herleitet, mit dem man damals sowohl die Tätigkeit der Handwerker und Wissenschaftler als auch die der Künstler umfaßte.[1] S. Buchanan verweist darauf, daß das Wort „téchne" das gemeinsame Wesen dieser drei Tätigkeitsbereiche, die Imitation und die Darstellung der Natur als Modell ausdrückt.[2]

Der Technikbegriff hat eine lange Geschichte. Viele Definitionen wurden aufgestellt, ja sogar systematisiert.[3] Wir wollen dem nicht nachgehen, sondern einige spezifische Aspekte der Marxschen Interpretation der Technik verfolgen.[4]

[1] Vgl. näher dazu W. Seibicke, Technik. Versuch einer Geschichte der Wortfamilie um „τέχνη" in Deutschland vom 16. Jahrhundert bis etwa 1830, Düsseldorf 1968; G. Banse, Zur philosophischen Analyse der Herausbildung eines wissenschaftlichen Technikverständnisses, Diss. (A), Berlin 1974.

[2] S. Buchanan, Nature, Science, and Technology. Technology as a System of Exploitation, in: Technology and Culture, Atlanta/Georgia, 4/1962, S. 536. Vgl. S. Moser, Kritik der traditionellen Technikphilosophie, in: H. Lenk/S. Moser (Hrsg.), Techne — Technik — Technologie. Philosophische Perspektiven, Pullach bei München 1973, S. 31ff.

[3] Vgl. z. B. S. W. Schuchardin, Grundlagen der Geschichte der Technik, Leipzig 1963, S. 24ff.; G. Banse, Zur philosophischen Analyse der Herausbildung eines wissenschaftlichen Technikverständnisses, a. a. O., S. A 47ff.

[4] Vgl. auch W. Kalweit, Marx und die Technik heute, Berlin 1973; H. Ley, Natur und Technik im Verständnis von Karl Marx, in: Wissenschaftliche Zeitschrift der Humboldt-Universität zu Berlin, gesellschafts- und sprachwissenschaftliche Reihe, 4/1968, S. 455—473; H. Hörz/ R. Löther/S. Wollgast (Hrsg.), Philosophie und Naturwissenschaften. Wörterbuch zu den philosophischen Fragen der Naturwissenschaften, 2. durchges. Aufl., Berlin 1983, S. 899ff.; G. N. Wolkow, Soziologie der Wissenschaft, Berlin 1970.

Die marxistische Technikauffassung basiert selbstverständlich auf den entsprechenden Hinweisen von Marx. Seine Konzeption verlangt jedoch noch weitere theoretische Ausarbeitung. Dies um so mehr, als sich viele bürgerliche Technikphilosophen auf Marx berufen. Gerade von diesen wird häufig — bewußt oder unbewußt — die Marxsche Technikkonzeption verfälscht. Eine richtige Interpretation der Technikauffassung von Marx ist letztlich nur möglich, wenn man vom Wesen seiner gesamten Gesellschaftstheorie ausgeht. Die dialektisch-materialistische Interpretation der Gesellschaft und ihrer Geschichte bedingte die Bildung und Einführung neuer, in den Gesellschaftswissenschaften bislang unbekannter Begriffe. Bei Marx gewann auch der Technikbegriff als organischer Teil des Marxschen Begriffssystems einen neuen, reicheren Inhalt. Auf ihn muß bei der Kritik der bürgerlichen „Technikphilosophie" zurückgegriffen werden.

Im folgenden möchten wir einige der wichtigsten Akzente einer umfassenden Rekonstruktion der sich auf die Technik beziehenden Marxschen Gedanken und Marx als den „Klassiker" einer dialektisch-materialistischen „Philosophie der Technik" vorstellen. Wir wollen zugleich die Aktualität des Technikbegriffs von Karl Marx zu belegen suchen.

Die Marxsche Technikauffassung könnte man durch eine theoretisch-historische Analyse der sich auf die Technik beziehenden Marxschen Textstellen darstellen.[5] Statt einer chronologischen und vergleichenden Analyse der entsprechenden Werke und Aussagen von Marx können wir hier nur summarisch jene Marxschen Gedanken darlegen, die u. E. die **Spezifik** seiner Konzeption zum Ausdruck bringen. Wir suchen den Platz der Technik in der Gesamtheit der Gesellschaftstheorie von Marx festzulegen, weil wir meinen, daß das **Novum** seines Technikbegriffes — formallogisch ausgedrückt — nicht in der differentia specifica, sondern eher im genus proximum zu finden ist. Wir wenden in unserer Analyse die dialektisch-logische Methode von Marx an, d. h. das, was er, von der politischen Ökonomie ausgehend, als Fortschreiten „vom Abstrakten zum Konkreten" bezeichnete. Für eine philosophische Annäherung ist diese Methode am ehesten begründet.[6]

Das abstrakte Verhältnis von Mensch und Natur drückt Marx mit dem abstrakten Begriff der Produktion aus: „**Die Production im Allgemeinen** ist eine Abstraktion."[7] Das Subjekt ist die Menschheit, das Objekt die Natur. Die Produktion als sinnvolle Abstraktion bedeutet gerade das in der historisch gesehenen Relation immer bestehenbleibende **Absolutum.** Marx hat leidenschaft-

[5] Vgl. dazu A. A. Kusin, Karl Marx und Probleme der Technik, Leipzig 1970; N. N. Stoskowa, Friedrich Engels über die Technik, Leipzig 1971; Ju. S. Melestschenko/S. W. Schuchardin, Lenin und der wissenschaftlich-technische Fortschritt, Leipzig 1972; vgl. auch B. S. Ukraincev, Technika i struktura techničeskogo znanija, Moskva 1973; Social'nyje, gnoseologičeskije i metodologičeskije problemy techničeskich nauk, pod redakcii M. A. Parnjuka, Kiev 1978.

[6] Marx hat das Weglassen der „Einleitung" in seinem Vorwort zur „Kritik der politischen Ökonomie" damit begründet, daß der Leser sich dazu entschließen muß, vom Einzelnen zum Allgemeinen zu gelangen (vgl. MEW, Bd. 13, Berlin 1961, S. 7). Es sei angesichts des heutigen Grades der Verbreitung und der Bewährung des Marxismus gestattet, diesen Weg abzukürzen.

[7] K. Marx, Ökonomische Manuskripte 1857/1858, in: K. Marx/F. Engels, Gesamtausgabe (im folgenden MEGA), Abt. II, Bd. 1, T. 1, Berlin 1976, S. 23.

lich gegen wissenschaftliche Apologeten der bürgerlichen Gesellschaft polemisiert, die z. B. wie J. St. Mill die Produktion als Naturnotwendigkeit darstellten, jedoch deren gesellschaftlich-historische Determiniertheit vernachlässigten. Er hielt die im allgemeinen verstandene Produktion für einen Begriff, der . . . „das Gemeinsame hervorhebt, fixirt, und uns daher die Wiederholung erspart"[8]. Dieses Gemeinsame ist aber nichts anderes als die **Aneignung der Natur durch den Menschen.**

Die im weiteren Sinne verstandene Produktion umfaßt auch den Verbrauch, den Austausch und die Verteilung, von denen eine jede je ein Element einer aufgrund von Wechselwirkungen bedingten Bewegung ist. In dieser Bewegung ist die im engeren Sinne verstandene Produktion „der wirkliche Ausgangspunkt und darum auch das übergreifende Moment"[9]. Wenn wir den Platz und die Rolle der Technik im System der menschlichen Tätigkeit bzw. der gesellschaftlichen Verhältnisse zu bestimmen suchen, haben wir es natürlich nicht mit der Produktion im engeren, sondern im weiteren Sinne zu tun, da wir ja die Technik bekanntlich auch in der Sphäre des Austausches und der Konsumtion anwenden.

Da wir die Produktion selbst als Aneignung der Natur durch den Menschen auffassen, so ist der Mensch das wichtigste Element der Produktion.[10] **Der produzierende Mensch** „auferweckt" nach einer Metapher von K. Marx mit seiner lebendigen Arbeit das Werkzeug und das Material von den „Todten".[11] Höher kann die Rolle der Produktivkraft des Menschen kaum gewertet werden. Natürlich werden der Schöpferkraft des Menschen durch das Wirken der Naturgesetze in der Welt der Technik Grenzen auferlegt. Die von Menschenhand geschaffene Realität ist ein Teil der im großen verstandenen Natur, der Ganzheit der materiellen Welt. Eine Grundthese der materialistischen Gesellschaftsauffassung besagt: „Der Mensch kann in seiner Produktion nur verfahren, wie die Natur selbst, d. h. nur die Formen der Stoffe ändern. Noch mehr. In dieser Arbeit der Formung selbst wird er beständig unterstützt von Naturkräften."[12]

Für das Wesen der Technik ist die Anwendung eben dieser Naturkräfte charakteristisch. Bereits G. W. F. Hegel erkannte diesen „Kniff", mit dem der Mensch zum Erreichen seiner Ziele die vermittelnden Objekte benutzt.[13] Marx' Worte über die Arbeitsmittel haben in noch gesteigertem Maße auch für die technischen Mittel Gültigkeit: „Das Arbeitsmittel ist ein Ding oder ein Komplex von Dingen, die der Arbeiter zwischen sich und den Arbeitsgegenstand schiebt und die ihm als Leiter seiner Tätigkeit auf diesen Gegenstand dienen. Er benutzt

[8] Ebenda.

[9] Ebenda, S. 30.

[10] Vgl. die Zusammenfassung der Charakteristika der Technikauffassung von K. Marx bei G. N. Volkov, Istoki i gorizonty progressa. Sociologičeskije problemy razvitija nauki i techniki, Moskva 1976, S. 28—29.

[11] K. Marx, Ökonomische Manuskripte 1857/1858, in: MEGA, Abt. II, Bd. 1, T. 1, a. a. O., S. 275.

[12] K. Marx, Das Kapital. Erster Band, in: MEW, Bd. 23, Berlin 1962, S. 57f.

[13] G. W. F. Hegel, Enzyklopädie der philosophischen Wissenschaften im Grundrisse, Berlin 1966, S. 406f.

die **mechanischen, physikalischen, chemischen** Eigenschaften der Dinge, um sie als Machtmittel auf andre Dinge, **seinem Zweck** gemäß, wirken zu lassen"[14] (Hervorhebung — G. K.).

Der subjektive Faktor, d. h. der die Arbeit ausführende Mensch, steht mit seinem Arbeitsmittel (z. B. mit seiner Maschine) in unmittelbarer Verbindung. Mit einem anderen Objekt jedoch, dem Arbeitsgegenstand, auf welches er mit dem Arbeitsmittel eine zielbewußte und zielgerichtete Wirkung ausübt, kommt er nur indirekt in Verbindung. Das Organ der Vermittlung ist eben das einfache oder komplizierte Arbeitsmittel, welches so eine Doppelfunktion erfüllt: Es formt oder gestaltet einerseits das Material um, welches dadurch bearbeitet wird, andererseits formt und verändert es durch die Rückwirkung des Arbeitsgegenstandes auch das mit ihm arbeitende Subjekt.

Technische Entwicklung erfordert Einordnung der menschlichen Fertigkeiten in die leblosen Naturkräfte und fortschreitende Übernahme menschlicher Arbeitsfunktionen durch technische Mittel. Die menschliche Arbeit wird umgesetzt in materielle Produktivkräfte. Marx hebt als Eigentümlichkeit der Großindustrie im Vergleich zur Manufaktur hervor, daß die Kombination der Arbeit und ihre Vergesellschaftung in die Maschinerie usw. umgesetzt worden ist.[15]

Wenn wir uns aber nicht mit einer abstrakten Bestimmung des Verhältnisses von Mensch und Natur zufrieden geben wollen, müssen wir auch den Begriff der Produktion konkretisieren. Erst dann wird deutlich, daß nicht allein die Technik der Mittler im Verhältnis von Mensch und Natur ist. Eine von Marx verwendete Analogie verdeutlicht, daß die Natur selbst auch indirekt der Vermittler zwischen Natur und Mensch ist. „Es ist ebenso unmöglich direkt von der Arbeit zum Capital übergehen, als von den verschiednen Menschenracen direkt zum Banquier oder von der Natur zur Dampfmaschine."[16] Eine vermittelnde Rolle spielen in jedem Fall die Produktionsverhältnisse.

Im historisch-konkreten Prozeß der Produktion tritt die Technik bekanntlich nicht nur als Gebrauchswert auf, sondern ist eine komplizierte gesellschaftliche Erscheinung, die als solche der gesellschaftlichen Umgebung gegenüber absolut nicht mehr indifferent ist. Die Produktion muß nach Marx als „Production auf einer bestimmten gesellschaftlichen Entwicklungsstufe"[17] aufgefaßt werden, wenn wir verstehen wollen, wie die Wechselwirkung der materiellen und der geistigen Produktion stattfindet.

Das spezifisch Neue der Marxschen Gesellschaftsauffassung besteht darin, daß sie als den bestimmenden Faktor, von dem alle anderen Sphären der Gesellschaft letztlich abhängig sind, die Produktionsweise betrachtet, welche in sich das ganze komplexe System der Produktivkräfte wie der Produktionsverhältnisse umfaßt, was Marx als die „technischen Bedingungen des Arbeitsprozesses" und den „gesellschaftlichen Charakter des Arbeitsprozesses"[18] definiert.

[14] K. Marx, Das Kapital. Erster Band, in: MEW, Bd. 23, a. a. O., S. 194.
[15] Vgl. ebenda, S. 407.
[16] K. Marx, Ökonomische Manuskripte 1857/1858, in: MEGA, Abt. II., Bd. 1, T. 1, a. a. O., S. 183.
[17] Ebenda, S. 22.
[18] K. Marx, Das Kapital. Erster Band, in: MEW, Bd. 23, a. a. O., S. 225, 344.

Die gesellschaftliche Formation, „die verschiednen ökonomischen Epochen der Gesellschaftsstruktur“ sind durch jene „besondre Art und Weise“ voneinander unterschieden, in der sich die Verbindung von Arbeitern und Produktionsmitteln verwirklicht.[19] Offenbar handelt es sich beim Platz der Technik im System der Produktivkräfte um eine davon abgeleitete Frage. Gleiches gilt für die Frage, wie die Technik als Teil dieses Systems die Gesamtheit der Gesellschaft beeinflußt.

Der Ausgangspunkt der Umgestaltung der Produktivkräfte ist in der Geschichte veränderlich. Nur anhand einer konkreten Analyse kann festgestellt werden, ob die das ganze System der Produktivkräfte umgestaltenden (möglicherweise revolutionierenden), später sich auf der Seite der Produktionsverhältnisse weiter vollziehenden Veränderungen von den Arbeitsmitteln bzw. von der Technik oder aber von anderen Elementen der Produktivkräfte ausgehen. Folgende These von Marx wird häufig zitiert: „Die Umwälzung der Produktionsweise nimmt in der Manufaktur die Arbeitskraft zum Ausgangspunkt, in der großen Industrie das Arbeitsmittel.“[20] Damit wird eine historische Tatsache konstatiert, nicht aber eine allgemeine Gesetzmäßigkeit. Meines Erachtens ist anzunehmen, daß heute und auch in der Zukunft nicht allein die Arbeitskraft und auch nicht allein das Arbeitsmittel, sondern auch sämtliche anderen Elemente der Produktion — z. B. die Wissenschaft, die Kooperation usw. — revolutionäre Elemente der Produktion sein werden. Die Technik übt selbstverständlich auch dann, wenn sie nicht selbst Ausgangspunkt grundlegender Veränderungen ist, auf die anderen Komponenten der Produktivkräfte eine bedeutende Wirkung aus. Zur gegenseitigen Bedingtheit beim Zustandekommen der maschinellen Technik, der Wissenschaft als Produktivkraft, der Organisation der Arbeit und neuer Produktionszweige machte Marx die auch heute noch aktuellen Feststellungen: „Als Maschinerie erhält das Arbeitsmittel eine materielle Existenzweise, welche Ersetzung der Menschenkraft durch Naturkräfte und erfahrungsmäßiger Routine durch bewußte Anwendung der Naturwissenschaft bedingt ... Der **kooperative Charakter** des Arbeitsprozesses wird **jetzt also durch die Natur des Arbeitsmittels selbst diktierte technische Notwendigkeit**“[21] (Hervorhebung — G. K.). An anderer Stelle konstatiert er: „Es bilden sich, entweder direkt auf der Grundlage der Maschinerie, oder doch der ihr entsprechenden allgemeinen industriellen Umwälzung, ganz neue Produktionszweige und daher neue Arbeitsfelder.“[22]

Betrachten wir näher, wie aufgrund der Konzeption von Marx die beiden neben dem Menschen wichtigsten Elemente der Produktivkräfte, Technik und Wissenschaft sowie ihr Wechselverhältnis, bewertet werden können. Dazu wird häufig eine Äußerung von F. Engels herangezogen — oft jedoch ohne den Kontext zu beachten. Engels stellte fest: „Wenn die Technik ... größtenteils vom Stande der Wissenschaft abhängig ist, so noch weit mehr diese vom **Stand** und den **Bedürfnissen** der Technik.“ Engels wendet sich also nicht gegen die Feststellung des erstgenannten Zusammenhangs, bemühte sich jedoch, die Aufmerksamkeit seines

[19] K. Marx, Das Kapital. Zweiter Band, in: MEW, Bd. 24, Berlin 1963, S. 42.
[20] K. Marx, Das Kapital. Erster Band, in: MEW, Bd. 23, a. a. O., S. 391.
[21] Ebenda, S. 407.
[22] Ebenda, S. 469.

Briefpartners auf den zweiten Aspekt der Wechselwirkung zu lenken. Erst danach folgt der oft zitierte Satz: „Hat die Gesellschaft ein technisches Bedürfnis, so hilft das der Wissenschaft mehr voran als zehn Universitäten." Anschließend nennt Engels wissenschaftshistorische Beispiele und fügt noch eine Bemerkung hinzu, die in vollem Maße begründet, daß er eher die stimulierende Rolle der Technik hervorzuheben sucht: „In Deutschland hat man sich aber leider daran gewöhnt, die Geschichte der Wissenschaften so zu schreiben, als wären sie vom Himmel gefallen."[23]

Auf einen der Grundzusammenhänge zwischen Wissenschaft und Technik verweist die Feststellung von Marx, daß es dem Kapital nichts kostet, sich die Wissenschaften durch bewußte Anwendung in der Maschinerie anzueignen.[24] Die These konkretisiert den allgemeinen Gesichtspunkt des philosophischen Materialismus, wonach die Objektivierung des Geistes nicht die Folge irgendeines mystischen Prozesses, sondern einer objektiv-praktischen Tätigkeit ist, daß das schöpferische Potential des Wissens darin besteht, daß es durch diese Tätigkeit indirekt zu materieller Kraft wird. Die von der Technik zur Wissenschaft führende genetische Verbindung wird mit der strukturellen Verbindung von der Wissenschaft zur Technik ergänzt. Marx schuf in Form des dialektischen und historischen Materialismus eine gültige Theorie über die Rolle der Ideen und der materiellen Prozesse und ihres Verhältnisses zueinander. Das bezieht sich auch auf die Entwicklung der Technik. Im Gegensatz zu Hegel und den Technikphilosophen der zweiten Hälfte des 19. und des Anfangs des 20. Jh., die zweifellos eine Reihe von wichtigen Feststellungen über die Technik entwickelten, maß Marx dem bestehenden Produktionsniveau besondere Bedeutung zu. Denn die neuen Produktivkräfte, unter ihnen auch die Technik, entwickeln „sich nicht aus **Nichts** . . ., noch aus der Luft, noch aus dem Schooß der sich selbst setzenden Idee; sondern innerhalb und gegensätzlich gegen vorhandne Entwicklung der Production"[25]. Trotz dieser Marxschen Feststellung werden heute gelegentlich noch scholastisch anmutende Meditationen darüber angestellt, ob nicht das Werden der Wissenschaft zur Produktivkraft die Priorität dieser Ideen beweise.

Hinsichtlich der komplizierten Bewegungen der Produktivkräfte und ihrer inneren und äußeren Faktoren verweisen wir darauf, daß Marx jene Faktoren nennt, von welchen die „Produktivkraft der Arbeit" abhängt. Es sind, wenn wir die Unterschiede „in den natürlichen Energien und den erworbnen Arbeitsgeschikken verschiedner Völker" außer Acht lassen, folgende: 1. die Naturbedingungen der Arbeit; 2. die fortschreitende Vervollkommnung der gesellschaftlichen Kräfte der Arbeit, „wie sie sich herleiten aus Produktion auf großer Stufenleiter, Konzentration des Kapitals und Kombination der Arbeit, Teilung der Arbeit, Maschinerie, verbesserten Methoden, Anwendung chemischer und andrer natürlicher Kräfte, Zusammendrängung von Zeit und Raum durch Kommunikations- und Transportmittel und aus jeder andern Einrichtung, wodurch die Wissenschaft

[23] F. Engels, Brief an W. Borgius vom 25. 1. 1894, in: MEW, Bd. 39, Berlin 1968, S. 205.
[24] Vgl. K. Marx, Das Kapital. Erster Band, in: MEW, Bd. 23, a. a. O., S. 407.
[25] K. Marx, Ökonomische Manuskripte 1857/1858, in: MEGA, Abt. II, Bd. 1, T. 1, a. a. O., S. 201.

Naturkräfte in den Dienst der Arbeit zwingt und wodurch der gesellschaftliche oder kooperierte Charakter der Arbeit zur Entwicklung gelangt"[26].

Folglich determiniert also die Gesamtheit der natürlichen und gesellschaftlichen Faktoren die Entwicklung der Produktivkräfte, darunter auch der Technik. Keinesfalls ist hier von irgendeiner metaphysischen Einfaktorentheorie die Rede.[27]

Bei der Marxschen Analyse des Technikbegriffs begegnen wir häufig dem Begriff Technologie.

Marx setzt in seinen „Ökonomischen Manuskripten 1857/1858" den Begriff des **technologischen Prozesses** mit dem „Productionsprocess schlechthin" gleich, dessen Wesen darin besteht, daß man mit dem Ziel, einen bestimmten Gebrauchswert herzustellen, auf eine bestimmte Weise verfährt.[28] Ebenfalls in den „Ökonomischen Manuskripten" kennzeichnet er das konstante Kapital als Produktionsmittel, dessen Gebrauchswert lediglich als technologische Bedingung für den Produktionsprozeß auftritt.[29] Im „Kapital" sehen wir, daß Marx einen solchen Produktionsprozeß als Technologie bezeichnet, in dem die technischen u. a. Wissenschaften zur Anwendung kommen. Über die Revolutionierung der landwirtschaftlichen Produktion unter kapitalistischen Verhältnissen schreibt er: „An die Stelle des gewohnheitsfaulsten und irrationellsten Betriebs tritt bewußte, technologische Anwendung der Wissenschaft."[30] Auch an anderer Stelle verwendet Marx den Begriff der Technologie in Zusammenhang mit der Wissenschaft. So legt er dar, daß die Großindustrie damit, daß sie den Produktionsprozeß in seine „konstituierenden Elemente" auflöste, die moderne Wissenschaft der Technologie schuf. Damit wurde der gesellschaftliche Produktionsprozeß zur planmäßigen, bewußten Anwendung der Wissenschaft.[31]

Letztlich verwendet jedoch Marx das Wort „Technologie" häufig im gleichen Sinne wie das Wort „Technik". Das hat auch einen inhaltlichen Grund, da nämlich Marx die Technik nicht einfach nur als Gesamtheit der Arbeitsmittel und unter strukturellem Aspekt betrachtet, sondern auch die verfahrensmäßige Seite der Produktion und ihre Beziehungen zum Menschen und zur Gesellschaft berücksichtigte. Übrigens ist das Problem des Verhältnisses von Technik und Technologie auch in der heutigen Fachliteratur nicht endgültig gelöst. Die Begriffe Technik und Technologie sind auch in der heutigen wissenschaftlichen Terminologie nicht immer genügend von einander zu unterscheiden, exakte Definitionen trifft man selten.[32] Die unterschiedlichen Standpunkte, die aber in der gegen-

[26] K. Marx, Lohn, Preis und Profit, in: MEW, Bd. 16, Berlin 1962, S. 127.

[27] Auch H. Lenk verweist darauf, daß eine Einfaktoren-Techniktheorie heute nicht mehr vertretbar ist. Er sieht die Technik im Zusammenhang mit mehreren determinierenden gesellschaftlichen Faktoren und sucht eine interdisziplinäre Technikphilosophie aufzubauen (vgl. H. Lenk, Zu neueren Ansätzen der Technikphilosophie, in: Techne — Technik — Technologie. Philosophische Perspektiven, a. a. O., S. 198ff.).

[28] K. Marx, Ökonomische Manuskripte 1857/1858, in: MEGA, Abt. II, Bd. 1, T. 2, Berlin 1981, S. 524.

[29] K. Marx, Ökonomische Manuskripte 1857/1858, in: MEGA, Abt. II, Bd. 1, T. 1, a. a. O., S. 179f.

[30] K. Marx, Das Kapital. Erster Band, in: MEW, Bd. 23, a. a. O., S. 528.

[31] Ebenda, S. 510 (Marx spricht hier lediglich von Naturwissenschaft).

[32] Siehe z. B. S. Moser, Technologie und Technokratie — zur Wissenschaftstheorie der Technik,

wärtigen marxistischen Diskussion eine zunehmende Vereinheitlichung und Annäherung erlangen[33], hängen gewiß auch mit jenem sprachlichen Problem zusammen, daß das griechische Originalwort in die verschiedenen Sprachen mit unterschiedlicher Bedeutung eingegangen ist, Bedeutungswandel und auch in der Form verschiedenartige Veränderungen erfuhr.

Die Technik wirkt mannigfach auf die Gesellschaft zurück: durch Vermittlung anderer Elemente der Produktivkräfte (Wissenschaft, Kooperation, Arbeitsorganisation usw.) beeinflußt sie die ökonomischen („produktiven") Verhältnisse der Gesellschaft und durch diese die Totalität der Gesellschaft. Die gesellschaftlichen Funktionen der Technik zeigen hinsichtlich der anderen gesellschaftlichen Bereiche überzeugend, daß die Technik nicht nur einen ökonomischen „Wert", sondern auch einen ethischen Wert hat. Zur Lösung der zumindest seit Bestehen der großen Industrie diskutierten Frage, ob die Technik „Segen oder Fluch" sei, geben Marx' Gedanken über die Verbindung von Technik und Kapital eine Grundlage.

Selbst begeisterte Verfechter des kapitalistischen Systems im 19. Jh. verstanden nicht die besondere zivilisierende Wirkung der kapitalistischen Gesellschaftsformation. Allein Marx, der größte Gegner des Kapitalismus, ließ ihm historische Gerechtigkeit widerfahren. Unter den historischen Hauptverdiensten des Kapitals hob er immer wieder das Zustandekommen der allgemeinen Industrie, die technische Nutzung der Wissenschaft und den technischen Fortschritt überhaupt hervor. Diese setzten auch die technische (und wissenschaftliche) Entwicklung, auf die das kapitalistische System nicht verzichten kann, und daneben die Entwicklung des hochgradig kultivierten, gesellschaftlichen Menschen voraus. Marx erkannte, daß der Kapitalismus einerseits durch die Erfordernisse der erweiterten Reproduktion und Konkurrenz, andererseits durch den Klassenkampf nicht ohne kontinuierliche Erneuerung der Technik und Technologie der Produktion existieren kann.

Gleichzeitig deckt Marx schon in seinen ersten Schriften die schrecklichen Folgen der kapitalistischen Entwicklung der Technik auf: „Alles in allem hat die Einführung der Maschinen die Teilung der Arbeit innerhalb der Gesellschaft gesteigert, das Werk des Arbeiters innerhalb der Werkstatt vereinfacht, das Kapital konzentriert und den Menschen zerstückelt."[34] Dieses allgemeine Urteil begründete er später detaillierter: „Als Maschine wird das Arbeitsmittel sofort zum Konkurrenten des Arbeiters selbst. Die Selbstverwertung des Kapitals durch die Maschine steht im direkten Verhältnis zur Arbeiterzahl, deren Existenzbedingungen sie vernichtet."[35] Die Großindustrie setzt technisch gesehen der Arbeitsteilung ein Ende, um sie später desto monströser erneut zu produ-

in: H. Lenk (Hrsg.), Neue Aspekte der Wissenschaftstheorie, Braunschweig 1971, S. 171ff.; H. Lenk, Philosophie im technologischen Zeitalter, Stuttgart 1971, S. 131ff.

33 Vgl. z. B. die Bestimmungen in: H. Hörz/R. Löther/S. Wollgast (Hrsg.), Philosophie und Naturwissenschaften. Wörterbuch zu den philosophischen Fragen der Naturwissenschaften, a. a. O., S. 899ff., 911ff., H. Wolffgramm, Allgemeine Technologie, Leipzig 1978, S. 21ff.

34 K. Marx, Das Elend der Philosophie, in: MEW, Bd. 4, Berlin 1977, S. 155.

35 K. Marx, Das Kapital. Erster Band, in: MEW, Bd. 23, a. a. O., S. 454.

zieren „durch Verwandlung des Arbeiters in den **selbstbewußten** Zubehör einer Teilmaschine“[36] (Hervorhebung — G. K.).

Für diese Widersprüche gibt es unter kapitalistischen Verhältnissen keine Lösung, denn es ist eine Tatsache, daß „keine Entwicklung der Maschinerie, keine chemische Entdeckung, keine Anwendung der Wissenschaft auf die Produktion, keine Verbesserung der Kommunikationsmittel, keine neuen Kolonien, keine Auswanderung, keine Eröffnung von Märkten, kein Freihandel, noch alle diese Dinge zusammengenommen das Elend der arbeitenden Massen beseitigen können, sondern daß vielmehr umgekehrt, auf der gegenwärtigen falschen Grundlage, jede frische Entwicklung der Produktivkräfte der Arbeit dahin streben muß, die sozialen Kontraste zu vertiefen und den sozialen Gegensatz zuzuspitzen“[37].

Marx gelangt, jedes einzelne „Verdienst“ des Kapitals untersuchend, zu dem Schluß, daß der Kapitalismus durchaus „nicht . . . die **absolute** Form für die Entwicklung der Productivkräfte ist“[38]. Schließlich stoßen die Grenzen der Entwicklung der Produktivkräfte mit den eigenen Grenzen der Natur des kapitalistischen Systems zusammen, womit seine gesellschaftliche Funktion beendet ist.[39]

Die marxistisch-leninistische Theorie der sozialistischen Revolution baut auf der Marxschen Theorie der Dialektik von Produktivkräften und Produktionsverhältnissen auf. Im Kampf gegen die Verabsolutierung der Rolle der Technik und für die Auseinandersetzung mit technikfeindlichen Auffassungen sind die Marxschen Ideen notwendiger theoretischer Ausgangspunkt. So steht zum Beispiel die Entwicklung der Technik als Selbstzweck und ihre extensive Entwicklung um jeden Preis — was in der Praxis einiger sozialistischer Länder in den 50er und 60er Jahren leider vorgekommen ist — entschieden im Gegensatz zu Marx' Auffassung, der in seinen „Ökonomischen Manuskripten 1857/1858“ wie auch im „Kapital“ auf die Bedingungen der rationalen Entwicklung der Technik verweist. So stellt er fest: „Wenn werthvolle Maschinerie angewandt würde, um geringe Productenmasse zu liefern, so würde sie nicht als Productivkraft wirken, sondern das Product unendlich mehr vertheuern als wenn ohne Maschinerie

[36] Ebenda, S. 508.

[37] K. Marx, Inauguraladresse der Internationalen Arbeiterassoziation, in: MEW, Bd. 16, a. a. O., S. 9.

[38] K. Marx, Ökonomische Manuskripte 1857/1858, in: MEGA, Abt. II, Bd. 1, T. 2, a. a. O., S. 327.

[39] Vgl. K. Marx/F. Engels, Manifest der Kommunistischen Partei, in: MEW, Bd. 4, a. a. O., S. 467ff. — Wir können hier nicht D. Bells Behauptung analysieren, der zufolge Marx im dritten Band des „Kapital“ eine Auffassung von der Zukunft der kapitalistischen Gesellschaft entwickelt habe, die von jener im ersten Band zu unterscheiden sei. Marx habe in seiner „zweiten Auffassung“ das Aufkommen und Funktionieren des Managers im Kapitalismus berücksichtigt und vertrete die Position, daß damit der Profit bereits in „gesellschaftliches Eigentum“ überführt werde. Bell stellt nun in diesem Zusammenhang unter Berufung auf P. Sweezey die Frage, ob das Fehlen einer „Lehre von dem spezifisch ökonomischen Zusammenbruch der kapitalistischen Produktion“ bei Marx darauf hindeutet, daß jener die sozialistische Revolution verworfen habe (vgl. D. Bell, Die nachindustrielle Gesellschaft, Frankfurt/M.—New York 1975, S. 67—70).

gearbeitet worden wäre."[40] Aber die Produktivität der technischen Investition beeinflußt auch das schon existierende technische Niveau. Marx sagt ausgehend von der konkreten Analyse der Textilindustrie: „Wieviel Arbeit der Flachs in einer Spinnerei einsaugen kann, hängt nicht von seinem Wert ab, sondern von seiner Quantität, wenn der Grad der Produktivität der Arbeit, d. h. die Stufe der technischen Entwicklung gegeben ist. Ebenso hängt die Beihilfe, die eine Maschine z. B. drei Arbeitern leistet, nicht von ihrem Wert, sondern von ihrem Gebrauchswert als Maschine ab. Auf einer Stufe der technischen Entwicklung kann eine schlechte Maschine kostspielig, auf einer andern eine gute Maschine wohlfeil sein."[41]

Wir haben die Marxsche Interpretation der Technik hinsichtlich folgender drei Aspekte untersucht:

1. Zunächst untersuchten wir die Technik als Bestandteil der Marxschen Gesellschaftstheorie und fanden, daß für die Technik die ganze Gesellschaft als „Eingangsgröße" in Betracht zu ziehen ist, wobei der Produktion selbstverständlich eine übergreifende Rolle zukommt.

2. Dann hoben wir die Technik als Teilsystem aus dem System der Produktion heraus und suchten die Marxsche Analyse nach ihrer inneren Struktur zu rekonstruieren.

3. Die Technik in die Gesellschaft „zurückversetzt", fanden wir, daß die „Zielgröße" der Technik wieder nur die Gesellschaft als Totalität ist; es ist trivial, daß die gesellschaftlichen Rückwirkungen die Produktion durch die Technik erreichen, deshalb haben wir darauf nur der Vollständigkeit halber verwiesen.

Es ist unumgänglich, diese Aspekte in die heutigen philosophischen Diskussionen um die Technik einzubeziehen. Wenn auch einzelne bürgerliche Denker aus dem Bestreben heraus, eindimensionale Modelle der technischen Entwicklung dadurch zu überwinden, daß sie einigen Momenten der Marxschen Auffassung Beachtung schenken[42] — die Totalität der gesellschaftlichen Determininiertheit der Technik beinhaltet jedoch nur die Marxsche Konzeption der Technik.

Schon Marx wandte sich gegen das Bestreben der bürgerlichen Vulgärökonomen, die lebendige der vergegenständlichten Arbeit gegenüberzustellen. Im Gegensatz dazu betrachtete er die Qualifiziertheit der menschlichen Arbeit als den höchsten Reichtum, welcher das existierende höchste Ergebnis der früheren Arbeit in der lebendigen Arbeit selbst war.[43] Die bürgerlichen Ideologen betrachten den Arbeiter schon aus technologisch-utilitärem Grund lediglich als eine Komponente der Produktion. Die „Vorstellung vom Kapitalfetisch ... die dem aufgehäuften Arbeitsprodukt, und noch dazu fixiert als Geld, die Kraft zuschreibt, durch eine eingeborne geheime Qualität ... in geometrischer

[40] K. Marx, Ökonomische Manuskripte 1857/1858, in: MEGA, Abt. II, Bd. 1, T. 2, a. a. O., S. 613.

[41] K. Marx, Das Kapital. Dritter Band, in: MEW, Bd. 25, Berlin 1968, S. 90.

[42] Vgl. z. B. die Beiträge des Bandes Technik — oder: wissen wir, was wir tun?, hrsg. von W. Ch. Zimmerli, Basel—Stuttgart 1976.

[43] Vgl. K. Marx, Ökonomische Manuskripte 1857/1858, in: MEGA, Abt. II, Bd. 1, T. 2, a. a. O., S. 580f.

Progression Mehrwert zu erzeugen"[44] dient dann schon der technologischen Apologie des Kapitalismus.

Ein charakteristisches Beispiel für neuere vulgärmaterialistische Technikauffassungen ist die Meinung von Z. Brzezinski. Er ignoriert die Produktionsverhältnisse, betrachtet die Produktivkräfte als autonomes System und, indem er darin die Technik verabsolutiert, hält er die Elektronik für die Haupttriebkraft der Entwicklung.[45]

Einige vom philosophischen Idealismus ausgehende bürgerliche Theoretiker idealisieren die Technik utopisch: Die Lenkung der Menschen übernimmt die Kybernetik, und so wird mittels Technik eine einfache Steuerung der Gesellschaft verwirklicht. Hier ist der Mensch nicht Subjekt der Lenkung und Leitung, sondern deren Objekt, hier ist er — wie bei Brzezinski — auch den Maschinen, den automatisierten kybernetischen Einrichtungen untergeordnet.

Der technologische (technische) Determinismus ist ein Produkt des 20. Jh. und seit seinem Entstehen ideologisch gegen die wissenschaftliche sozialistische Gesellschaftstheorie gerichtet.[46] In den Theorien der deutschen und russischen Revisionisten vor dem ersten Weltkrieg dominiert die Verabsolutierung der Technik, während „links"-anarchistische Richtungen die Rolle der Technik abwerten. Der von einem Technikkult und dem philosophischen Pragmatismus ausgehende amerikanische technologische Determinismus polemisiert seit seinem Entstehen mit dem Marxismus. Während L. Mumford den Marxisten eine übertrieben optimistische Technikauffassung, ja sogar einen solchen Technikkult unterstellt, wo die Technik sich zum Schaden der Freiheit des Innenlebens und der Persönlichkeit entwickelt, wirft ihnen W. F. Ogburn vor, daß sie in der Entwicklung der Gesellschaft nicht genügend folgerichtig bei der Anerkennung der Schlüsselrolle der Technik seien.[47]

Die Art, in der sich seit einigen Jahrzehnten die bürgerliche, reformistische und anarchistische Ideologie mit Marx und seinem Werk beschäftigen, ist sehr unterschiedlich und sehr differenziert zu bewerten. Sie reicht von weitgehend korrekten Texteditionen, von relativ sachlichen Biographien und Monographien über tendenziös eingefärbte, mit raffinierten Fälschungen und Fehldeutungen „angereicherte" Schriften bis zu schlicht unwissenschaftlichen Pamphleten. Letztlich dienen aber all diese „marxologischen" Produkte dazu, die aktuelle wissenschaftliche Gültigkeit des Marxismus-Leninismus für den revolutionären

[44] Vgl. K. Marx, Das Kapital. Dritter Band, in: MEW, Bd. 25, Berlin 1964, S. 412.

[45] Vgl. z. B. Brzezinski, Between two ages. America's Role in the Technetronic Era. New York 1970, Part I, S. 3—62, Part V, S. 255—309; Z. Brzezinski, Amerika im technotronischen Zeitalter, in: Aus Politik und Zeitgeschichte, Beilage zu: Das Parlament. Die Woche im Bundeshaus, (Hamburg) 22/1968.

[46] Vgl. S. Wollgast/G. Banse, Philosophie und Technik. Zur Geschichte und Kritik, zu den Voraussetzungen und Funktionen bürgerlicher „Technikphilosophie", Berlin 1979, S. 12.

[47] Vgl. L. Mumford, In the Name of Sanity, New York 1954; L. Mumford, Mythos der Maschine. Technik und Macht, Frankfurt/M. 1978; W. F. Ogburn, Social Change. With Respect to Culture and original Nature, London 1923, S. 242; vgl. dazu Ju. M. Šejnin, Teoretičeskoje bezsilije „techničeskogo determinizma", in: Kritika buržuaznych koncepcij, Moskva 1976, S. 97.

Befreiungskampf der ausgebeuteten Klassen und unterdrückten Völker um eine bessere sozialistische und kommunistische Lebensordnung auf dieser Erde anzuzweifeln. Auf die vielfältigen Varianten der bürgerlichen „Marxologie" sei hier nicht eingegangen. Philosophen der verschiedensten bürgerlichen Prägung suchen über die „Marxologie" die Grundthesen der marxistischen Theorie zu verfälschen. Ganz allgemein läßt sich „Marxologie", einem Gedanken W. I. Lenins folgend, als Widerspiegelung der Marxschen Philosophie in der bürgerlichen philosophischen Literatur bezeichnen. Es ist ein Versuch, den Marxismus „umzuwandeln" und „auszunutzen", ohne bürgerliche Positionen zu verlassen.[48] Eine Quelle der „Marxologie" ist stets der Revisionismus. Die „Marxologie" hat auch auf die philosophische Interpretation der Technik und der Technikwissenschaften Einfluß. Hier sei nur auf eine solcher Auffassungen andeutend und stellvertretend für andere eingegangen.

Ob die „Marxologen" hier eine These von Marx gönnerhaft akzeptieren oder dort eine verwerfen: sie begehen doch regelmäßig den Fehler, Begriffe zu verwechseln. Marx' angeblich „technischen Absolutismus" und „technischen Determinismus" leiten sie „logisch" davon ab, daß sie den Begriff der Produktion, der Produktivkraft, der Arbeitsmittel usw. mit dem Begriff der Technik vermengen. Wir haben gerade klarzustellen gesucht, daß der Platz der Technik in der Totalität der Gesellschaft und in der Gesellschaftstheorie ein ganz anderer ist, was die bürgerliche „Technikphilosophie" nicht oder unzureichend beachtet.

So hält z. B. J. Ellul, der in den Begriff der Technik die gesamte Gesellschaft einbezieht, Marx für einen technischen Deterministen. Er schreibt: „Die technische Entwicklung ist für Marx die Triebkraft der Geschichte, sie erhöht notwendigerweise die Produktivkräfte ... Die marxistische Lösung der technischen Probleme ist also automatisch."[49] Nach Ellul bedeutet für die Marxisten die Technik die Lösung im Kampfe des Proletariats. Die Technik ist in die sozialistische Gesellschaft integriert, wird vom Destruktiven zum Konstruktiven. Jedes anerkannte schwere Problem, das in der modernen Welt auftaucht, gehört zur Struktur des Kapitalismus und nicht zu der der Technik.[50]

In diesen Behauptungen ist jeder Typ der heutigen Mißdeutungen des Marxschen Technikbegriffes zu finden. Demnach ist bei den Marxisten die Technik ein absolutes Wundermittel zur Lösung der Probleme sowohl im Kampf um den Sozialismus, in der sozialistischen Gesellschaft als auch in der wissenschaftlich-technischen Revolution, die sich in zwei grundsätzlich unterschiedlichen Gesellschaftssystemen vollzieht. Marx schrieb: „Die **selfacting mule**, die größte Erfindung der modernen Industrie, schlug die rebellischen Spinner aus dem Felde.

[48] G. Belkina, Marxismus oder Marxologie. Zur Kritik westdeutscher marxologischer Konzeptionen zur Herausbildung der marxistischen Philosophie, Berlin 1975, S. 27ff.; vgl. E. Julier, Marx-Engels-Verfälschung und Krise der bürgerlichen Ideologie, Berlin 1975, S. 16—43; zur Analyse der „marxologischen" Literatur vgl. R. Bauermann u. a., Das Elend der „Marxologie". Eine Auseinandersetzung mit Marx-Engels-Verfälschungen, hrsg. vom Institut für Marxismus-Leninismus beim ZK der SED, Berlin 1975.

[49] J. Ellul, The Technological Order, in: The Technological Order. Proceedings of the Encyclopaedia Britannica Conference, ed. by Carl F. Stover, Detroit 1963, S. 20.

[50] Vgl. ebenda.

Hätten Gewerkschaften und Strikes keine andere Wirkung als die, mechanische Erfindungen gegen sich wachzurufen, schon dadurch hätten sie einen ungeheuren Einfluß auf die Entwicklung der Industrie ausgeübt."[51] Sollte Marx also von der Technik die Lösung im Klassenkampf erwartet haben? Oder sollten wir diesem historischen Beispiel entnehmen, daß die Entwicklung der Technik eine von allem unabhängige Selbstentwicklung ist? Doch gerade hier ist der Klassenkampf der aktive Faktor, der durchaus auf die technischen Erfindungen, auf den „mechanischen Genius" auch eine bedeutende Wirkung ausübt.

Ellul gehört zur soziologischen Richtung der Technikphilosophie, deren Eigenheit darin besteht, daß sie die Ökonomie, die Politik, die Gesellschaft in die Technik assimiliert. Der Technik räumt Ellul die herrschende Funktion ein, der Mensch spielt eine untergeordnete Rolle. Nach Ellul gibt es für den Menschen bei der Wahl zwischen Alternativen nur die Möglichkeit, die eine größere Wirksamkeit besitzende Technik zu wählen, aber dazu wäre auch ein Automat imstande.[52]

Die sog. Globalprobleme der modernen Welt resultieren nach Meinung der Marxisten in Wirklichkeit nicht aus der Technik, sondern sie ergeben sich letztlich aus der Struktur des Kapitalismus. Sie sind somit klassenmäßig bedingt oder zumindest beeinflußt.[53] Schon Marx und Engels sahen klar, daß unter den damaligen (und in einem großen Teil der Welt auch heute noch bestehenden) kapitalistischen Verhältnissen jeder technische und wissenschaftliche Erfolg ins Gegenteil umschlägt. Aber sie erklärten dies nicht aus irgendeinem unbesiegbaren, geheimnisvollen Geist der Technik. Schon zu seiner Zeit sah sich Marx gezwungen, gegen die aus dem negativen Technizismus folgende Technophobie aufzutreten, die für den nichtwissenschaftlichen Sozialismus, den romantischen Antikapitalismus schon zu jener Zeit charakteristisch war. Im Jahre 1856 stellte er fest: „Wir sehen, daß die Maschinerie, die mit der wundervollen Kraft begabt ist, die menschliche Arbeit zu verringern und fruchtbarer zu machen, sie verkümmern läßt und bis zur Erschöpfung auszehrt. Die neuen Quellen des Reichtums verwandeln sich durch einen seltsamen Zauberbann zu Quellen der Not. Die Siege der Wissenschaft scheinen erkauft durch Verlust an Charakter. In dem Maße, wie die Menschheit die Natur bezwingt, scheint der Mensch durch andre Menschen oder durch seine eigene Niedertracht unterjocht zu werden. Selbst das reine Licht der Wissenschaft scheint nur auf dem dunklen Hintergrund der Unwissenheit leuchten zu können. All unser Erfinden und unser ganzer Fortschritt scheinen darauf hinauszulaufen, daß sie materielle Kräfte mit geistigem Leben ausstatten und das menschlichen Leben zu einer materiellen Kraft verdummen. Dieser Antagonismus zwischen moderner Industrie und Wissenschaft auf der einen Seite und modernem Elend und Verfall auf der andern Seite, dieser Antagonismus zwischen den Produktivkräften und den gesellschaftlichen Beziehungen unserer Epoche ist eine handgreifliche, überwältigende und unbestreitbare Tatsache. Einige Parteien mögen darüber wehklagen; andere mögen wün-

[51] K. Marx, Das Elend der Philosophie, in: MEW, Bd. 4, a. a. O., S. 176.

[52] Vgl. J. Ellul, The Technological Society, New York 1964.

[53] Vgl. E. Hahn, Die Dialektik des Fortschritts in unserer Zeit, in: Die Dialektik des Geschichtsprozesses in der Epoche des Übergangs vom Kapitalismus zum Sozialismus, Berlin 1980, S. 35ff.

schen, **die modernen technischen Errungenschaften loszuwerden, um die modernen Konflikte loszuwerden.** Oder sie mögen sich einbilden, daß ein so bemerkenswerter Fortschritt in der Industrie eines ebenso bemerkenswerten Rückschritts in der Politik zu seiner Vervollständigung bedarf. Wir für unseren Teil verkennen nicht die Gestalt des **arglistigen Geistes**, der sich fortwährend in all diesen Widersprüchen offenbart. Wir wissen, daß die neuen Kräfte der Gesellschaft, um richtig zur Wirkung zu kommen, nur neuer Menschen bedürfen, die ihre Meister werden — und das sind die Arbeiter"[54] (Hervorhebung — G. K.).

Das Zitat belegt, daß Marx die negativen Auswirkungen der technischen Entwicklung schon zu seiner Zeit gesehen hat und glaubte, daß dieselben nicht ohne weiteres beseitigt werden können. Zu ihrer Beseitigung ist „nur" notwendig, daß „neue Menschen" Herr derselben werden; die Bedingung der Lösung sah er in der Macht der Arbeiterklasse. Das ist nur böswillig so zu mißdeuten, als ob nach Marx die automatische Entwicklung der Technik alle Probleme eliminieren würde. Natürlich stehen die heutigen Marxisten vor einer Situation, die Marx noch nicht vorauszusehen vermochte, daß nämlich die wissenschaftlich-technische Revolution in einer in zwei Weltsysteme gespaltenen Welt begonnen hat, in deren Fortsetzung die im Kapitalismus auftretenden oftmals dramatischen Folgen der technischen Entwicklung auch die sozialistischen Länder berühren.

M. McLuhan, dessen technologischer Determinismus sich konkret darin offenbart, daß er den Kommunikationsmitteln eine dominierende Rolle zuschreibt, beschuldigt Marx völlig grundlos, dieser habe seiner Analyse gerade zum falschen Zeitpunkt die Maschine zugrunde gelegt: „. . . gerade damals, als der Telegraf und andere implosive Formen begannen, die mechanische Dynamik ins Gegenteil zu kehren."[55] In Wirklichkeit wußte aber Marx schon damals, als es noch nicht die heutige Computer-Technik gab, daß die menschliche Arbeitskraft nicht nur durch Maschinen, die Muskel- und Handarbeit durchführen, ersetzt werden kann. Das zeigt auch eine der bei Beschäftigung mit Marx' Technikauffassung sehr häufig zitierte Marxsche Bestimmung: „Die Natur baut keine Maschinen, keine Locomotiven, Eisenbahnen, electric telegraphs, selfacting mules etc. Sie sind Producte der menschlichen Industrie; natürliches Material, verwandelt in Organe des menschlichen Willens über die Natur oder seiner Bethätigung in der Natur. Sie sind von **der menschlichen Hand geschaffne Organe des menschlichen Hirns;** vergegenständlichte Wissenskraft."[56] Nach Marx liegt die Quelle der Technikentwicklung im Widerspruch des Systems Mensch—Technik, und ihre grundlegende Richtung in der Ersetzung der menschlichen Kraft durch die **natürlichen**

[54] K. Marx, Rede auf der Jahresfeier der „People's Paper" am 14. April 1856 in London, in: MEW, Bd. 12, Berlin 1961, S. 3f.

[55] M. McLuhan, Die Magischen Kanäle. „Understanding Media", Düsseldorf—Wien 1968, S. 47. — M. McLuhan war seit 1963 Direktor am Institut des „Centre for Culture and Technology" an der Universität Toronto, Kanada. Zu seinen bekanntesten Werken gehören weiter: Die Gutenberg-Galaxis. Das Ende des Buchzeitalters, Düsseldorf—Wien 1968 und: From Cliché to Archetype, New York 1970.

[56] K. Marx, Ökonomische Manuskripte 1857/1858, in: MEGA, Abt. II, Bd. 1, T. 2, a. a. O., S. 582.

Kräfte; dies sind nicht nur mechanische, sondern verschiedenartige natürliche Kräfte. Unter den ihm bekannten Kräften hebt Marx z. B. oft die Rolle der chemischen Technik hervor. Die mechanische, chemische und andere Technik wirkt auch auf die menschlichen Fähigkeiten zurück und bewirkt schließlich einen „wohlthätigsten Wechsel", den „die Welt noch kennen gelernt hat".[57]

Andere Kritiker des Marxismus sprechen nachgerade „vernichtend" vom angeblichen Technizismus der Marxisten. Unter Verweis auf „Die deutsche Ideologie" behauptet z. B. K. Hübner, nach Marx entfalte sich die Technik zu jeder Zeit autonom, andere Faktoren beschleunigten oder hemmten diese Entfaltung höchstens. Hübner untersucht die bedürfnisbefriedigende Rolle der Technik bei F. Dessauer. Er vergleicht dessen Auffassung mit der von Marx. Nach Hübner sind Marx wie Dessauer Anhänger eines unveränderlichen und insofern ungeschichtlichen Selbstverständnisses der Technik. Lediglich die Beziehung von Technik und Bedürfnissen sei bei Marx gegenüber Dessauer genau umgekehrt. Bei Marx folgten „die Bedürfnisse immer mehr den Zwängen einer sich von selbst ausweitenden Technik"[58]. Übrigens stellt Hübner dem angeblich „ungeschichtlichen" Marx die „Geschichtlichkeit der Technik" bei J. Ortega y Gasset und M. Heidegger gegenüber, da er nur die geistesgeschichtliche Richtung für historisch hält.

Ortega y Gasset schrieb zum Verhältnis von Technik und Bedürfnissen, daß die Technik die Reform sei, „die der Mensch der Natur im Hinblick auf die Befriedigung seiner Notwendigkeiten auferlegt ... Daher ist die Technik eine energische Reaktion gegen die Natur oder Umwelt ... Fest stehe daher: die Technik ist nicht das, was der Mensch tut, um seinen Notwendigkeiten Genüge zu tun ... Die Technik ist die Reform der Natur ... in dem Sinne, daß die Bedürfnisse nach Möglichkeit beseitigt werden, damit ihre Befriedigung aufhört, Problem zu sein." Weiter heißt es bei Ortega y Gasset: „Ein Mensch ohne Technik ... ist kein Mensch ... der Mensch ist ein Lebewesen, für das nur das Überflüssige notwendig ist ... Die Technik ist die Erzeugung des Überflüssigen."[59]

Es ist hier nicht der Ort, den stark vom Existentialismus geprägten Auffassungen Ortega y Gassets ausführlich entgegenzutreten. Wir verweisen daher nur auf Marx' dialektischen Standpunkt zu den Bedürfnissen.[60] Ein Bedürfnis ist ein bestimmtes objektiv gegebenes Verhältnis zwischen den Menschen als Bedürfnisträger und ihren gesellschaftlich bestimmten Existenzbedingungen als dem Gegenstand der Bedürfnisse. Bedürfnisse stellen ein auf Gebrauch oder Verbrauch von

[57] Ebenda, S. 591. — Marx zitiert hier: R. Owen, Essays on the formation of the human charakter, London 1840, S. 58.

[58] K. Hübner, Philosophische Fragen der Technik, in: H. Lenk/S. Moser (Hrsg.), Techne — Technik — Technologie, a. a. O., S. 146. — Zur Auseinandersetzung mit den „technikphilosophischen" Auffassungen K. Hübners vgl. S. Wollgast/G. Banse, Philosophie und Technik, a. a. O., S. 211 ff.

[59] J. Ortega y Gasset, Betrachtungen über die Technik, Stuttgart 1949, S. 23—32.

[60] K. Marx/F. Engels, Die deutsche Ideologie, in: MEW, Bd. 3, Berlin 1959, S. 28ff.; K. Marx, Das Elend der Philosophie, in: MEW, Bd. 4, a. a. O., S. 74ff.; K. Marx, Einleitung zur Kritik der politischen Ökonomie, in: MEW, Bd. 13, a. a. O., S. 620ff.

materiellen und geistig-kulturellen Gütern und Diensten gerichtetes Verlangen der Menschen dar. Die Produktion dient direkt oder indirekt stets der Befriedigung menschlicher Bedürfnisse. Sie wird durch diese Bedürfnisse vorangetrieben. Zwischen den Bedürfnissen und der Produktion bildet sich in der Gesellschaft ein komplizierter dialektischer Zusammenhang heraus. Die Befriedigung des einen Bedürfnisses durch die Produktion ruft neue Bedürfnisse hervor, und das beeinflußt auf die eine oder andere Weise wieder die Produktion: „Ohne Bedürfniß keine Production. Aber die Consumtion reproducirt das Bedürfniß."[61] Wie Marx weiter betont, produziert die Produktion „auch die Weise der Consumtion ... nicht nur objektiv, sondern auch subjektiv"[62]. Dabei wird das Verhältnis zwischen den Bedürfnissen der Menschen und der Produktion durch die Produktionsverhältnisse vermittelt: Die Bedürfnisse wirken nicht unmittelbar auf die Produktivkräfte und ihre Entwicklung ein, sondern nur über die Produktionsverhältnisse. Wir verweisen darauf, daß wir zu Beginn unserer Ausführungen vom abstrakten Begriff der Produktion ausgingen und dort die Bedürfnisse nicht aus der Technik ableiteten, sondern eingebettet in das Ganze des Produktionsprozesses untersuchten.

F. Rapp sucht die gesellschaftskritische Tendenz der „Technikphilosophie" zu analysieren. Für die sozialistischen Länder geht er von einer „im Ostblock etablierten technikoptimistischen Lehre aus, die besagt, daß der Kommunismus die unbegrenzte Entfaltung der Produktivkräfte und eine allgemeine Überflußgesellschaft herbeiführen werde". Er beruft sich dazu auch auf den bekannten Satz von Lenin „Kommunismus ist Sowjetmacht plus Elektrifizierung des ganzen Landes", und sucht zu beweisen, daß im „orthodoxen" Marxismus der sozialistischen Länder die Verabsolutierung der Technik zur „staatlich propagierten Norm" wurde.[63]

Diese Darstellung ist einseitig und gibt die Auffassung des Marxismus-Leninismus nicht exakt wider. Die heuristische Bedeutung der Marxschen Theorie wird von F. Rapp nicht in Abrede gestellt, er bejaht jedoch den Revisionismus der „Neomarxisten". Die sozialistische Industrialisierung in der Sowjetunion und in den anderen sozialistischen Ländern wird oft — analog zu Ellul — als Ausdruck einer Verabsolutierung oder Fetischisierung der Technik aufgefaßt. So schreibt auch H. Lübbe — sich ebenfalls auf den zitierten Leninschen Satz berufend: „Es entspricht dieser Theorie, daß in der Ideologie des Marxismus-Leninismus die Technik einen ideologischen Stellenwert wie in keinem anderen politischen System hat."[64]

Es gab zweifellos in verschiedenen sozialistischen Ländern in bestimmten Entwicklungsphasen Tendenzen, die auf eine vorrangige Entwicklung der Technik

[61] K. Marx, Ökonomische Manuskripte 1857/1858, in: MEGA, Abt. II, Bd. 1, T. 1, a. a. O., S. 28.

[62] Ebenda, S. 29.

[63] F. Rapp, Analytische Technikphilosophie, Freiburg—München 1978, S. 26, S. 90; vgl. W. I. Lenin, Unsere außen- und innenpolitische Lage und die Aufgaben der Partei, in: Lenin, Werke, Bd. 31, Berlin 1966, S. 414.

[64] H. Lübbe, Technik in Politik und Ideologie, in: Technik wozu und wohin?, hrsg. von H. Fischer, Bd. 3, Zürich 1981, S. 136.

orientieren. Der politische und militärische Schutz des Sozialismus, die Sicherstellung des bisher Erreichten, und die weitere Erhöhung des Lebensniveaus der Bevölkerung stellen hohe Anforderungen an die ökonomische und technische Leistungskraft der einzelnen Volkswirtschaften. Diese ökonomische Leistungsfähigkeit wird — neben der Qualifikation und der Einsatzbereitschaft der Werktätigen, der gesellschaftlichen Zielstellung u. a. — maßgeblich vom Entwicklungsstand der Produktivkräfte und der Vervollkommnung der materiell-technischen Basis bestimmt. Ermöglichen doch Wissenschaft, Technik und Technologie einen hohen Zuwachs der Arbeitsproduktivität, die Verbesserung der Arbeits- und Lebensbedingungen — letztlich die immer bessere Befriedigung der materiellen und geistig-kulturellen Bedürfnisse. Mithin ist technische Entwicklung kein Selbstzweck, sondern Mittel zum Zweck. Auch J. W. Stalin, der eine technizistische Interpretation des Marxismus sehr weit getrieben hatte, legte z. B. großes Gewicht auf die Kaderausbildung und die Erhöhung des Niveaus der Fachausbildung und der Allgemeinbildung. Dies wurde auch von dem in diesem Zusammenhang meistzitierten XVIII. Parteitag der KPdSU (B) im Jahre 1939 zur Aufgabe gesetzt, auch wenn dort ein ziemlich unrealistisches und schematisches Programm für den allmählichen Übergang zum Kommunismus ausgearbeitet und angenommen wurde.

Auch L. Mumford interpretiert Marx so, als hätte er die Rolle der Produktivkräfte bzw. darin die Rolle der Technik verabsolutiert. Mumford will diesen „Wahnglauben“ von Marx „berichtigen“. So unterstreicht er, daß der Fortschritt von Technik und Wissenschaft kein Selbstzweck ist. Das steht natürlich außer Frage. Zur Haltlosigkeit der gegen Marx erhobenen Vorwürfe haben wir schon bei der Skizzierung der Marxschen Interpretation des komplexen Verbindungssystems Technik—Gesellschaft einschlägige Textstellen zitiert. Natürlich wissen wir auch, daß die „Erledigung“ eines Zitats, einer Auffassung durch ein entgegengesetztes Zitat kein Argument ist. Aber die von uns herangezogenen Zitate des originären Marx vermitteln doch ein anderes Bild von seiner Lehre, als Mumford es darstellt. Häufig wird ja gerade vergessen, bei Diskussionen um Marx und den Marxismus auf die Quellen selbst zurückzugehen. Das erweist sich immer wieder als entscheidender Mangel. Er ist gelegentlich selbst bei Marxisten zu konstatieren.

H. Lenk hat sich in seinen Arbeiten zur Technikphilosophie bemüht, die Marxsche Konzeption — innerhalb gewisser Grenzen — objektiv zu beurteilen; nach eigenen Worten sucht er eher eine interdisziplinäre Annäherung als die ideologische Auseinandersetzung.[65] Er anerkennt Marx' historische Verdienste bei der Ausarbeitung einer philosophischen Theorie der Technik. Die Aktualität der Marxschen Techniktheorie stellt er allerdings in mindestens einer Beziehung in Frage: Marx habe den Begriff der Technik auf die Produktionssphäre eingeengt. Damit besitze diese Theorie in der „Konsumgesellschaft“ keine Gültigkeit mehr, weil heute ein Großteil der technischen Mittel nicht im Arbeitsprozeß, sondern im Freizeitbereich bzw. bei der Ausübung von Hobbys (einschließlich des

[65] Vgl. H. Lenk/G. Ropohl, Toward an Interdisciplinary and Pragmatic Philosophy of Technology: Technology as a Focus for interdisciplinary Reflection and Systems Research, in: Research in Philosophy & Technology, Greenwich, Vol. 2, 1979, S. 27.

Luxuskonsums) zur Anwendung kommt. Das ist insofern richtig als Marx natürlich nicht alle Wesenszüge der hochentwickelten imperialistischen Gesellschaft vorauszusehen vermochte. Übrigens hat Lenin dabei entscheidendes geleistet, das Wesen des Imperialismus verdeutlicht. Aber auch schon bei Marx gibt es Äußerungen, die die heutigen Widersprüche der entwickelten imperialistischen Gesellschaft weitsichtig charakterisieren. So schreibt er z. B.: „Das Wohlfeilerwerden aller Waren, was übrigens für die unmittelbarsten Lebensmittel nicht der Fall ist, macht, daß der Arbeiter zusammengesetzte Lumpen trägt und sein Elend die Farben der Zivilisation trägt."[66]

Andererseits hat sich die dominierende Rolle der Produktionstechnik in allen Sphären der Gesellschaft seit Marx nicht verändert. Also verfahren wir heute richtig, wenn wir das Eindringen der Technik in die außerhalb der Produktion liegenden Sphären beachten, zugleich aber nicht aus den Augen verlieren, daß wir das Wesen der Technik auch heute in der Funktion der Produktivkräfte finden.

Wir können zusammenfassend feststellen, daß uns die Rekonstruktion und Aneignung der Marxschen Technikauffassung wertvolles theoretisches Rüstzeug für die wissenschaftliche Untersuchung der die gesamte Menschheit berührenden Probleme unserer Zeit liefert. Die **kognitive** Funktion dieser Theorie besteht einerseits darin, daß das Bezugssystem der Grundbegriffe der Gesellschaftswissenschaften sowohl auf philosophischer wie auch auf einzelwissenschaftlicher Ebene erschlossen wird, zum anderen, daß den Einzelwissenschaften, die die mit der Technik zusammenhängenden technischen, wirtschaftlichen u. a. Probleme untersuchen für die konkreten Lösungen methodologische Ausgangspunkte geboten werden.

Die Marxsche Interpretation der Technik hat ebenso wie das ganze System der Marxschen Gesellschaftstheorie eine wichtige ideologische Funktion im konstruktiven wie im kritischen Sinne. Sie betrachtet das Verhältnis von Mensch und Technik als ein wichtiges weltanschauliches Problem der Gegenwart. Bei der Erforschung dieser Frage macht sie den Klassenstandpunkt nachdrücklich geltend. Wie fruchtbringend dieses Herangehen ist, wird vor allem durch die marxistische Analyse der wissenschaftlich-technischen Revolution deutlich.[67] Daneben bedeutet die Anerkennung und Anwendung des Standpunktes von Marx auch, daß die Untersuchung vom Klassenstandpunkt aus die allgemeinen Probleme der Menschheit einschließt. Das heißt, auch jene Bezüge der humanen Implikationen der Technik werden berücksichtigt, die nicht an Klasseninteressen gebunden, sondern allen, in den unterschiedlichsten wirtschaftlich-politischen Systemen lebenden Menschen gemeinsam sind. Zum Themenkreis „Technik, Humanismus und Frieden" wurde zum Beispiel auf dem XVI. Internationalen Kongreß für Geschichte der Wissenschaft in Bukarest (26. Aug.—3. Sept. 1981) ein Symposium abgehalten,

[66] Vgl. K. Marx, Aus dem handschriftlichen Nachlaß, in: MEW, Bd. 6, Berlin 1959, S. 541.

[67] Vgl. z. B. Wissenschaftlich-technische Revolution und Gesellschaft, Leipzig/Moskau 1976; M. Buhr/G. Kröber (Hrsg.), Mensch — Wissenschaft — Technik. Versuch einer marxistischen Analyse der wissenschaftlich-technischen Revolution, Berlin 1977.

wo Forscher unterschiedlicher Weltanschauung ein gemeinsames Ziel verfolgten: die Menschheit vor der antihumanen Verwendung der Technik zu warnen.[68]

Schließlich kann die Technikauffassung von Marx bei der Fundierung der gegenwärtigen Wertvorstellungen helfen. Unser objektives, sachliches Verhältnis zur Technik kann uns davor bewahren, die Proportionen zu mißachten, kann zur Ausbildung eines Verhaltens beitragen, dessen Hauptbezugspunkt der Mensch ist, wo die Technik ein menschlichen Zielen dienendes Mittel, nicht Selbstzweck und Selbstwert ist.[69]

Die Marxsche Interpretation der Technik als Vermittler der Aneignung der Natur durch den Menschen kann letztlich auch zur Herausbildung eines **ethischen** Verhältnisses zur natürlichen Umwelt beitragen. Die dialektisch-materialistische Gesellschaftstheorie duldet auch in Verbindung mit der Natur keinen blinden, selbstgefälligen Voluntarismus.

[68] Vgl. Proceedings of the XVIth International Congress of the History of Science. B. Symposia, Bukarest 1981, S. 17—81.

[69] Vgl. z. B. H. Hörz, Wissenschaftlich-technischer Fortschritt und sozialistischer Humanismus, in: DZfPh, 3—4/1981, S. 343ff.

Hans-Ulrich Wöhler

Weltanschauliche Aspekte der Technikbetrachtung in der Periode des Manufakturkapitalismus

Untersucht man die historischen Voraussetzungen der gegenwärtigen spätbürgerlichen „Technikphilosophie“ so dürfen nicht nur die sozialökonomischen, politisch-ideologischen und wissenschaftsgeschichtlichen Prozesse der industriellen und der wissenschaftlich-technischen Revolution berücksichtigt werden. Vielmehr ist gerade die Periode des Manufakturkapitalismus in mehrfacher Hinsicht maßgebend gewesen für die Herausbildung der „Technikphilosophie“ seit Mitte des 19. Jh. In dieser Periode bildeten sich bereits die hauptsächlichen Fragestellungen zur Rolle der Technik und des Technikers in der Gesellschaft, zur Spezifik der technischen Erkenntnisgewinnung und zur Einordnung des Phänomens Technik in das Weltganze aus. Auch die heute noch maßgebenden Grundrichtungen in der Beantwortung der genannten Fragestellungen formierten sich im wesentlichen bereits in der Periode des Manufakturkapitalismus. In dem buntschillernden geistigen Leben dieser Übergangszeit zwischen Feudalismus und Kapitalismus war die weltanschaulich-philosophische Stellungnahme zu Problemen der Technik charakteristisch sowohl für die Fachphilosophie, als auch für die Natur- und Gesellschaftswissenschaften, für die Publikationen der Techniker selbst, für Lexika, Enzyklopädien, Zeitschriften und Werke der Belletristik. Selbst die Theologie sparte die Technik nicht mehr aus ihren Betrachtungen aus. Die Bourgeoisie bildete sich zur nationalen Klasse, jedoch übten die feudalen Verhältnisse noch einen starken Druck auf alle Bereiche der Gesellschaft aus. Die gesellschaftlichen Widersprüche und das sich jeweilig artikulierende Klasseninteresse trugen entscheidend zur Formung von Leitbildern über die Technik bei. Bei vorherrschendem Fortschrittsglauben und Technikoptimismus der bürgerlichen Ideologen äußerten sich besonders in Umbruchphasen der sozialen und technischen Entwicklung einander stark widersprechende technikphilosophische Konzeptionen. Historisch auffallend hierbei ist vor allem das merkliche Abklingen euphorischer Betrachtungen über die Technik bei zunehmender Durchsetzung der kapitalistischen Produktionsverhältnisse und dem schließlichen Eintritt der kapitalistischen Gesellschaft in ihr imperialistisches Entwicklungsstadium.

A. N. Čistozvonov charakterisierte den Manufakturkapitalismus prägnant mit folgenden Worten: „Hegemonie des Handelskapitals, ungenügende Reife der kapitalistischen Verhältnisse. Unreife des Klassenantagonismus zwischen Vorproletariat und Bourgeoisie, Unsicherheit für die irreversible Variante der Entwicklung des Kapitalismus und Möglichkeit eines Triumphes der feudalen

Reaktion."[1] Mit dieser Situation kontrastierten auf merkwürdige Weise die anspruchsvollen Projekte, Programme, Leitbilder und Idealvorstellungen über die Technik, die sich seit der Renaissance in wachsendem Maße in der Literatur finden. Die hingegen immer mehr Raum gewinnende Nüchternheit in der Betrachtung der Technik bis zum Beginn der industriellen Revolution ist zu einem wesentlichen Teil ein Resultat der Desillusionierung und des Realitätsgewinns, wie natürlich auch des Erkenntnisfortschritts. Beide Momente hängen eng miteinander zusammen und basieren auf der Entwicklung der sozialen Widersprüche, die A. N. Čistozvonov für den Manufakturkapitalismus namhaft gemacht hat. Als besondere Periode innerhalb der Epoche des Verfalls des Feudalismus und der ersten bürgerlichen Revolutionen erlebte der Manufakturkapitalismus seine Blütezeit im 17. und 18. Jh. Das Wirtschaftsleben Deutschlands prägte er noch bis zum Beginn des 19. Jh.

In der Philosophie bildete sich seit dem 16. Jh. allmählich die klassische bürgerliche Philosophie heraus. Zwar erklärte sie Aristoteles zum „toten Hund", der Aristotelismus aber lebte in der katholischen und protestantischen Schulphilosophie und Theologie weiter. Mit beiden Richtungen konkurrierten unterschiedliche mystisch-spekulative Systeme, die vor allem auf dem Neuplatonismus basierten. Angesichts dessen stellten die philosophischen Neuerungen von B. Telesio, G. Bruno, F. Bacon, R. Descartes, P. Gassendi, B. Spinoza, J. Locke u. a. noch zarte Keime dar, die sich starker gegnerischer Kräfte zu erwehren hatten. Das geistige Leben der Gesellschaft im allgemeinen und das des sich emanzipierenden Bürgertums im besonderen war durch eine eigenartige Mischung von Diesseitsorientierung, Forscherdrang und Erfahrungswissen einerseits sowie andererseits durch Versuche zur logischen Untermauerung bzw. Verinnerlichung der Religion gekennzeichnet. Der Materialismus konnte nur sehr zaghaft und allmählich sein Haupt erheben und sich nur schwer von den metaphysischen Fesseln befreien. Offener Atheismus war nahezu unmöglich. In einer solchen geistigen Atmosphäre der vorwiegend religiös geprägten Weltanschauung konnten sich dennoch der Baconismus, der Cartesianismus sowie der Atomismus und Spinozismus als maßgebende philosophische Denkansätze im Bewußtsein vieler Naturwissenschaftler durchsetzen. Auch der in Deutschland, England, Frankreich, den Niederlanden und Polen verbreitete Paracelsismus trug wesentlich bei zur Aufwertung der Natur und insbesondere zu ihrer Aneignung und Umgestaltung zum Nutzen des Menschen. Die wissenschaftliche Revolution vom 16.—18. Jh., die von N. Copernicus bis I. Newton zum Entstehen der experimentellen Naturwissenschaft und zur Konstituierung von einzelnen Disziplinen der ökonomischen und Ingenieurwissenschaften führte, erhielt seitens der Philosphen wie auch seitens der Künstler-Ingenieure, Kriegsbaumeister und Techniker bedeutende Rückenstärkung. Das vor allem von N. Tartaglia, G. Galilei, F. Bacon und R. Descartes geprägte Leitbild der „Neuen Wissenschaft" mit seiner entschiedenen Betonung der Einheit von Theorie und Praxis, von Wissenschaft und Technik stimulierte das Wirken dieser Gruppen wesentlich.

[1] A. N. Čistozvonov, Über die stadial-regionale Methode bei der vergleichenden Erforschung der bürgerlichen Revolutionen des 16. bis 18. Jahrhunderts in Europa, in: Zeitschrift für Geschichtswissenschaft (Berlin), 1/1973, S. 44.

Hieran schließt auch unmittelbar die verstärkte Reflexion der experimentellen und Ingenieurtätigkeit in der bürgerlichen und einem Teil der aristotelischen und der paracelsischen Philosophie an. Zum anderen schrieben seit dem 16. Jh. Techniker und Ingenieure eine Vielzahl von Abhandlungen über die Konstruktion und Anwendung neuer Maschinen und Instrumente, in denen sie die Nutzung wissenschaftlicher Prinzipien in der Arbeit des Ingenieurs demonstrierten und die praktische Realisierung ihrer Erfindungen forderten. Neben Problemen der Mechanik fanden vorrangig die Prozesse der Stoffgewinnung und -wandlung im Bergbau, Hüttenwesen und der gewerblichen Chemie, Prozesse der Stoffverarbeitung in den Manufakturen, der wissenschaftliche Instrumentenbau, Architektur und Wasserbau, Festungs- und Geschützbau und schließlich auch die technischen Spielereien besondere Berücksichtigung. Stellvertretend für viele andere seien hier Leonardo da Vinci, V. Biringuccio, G. Agricola, J. Besson, A. Ramelli, V. Zonca, G. A. Böckler und J. R. Glauber genannt, die mit ihren Abhandlungen und Darstellungen von technischen Prozessen und Einrichtungen als Pioniere wirkten.[2] Für die Abhandlungen und Darstellungen der Technik in der Manufakturperiode war charakteristisch, daß trotz einiger Ausnahmen die Produktionstechnik in Landwirtschaft und Handwerk weitgehend außerhalb wissenschaftlicher und weltanschaulich-philosophischer Untersuchungen blieb bzw. nur beschrieben und katalogisiert wurde. Der wesentlich konservative Charakter dieser Produktionstechnik war einer der Hauptgründe für die im Urteil der Zeitgenossen unbefriedigende Durchsetzung wissenschaftlichen Entdeckungsgeistes in der Technik und technischen Erfindergeistes in den Wissenschaften. Der unmittelbar gesellschaftliche Ausdruck des Konservatismus der bestehenden Produktionstechnik waren die Zünfte, die hartnäckig um die Beibehaltung ihrer Privilegien rangen. Es ist also folgerichtig, wenn sich unsere Darstellung der Auffassungen über die Technik in der Periode des Manufakturkapitalismus vor allem auf die Prozesse, Vertreter und Konzeptionen konzentriert, die mit der engen Verschmelzung von Wissenschaft und Technik verbunden waren. Die Hauptinhalte dieser Prozesse wurden bereits mit den Gegenständen der technischen Literatur aus dieser Periode genannt.

Das philosophisch Bedeutsame an der frühbürgerlichen Betrachtung der Technik liegt vor allem im empiristisch-materialistischen Herangehen begründet, das freilich keine völlige Absage an idealistische Vorstellungen bedeutete. Die neue Sicht des Menschen als eines denkenden und aktiv handelnden Wesens, das die Natur erkennen und beherrschen kann, hatte bedeutende Konsequenzen für die progressiven Ansichten des Bürgertums über die Technik. Trotz aller Kompromisse mit der Religion lieferte diese weltanschauliche Wende die Voraussetzung für eine programmatische Aufwertung des Experiments und der technischen Praxis. F. Bacon war, wie K. Marx und F. Engels betonten[3], der „wahre Stammvater“ dieses Herangehens. Er hatte in seinen Werken „Advancement of Learning“ (1605) und „Nova Atlantis“ (1626) wesentliche Grundlagen für das Programm der Einheit von Naturphilosophie, Humanphilosophie und

[2] Vgl. G. Banse/S. Wollgast (Hrsg.), Biographien bedeutender Techniker, Ingenieure und Technikwissenschaftler, Berlin 1983, S. 23—24, S. 34—75.

[3] K. Marx/F. Engels, Die heilige Familie, in: MEW, Bd. 2, Berlin 1970, S. 135.

Technik gelegt. Die wirkende Natur, der tätige Mensch in der Wissenschaft und in der technischen Praxis sollten aufs engste miteinander verwachsen. Das Ziel bestand in der Verbesserung des Lebens der Menschheit und der Stärkung der jeweiligen Staaten durch die Entwicklung von Wissenschaft und Technik. Unter „operativer Naturphilosophie" verstand Bacon sowohl Mechanik als auch eine Naturmagie, wobei er u. a. auf der auch in England einflußreichen Paracelsustradition fußte.[4] In sie schloß er dabei sowohl Agrikultur, Bergbau, Metallurgie, Chemie und andere Techniken als auch die Abhandlungen des G. Agricola, Heron von Alexandria u. a. über verschiedene Gebiete der Technik und ferner einen methodologischen Leitfaden zur Gewinnung neuer Erkenntnisse auf dem Weg des Experimentierens ein. Bacon grenzte sich entschieden von einer kontemplativen Naturphilosophie ab, wie sie in der aristotelischen und zum Teil auch in der telesianischen Tradition vorlag. Somit sind in seinem Denken sowohl ein anthropologisch orientiertes Weltbild, eine aktivistische Naturphilosophie als auch eine utilitaristische Haltung zur Wissenschaft und ihrer Rolle in der Gesellschaft vereint. Auf dieser Basis konnte sich der Baconismus bzw. die sog. „experimentelle Philosophie" als das bestimmende weltanschaulich-ideologische Konzept des aufstrebenden Bürgertums entwickeln und bis zur industriellen Revolution wesentlich zur Entfaltung von Wissenschaft und Technik zum Nutzen der Gesellschaft beitragen. Die von G. Plattes verfaßte utopische Denkschrift „Description of the Famous Kingdom of Macaria" (1641), die er an das englische Parlament richtete, forderte seitens der technischen Praxis ebenfalls eine staatliche Förderung der Wissenschaft. Neben anderen philosophischen Richtungen war der Baconismus von erheblichem Einfluß in der „Royal Society of London for further promoting by the authority of experiments the Sciences of natural things and of useful arts". So lautete der volle Titel, der der Londoner Akademie in ihrer von Karl II. am 15. 7. 1662 unterzeichneten Charta verliehen wurde. Während die Akademie in London wie viele andere Akademiegründungen auf dem Kontinent[5] eindeutig auf die Erreichung eines schnellen praktischen Nutzens in der Wirtschaft des Königreiches orientiert war, entsprang die Tätigkeit der immer zahlreicher werdenden Erfinder, die aus dem Handwerk kamen, nach C. Webster im wesentlichen einer „Kombination von laienhafter Wißbegier und ökonomischer Erfahrung"[6]. Aus diesen unterschiedlichen Motiven entsprang eine echte Konkurrenzsituation, wie insbesondere die Entwicklung der Pariser Akademie beweist, auf die noch einzugehen sein wird.

[4] F. Bacon, De dignitate et augmentis scientiarum libri IX, in: The works of Francis Bacon, Bd. 1, Stuttgart 1963, S. 571 ff.

[5] Vgl. L. Hammermayer, Akademiebewegung und Wissenschaftsorganisation. Formen, Tendenzen und Wandel in Europa während der zweiten Hälfte des 18. Jahrhunderts, in: Wissenschaftspolitik in Mittel- und Osteuropa. Wissenschaftliche Gesellschaften, Akademien und Hochschulen im 18. und beginnenden 19. Jahrhundert, hrsg. von E. Amburger, M. Ciesla, L. Sziklay, Berlin (West) 1976, S. 1—84; vgl. Der Akademiegedanke im 17. und 18. Jahrhundert, hrsg. von F. Hartmann und R. Vierhaus, Bremen und Wolfenbüttel 1977 (Wolfenbütteler Forschungen Bd. 3).

[6] C. Webster, The Great Instauration. Science , Medicine and Reform 1626—1660, London 1975, S. 347.

Die Londoner Akademie nahm eine positivere Entwicklung. An der Spitze des Kampfes für die Einheit von Wissenschaft und Praxis in dieser Gelehrtengesellschaft standen viele Jahre lang R. Hooke, ein führender Experimentator und glühender Verfechter des baconistischen Programms an der Londoner Akademie sowie sein Gönner R. Boyle. Symptomatisch für Hookes Haltung ist eine Passage aus einem von ihm 1663 verfaßten Entwurf für die Statuten der Royal Society. Gegenstand und Ziel der Royal Society sei es, die Kenntnisse von natürlichen Dingen, von allen natürlichen Künsten, Produktionsweisen, mechanischen Praktiken, Maschinen und Erfindungen durch Experimente zu verbessern — ohne sich in Theologie, Metaphysik, Moral, Politik, Grammatik, Rhetorik oder Logik einzumischen![7] Einen besonderen Platz in der philosophisch-weltanschaulichen Bewältigung des baconistischen Programms nahm das 1663 zum ersten Male erschienene Werk R. Boyles „The usefullness of experimental philosophy" ein. Besonders im Teil 3 dieses Werkes findet sich eine Fülle von Hinweisen und Erklärungen zur nützlichen Rolle des Handwerks und der mit ihm verbundenen Naturphilosophie. Boyles wiederholt geäußerter Grundsatz lautet, daß die Naturphilosophie, indem sie sich der Gewerbe annimmt, sehr vorteilhaft für die Menschheit werden kann. Einerseits kann der Naturforscher für die Einführung neuer Techniken und Gewerbe bzw. die Verbesserung der bestehenden wirken, andererseits ziemt ihm die Achtung vor der Sorgfalt und dem Erfindergeist der Handwerker. Boyle mißt ausnahmslos allen Wissenschaften einen Bezug zur technischen Praxis bei. Mathematik, Physik, Medizin, Chemie wie auch Agronomie versteht er als praxisbezogene experimentelle Disziplinen. Alle Wissenschaft und Technik beruhe auf der Anwendung von Hervorbringungen zu dem Schluß, daß es zwischen den „Produktionen" von Natur und Handwerkstechnik keinen prinzipiellen Unterschied gibt, daß die Handwerkstechnik und die Durchführung eines Experiments von der Natur der Sache, die sie betreffen, nicht verschieden sind. Bezeichnenderweise sieht Boyle den realen, aber für ihn untergeordneten Unterschied zwischen Naturwissenschaft und Handwerkstechnik darin, daß das Handwerk sich in bestimmten Korporationen zusammenfindet, um mit den Produkten eigenen Profit zu erzielen.[8] Ein ebenfalls durch das vermittelnde Wirken des experimentellen Philosophen zu überwindendes Hindernis sieht Boyle in der zünftlerischen Abgeschlossenheit des Handwerks und dem Bewahren der technischen Produktionsgeheimnisse durch dieses. Boyle trieb den Baconismus so weit, daß er bekannte, von einer Handvoll Handwerker mehr lernen zu können, als von Plinius, Aristoteles und ihren Kommentatoren.[9]

Die philosophischen Äußerungen des Naturwissenschaftlers und Akademiemitglieds Boyle über die Bedeutung der Technik stellen einen Meilenstein in der

[7] „The Business and Design of the Royal Society is: To improve the knowledge of natural things and all useful Arts, Manufactures, Mechanick practices, Engynes and Inventions by Experiments — (not meddling with Divinity, Metaphysics, Morals, Politicks, Grammar, Rhetorick, or Logick)" (zit. nach Ch. R. Weld, A history of the Royal Society with memoirs of the Presidents, Vol. 1, London 1848, S. 146).

[8] R. Boyle, The usefullness of experimental philosophy, in: R. Boyle, The philosophical works, Bd. 1, London 1725, S. 112—113.

[9] Ebenda, S. 129, 132.

bürgerlichen „Technikphilosophie" dar. Mit dem klaren Ziel, größten Nutzen für die Menschheit zu erreichen und alle Vorurteile und Vorbehalte bei Naturwissenschaftlern und Technikern gegenüber einem Zusammenwirken abzubauen, trat Boyle, der auch Sympathien für die Puritaner hegte, für die maximale Entwicklung aller Schöpferkräfte der Menschheit ein.

Eines der jüngsten Gründungsmitglieder der „Royal Society" war der Architekt und Ingenieur Christopher Wren, der gleichzeitig Professor für Astronomie war und sich aktiv an Versuchen zur Mechanik und Biologie beteiligte. Er ist ein markantes Beispiel für die Einheit von technologischer und naturwissenschaftlicher Entwicklung in England seit dem 17. Jh. Die Ziele und Aufgaben der „Royal Society" umriß im Auftrage der Gesellschaft ihr Mitglied Thomas Sprat in seiner „History of the Royal-Society of London for the Improving of natural knowledge", die erstmalig 1667 in London erschien und dann im Verlaufe des 17. und 18. Jh. mehrfach wiederaufgelegt wurde. Nach Sprat gibt die Akademie ein leuchtendes Beispiel für die Einheit von Händen und Hirnen.[10] Die Handwerker bekämen durch die experimentelle Wissenschaft neue Materialien und Maschinen; die Schiffahrt würde sicherer, der Reichtum ferner Länder zugänglicher; man könne durch diese neue Wissenschaft im Lande neue Pflanzen und Tiere heimisch machen; der Arzt erhielte neue Heilmittel; die Armee könne bessere Befestigungsmittel und Kanonen bekommen.[11] Aber schon Sprat sah sich genötigt, vor einem übertriebenen utilitaristischen Herangehen an die Wissenschaft zu warnen, denn man müsse — wie Bacon lehrte — zwischen „kenntnis-" und „nutzbringenden" Experimenten im Hinblick auf die schnelle bzw. langfristige Anwendung in der Praxis unterscheiden.[12]

Ein Spiegelbild des Verhältnisses von theoretischer und praktischer Orientierung an der Londoner Akademie geben die „Philosophical Transactions", das seit 1665 erscheinende Mitteilungsorgan der Akademie. Nachdem die Materialien aus dem Journal, die die technische Praxis in all ihren Aspekten und Verzweigungen betrafen, in den ersten Jahrzehnten des Akademiebestehens noch etwa ein Drittel aller Mitteilungen ausmachten, nahm dieser Anteil im 18. Jh. immer mehr ab.[13] In diesen Abhandlungen ging es um die Verbesserung der Luftpumpe, der Maschinen zum Wasserheben, um Möglichkeiten zum Kanalbau, um Neuerungen in der Architektur, um die Produktion von Porzellan sowie um biologische, medizinische und chemische Probleme. Der Schwerpunkt der Abhandlungen lag aber eindeutig auf den Problemen der Schiffahrt und des Bergbaues. Hier machte sich zunehmend die Ausnutzung der Erkenntnisse von Mathematik und Hydrodynamik in der Technik bemerkbar. Die ausgiebige Nutzung mathematischer Erkenntnisse und Methoden nahm seit der Mitte des 17. Jh. in vielen Bereichen von Wissenschaft und Technik sichtlich zu. Das gilt insbesondere für die Astronomie, Geographie, Geodäsie, die Architektur, die Navigation und auch die Ökonomie. Doch den

10 Th. Sprat, The history of the Royal-Society of London for the Improving of natural knowledge, London 1702, S. 427.

11 Ebenda, S. 381—385.

12 Ebenda, S. 245. — Vgl. F. Bacon, Das neue Organon, hrsg. von M. Buhr, 2. Aufl., Berlin 1982, S. 75, 109, 122, 126 (Buch I, §§ 70, 99, 117, 121).

13 J. D. Kopelevič, Voznikovenije naučnych akademii, Moskau 1974, S. 74.

objektiven Umständen war es geschuldet, daß die Annäherung von Wissenschaft und Technik größtenteils kontrovers verlief. An der Akademie wurde der Einfluß des Baconismus seit dem Eintritt Newtons zurückgedrängt. Obwohl Newtons theoretische Arbeit eigentlich die Grundlage für einen wissenschaftlich betriebenen Maschinenbau schuf, entwickelten sich technische Praxis und die Theorie bis in das 19. Jh. größtenteils nebeneinander. Hierfür sind nicht nur die zünftlerische Beschränktheit der Handwerker und der übertriebene Utilitarismus vieler Baconisten als Ursachen anzuführen. Auch der notwendige Erkenntnisgewinn der sich mit technischen Problemen befassenden Mathematiker mußte erst gewonnen werden. Es war das Vorurteil zu überwinden, daß technische und „natürliche" Objekte sich genau gleich verhalten. Wie bereits angeführt, teilten auch die Baconisten dieses Vorurteil.

Nachdem weniger durch den persönlichen Einsatz Newtons, als durch eine allgemeine Ernüchterung der Baconismus Ende des 17. und zu Beginn des 18. Jh. von seiner führenden Position zurückgedrängt wurde, kam es im Verlaufe des 18. Jh. besonders in Schottland zur Gründung zahlreicher Gesellschaften und Assoziationen von Wissenschaftlern, Technikern und Industriellen. Der bürgerliche Utilitarismus setzte nun zur praktischen Realisierung der zuvor gemachten vielfältigen Programme und Projekte an. Ein Zentrum dieser Bemühungen war Edinburgh. In den 70er und 80er Jahren des 18. Jh. wurden dann zahlreiche sog. „Philosophical Societies" in anderen englischen und schottischen Städten gegründet. Die Verbesserung der Handwerke und Künste, die Wissensvermittlung an die Techniker und Überlegungen zur praktischen Umsetzung der gewonnenen Erkenntnisse machten Inhalt und Ziel der Arbeit dieser Gesellschaften aus. Über Schottland hinaus wirkten u. a. besonders D. Hume und A. Smith. Beider Wirken steht bereits im Zeichen der Aufklärung und der bedingungslosen Anerkennung der bürgerlichen Produktionsweise auf der Basis sich ständig weiter entwickelnder Produktivkräfte. Der Moralist Hume vertrat einen Utilitarismus, der ganz im Geiste Bacons auf der Einheit von sozialem, wissenschaftlichem, technischem und ökonomischem Fortschritt basierte. Die Notwendigkeit der Durchsetzung bürgerlicher Moral- und Rechtsnormen leitete er geradezu aus der notwendigen Umgestaltung der Natur mittels „art, labour and industry" ab.[14] Dieser Standpunkt geht von der Einheit von individuellen und gesamtgesellschaftlichen Interessen aus und erklärte den Altruismus zur moralischen Maxime. Für die geradezu konträre Haltung eines J.-J. Rousseau, der die sozialen Antagonismen hervorhebt, sind primär unterschiedliche klassenmäßige Positionen innerhalb des Bürgertums verantwortlich zu machen. Zwar standen Rousseau wie Hume auf dem Boden eines bürgerlichen Utilitarismus und hatten enge Kontakte zu den französischen Enzyklopädisten; doch die Produktivkräfte und Produktionsverhältnisse in England und Frankreich waren sehr unterschiedlich entwickelt und die religiös-romantische Einstellung eines Rousseau war den Prozessen am Vorabend der industriellen Revolution wenig angemessen. Von ganz anderen Positionen zum technischen Fortschritt im Rahmen des Manufakturkapitalismus ging A. Smith, der bedeutendste Ökonom dieser Periode, aus. Die Entwicklung von

[14] Vgl. D. Hume, An inquiry concerning the principles of morals, hrsg. von L. A. Selby-Bigge, 2. Aufl., Oxford 1902, S. 188.

Arbeitsteilung, Geschicklichkeit, Maschinerie und Instrumenten sah er als unausweichliche Naturbedingung des sozialen Fortschritts an. Sein ökonomisches Hauptwerk „An inquiry into the nature and causes of the wealth of nations", das nach J. D. Bernal „zur Bibel des neuen Industriekapitals werden sollte"[15], enthielt jedoch noch wesentliche Zugeständnisse an die einflußreiche ökonomische Schule der Physiokraten. Die eindeutige Höherbewertung der Agrikultur gegenüber den Manufakturen kommt bei Smith so zum Ausdruck, daß er der Agrikultur eine größere Menge an „produktiver Arbeit" aufgrund der Bodenrente zuschreibt, während in den Manufakturen „die Natur nichts tut, der Mensch aber alles tut"[16]. Es begegnet hier also gegenüber der baconistischen Einseitigkeit der Gleichsetzung von Natur und Technik eine weitere, die in der Gleichsetzung von menschlicher Arbeit und den technischen Produktionsmitteln beruht und beide der Natur entgegengesetzt. Beide Einseitigkeiten entspringen der in der Manufakturperiode noch ungeklärten Relation von Natur, Mensch und Technik bzw. von Künstlichem und Natürlichem. Smith läßt hingegen keinen Zweifel am grundsätzlich „produktiven" Charakter der Manufakturen.

Zwischen dem Wirken der wissenschaftlich-technischen Gesellschaft Englands und Schottlands, den Überlegungen und Untersuchungen von Hume und Smith und den vorwärtsweisenden Gedanken der französischen Enzyklopädisten und Physiokraten gab es durchaus einen Zusammenhang. Diese Vereinigungen und Personen wirkten im Geiste Bacons und Newtons und des Kapitalismus der freien Konkurrenz und trugen wesentlich zur geistigen Einstellung auf die beginnende industrielle Revolution bei. Diese Gesellschaften schufen auch die Bedingungen für das Wirken eines James Watt.

Die Zählebigkeit überkommener feudaler Strukturen in der Wirtschaft, in der Politik und der Kultur in Frankreich machte die Durchsetzung bürgerlicher Denkweisen besonders kompliziert. Doch das aufkommende Klein- und mittlere Bürgertum, zu dem auch ein großer Teil der Techniker und Ingenieure gehörte, focht seine Interessen unerbittlich gegen das ancien régime aus. Im Zentrum der Auseinandersetzungen um die Anerkennung bzw. die Beherrschung der Techniker und Ingenieure stand die Pariser Académie Royale des Sciences. 1666 wurde diese Gelehrtenvereinigung unter dem Patronat J. B. Colberts und der konzeptionellen Federführung von Chr. Huygens gegründet. Sie begann ihre Arbeit unter einer stark durch die merkantilistische und absolutistische Politik Colberts geprägten utilitaristischen Orientierung. Obwohl die Baconisten von Anfang an das Studium der Natur und ihrer Produkte zwecks Unterstützung der Menschen bei der Beherrschung und Aneignung der Umwelt proklamierten und sich Huygens u. a. für die Einbeziehung von Handwerkern, Architekten, Festungsbaumeistern, bildenden Künstlern, Metallurgen, Agronomen, Navigationsspezialisten usw. einsetzte, wurde die Akademie schnell von einem aristokratischen Korpsgeist erfaßt. Durch die Aufhebung des Edikts von Nantes (1685) und die dadurch bedingte Emigration von Huygens, D. Papin u. a. bekannten experimentellen Naturwissenschaftlern kam es zur empfindlichen Schwächung der praktischen

[15] J. D. Bernal, Die Wissenschaft in der Geschichte, 3. Aufl., Berlin 1967, S. 675.

[16] A. Smith, Eine Untersuchung über das Wesen und die Ursachen des Reichtums der Nationen, Bd. 2, hrsg. von P. Thal, Berlin 1975, S. 114.

Wirksamkeit der Pariser Akademie. Mit dem Statut von 1699, in dem die Akademie zum offiziellen Schiedsrichter in allen technischen Fragen erklärt wurde, sollte eine Rückbesinnung auf die Intentionen ihrer Begründer erreicht werden. Die Akademie wurde faktisch ein Instrument des absolutistischen Staates. Bis zur Revolution von 1789 und sogar noch eine kurze Zeit danach hatte die Akademie ein uneingeschränktes Entscheidungsrecht über Annahme oder Ablehnung ihr vorgelegter Erfindungen. Mit dem Physiker und Chemiker R. A. Réaumur, der seit 1711 ordentliches Mitglied der Akademie war, beginnt etwa seit 1730 die Ernennung von Akademiemitgliedern zu Konsulenten und Inspektoren für verschiedene Produktionszweige in Frankreich. Das betraf die Tuchindustrie ebenso wie Bergbau und Metallurgie sowie die Farbchemie und die Keramikindustrie.[17] Die Techniker hatten die Möglichkeit, in dem von der Akademie herausgegebenen periodischen Mitteilungsorgan „Histoire de l'Académie Royale des Sciences, avec les Mémoires de Mathematique et de Physique" Berichte über ihre Entdeckungen und Erfindungen zu veröffentlichen. Viele Erfinder suchten von der Akademie das Gütesiegel „approuvé par l'Académie" zu bekommen. Doch die Akademie trat entschieden für eine Verwissenschaftlichung und Rationalisierung der Handwerkstechnik ein und hatte zunehmend mit dem Mißtrauen der Handwerker und Erfinder gegenüber den Vorschriften und Vorbehalten der Gelehrten zu ringen. Dieses Mißtrauen war angesichts des Fehlens eines ausgereiften Patentrechtes durchaus nicht unbegründet, hatte natürlich aber auch ideologische Gründe in der zünftlerischen Abgeschlossenheit der Handwerker. Über den Geist der Akademiker gibt das Vorwort zu den „Descriptions des Arts et Métiers, faites ou approuvées par messieurs de l'Académie Royale des sciences" Auskunft. Dieses bis 1789 auf 76 Bände in 27 Folianten angewachsene Projekt, das eine Vielzahl von Beschreibungen technischer Prozesse, Einrichtungen und Konstruktionen enthielt, ging auf einen Antrag zurück, den Colbert 1675 an die Akademie gerichtet hatte, eine Beschreibung der „mechanischen Künste" vorzunehmen. Im Vorwort heißt es: „Wenn die Künste, die im Verborgenen entstanden sind und sich allmählich von Jahrhundert zu Jahrhundert durch die tastenden Versuche des Gewerbefleißes entwickelt haben, auch lange vor dem Entstehen der Gelehrtengesellschaften vorhanden waren, so muß man doch anerkennen, daß sie große Fortschritte zu den Zeiten und in den Staaten gemacht haben, in denen die Wissenschaften mit größerem Erfolg gepflegt worden sind. Man wird davon bald überzeugt sein, wenn man den derzeitigen Zustand der Uhrmacherkunst; der Artillerie; der Navigationskünste sowie jener Künste, die die geometrischen, optischen, astronomischen und chirurgischen Instrumente liefern sowie anderer Künste, die im Zusammenhang mit den normalen Tätigkeiten der Akademien stehen mit dem Zustand vergleichen will, in dem sich dieselben Künste vor 100 Jahre befanden. Man wird beträchtliche Unterschiede feststellen, die durchaus nicht dem Zufall zu danken sind, sondern den Anstrengungen, die man seit jener Zeit für die Vervollkommnung der Geometrie, Mechanik, Chemie, Optik, Anatomie usw. gemacht hat. Muß man nicht eine höhere Stufe der Vollkommenheit in den Künsten erwarten, wenn sich Gelehrte,

[17] R. Hahn, The anatomy of a scientific institution. The Paris Academy of Sciences, 1666 to 1803, Berkeley—Los Angeles—London 1971, S. 69.

die in den unterschiedlichen Fächern der Physik tätig sind, darum bemühen werden, die oft klug ausgedachten Verfahren kennenzulernen und weiterzuentwickeln, die der Künstler in seiner Werkstatt ausführt; muß man nicht eine höhere Stufe der Vollkommenheit in den Künsten erwarten, wenn die Gelehrten mit eigenen Augen die Bedürfnisse der Kunst, sowie die Schranken, bei denen der Künstler stehen bleibt, wie auch die Schwierigkeiten, die ein Weiterkommen verhindern, und die Hilfen sehen werden, die man von der einen Kunst einer anderen zukommen lassen kann und die der Handwerker selten zu erkennen vermag? Der Geometer, der Mechaniker, der Chemiker werden dem verständigen Künstler Einsichten vermitteln, damit er die Schwierigkeiten überwindet, die er nicht überwinden konnte. Sie werden ihn in die Lage versetzen, nützliche Erfindungen zu machen; gleichzeitig werden sie von ihm erfahren, welche Bereiche der Theorie man mehr zur Erhellung der Praxis und zur Ausrichtung einer Anzahl von heiklen Operationen nach sicheren Regeln heranziehen sollte — nämlich von Operationen, die von der Genauigkeit des Augenmaßes oder einem Kunstgriff abhängen und deren Ausgang nur zu oft ungewiß ist."[18] Die leitende und lenkende Rolle der Wissenschaft gegenüber der Technik wird hier ganz im Sinne R. Descartes' deutlich beansprucht. Die „Descriptions des Arts et Métiers" haben eine führende Position in der Flut von technischer Literatur eingenommen, die etwa um die Mitte des 18. Jh. in mehreren Ländern Europas einsetzte. Um die Jahrhundertmitte werden auch verstärkt Ingenieur- und Militärschulen in Frankreich gegründet. Ein Ausdruck des ständig wachsenden Selbstbewußtseins der Techniker waren die Versuche zur Gründung von Techniker- und Handwerksgesellschaften, die von der Pariser Akademie unabhängig sein wollten. Während die technischen Bildungsanstalten vor allem der Vermittlung von mathematischen und naturwissenschaftlichen Grundkenntnissen für die Ingenieure dienten, zur Zentralisierung der Ingenieurausbildung auch außerhalb des Militärs führten, hatten sowohl der absolutistische Staat als auch die Pariser Akademie grundsätzliche Vorbehalte gegenüber selbständigen Ingenieurorganisationen. So kam es in der zweiten Hälfte des 18. Jh. zu einer sich ständig verschärfenden Konkurrenzsituation in dem Streben der Ingenieure nach Unabhängigkeit und Selbständigkeit und den verstärkten Anstrengungen der Pariser Akademie, auf allen Gebieten der technischen Entwicklung Schrittmacher zu sein. Wo sie konnte, sabotierte die Académie Royale die Anstrengungen der Techniker, sich eigene Organisationen zu schaffen, zu denen auch Techniker ohne Spezialausbildung Zugang hatten.[19]

Das utilitaristische Denken der Merkantilisten wie auch der Baconisten in der Pariser Akademie und im absolutistischen Staat war durchaus für die schnelle Entwicklung neuer Technologien und Maschinen eingenommen und förderte darum die Ausbildung von Ingenieuren. Doch in der Akademie setzte am Vorabend der Revolution ein Differenzierungsprozeß zwischen den aristokratischen und den demokratischen bzw. antiroyalistisch gesinnten Mitgliedern ein. G. Monge, A. F.

[18] Descriptions des Arts et Métiers, faites ou approuvées par messieurs de l'Académie des sciences, Bd. 1, Paris 1761, Vorwort, S. I—II.

[19] Vgl. R. Hahn, The anatomy of a scientific institution, The Paris Academy of Sciences, 1666 to 1803, a. a. O., S. 108ff.

de Fourcroy, A. Vandermonde und auch A.-L. Lavoisier setzten sich für eine zunehmend gleichberechtigte Zusammenarbeit von Ingenieuren und Gelehrten ein. Doch sie konnten sich gegenüber ihren aristokratischen Kollegen nicht durchsetzen. Die Kampagne gegen die Akademie als Institution des ancien régime, die mit Vehemenz von den Handwerkern und Künstlern betrieben wurde, sollte der völligen Befreiung von jeglicher Bevormundung der Techniker, der Freisetzung aller Talente, der freien Konkurrenz der Erfindungen auf dem Markt und der Gründung eigener Organisationen und Publikationsorgane dienen. Diese Kampagne führte 1791 zur Verabschiedung der grundlegenden Patentgesetze Frankreichs durch die Nationalversammlung, 1793 zur Schaffung eines „Lycée des Arts" als eines freien und allgemeinen Kommunikationszentrums für Techniker und schließlich am 8. 8. 1793 zur Verordnung des Konvents zur Auflösung aller Akademien und literarischen Gesellschaften in Frankreich. Die Utilitaristen um G. Monge wurden nun verstärkt für die französische Kriegsproduktion herangezogen und drängten selbst auf die Schaffung spezialisierter Schulen für die Techniker, in denen, aufbauend auf einer soliden naturwissenschaftlichen und mathematischen Grundlagenausbildung sowie einer guten Allgemeinbildung, die schrittweise systematische Ausbildung der Techniker erfolgen sollte. Die ersten Lehrer und die Projektanten der 1794 gegründeten „École Polytechnique" waren die ehemaligen Akademiemitglieder G. Monge, A. F. de Fourcroy, N. L. Vauquelin, C. L. Berthollet u. a. Die „École Polytechnique" wurde Vorbild für eine Vielzahl weiterer technischer Bildungseinrichtungen auf dem Kontinent.

Die ideologischen Wegbereiter dieser Entwicklung kamen aus den Reihen der Enzyklopädisten, aber auch durchaus aus den Reihen der Akademiemitglieder. J. Le Rond d'Alembert, der 1772 Sekretär der Akademie geworden war, hatte den 1751 erschienenen „Discours préliminaire" zur großen „Encyclopédie" verfaßt. In ihm wandte er sich entschieden gegen die landläufige Geringschätzung der „mechanischen Künste", die er vor allem durch ihren körperlichen, routinehaften aber auch nutzbringenden Charakter von den sog. freien Künsten, d. h. den „schönen Künsten" und Wissenschaften, unterschieden sah. D'Alembert verwies auf die gegenseitige Durchdringung und Abhängigkeit von Wissenschaft und Technik bzw. „mechanischen Künsten".[20] Er plädierte in seinem Stammbaum der Wissenschaft und Künste auch für eine „Geschichte der Künste . . . , welche nichts anderes ist, als die Geschichte der Nutzanwendungen, welche die Menschen von den Naturerzeugnissen gemacht haben, um ihre Bedürfnisse oder ihre Neugier zu befriedigen"[21]. Ebenso verlangte er von seinen Zeitgenossen, die Werke Bacons mehr zu lesen, als sie nur zu preisen. Die zu geringe Wirksamkeit Bacons führte d'Alembert auf dessen erzwungene Zurückgezogenheit, auf zu viele Konzessionen an die scholastische Darstellungsweise und auf die zu große Breite der von ihm behandelten Themen zurück.[22] Zum Abschluß seiner Vorrede nimmt d'Alembert, der für den industriellen Fortschritt eingenommen war, noch gegen Rousseaus

[20] J. le Rond d'Alembert, Einleitende Abhandlung zur Enzyklopädie (1751), mit einer Einl. und Anm. von G. Klaus, Berlin 1958, S. 49ff.

[21] Ebenda, S. 65.

[22] Vgl. ebenda, S. 92—95, 108—109.

skeptische Haltung gegenüber der zivilisatorischen Rolle der Wissenschaft und Technik Stellung. Ihm geht es um die Trennung des industriellen Fortschritts von den Faktoren, die negative Folgen dieses Fortschritts hervorrufen.

Mit dieser „Einleitenden Abhandlung zur Encyclopédie“ initiierte d'Alembert eine Wiederbesinnung auf den Baconismus, ohne die Ideen des Engländers einfach kopieren zu wollen. Als Vertreter der Großbourgeoisie Frankreichs rief er zum aktiven Einsatz für den wissenschaftlichen Fortschritt auf und rügte die Vorurteile gegenüber den großenteils verarmten werktätigen Massen. ohne aber auf die sozialen Wurzeln der Armut, den Zusammenhang von Armut und Ausbeutung zu verweisen. Im Mittelpunkt steht auch bei ihm ein utilitaristischer Ansatz, der aber nicht mehr vom fiskalischen Standpunkt der Merkantilisten, sondern vom Standpunkt der gesellschaftlichen Bedürfnisse, der Bequemlichkeit, des Wohlgefallens, der Gewohnheit und Laune ausgeht.[23] Daran wird die Entwicklung der Technik und ihre gesellschaftliche Funktion gemessen. In dem gleichen 1. Band der „Encyclopédie“, in dem d'Alemberts „Discours“ abgedruckt war, findet sich auch ein Artikel D. Diderots über die Technik mit dem Titel „Kunst“. Er hatte ebenfalls programmatischen Charakter. Diderot verweist auf die Verdienste Bacons und Colberts für die Förderung der Technik bzw. der „mechanischen Künste“. Entschieden verwahrte er sich gegen die landläufigen Vorurteile gegenüber der Technik.[24] Diderot ruft auch zum Zusammengehen von Theorie und Praxis, von Technikern, Akademikern und Financiers der Technik auf. Ebenso aber tadelte er — wie schon Boyle und andere vor ihm — das den Fortschritt behindernde Zurückhalten von Geheimnissen durch die Techniker und die Bevorzugung persönlicher Interessen gegenüber den gesellschaftlichen.[25]

Als eine Behandlung technikphilosophischer Gedanken der französischen Aufklärung sind auch die Ausführungen Rousseaus in seiner 1750 preisgekrönten Schrift über die Frage der Akademie von Dijon „Hat das Wiederaufleben der Wissenschaften und Künste zur Besserung der Sitten beigetragen?“ zu werten. Rousseau schrieb seine Antwort auf die Preisfrage in einem skeptischen Ton. Wissenschafts- und Moralfortschritt sieht er — anders als z. B. Hume — als sich einander ausschließende Gegensätze. Rousseau geißelte Müßiggang, Luxus, Sittenverfall und die Privilegien des Talents. Es ist der Protest des Feindes der Aristokratie und eines Kritikers des großbürgerlichen Liberalismus. Rousseau war trotz aller Kritik an den negativen moralischen Folgen des kulturellen Fortschritts kein Wissenschaftsfeind. Er ist vielmehr gegen Stubengelehrsamkeit, unnütze Schöngeisterei, Pomp und Eitelkeit in der Wissenschaft. Er will gelehrte Gesellschaften, die angenehme Kenntnisse unter den Menschen verbreiten und Belehrungen, die dem Wohle aller dienen[26], streitet für die Beachtung der nützlichen Talente, Werke und Künste, d. h. nützlich letztlich für den Citoyen. Den Nutzen sieht er freilich auf die Landwirtschaft beschränkt; alles darüber hinaus — mit Ausnahme vielleicht der Kriegsführung — sind für ihn nutzlose Tätigkeiten. Dieser Standpunkt steht den Physiokraten nahe. Wenn Rous-

[23] Vgl. ebenda, S. 53—54.

[24] Vgl. D. Diderot, Philosophische Schriften, hrsg. von T. Lücke, Bd. 1, Berlin 1961, S. 243.

[25] Vgl. Ebenda, S. 253.

[26] J.-J. Rousseau, Frühe Schriften, hrsg. von W. Schröder, Leipzig 1965, S. 56.

seau Bacon, Descartes und Newton „Erzieher des Menschengeschlechts" nennt, so zeugt dies einerseits von seiner Achtung gegenüber den Genies, andererseits kann es nicht darüber hinwegtäuschen, daß Rousseaus kleinbürgerlich-asketische Prinzipien einen der folgenschwersten Angriffe auf den Baconismus und das bürgerliche Fortschrittsideal so vieler Aufklärer zwischen B. Fontenelle und M.-J.-A. Condorcet darstellten.[27] Rousseaus Nützlichkeitskonzept von Wissenschaft und Technik unterscheidet sich gravierend vom Utilitarismus der Baconisten, Merkantilisten und auch vieler Enzyklopädisten, wie die angeführte Auseinandersetzung d'Alemberts mit ihm beweist. Dennoch wäre es nicht gerechtfertigt, Rousseaus Position als Prototyp eines Technikpessimismus aufzufassen. Von einigen Vertretern der kleinbürgerlichen Linie in der „Technikphilosophie" der Gegenwart wird das aber getan. Damit bleibt Rousseaus ethisches Hauptanliegen einer zu erreichenden Einheit von Tugend, Wissenschaft und Autorität unbeachtet, und seine Auswirkungen auf die die Interessen der Techniker hoch achtenden Jakobiner werden außer acht gelassen.

Die Entwicklung der weltanschaulich-philosophischen Betrachtungen der Technik in Deutschland weist im 17. und 18. Jh. einige Besonderheiten auf. 1630 — also kurz nach Bacons postum edierter „Nova Atlantis" — erschien die „Scientiarum omnium Encyclopaedia" J. H. Alsteds. Diese Enzyklopädie hatte einen beträchtlichen Einfluß auf das geistige Leben der Zeit und galt lange als universelles Nachschlagewerk. Im Band 6 seiner Enzyklopädie stellt Alsted in den Büchern 28 bis 30 eine Art „Technikphilosophie" auf, die er als „Mechaniologia" bezeichnet. Hier macht er auf prinzipiell aristotelischer Grundlage eine Fülle von Aussagen über das Handwerk und verschiedenste Gewerbe. Traditionslinien der Renaissance (z. B. H. Cardanus'), des Mittelalters (z. B. R. Lullus') und auch der Antike (z. B. „Hermes Trismegistos" und Heron) kommen dabei zur Geltung. Gesellschaftlichen Wert erhalten die „mechanischen Künste" nach Alsted durch die Herstellung von Dingen und das Ausführen von Werken und den damit zusammenhängenden Notwendigkeiten, Ehren, Nützlichkeiten und Genüssen. Alsted macht die wichtige Bemerkung, daß die „mechanischen Künste" früher als unfrei galten, weil sie von Sklaven ausgeführt wurden.[28] Er rechnete sowohl die Tätigkeit der Konstrukteure und Fertiger wissenschaftlicher Instrumente als auch über 90 bäuerlich-handwerkliche Berufe bzw. Tätigkeiten zu den „mechanischen Künsten". An erster Stelle steht bei ihm jedoch die Landwirtschaft. Alsted gruppiert die verschiedenen Techniken nach ihrer Stellung und Funktion in der Gesellschaft (nach den Kriterien Nützlichkeit, Notwendigkeit, Annehmlichkeit usw.) wie auch nach dem Anteil geistig-schöpferischer Aktivitäten an ihrer Ausübung. Der aktive, schaffende Charakter der technischen Tätigkeiten bringt sie in die Nähe der poetischen Künste, während sie hinsichtlich ihrer natürlichen Grundlagen einen Bezug zur Physik, Mathematik, Medizin usw. haben. Der wesentliche Unterschied zu den anderen Künsten und Wissenschaften besteht nach Alsted jedoch darin, daß die „mechanischen Künste" außerhalb der Schulen, im praktischen Leben,

[27] Vgl. dazu M. Starke, Das geschichtliche Weltbild der französischen Aufklärung, in: Französische Aufklärung. Bürgerliche Emanzipation, Literatur und Bewußtseinsbildung, Autorenkollektiv (Leiter W. Schröder), 2. Aufl., Leipzig 1979, S. 266—271.

[28] J. H. Alsted, Scientiarum omnium Encyclopaedia, Bd. 6, Herborn 1630, S. 1861.

mittels Anschauung und Handhabung ausgeführt werden, zum Zwecke eines angenehmen „fleichlichen Lebens“[29]. Alsted sieht die „mechanischen Künste“ gesellschaftlich dadurch aufgewertet, daß sie geistig anspruchsvoll werden und Gelehrte sich ihrer annehmen. Die Lohnarbeit wertet er demgegenüber ab. Im Buch 30 seiner Enzyklopädie erörtert Alsted die „mechanisch-mathematischen Künste“ als gesonderte Gruppe der mechanischen Künste. Er zählt zu ihnen den Buchdruck, das Herstellen von Sonnenuhren, die Malerei, die Herstellung von Automaten (Schlaguhren, mechanisches Spielzeug, Himmelsgloben, perpetua mobilia), die Statik, Nautik usw. Bemerkenswert ist, daß er die Medizin, die Alchemie, Architektur, Pyrotechnik und auch die sog. „natürliche Magie“ als gesonderte Künste, außerhalb der mechanischen, versteht. Die Chirurgie zählt er hingegen zu den „mechanischen Künsten“. Eine „operative Naturphilosophie“ im baconschen Sinne liegt hier nicht vor. Alsted wertete aber durchaus die „mechanischen Künste“ auf, ohne freilich zum Konzept der klassischen bürgerlichen Philosophie von der Einheit von Naturwissenschaft und Handwerkstechnik zu gelangen und die Einheit von Empirie und Theorie in grundsätzlicher Weise zu vertreten. Die Fragen der Technik des naturwissenschaftlichen Experiments, die im Baconismus einen so breiten Raum einnehmen, sind von Alsted kaum behandelt worden. Die Tätigkeit eines Ingenieurs versteht Alsted als nichtmechanische Kunst der Leitung eines Baus der Architektur, als „Schlußstein der Mathematik“[30].

Alsted hat in seinem Werk die logisch-mathematischen Techniken eines R. Lullus, die Handwerkstechniken einschließlich der Uhrmacherkunst, die Architektur, Medizin, Alchemie, Magie und Pyrotechnik allgemein dargestellt und untersucht. Der Grad philosophischer Verallgemeinerung technischer Probleme ist dabei gering und konzentriert sich vor allem auf klassifikatorische und gnoseologische Probleme der verschiedenen technischen Tätigkeiten. Alsteds Darstellung der Technik belegt, daß es neben dem Baconismus und Cartesianismus Englands, Hollands und Frankreichs in Deutschland eine starke aristotelische Traditionslinie gab, die sich ebenfalls der Aufwertung der praktischen Tätigkeit, der Technik anschloß. Daneben wirkten ebenso stark „pansophisch-mystische“ Richtungen, die auf einer neuplatonisch-hermetischen Traditionslinie innerhalb der Alchemie und Medizin der Aufwertung der praktischen Naturforschung Vorschub leisteten. A. A. Stöcklein hat auf die Umkehrung von Motiven der biblischen Tradition in den technischen Abhandlungen des 16.—18. Jh. hingewiesen. Die Technik bzw. „Kunst“ wurde anstelle einer Nachahmung der Natur in den Rang einer Nachahmung des göttlichen Schöpfers gehoben, indem dem schöpferischen Menschen gottgleiche Fähigkeiten bei der Umwandlung seiner Umwelt zugeschrieben wurden.[31] Paradigmen technischen Schöpfertums und technischer Perfektion sah man damals vor allem in der Pendeluhr, den Mühlen und Pumpen, dem perpetuum mobile, dem „Stein der Weisen“, dem Golem, der Lullischen Kombinatorik usw. Hieran entzündete sich die Phantasie sowohl von Philosophen, als auch von „Projektemachern“ und Handwerkern.

[29] Vgl. ebenda, S. 1864.

[30] Vgl. ebenda, S. 2192.

[31] Vgl. A. A. Stöcklein, Leitbilder der Technik. Biblische Tradition und technischer Fortschritt (1550—1750), phil. Diss. Saarbrücken 1968, München 1969.

Einen besonderen Platz nehmen in Deutschland G. W. Leibniz und E. W. von Tschirnhaus ein. Ihnen und auch dem Wirken eines O. von Guericke ist es vor allem zu danken, wenn der Baconismus in Deutschland einen gewissen Einfluß ausüben konnte. Als Mitglieder der Londoner bzw. der Pariser Akademie der Wissenschaften kannten Leibniz und Tschirnhaus aus eigener Erfahrung das baconsche Programm und die Versuche seiner Realisierung. Ihnen schwebte vor, wissenschaftliche und praktisch-technische Tätigkeit eng zu verknüpfen; nicht zuletzt mit der Absicht, den zu schaffenden Akademien in Deutschland die nötige eigene materielle Existenzbasis zu verschaffen. Tschirnhaus berief sich u. a. direkt auf Boyles Werke „The usefullness of experimental philosophy“[32]. Leibniz wirkte jahrelang für die Schaffung der Berliner Akademie der Wissenschaften nach dem Grundsatz der Vereinigung von Theorie und Praxis, von Mathematik und Physik sowie der Einbeziehung von Mechanik, Architektur, Chemie, Agronomie und Handelskunst.

Von enormer Bedeutung für die praktische wie auch theoretische Förderung der Technik, insbesondere der Manufakturen, war in der Periode des Manufakturkapitalismus in Deutschland die Kameralistik. Besonders im 18. Jh. entwickelten einige Vertreter der Kameralistik progressive Gedanken zu einer Weiterentwicklung der Manufakturen, wobei sie sich merkantilistischen Positionen annäherten. Charakteristisch für die widersprüchlichen Auffassungen der Kameralisten ist ihre zwiespältige Haltung zur Einführung neuer Maschinen: als Techniker bzw. Vertreter des technischen Fortschritts begrüßten sie diese, als Ökonomen und Politiker propagierten sie jedoch die Einführung nur solcher Techniken, die die Beschäftigung einer Vielzahl von Arbeitskräften möglich machten. Auch ihre Haltung gegenüber den Zünften war widersprüchlich. Dies kommt z. B. in den Ansichten des „letzten deutschen Vertreters der vorklassischen ökonomischen Theorie der Manufakturbourgeoisie“[33], J. H. G. von Justi, zum Ausdruck. In seinem für das Deutschland des 18. Jh. bedeutenden Lehrbuch „Staatswirtschaft oder systematische Abhandlung aller oeconomischen und Cameralwissenschaften ...“ (1755) heißt es: „Jedoch ob ich gleich das Zunft- und Innungswesen auf einmal abzuschaffen nicht billigen kann: so bin ich doch weit entfernet, die Einführung desselben bey den neuen Manufacturen und Fabriken anzurathen. Es ist eine sehr verschiedene Frage, ob man eine Sache, die ihre Gebrechen hat, mit vielen Schwierigkeiten und Nachtheil vor das gemeine Wesen vernichten soll, oder ob man eben diese Sache, von der man einmal versichert ist, daß sie nicht die beste Einrichtung hat, weiter ausbreiten, und bey neuen Anstalten einführen soll. Die Manufacturen und Fabriken, besonders wenn sie neu gegründet werden sollen, erfordern weit mehr Freyheiten, Vorzüge und Direction der Regierung, als mit der Beschaffenheit der Zünfte verträglich ist. Daher diejenigen Staaten nicht wohl gethan haben, welche die Zünfte und Innungen dabey haben statt finden

[32] E. W. von Tschirnhaus, Gründliche Anleitung zu den nützlichen Wissenschaften, absonderlich zu der Mathesi und Physica, 3. Aufl., Frankfurt und Leipzig 1712, S. 46.

[33] Autorenkollektiv, Grundlinien des ökonomischen Denkens in Deutschland, Berlin 1977, S. 193—194.

lassen."[34] Anders als die Baconisten fordert von Justi also nicht die Beseitigung zünftlerischer Schranken beim Handwerk, um einen maximalen Erfolg bei der Kooperation von Wissenschaft, Technik und Handwerk zu erzielen. Als progressiver Kameralist, der auf der „Annahme eines absolutistisch-bürgerlichen Klassenkompromisses"[35] fußt, sieht er andererseits die Förderung der Fabriken und Manufakturen als ureigenste Aufgabe des Staates an. Er appelliert an die Wissenschaftler, sich nicht nur mit „spekulativischen Dingen", sondern vielmehr „dem wahren Nützlichen", d. h. den Manufakturen und Fabriken, zu befassen.[36] Die Manufakturen würden auch der Landwirtschaft nützen, allerdings sei vor einer Unterstützung der Manufakturen und Fabriken zum Schaden der Kaufmannschaft zu warnen.[37] Von Justi hypertrophiert schließlich ihre Bedeutung, indem er den „Körper eines Staates" zum Inbegriff einer perfekten Maschine mit Rädern und Triebfedern erklärt und eine solche Organisation in ihm fordert, daß er als Ganzes den Manufakturen und Fabriken als seinen Bestandteilen förderlich ist.[38]

Die für den gesamten Merkantilismus typische statische, mechanizistische Auffassung von der Gesellschaft und dem Staat hat ihre Wurzeln primär in den sozialökonomischen Verhältnissen des Manufakturkapitalismus. Das dominierende Handelskapital nutzte die unterschiedliche Reife der Entwicklung kapitalistischer Verhältnisse in den einzelnen europäischen Staaten bzw. Einzelterritorien innerhalb der Staaten für die Erzielung größerer Gewinne. Die Kameralisten vertraten objektiv die Interessen des Handelskapitals. Von Justi sieht im Warenabsatz neben der Förderung des Bevölkerungswachstums und des Reichtums eines Staates den entscheidenden Faktor der Entwicklung der Manufakturen und Fabriken.[39] Nicht also primär der technische, sondern der ökonomische Nutzen, d. h. der Handelsprofit, stand im Vordergrund des Interesses der Kameralisten. Die reibungslose Zirkulation, symbolisiert im reibungslosen Funktionieren der idealen Maschinerie des Staates, der Manufakturen, Fabriken und Zünfte, war das Idealbild, dem auch die Reflexion der Technik unterlag. Das schon oben festgestellte ungeklärte Problem des Verhältnisses von Natur, Mensch und Technik im Weltanschauungsdenken der Periode des Manufakturkapitalismus kommt hier wieder zum Ausdruck. Daß die Dämonisierung der Technik bzw. ihre Hypertrophierung durchaus nicht durch die forcierte Entwicklung der Technik selbst verursacht war, beweist u. a. das Wirken J. Leupolds, der sich als hervorragender Instrumentenbauer und Verfasser des ersten umfassenden Handbuches des Maschinenwesens, des „Theatrum machinarum" (1724—27), gegen die Dämonisierung der Technik wie gegen die Innovationsfeindlichkeit einiger traditioneller Hand-

[34] J. H. G. von Justi, Staatswirtschaft oder systematische Abhandlung aller oeconomischen und Cameralwissenschaften, die zur Regierung eines Landes erfordert werden, T. 1, Leipzig 1755, § 255, S. 280.

[35] Autorenkollektiv, Grundlinien des ökonomischen Denkens in Deutschland, a. a. O., S. 190.

[36] Vgl. J. H. G. von Justi, Vollständige Abhandlung von denen Manufacturen und Fabriken, T. 1, Kopenhagen 1758, S. 40.

[37] Vgl. ebenda, S. 47ff.

[38] Vgl. ebenda, S. 30ff.

[39] Vgl. ebenda, S. 137.

werker wandte. Aber er wandte sich auch gegen die „Projektmacherei" der damaligen Zeit und forderte die Verwissenschaftlichung der Gewerbe, Manufakturen und Bergwerke.[40] Der prononcierte Utilitarismus des Technikers Leupold ist nicht durch die Enge der Kameralisten charakterisiert.

Im 18. Jh. zeichnete sich auch eine gewissen Öffnung der Gelehrtenakademien, insbesondere der preußischen und der bayrischen, für die Probleme der Technik ab. Leupold wurde z. B. Mitglied der Preußischen Akademie. Doch die territorialstaatliche Zersplitterung Deutschlands und der ökonomische Zustand der Länder schränkten das Wirkungsfeld dieser Gesellschaften ein. Auch in Deutschland kam es um die Jahrhundertmitte zum sprunghaften Ansteigen der Literatur über die Technik. Dazu zählten die Maschinenbücher, die Beschreibungen der Gewerbe, Manufakturen und Fabriken, die Lexika, Enzyklopädien und Zeitschriften.[41] In ihnen dominierte die Beschreibung der einzelnen Techniken oder „Künste" nach den angewandten Materialien und Instrumenten sowie nach den hauptsächlichen Gebrauchsweisen der Fertigprodukte. Hier machte sich u. a. der Einfluß der „Descriptions des Arts et Métiers" der Pariser Akademie bemerkbar. Von Justi übersetzte die Abhandlung der „Descriptions" im Auftrage der Preußischen Akademie ins Deutsche. Allmählich setzte sich durch die Weiterentwicklung der Technik auch ein neuer Begriff von Technik bzw. Technologie durch.[42] Einen Einschnitt markiert dabei das Werk „Anleitung zur Technologie oder zur Kenntniß der Handwerke, Fabriken und Manufacturen . . ." (1777) des Professors für Ökonomie der Göttinger Universität J. Beckmann. Die Technologie soll die „natürliche Ordnung" der Handwerke nach der Gleichheit oder Ähnlichkeit der Verfahren aufzeigen.[43] Das Streben nach Vereinheitlichung der verschiedenen Verfahren, ihre Reduzierung auf einige wenige Grundformen sowie die Durchsetzung der analytischen Denkweise der Naturwissenschaften und der Mathematik auch in der Technik war für Beckmanns progressiven Ansatz kennzeichnend. Darin bewies er eine starke Annäherung an die Enzyklopädisten und folgte in gewisser Hinsicht auch den Intentionen der Baconisten. In Beckmanns Ausführungen kommen Gedanken der Aufklärung zum Ausdruck. Seine Nähe zum Kameralismus klingt andererseits darin an, daß er die Technologie in seinem Werk zu den Staatswissenschaften zählt. Die industrielle Revolution, welche die wissenschaftliche Technologie erst zu voller Blüte führen sollte, hatte in Deutschland noch nicht begonnen und Beckmann verwies auf die damals einsetzende Entwicklung in England. Bemerkenswert bleibt immerhin, daß in Deutschland das Emanzipations-

[40] Vgl. U. Troitzsch, Zum Stande der Forschung über Jacob Leupold (1674—1727), in: Technikgeschichte (Düsseldorf), 4/1975, S. 263—286; vgl. R. Sonnemann, Jacob Leupold, in: Biographien bedeutender Techniker, Ingenieure und Technikwissenschaftler, a. a. O., S. 69 bis 75.

[41] Vgl. U. Troitzsch, Ansätze technologischen Denkens bei den Kameralisten des 17. und 18. Jahrhunderts, Berlin (West) 1966, S. 104ff.

[42] Vgl. dazu J. E. Heyde, Zur Geschichte des Wortes „Technik", in: Humanismus und Technik (Berlin [West]), 1/1963, S. 25—43.

[43] Vgl. J. Beckmann, Anleitung zur Technologie, Göttingen 1777, Einleitung, S. XVII; vgl. B. Thiele, Johann Beckmann, in: Biographien bedeutender Ingenieure, Techniker und Technikwissenschaftler, a. a. O., S. 94—99.

streben der Techniker anders als in Frankreich selbst zum Ausdruck gebracht wurde. Ein wesentliches Verdienst hierbei hatte Beckmann, dessen Werk im In- und Ausland rasch Verbreitung fand.

Wie widersprüchlich der Prozeß der Anerkennung der Technik und der Techniker als erstrangigen Triebkräften des gesellschaftlichen Fortschritts verlief, wird insbesondere an den Gedanken der Aufklärungsphilosophen deutlich. Die Philosophie der deutschen Aufklärung wertete ähnlich wie die französischen Materialisten und Enzyklopädisten den Beitrag von Wissenschaft und Technik für die Entwicklung der Gesellschaft insgesamt sehr hoch. Das seit dem Erscheinen des 1. Bandes der „Encyclopédie" gewachsene Interesse an einer historisch-dialektischen Betrachtung des technischen Fortschritts verhinderte die unkritische Aufnahme eines euphorischen Baconismus wie auch der mechanizistischen Vorstellungen der Kameralisten. Für J. G. Herder konnte die Frage nach den glückbringenden Resultaten der Technikentwicklung nicht mehr eindeutig beantwortet werden: der jeweilige Gebrauch der Erfindungen war für ihn das Entscheidende.[44] Erfindertrieb, Not und Neugierde sah er als die Triebkräfte des technischen Fortschritts an, die für die Menschen positive wie negative Folgen haben können. Doch den skeptischen Standpunkt eines Rousseau machte er sich nicht zu eigen. Die klassische deutsche Philosophie brachte mit ihrer Überbewertung der geistig schöpferischen Subjektivität des Menschen und der Verachtung alles „Toten" und „Mechanischen" insgesamt keinen neuen Zugang zu einem Studium der technischen Praxis. Zwar hatten F. W. J. Schelling und G. W. F. Hegel der beherrschten Natur einen bedeutenden Platz für die Entfaltung der menschlichen Wesenskräfte eingeräumt, aber die physische, manuelle Arbeit des Menschen, seine zunehmende Abhängigkeit von seinen eigenen Produkten in Form von Maschinen, Instrumenten usw. war für sie nur ein Mittel zum Zweck der Entwicklung der Vernunft und der geistigen Freiheit des Menschen. Die Herrschaft über die Natur mittels der Technik mußte den idealistischen Philosophen notwendig als Moment der Entfremdung des Menschen erscheinen, dessen Überwindung erst zu wirklicher menschlicher Freiheit führen sollte. In den Positionen Schellings (eines Mitgliedes der Berliner Akademie) und Hegels manifestierte sich der ganze Widerspruch, dem die politisch und ökonomisch zur Macht strebende Bourgeoisie in Deutschland unterlag.[45]

Der Physiologe und Psychologe K. F. Burdach, ein Anhänger der Schellingschen Naturphilosophie, äußert sich 1809 auch zu Problemen der Technik. Hierzu zählte er die handwerklichen Gewerbe, die Techniken des Naturwissenschaftlers und die sog. „körperlichen Künste" oder „potenzierten Handwerke" (d. h. Ökonomie, Gartenbau, Bergbau, Fabrikleitung, Architektur, Kriegstechnik usw.). Das Maß für den Rang einer Tätigkeit ist für Burdach die geistige und ideale Selbstbefriedigung, der Zusammenschluß der „Einheit" und „Allheit" in den Aspekten des Tuns. Dementsprechend versteht er Technik und technisches

[44] Vgl. J. G. Herder, Ideen zur Philosophie der Geschichte der Menschheit, in: J. G. Herder, Sämtliche Werke, hrsg. von B. Suphan, Bd. 13, Berlin 1887, S. 372.

[45] Vgl. zu diesem Problem R. Löther, Klassische deutsche Naturphilosophie, in: H. Hörz/R. Löther/S. Wollgast (Hrsg.), Philosophie und Naturwissenschaften. Wörterbuch zu den philosophischen Fragen der Naturwissenschaften, 2. Aufl., Berlin 1983, S. 442ff.

Talent als äußerlich gegenüber den „wahren idealen, höheren Künsten" (d. h. Didaktik, Theologie, Plastik, Malerei, Schauspielkunst, Poesie, Beredsamkeit, Heilkunst, Staatskunst, Politik). Die Bestimmung eines handwerksmäßig Tätigen lautet bei Burdach: „Wer nicht der Idee voll, nicht von der Liebe des Unendlichen getrieben, eine Kunst übt, sondern bloss nur seines sinnlichen Genusses, z. B. um des Ruhmes, oder der Herrschsucht, oder der Ueppichkeit willen, Der gehört zu den Handwerkern, und unterscheidet sich bloss dadurch von ihnen, daß ihm ihre Rechtschaffenheit abgeht."[46] Den industriell betriebenen Techniken wendet sich Burdach unter den Abschnitten „nützliche Kunst" und „Verarbeitungskunst" zu. Er versteht diese als „potenzierte Handwerke", die sich vom eigentlichen Handwerk durch ein größeres Hervortreten von Intelligenz und Freiheit auszeichnen. Dazu rechnet er Ackerbau und Viehzucht, Bergbau, Fabrikleitung (eine „Kunst, manichfaltige Handwerke zu einem gemeinschaftlichen Zwecke zu vereinigen und die Bereitung der Waren in das Große zu treiben"[47]), „mechanische Künste" (Produktion von Uhren, Mühlen, physikalischen Instrumenten usw.) und auch die „chemische Kunst". Die höhere moralische Wertung dieser „Künste" durch K. F. Burdach gegenüber den Handwerkern beruht u. a. darauf, daß er ihnen sowohl die Befriedigung des Handelnden selbst, als auch die Befriedigung eines nicht an der Produktion Beteiligten nachsagt. Damit sind Intellektualität und „Sozialität" die Maßstäbe, die Burdach als Schellingscher Naturphilosoph an die Bewertung der Technik anlegt.

Auf dieser philosophischen Ebene ließ sich bestenfalls eine Forderung nach der Einheit von Empirie und Theorie in der Praxis des experimentellen Naturwissenschaftlers oder der „nützlichen Künste" aufbauen; eine Durchdringung der progressiven, umwälzenden Rolle der Technik in der Gesellschaft oder gar die Würdigung der Arbeit des Ingenieurs und Technikers ließ sich hierauf nicht gründen. Interessant ist natürlich, daß sich auch bei K. F. Burdach der Utilitarismus und der Anspruch an die gesellschaftlich fruchtbringende Rolle der Technik findet. Doch im Verlaufe der industriellen Revolution entwickelte das bürgerliche Bewußtsein immer mehr subjektiv-idealistische, vordergründig pragmatische, voluntaristische bzw. egoistische Züge. Romantische Resignation, offener Utilitarismus oder platte Apologetik waren die Folge seit dem Ausgang der klassischen deutschen Philosophie. Der Baconismus mündete in England in den Pragmatismus und Utilitarismus des 19. Jh., der auf dem wohlverstandenen eigenen Interesse der Bourgeoisie aufbaute.

In Deutschland begann mit dem verzögerten Beginn der industriellen Revolution und dem Entstehen einer Ingenieurintelligenz, die sich immer stärker selbständig zu machen suchte und den Kampf um ihre soziale Anerkennung führte, auch eine neue Etappe in der weltanschaulich-philosophischen Reflexion der Technik. J. von Liebigs Polemik gegen Bacon bezeichnet einen gewissen Schlußstrich unter die Auseinandersetzungen mit der klassischen bürgerlichen Naturphilosophie wie auch mit den philosophischen Konzeptionen über die Technik, die den Verfall der bürgerlichen Philosophie begleiteten. Hieraus werden einige der Gründe klar, die einer Aufnahme des Baconismus in Deutschland im Wege standen.

[46] K. F. Burdach, Der Organismus menschlicher Wissenschaft und Kunst, Leipzig 1809, S. 32.
[47] Ebenda, S. 38.

Zwar war Bacon auch zu Liebigs Zeiten insbesondere durch die Darstellungen Hegels und Feuerbachs kein Unbekannter geblieben. Aber Liebig, der als einer der ersten Naturwissenschaftler Deutschlands die Wissenschaft durch die Anwendung der Chemie auf die Agrikultur zur Produktivkraft entwickelt und die experimentelle Technik maßgeblich weiterentwickelt hatte, der also hiermit praktisch erstmalig den Baconismus in Deutschland zur Tat werden ließ, eben Liebig war einer derjenigen, die ihn auch ganz ausdrücklich bekämpften.

Dieser Kampf gegen Bacon war nicht nur eine Abrechnung mit aller Art von spekulativer Naturphilosophie, sondern auch und vor allem ein prinzipieller Kampf gegen eine utilitaristische Auffassung der Wissenschaft und Technik. In seiner 1863 erschienenen Arbeit zu Bacon führte Liebig aus: „Die Gedankenarbeit, welche zu einer Erfindung führt, und die Werke, welche der menschliche Geist mit der Erfindung erzeugt, sind wesentlich verschiedene Dinge, die man nur allzuoft miteinander vermengt, und dieß ist dann der Grund, warum man der Erfindung häufig eine Bedeutung zuerkennt, die sie an sich nicht besitzt, sondern erst durch ihre Anwendungen empfängt."[48] Den wesentlichen Unterschied zwischen nutzbringender Technik und Wissenschaft sieht Liebig darin, daß das Anstreben von Nutzen immer egoistisch sei, während die Wissenschaft auf einem allgemeinen, allen Menschen dienenden Erkenntnisfortschritt basiere.[49] Diese Aussagen stellen das krasse Gegenteil zur baconistischen Vorstellung von der gegenseitigen Durchdringung von Wissenschaft und Technik und der gesellschaftsfördernden Rolle der Technik dar.

Liebig gesteht durchaus einen Zusammenhang von Wissenschaft und Technik im Sinne einer gegenseitigen Befruchtung und Kooperation zu, verweist aber wiederholt auf den grundlegenden methodologisch-gnoseologischen Gegensatz von wissenschaftlichem und technischem Vorgehen, was dem Baconismus ebenfalls nicht entspricht. Der philosophierende Naturwissenschaftler Liebig sieht für die Zukunft die Tendenz, daß die Wissenschaft „die Kunst (d. h. Technik — H.-U. W.) und was individuell in ihr ist, zerstört; die Wissenschaft löst die Kunst in lehrbare und erlernbare Regeln auf, durch deren Kenntnis auch der Unbegabte in den Gewerben, der Industrie, Landwirtschaft und Technik das Vermögen des begabtesten, geschicktesten und erfahrensten Praktikers empfängt, der seine Ziele auf kürzestem, sicherstem und ökonomischstem Wege erreicht. Was früher einem Individuum eigen war, wird von da an das Gemeingut Aller"[50].

Dieses Konzept ist der baconistischen „experimentellen Philosophie" in wesentlichen Punkten entgegengesetzt. Bei Liebig dominiert eindeutig die Rolle des geistig schöpferischen Wissenschaftlers gegenüber dem Empiriker und Praktiker aus der Industrie. Bei Bacon und den Baconisten standen Theorie und Empirie gleichberechtigt nebeneinander, und es wurde um ihre Kooperation gerungen.

[48] J. von Liebig, Francis Bacon von Verulam und die Methode der Naturforschung, München 1863, S. 52.

[49] Vgl. ebenda, S. 46—47.

[50] J. von Liebig, Induction und Deduction, in: J. v. Liebig, Reden und Abhandlungen, Leipzig—Heidelberg 1874, S. 309.

Die Entwicklung der Natur- und Technikwissenschaften einerseits und die offen egoistischen Profitinteressen des um die Vormacht ringenden industriellen Kapitals andererseits wie nicht zuletzt die an Schärfe zunehmenden Klassenauseinandersetzungen des sich zur Klasse herausbildenden Proletariats mit der Bourgeoisie hatten in der Mitte des 19. Jh. eine Übernahme des Baconismus in die sich nun konstituierende „Technikphilosophie" in Deutschland unmöglich gemacht. Eine neue technische Umwelt war im Entstehen begriffen und die Konstituierung neuer technischer Wissenschaften zeichnete sich ab. Damit ergaben sich neue Fragen nach dem Wesen und der Besonderheit der Technik. Erst jetzt hatte sich überhaupt „Technik" als Gattungsbegriff für jeglichen „planvollen Gebrauch von Stoffen und Kräften der Natur" durchgesetzt.[51]

Mit dem Begriff „Kunst" oder „mechanische Künste" für die technischen Tätigkeiten fiel auch die Gegenüberstellung zu den Wissenschaften, wie sie sich bei Liebig noch fand. Nicht gefallen waren aber philosophischer Dualismus und Subjektivismus bzw. Mechanizismus in der Betrachtung der Technik. Davon zeugt E. Kapps Werk „Grundlinien einer Philosophie der Technik". Kapps Propagierung einer „kosmisch erweiterten Egoistik" wie auch sein organizistisches bzw. mechanizistisches Herangehen an Technik und Gesellschaft zeugen davon.[52] Der Neukantianismus und der Positivismus erhielten zunehmenden Einfluß auf die nachklassische bürgerliche „Technikphilosophie".[53] Auch durch die weitere Profilierung des naturwissenschaftlichen Materialismus und der bürgerlichen Anthropologie als neuer philosophischer Strömungen nach dem Ausgang der klassischen bürgerlichen Philosophie wurde der weltanschauliche Streit um das Verhältnis von Natur, Mensch und Technik auf neuer Basis fortgeführt.

[51] Vgl. J. E. Heyde, Zur Geschichte des Wortes „Technik", in: Humanismus und Technik, a. a. O., S. 38.

[52] Vgl. E. Kapp, Grundlinien einer Philosophie der Technik, Braunschweig 1877, S. 13.

[53] Vgl. S. Wollgast/G. Banse, Philosophie und Technik. Zur Geschichte und Kritik, zu den Voraussetzungen und Funktionen bürgerlicher „Technikphilosophie", Berlin 1979, S. 45ff.

Helga Petzoldt

Zu einigen Problemen der philosophischen Lehre an deutschen Technischen Hochschulen im 19. Jahrhundert

Philosophiegeschichte ist ohne die Verarbeitung wesentlicher Ergebnisse systematischer und historischer Wissenschaftsdisziplinen nicht möglich. Dabei haben traditionell Philosophie, allgemeine Geschichte, Wissenschafts- und Kunstgeschichte hervorragende Bedeutung. Für die geschichtliche Analyse und Kritik der bürgerlichen „Technikphilosophie" müssen ebenfalls Aussagen über soziale, ökonomische und politische Entwicklungen, über ideengeschichtliche Quellen, über Wissenschafts-, Technik- und Institutionengeschichte berücksichtigt werden. Unter diesem Aspekt sollen im folgenden die höheren technischen Bildungseinrichtungen im 19. Jh. in Deutschland in ihrer Wirksamkeit auf die philosophische Bildung und Erziehung von Technikern, Ingenieuren, Lehrern für Mathematik, Naturwissenschaften und Technik sowie von Technikwissenschaftlern untersucht werden. Dabei ist die Frage zu beantworten, ob die technischen Hochschulen zur Herausbildung und Entwicklung der bürgerlichen „Technikphilosophie" einen spezifischen Beitrag geleistet haben. Unseres Erachtens ist dieser Gesichtspunkt wesentlich für die Einordnung der bürgerlichen „Technikphilosophie" in die Gesamtheit der bürgerlichen Philosophie und für die Bestimmung der besonderen Funktion bürgerlichen Philosophierens über Technik im 19. Jh.

Ende der 60er Jahre des 19. Jh. hatten sich die Qualifikationsanforderungen an technische Fachkräfte im Zusammenhang mit der immer stärkeren Anwendung wissenschaftlich begründeter Produktionsmethoden in einem solchen Maße erhöht, daß eine Neuordnung der höheren technischen Bildungseinrichtungen erforderlich geworden war. „Die Notwendigkeit einer neuen grundlegenden Gestaltung war allgemein in den technischen Kreisen empfunden und fand ihren Ausdruck in dem Programm, welches Grashof, der seit 1863 als Nachfolger Redtenbachers in Karlsruhe wirkte, im Auftrage des Vereins deutscher Ingenieure auf der Heidelberger Versammlung des Jahres 1864 ‚über die der Organisation der polytechnischen Schulen zugrunde zu legenden Prinzipien' aufstellte . . . **‚Zweck und Charakter der polytechnischen Schule mögen hiernach so zusammengefaßt werden: Sie sei eine technische Hochschule und bezwecke die den höchstberechtigten Anforderungen entsprechende wissenschaftliche Ausbildung für diejenigen technischen Berufsfächer des Staatsdienstes und der Privatpraxis, welche die Mathematik, die Naturwissenschaften und die zeichnenden Künste zur Grundlage haben, sowie auch die Ausbildung von Lehrern der an der Schule vertretenen technischen und Hilfswissenschaften'**."[1] Diese Umgestaltung der höheren tech-

[1] W. von Dyck, Einleitung zu W. Lexis, Das Unterrichtswesen im Deutschen Reich, Bd. 4, T. 1 (Die Technischen Hochschulen im Deutschen Reich), Berlin 1904, S. 12f.

nischen Bildungseinrichtungen zu Hochschulen vollzog sich allmählich.[2] Sie war ein Ausdruck der tiefgreifenden Veränderungen des bürgerlichen Bildungs- und Kulturbegriffes auf der Grundlage technischer, wissenschaftlicher und politischer Entwicklung in der zweiten Hälfte des 19. Jh. Die „Degenerierung des neuhumanistischen Bildungsbegriffes"[3] hatte die Eingliederung technischer Fächer an den Universitäten verhindert. Eine eigenständige Entwicklung von höheren technischen Bildungseinrichtungen machte sich erforderlich. Beim Emanzipationskampf der künftigen Technischen Hochschulen ging es sozialpolitisch um die gesellschaftliche Aufwertung der Absolventen der Technischen Hochschulen gegenüber denen der Universitäten. Das Hauptziel der „Technikerbewegung" bestand darin, für die Techniker und Ingenieure die „Unsicherheit über ihren Platz in der gesellschaftlichen Wertschätzung zu beseitigen. Mehr noch: da sie in der Technik eine gewichtige kulturprägende Macht der Gegenwart sahen, war für sie das Ansehen, das die Vertreter der traditionellen akademischen Berufe mit ihrer humanistischen Bildung genossen, gleichsam der Maßstab für die Anerkennung der Absolventen Technischer Hochschulen"[4]. Die Auseinandersetzung beim Ausbau der technischen Bildungseinrichtungen wurde deshalb u. a. um die Verwirklichung einerseits des neuhumanistischen, idealistischen Universitätsideals geführt und andererseits um ein praxisbetontes technikwissenschaftliches Hochschulwesen, nach K. H. Manegold die Idee einer wissenschaftlichen Hochschule als „Berufsbildungsstätte"[5] beziehungsweise um eine mögliche Vereinigung beider Ideale. Ein bestimmender Gegenstand der Diskussionen war die Frage nach dem Verhältnis von „allgemeiner" und „spezieller" Bildung im Humboldtschen Sinne. Dieser unterschied die praktische, berufsbezogene Spezialausbildung und die mit der „reinen Idee der Wissenschaft" verbundene „Menschenbildung": „Was das Bedürfnis des Lebens oder eines einzelnen seiner Gewerbe erheischt, muss abgesondert, und nach vollendetem allgemeinen Unterricht erworben werden. Wird beides vermischt, so wird die Bildung unrein, und man erhält weder vollständige Menschen, noch vollständige Bürger einzelner Klassen. — Denn

[2] Vgl. Tabelle über die Polytechnischen Lehranstalten aus dem Gebiet des späteren Deutschen Reiches mit ihrem Gründungsjahr und dem Jahr ihrer Umbenennung zur Technischen Hochschule, in: H. Blankertz, Bildung im Zeitalter der großen Industrie. Pädagogik, Schule und Berufsbildung im 19. Jahrhundert, Hannover—Berlin (West)—Darmstadt—Dortmund 1969, S. 84.

[3] Vgl. W. König, Stand und Aufgaben der Forschung zur Geschichte der deutschen Polytechnischen Schulen und Technischen Hochschulen im 19. Jahrhundert, in: Technikgeschichte (Düsseldorf), 1/1981, S. 51.

[4] G. Zweckbronner, Je besser der Techniker, desto einseitiger sein Blick? Probleme des technischen Fortschritts und Bildungsfragen in der Ingenieurerziehung im Deutschen Kaiserreich, in Technik-Geschichte. Historische Beiträge und neuere Ansätze, Frankfurt/M. 1980, S. 333.

[5] Vgl. K.-H. Manegold, Universität, Technische Hochschule und Industrie. Ein Beitrag zur Emanzipation der Technik im 19. Jahrhundert unter besonderer Berücksichtigung der Bestrebungen Felix Kleins, Berlin (West) 1970, S. 26. — Weitsichtige Wissenschaftler des 19. Jh. sahen bereits die Einseitigkeit des neuhumanistischen Unterrichts und forderten eine Verstärkung des naturwissenschaftlich-technischen Unterrichts (vgl. E. du Bois-Reymond, Vorträge über Philosophie und Gesellschaft, eingel. und m. erklär. Anm. hrsg. von S. Wollgast, Berlin 1974, S. 139ff.; 189ff.).

beide Bildungen — die allgemeine und die spezielle — werden durch verschiedene Grundsätze geleitet. Durch die allgemeine sollen die Kräfte, d. h. der Mensch selbst gestärkt, geläutert und geregelt werden, durch die specielle soll er nur Fertigkeiten zur Anwendung erhalten."[6] Entsprechend dieser Auffassung kam der Philosophie an den höheren Bildungseinrichtungen eine ausgezeichnete Stellung zu. Sie schien in diesem Sinne kritische Erkenntnis und harmonische Selbstentfaltung des Individuums zu ermöglichen.

An den höheren technischen Bildungseinrichtungen war es vor allem die „Allgemeine Abteilung", die sich diesen Bildungsanforderungen stellen mußte. In ihrer Beziehung zu den Fachabteilungen, die für die Spezialbildung verantwortlich waren, wird die „Allgemeine Abteilung" durch den Professor für Mathematik an der Technischen Hochschule Braunschweig, R. Fricke, wie folgt charakterisiert: **„Sie umfaßt einerseits diejenigen Unterrichtsfächer, welche mehreren Abteilungen zugleich als ‚Grundlagen' dienen und für das Verständnis der betreffenden Fachvorlesungen unentbehrlich erscheinen. Der allgemeinen Abteilung gehören andrerseits diejenigen Vorlesungen an, die zwar nicht zur eigentlichen Fachausbildung unerläßlich sind, die jedoch dem Studierenden Kenntnisse vermitteln, welche ihm entweder in seiner späteren Fachausbildung direkt nützlich sind oder einen allgemein bildenden Wert besitzen."**[7] In der ersten Hälfte des 19. Jh. waren Mathematik und Naturwissenschaften die hauptsächlichsten Unterrichtsfächer in den Vorläufern der „Allgemeinen Abteilung". Später kamen Einführung in die Rechtswissenschaften und Nationalökonomie hinzu. Die Lehre moderner Sprachen, Literatur, Kunstgeschichte, Geschichte wurde dort mit einbezogen, wo die Ausbildung künftiger Lehrer der Mathematik, Naturwissenschaften und Technik erfolgte. Diesen Bestrebungen lag das Ziel zugrunde, die Spezialbildung der zukünftigen Lehrer durch eine ausreichende Allgemeinbildung zu ergänzen. Im Selbstverständnis der Technischen Hochschulen gab es somit keinen Zweifel an der Wichtigkeit der allgemeinbildenden Fächer. H. Blankertz meint zusammenfassend, daß sie „mit fast peinlicher Beflissenheit bei jeder festlichen Gelegenheit den Wert einer nichttechnischen Allgemeinbildung lobten"[8].

Aber die praktischen Ergebnisse an den einzelnen Einrichtungen waren wesentlich bescheidener. In den letzten drei Jahrzehnten des 19. Jh. wurden beim Ausbau der „Allgemeinen Abteilungen" zwar beachtliche Erfolge erreicht, die Philosophie jedoch, das Sinnbild neuhumanistischer Bildung, konnte nicht im breiten Maße Fuß fassen. In Hinblick auf die Bedeutung der allgemeinbildenden Fächer, insbesondere der Philosophie, für die Ausbildung von Technikern und Ingenieuren müssen deshalb etwa bis zum Ende des Jahrhunderts zwei Positionen unterschieden werden. **Erstens** eine Auffassung, die selbst durch das neuhumanistische Bildungsideal der Universität geprägt wurde. Danach ist die

[6] W. von Humboldt, Der Königsberger und der Litauische Schulplan, in: Werke, Bd. 4, Berlin 1964, S. 188.

[7] R. Fricke, Die allgemeinen Abteilungen, in: W. Lexis, Das Unterrichtswesen im Deutschen Reich, Bd. 4, T. 1 (Die Technischen Hochschulen im Deutschen Reich), a. a. O., S. 49.

[8] H. Blankertz, Bildung im Zeitalter der großen Industrie. Pädagogik, Schule und Berufsbildung im 19. Jahrhundert, a. a. O., S. 85.

allgemeine Bildung eine notwendige Voraussetzung für die technische Spezialausbildung und kann somit nicht Gegenstand des Studiums an der Technischen Hochschule sein. Der Ingenieur und Philosoph M. M. von Weber vertritt diese Position z. B. mit den Worten: „Nur ein Stand, der aus ganzen Technikern besteht, ist der freien Entwicklung, der selbständigen eigenen Vertretung seiner Interessen würdig. Es kann aber niemand ein ganzer Techniker werden, der nicht vorher schon ein ganzer Mensch war. Erzieht ganze Menschen, die an allgemeiner Bildung und Lebensform auf der Höhe des Völkerlebens . . . stehen, und macht aus diesen dann Techniker — das ist das ganze Geheimnis und die alleinige Lösung des Problems."[9] Die **zweite** Auffassung wurde durch den Gedanken bestimmt, daß nur die innige Verbindung von spezieller technischer Ausbildung und allgemeiner Bildung auf die Dauer eine tragfähige Grundlage für die Ausbildung von Technikern und Ingenieuren sein könne und daß die deutschen Universitäten sich ihrerseits auch den praktischen Fragen der Zeit stellen müßten. Vertreter dieser Position waren Ingenieur-Persönlichkeiten wie F. Grashof, F. Redtenbacher und G. Zeuner sowie Universitätsgelehrte wie E. Zeller und F. Klein. Sie vermochten weitschauend auf eine fundierte Allgemeinbildung an den Technischen Hochschulen bzw. auf ein fruchtbares, enges Verhältnis zwischen Technischer Hochschule und Universität hinzuwirken. K. Haushofer, Professor der Geologie, Chemie und Mineralogie an der TH München, Onkel des Geopolitikers K. E. Haushofer[10], brachte diese Auffassung besonders einprägsam in seiner Antrittsrede an der Technischen Hochschule München im Jahre 1889 zum Ausdruck: „Der einzig wirksame Ausgleich gegenüber der notwendigen Spezialisierung mit ihren nachteiligen Folgen für die Gesamtheit liegt nur in dem Streben aller, . . . unablässig darauf hinzuwirken, daß jeder, der sich einem wissenschaftlichen Berufe widmet, mit einer Summe von Kenntnissen ausgestattet werde, die nicht in unmittelbarem Zusammenhang mit seiner künftigen Berufsthätigkeit stehen, die aber seinen geistigen Gesichtskreis so weit ausdehnen, dass er im Stande ist, die Beziehungen seiner Wissenschaft zu allen verwandten festzuhalten, die Bedeutung auch entfernter Wissenskreise für die Gesamtheit zu ermessen und zu würdigen und dadurch jenen umfassenden Ueberblick über den Kulturstand seiner Zeit zu gewinnen, der ihn befähigt, über die großen Fragen, die die Menschheit bewegen, ein eigenes Urteil zu schöpfen."[11] Diese Überzeugung setzte sich in einem Jahrzehnte währenden, mühevollen Prozeß schließlich durch. Im folgenden soll diese Entwicklung unter dem besonderen Blickwinkel der philosophischen Bildung und Erziehung für Techniker und Ingenieure näher betrachtet werden.

Am Dresdner Polytechnikum ist die Philosophie als ausgewiesenes Lehrfach seit 1860 nachweisbar. Im Rahmen der „Abteilung für Lehrer der Mathematik und Naturwissenschaften" wurde seit dieser Zeit „Philosophische Propädeutik"

[9] M. M. von Weber, Aus dem Reich der Technik. Novellen von Max Maria von Weber, hrsg. von C. Weihe, Berlin 1926, S. 38.

[10] Vgl. Neue Deutsche Biographie, Bd. 8, Berlin (West) 1969, S. 121.

[11] K. Haushofer, Über die Aufgaben der technischen Hochschule auf dem Gebiet der allgemeinen Bildung, München 1889/90, S. 6.

durch den Gymnasiallehrer der Kreuzschule zu Dresden, I. F. Schöne, gelehrt.[12] Der Organisationsplan der „Königlich Sächsischen Polytechnischen Schule" zu Dresden von 1865 weist aus, daß darunter folgende Themen verstanden wurden: Einführung in die Geschichte der Philosophie, Logik, Ästhetik und Psychologie.[13] Nach 1868 wurden Vorlesungen zur Geschichte der Philosophie von dem Professor für Mathematik und Vorstand der Lehrerabteilung O. Schlömilch und dem Privatdozenten für Philosophie H. Eggeling[14] gehalten. Waren diese Lehrveranstaltungen auch außerhalb der Lehrerabteilung nur fakultativ, so kann dennoch gesagt werden, daß Dresden mit diesem Programm bei der Durchsetzung philosophischer Bildungsinhalte zu dieser Zeit eine Schlüsselposition einnahm. Bezeichnend dafür ist auch, daß Eggeling sich als erster zu einem philosophischen Problem an einer deutschen technischen Bildungsanstalt zum Privatdozenten habilitierte.[15] Eggeling, Enkel des Jenenser Philosophieprofessors J. F. Fries, der u. a. durch seinen Gegensatz zu G. W. F. Hegel und seine progressive Haltung während der Restaurationszeit (Teilnahme am Wartburg-Fest der deutschen Studenten usw.) bekannt geworden ist, verteidigte im Wintersemester 1875/1876 an der „Königlich Sächsischen Polytechnischen Schule" zu Dresden eine Schrift über das Verhältnis von Kant und Fries. Ziel dieser Arbeit war es, einmal „die wichtigsten Punkte klar hervorzuheben, bezüglich derer Fries die speculative Philosophie Kant's fortgebildet hat"[16]. Dabei setzt sich Eggeling u. a. mit K. Fischer, J. B. Meyer, J. G. Fichte und G. Berkeley auseinander. Zum anderen versucht er im Stil des Neukantianismus auf der Grundlage der Einheit von Kants „kritischer Philosophie" und der Friesschen „Lehre vom transzendentalen Idealismus" die philosophischen Grundrichtungen Materialismus und Idealismus miteinander zu versöhnen, die „in der Geschichte der Philosophie streitend einander gegenüberstehen. Die kritische Philosophie entscheidet hier nicht für die eine oder die andere, sondern sie zeigt, dass jeder derselben ein Anspruch an Wahrheit, aber nicht in unbeschränkter Weise, zukommt, dass eine jede ihr besonderes Recht in einem bestimmten Kreise, aber keine den Anspruch an die volle Wahrheit besitzt"[17]. Alles in allem eine Leistung in der bürgerlichen Philosophie, die sich nicht über den Durchschnitt der Zeit erhebt. In diesem Zusammenhang bleibt die Frage offen, warum Eggeling diese Arbeit, die keine Bezüge zu philosophischen Fragen der Technik und der technischen Wissen-

[12] Vgl. H. Gehrig, Die Kulturwissenschaftliche Abteilung, in: Ein Jahrhundert Sächsische Technische Hochschule 1828—1928, überreicht von Rektor und Senat, [Dresden 1928], S. 198.

[13] Vgl. Organisationsplan der Königlich Sächsischen polytechnischen Schule zu Dresden v. 31. 01. 1865, o. O. u. J., S. 35.

[14] Vgl. W. Ludwig, Die Mathematisch-naturwissenschaftliche Abteilung, in: Ein Jahrhundert Sächsische Technische Hochschule, a. a. O., S. 147f.; vgl. Königlich Sächsisches Polytechnikum zu Dresden, Programm für das Studienjahr bzw. Wintersemester 1876—1877, Dresden o. J., S. 37.

[15] Vgl. P. Trommsdorff, Verzeichnis der bis Ende 1912 an Technischen Hochschulen des Deutschen Reiches erschienenen Schriften, Berlin 1914, S. 80.

[16] Vgl. H. Eggeling, Kant und Fries. Die anthropologische Auffassung der Kritik der Vernunft in ihren wesentlichen Punkten erörtert, Braunschweig 1875, S. 8.

[17] Ebenda, S. 48.

schaften aufweist, gerade an einer technischen Lehranstalt verteidigte. Es gilt zu prüfen, ob es in den siebziger Jahren des 19. Jh. erfolgversprechender war, sich zu einer philosophischen Fragestellung an einer technischen Bildungseinrichtung zu habilitieren als an einer Universität. Offensichtlich hatte Eggeling, der spätere Kurator der Universität Jena, keine besonderen Bindungen zur Dresdner Bildungsstätte.

1876 wird der Jenenser F. Schultze erster ordentlicher Professor für Philosophie in Dresden. Damit schaffte Dresden ein Beispiel für alle höheren technischen Bildungseinrichtungen im Deutschen Reich. In den 60er Jahren blieb jedoch in Dresden zunächst der Ausbau der allgemeinbildenden Fächer hinter dem der rein fachwissenschaftlichen Disziplinen offensichtlich zurück. Diese Erscheinung war auch an anderen höheren technischen Bildungseinrichtungen zu beobachten.[18] Doch mit der Anerkennung des Dresdner Polytechnikums als höhere Fachschule im Jahre 1871 wurde eine „Allgemeine Abteilung für die allgemeinen Wissenschaften" gegründet, deren Umbenennung in „Allgemeine Abteilung" 1873 erfolgte.[19] Unter Leitung von G. Zeuner und L. Koenigsberger wurde in den 70er Jahren bewußt an ihrem Ausbau gearbeitet. Der bekannte Universitätsprofessor Koenigsberger wurde im Jahre 1875 Nachfolger von O. Schlömilch am „Königlich Sächsischen Polytechnikum". Er übernahm die Professur für Mathematik und den Vorstand der Lehrerabteilung. Zur Reorganisation der letzteren war er nach eigenen Worten[20] von Heidelberg nach Dresden berufen worden. In diesem Zusammenhang vermittelte er im Auftrage des Direktors des Polytechnikums G. Zeuner die erstmalige Vergabe der ordentlichen Professur für Philosophie in der „Allgemeinen Abteilung" des Dresdner Polytechnikums. Diese umfaßte damals Lehrstühle für Geschichte, Kunst- und Literaturgeschichte, Geographie, Mathematik und Physik. In einem Briefwechsel zwischen Koenigsberger und dem Philosophiehistoriker E. Zeller, der 1872 von Heidelberg nach Berlin berufen worden war, wird die Bedeutung des Lehrfaches Philosophie an höheren technischen Bildungseinrichtungen erörtert. Es ist bemerkenswert, daß sich ein so namhafter Philosophiehistoriker wie Zeller solcher Fragen annahm. Zeller vertrat die Ansicht, auch ein Polytechnikum könne „den philosophischen Unterricht nicht entbehren, und neben der Logik, die in Verbindung mit einer allgemeinen philosophischen Propädeutik fruchtbar vorgetragen werden könnte, ist es unter den philosophischen Disziplinen namentlich die Geschichte der Philosophie, die sich für sie (die höheren technischen Bildungseinrichtungen — *H. P.*) eignet, u. die . . . auch solchen, welche durch keine Gymnasialbildung dafür vorgebildet sind, dadurch verständlicher u. interessanter gemacht werden kann, daß man den Zusammenhang der philosophischen Systeme und Richtungen mit den allgemeinen Bil-

18 Vgl. W. König, Stand und Aufgaben der Forschung zur Geschichte der deutschen Polytechnischen Schulen und Technischen Hochschulen im 19. Jahrhundert, a. a. O., S. 51.

19 Vgl. Autorenkollektiv (Leitung: R. Sonnemann), Geschichte der Technischen Universität Dresden 1828—1978, Berlin 1978, S. 83.

20 Vgl. Staatsarchiv Dresden (im folgenden STAD), Ministerium für Volksbildung, Nr. 15476ª, Bl. 3a.

dungszuständen, der Kunst, der Literatur, den politischen Verhältnissen der Länder und Zeiten zur Anschauung bringt"[21].

Dieser direkte Einfluß von Universitätsgelehrten war für die allgemeinwissenschaftliche Ausstattung der Bildungseinrichtung in Dresden sehr förderlich. Nicht zuletzt empfahl Zeller, den jungen Jenenser Dozenten F. Schultze auf den Dresdner Lehrstuhl für Philosophie zu berufen. Schultze war ein Schüler des bekannten Heidelberger Philosophiehistorikers K. Fischer, der von 1856 bis 1872 in Jena gewirkt hatte.[22] Ein aufschlußreicher Briefwechsel zwischen Koenigsberger und Schultze zeugt davon, daß es für Schultze zunächst keine einfache Entscheidung war, einem Rufe nach Dresden zu folgen. Er war als Nachfolger W. Wundts an der Universität in Zürich vorgesehen, jetzt bot sich für ihn zudem die Möglichkeit einer ordentlichen Professur für Philosophie in Dresden, jedoch an einer technischen Hochschule. Dieser Schritt „von der Universität hinüber zum Polytechnikum"[23] bedeutete zu dieser Zeit in Hinblick auf eine akademische Laufbahn noch ein Wagnis, da die technischen Hochschulen erst begonnen hatten, sich neben den herkömmlichen Universitäten einen gleichberechtigten Platz zu erobern. Doch Schultze entschied sich schließlich für Dresden, und somit wurde neben den bereits genannten Disziplinen in der „Allgemeinen Abteilung" auch Philosophie institutionell gelehrt. „Damit war die Basis für eine direkte ideologische Einflußnahme auf die Studierenden im Sinne einer staatsbürgerlichen Erziehung durch den junkerlich-bourgeoisen Staat geschaffen worden."[24]

Mit dieser Entwicklung in Dresden wurde auch praktisch der Argumentation anderer technischer Hochschulen entgegengetreten, daß die ständig wachsenden Anforderungen der Fachwissenschaften keinen Raum für allgemeine Studien ließen. Auf der „Versammlung von Delegierten der Technischen Hochschulen des Deutschen Reiches" im Jahre 1878 in Dresden wurde die Notwendigkeit der Einbeziehung der allgemeinbildenden Fächer in die Ausbildung nochmals von breiten Kreisen verbal unterstützt.[25] Es galt jedoch in den folgenden zwei Jahrzehnten — wie bereits angedeutet — noch eine Reihe von Vorurteilen abzubauen. noch 1902 sah sich der Chemiker W. Hempel in einem Festvortrag „Über die Erziehung der jungen Männer" gezwungen, zu den Problemen der allgemeinen Bildung an technischen Hochschulen mit einem rückschauenden Exkurs wie folgt Stellung zu nehmen: „Ich sehe eine Lücke in unseren Studienplänen, wenn diese

21 Ebenda, Bl. 1a.

22 Vgl. S. Wollgast/H. Zillig/K.-F. Teinz/P. Jäckel, Zum Wirken des Neukantianismus an der Technischen Hochschule Dresden, in: Wissenschaftliche Zeitschrift der Technischen Universität Dresden, 3/1972, S. 479—485.

23 Vgl. STAD, Ministerium für Volksbildung, Nr. 15476ᵃ, Bl. 5a; vgl. H. Petzoldt, Zur Geschichte des philosophischen Unterrichts am „Königlich Sächsischen Polytechnikum" zu Dresden, in: Wissenschaftliche Zeitschrift der Technischen Universität Dresden, 6/1979, S. 1393—1398.

24 Autorenkollektiv (Leitung: R. Sonnemann), Geschichte der Technischen Universität Dresden, 1828—1978, a. a. O., S. 83.

25 Vgl. Die Technische Hochschule Darmstadt 1836—1936. Ein Bild ihres Werdens und Wirkens. Zur Jahrhundertfeier im Auftrag der Technischen Hochschule hrsg. von W. Schlink, Darmstadt o. J. (1936), S. 22.

so voll von Fachwissenschaften sind, daß für die Studenten keine Zeit bleibt, um einen Vortrag über Geschichte, Philosophie, Literatur usw. zu belegen. Vor 35 Jahren hatte ich das Glück, am Polytechnikum in Dresden zu studieren. Ich erinnere mich noch, daß in den Vorträgen über Literatur, Philosophie und Kunstgeschichte 80—150 Zuhörer waren; dabei hatte die Anstalt noch nicht die Hälfte der Besucher, die sie heute besitzt. Von Dresden bin ich an die Universität Berlin gegangen, wo die allgemeinen Vorträge von Dove und Dubois-Reymond so stark besucht waren, daß selbst das große Auditorium die Studenten nicht zu fassen vermochte. In Heidelberg, wohin ich später übersiedelte, habe ich neben den chemischen Vorlesungen Treitschke über Geschichte und Kuno Fischer über Geschichte der Philosophie gehört. Heidelberg hatte damals etwa 200 Studierende weniger als wir jetzt haben, und doch waren diese Vorträge so besucht, daß man für den Geschichtsvortrag aus dem großen Auditorium in die Aula übersiedeln mußte; dabei blühte das studentische Leben nicht wenig. Diese Zustände waren möglich, weil die Fachstudien einen nicht zu großen Raum einnahmen."[26]

Die Philosophie hatte es somit offensichtlich besonders schwer, in den anderen höheren technischen Bildungseinrichtungen Deutschlands als Lehrfach wirksam zu werden. Ihre Rolle für die Ausbildung von Technikern und Ingenieuren wurde noch nicht in voller Tragweite erkannt. Bis zur Jahrhundertwende wurde m. E. nur in Dresden, Braunschweig, Darmstadt[27], Stuttgart und Karlsruhe im Rahmen der Allgemeinen Abteilung Philosophie gelehrt. In Dresden gab es seit 1876 den Lehrstuhl für Philosophie, in Braunschweig und Darmstadt lehrten Privatdozenten. In Stuttgart hielt der Vorstand der Fachschule für allgemeinbildende Fächer, Prof. Denzel, in den siebziger Jahren Lehrveranstaltungen zu philosophischen Fragen.[28] Seit dem Studienjahr 1897/1898 las in Karlsruhe A. Drews als Privatdozent über Geschichte der neueren Philosophie seit R. Descartes, über Grundprobleme der neueren Philosophie, über Schopenhauer, Kant, Hegel und Spinoza, über Erkenntnistheorie, Logik und Naturphilosophie.[29] Von 1875 bis 1879 wurde in Aachen die Philosophie kurzzeitig von einem Hilfslehrer gelehrt. R. Fricke schreibt zusammenfassend darüber im Jahre 1904: „Die **Philosophie** hat sich nur erst an einigen technischen Hochschulen Eingang zu verschaffen gewußt, nämlich in Braunschweig, Hannover[30], Dresden und

[26] W. Hempel, Ausgewählte Vorträge und Aufsätze, Wien—Berlin—London 1913, S. 13f.

[27] Vgl. E. Zöller, die Universitäten und Technischen Hochschulen. Ihre geschichtliche Entwicklung und ihre Bedeutung in der Kultur, ihre gegenseitige Stellung und weitere Ausbildung, Berlin 1891, S. 21; vgl. Rheinisch-Westfälische Technische Hochschule Aachen 1870/1970, Separatband Tafeln und Übersichten, Stuttgart o. J. [1970], Tafel VI, Philosophisch-historische und wirtschaftswissenschaftliche Fächer an Technischen Hochschulen.

[28] Vgl. Programm des Königlich Württembergischen Polytechnikum zu Stuttgart für das Jahr 1878 auf 1879, Stuttgart 1878, S. 62; Jahresbericht des Königlichen Polytechnikums zu Stuttgart für das Studienjahr 1877—1878, Stuttgart 1878, S. 19.

[29] Vgl. Programm der Großherzoglichen Badischen Technischen Hochschule zu Karlsruhe für das Studienjahr 1897/1898, Karlsruhe 1897, S. 22; dgl. für das Studienjahr 1898/1899, Karlsruhe 1898, S. 2; dgl. für das Studienjahr 1899/1900, Karlsruhe 1899, S. 2.

[30] Seit 1900 lehrte in Hannover W. Arnsperger als Privatdozent Philosophie (vgl. Festschrift zur 125-Jahrfeier der Technischen Hochschule Hannover, o. J., S. 89f.).

Karlsruhe. Indessen wäre zu wünschen, daß in dieser Hinsicht weitere Fortschritte gemacht werden. Die Philosophie besitzt einen hohen allgemein bildenden Wert, so daß diese oder jene philosophische Vorlesung mit Vorteil von Studierenden aller Fachabteilungen gehört werden könnte. Auch könnte andererseits die Philosophie selbst die empfangende sein und ihre wissenschaftliche Beziehung zu den Technischen Hochschulen, denen sie bislang noch recht fremd geblieben ist, lebhafter und fruchtbarer gestalten. Zahlreiche Ansatzpunkte sind in dieser Hinsicht vorhanden. Die ästhetische Richtung der Philosophie könnte mannigfache Anregungen aus der Architekturabteilung, ja auch aus den Abteilungen für Ingenieurbauwesen und Maschinenbau schöpfen. Logik und Psychologie hätten ein interessantes Gebiet in der kritischen Verfolgung technischen Forschens und Erfindens. Die modernste Naturphilosophie und die etwas ältere experimentelle Psychologie würden sich nahe verwandt fühlen mit den naturwissenschaftlichen, insbesondere physikalischen und chemischen Unterrichtszweigen der Hochschulen. Endlich aber würden Ethik und Moralphilosophie sich der großen sozialen Probleme annehmen müssen, welche das ‚Zeitalter der Technik' mit sich gebracht hat."[31]

Fast noch wichtiger als die Frage nach den konkreten Formen und dem Ausmaß der Institutionalisierung der Philosophie an den höheren technischen Bildungseinrichtungen im 19. Jh. ist die Frage nach dem Inhalt, der den angehenden Technikern, Ingenieuren und Lehrern auf dem Gebiet der Philosophie vermittelt wurde. Erst eine solche Kenntnis ermöglicht die Einschätzung, welchen Einfluß die Technischen Hochschulen auf das Weltbild der Techniker und Ingenieure ausübten und auf welche Weise dadurch auch die Entwicklung der bürgerlichen „Technikphilosophie" berührt wurde. Entsprechend der Tatsache, daß sich die Philosophie im betrachteten Zeitraum an den Technischen Hochschulen noch nicht hinreichend durchgesetzt hatte, ist die Quellenlage zum Inhalt der philosophischen Ausbildung qualitativ und quantitativ nicht günstig. Die wenigen Quellen sind außerdem nur im geringen Maße erschlossen. Deshalb sei hier nur die Dresdner Bildungseinrichtung unter diesem Gesichtspunkt näher betrachtet.

Auf den Lehrplänen standen nach bisherigen Untersuchungen hauptsächlich Lehrveranstaltungen zur Geschichte der Philosophie. Im lückenlos vorhandenen Vorlesungsplan[32] von F. Schultze seit 1892 ist nachweisbar, daß es sich dabei in Dresden um folgende Themen gehandelt hat: „Geschichte der neueren Philosophie von der Renaissance bis Kant", „Geschichte der Aufklärungsphilosophie", „Geschichte der Naturphilosophie", „Geschichte der neuesten Philosophie nach Kant bis zur Gegenwart", „Die Philosophie Immanuel Kants und ihre Bedeutung für die Gegenwart", „Die leitenden Ideen der Gegenwart oder Analyse, Geschichte und Kritik des heutigen Zeitgeists mit besonderer Berücksichtigung von Friedrich Nietzsche" u. a.

Darüber hinaus gab es in Dresden Lehrveranstaltungen zu Problemen der vergleichenden Psychologie, Logik und Ästhetik, die ebenfalls von Schultze gehalten wurden. Offensichtlich waren philosophische Probleme der Technik

[31] R. Fricke, Die allgemeinen Abteilungen, in: W. Lexis, Das Unterrichtswesen im Deutschen Reich, Bd. 4, T. 1, a. a. O., S. 58.

[32] Universitätsarchiv der TU Dresden, V1—V34.

und der technischen Wissenschaften noch nicht Gegenstand der Lehre. Die Ursachen dafür lagen zu erheblichen Teilen in der philosophischen Tradition, der Schultze mit seinen spezifischen Interessen und Neigungen verhaftet war. Die zukünftigen Techniker und Ingenieure, die in Dresden studierten, formulierten zu dieser Zeit ihre durch die Technik bestimmten philosophischen Probleme noch nicht so, daß der Fachphilosoph gezwungen war, Antworten zu geben. Offensichtlich fördern die praktische Ingenieurtätigkeit und Forschungen auf dem Gebiet der technischen Wissenschaften die zielgerichtete Auseinandersetzung mit philosophischen Fragen der Technik und der technischen Wissenschaften weit stärker als der philosophische Unterricht während der Studienzeit.

Es sei betont, daß der Mathematiker L. Koenigsberger bereits vor 1876 seine Ansicht über den zukünftigen Inhalt der philosophischen Ausbildung am Dresdner Polytechnikum dargelegt hat. Er schreibt dazu an den Direktor des Polytechnikums G. Zeuner u. a.: „Der Philosoph wird an unserer Anstalt einerseits als Fachmann für alle diejenigen zu wirken haben, welche der Lehrerabteilung angehören und im Examen in der Philosophie speziell geprüft werden, andererseits wird derselbe unzweifelhaft reges Interesse auch bei den Mitgliedern der anderen Abteilungen finden in den Vorlesungen wenigstens, welche, auch ohne besondere Fachstudien notwendig zu machen, das Interesse gebildeter junger Männer wachrufen, wie ja wirklich anregende Dozenten der Philosophie an den deutschen Universitäten ihre Zuhörer aus allen Fakultäten erhalten. Vorlesungen der letzten Art wären meiner Ansicht nach vor allem **Geschichte der Philosophie**, wobei die Geschichte der alten Philosophie der Natur unserer Anstalt gemäß mehr in den Hintergrund treten müßte; eine Vorlesung über **Logik** würde wohl auch auf das Interesse unserer Studierenden zählen können, besonders aber würde eine Psychologie, wenn ihr eine **physiologische** Grundlage gegeben werden kann, wie überhaupt eine Vorlesung, welche **philosophische Erörterungen über die Resultate der . . . Naturwissenschaften** gibt, sicher eine große Anziehungskraft auf die Studierenden aller Abteilungen ausüben“[33].

Diese in den folgenden Jahrzehnten realisierten Aufgaben und Inhalte der philosophischen Ausbildung am Dresdner Polytechnikum haben ihre Wurzeln offensichtlich in der Tradition der philosophischen Lehre an den Universitäten. Von hier gingen wesentliche Impulse für den Ausbau der philosophischen Bildung an den technischen Hochschulen aus. Die Bilanz der Bemühungen um die direkte Lehre der Philosophie an den Hochschulen in Aachen, Berlin[34], Braunschweig, Darmstadt, Dresden, Hannover, Karlsruhe, München und Stuttgart bis zum Beginn des 20. Jh. ist insgesamt nur gering. Es ist noch näher zu untersuchen, welche Aktivitäten von den Lehrkräften nichtphilosophischer Disziplinen unternommen worden sind, um die philosophische Grundlegung ihrer Disziplin für den Studenten transparent zu machen, d. h. philosophische Fragen

[33] Vgl. STAD, Ministerium für Volksbildung, Nr. 15476[a], Bl. 22f.

[34] Vgl. Wissenschaft und Gesellschaft. Beiträge zur Geschichte der Technischen Universität Berlin 1879—1979, Bd. 2, Berlin (West)—Heidelberg—New York 1979, S. 10; vgl. Rheinisch-Westfälische Technische Hochschule Aachen 1870—1970, Festschrift zu ihrem 100jährigen Bestehen, Stuttgart 1970, S. 335.

der jeweiligen Fachdisziplin an den Hörerkreis heranzutragen. Allein das Beispiel B. Vetters, eines Assistenten von E. Haeckel, zeigt, daß die philosophischen Konsequenzen einzelwissenschaftlicher Fragestellungen auch in den Lehrveranstaltungen am Dresdener Polytechnikum erörtert wurden. In einem Brief vom 7. 12. 1888 legt Vetter, inzwischen a. o. Professor für Zoologie am Dresdner Polytechnikum, Rechenschaft über seine Lehrveranstaltungen ab. Daraus ist zu entnehmen, daß neben der Hauptvorlesung über „Allgemeine Zoologie und spezielle Zoologie“ auch solche Themen wie „soziale Erscheinungen im Tierreich“ und „Darwinismus und allgemeine Entwicklungslehre“ Gegenstand seines Unterrichts waren.[35] Wahrscheinlich war Vetter in dieser Hinsicht im Lehrkörper keine Einzelerscheinung.

Eine aussagekräftige Quelle für Nachforschungen über die Bedeutsamkeit philosophischer Fragen für die Ausbildung und Erziehung von Technikern und Ingenieuren ist das „Verzeichnis der bis Ende 1912 an den Technischen Hochschulen des Deutschen Reiches erschienenen Schriften“. In dieser Bibliographie finden sich umfangreiche Hinweise u. a. zu den Themen und Autoren der alljährlichen Reden zu gesellschaftlich bedeutsamen Ereignissen, zu Habilitationsschriften und Dissertationen. Dabei belegen eine Reihe von Angaben, daß nicht nur fachwissenschaftliche Probleme, sondern auch kulturphilosophische und -geschichtliche Fragen im Zusammenhang mit der Technik und den technischen Wissenschaften und weltanschauliche Fragen des Ingenieurs reges Interesse fanden. Es waren vor allem anerkannte Ingenieure und Naturwissenschaftler, die sich zu diesen Problemen zu Wort meldeten. G. Herrmann hielt z. B. am 18. Januar 1896 in der Aula der Technischen Hochschule Aachen den nicht im Druck erschienenen Vortrag: „Über den Einfluß, den die technischen Wissenschaften und die Entwicklung der Technik auf die Verhältnisse unserer Zeit ausgeübt haben“. Am 19. Januar 1899 trug O. Kammerer in der Festhalle der Technischen Hochschule zu Berlin eine Rede „Über den Zusammenhang der Maschinentechnik mit Wissenschaft und Leben“ vor. „Über den Einfluß der chemischen Technik auf Leben und Sitte“ sprach zum Rektoratswechsel 1890/91 in Dresden W. Hempel. „Der Stein der Weisen. Anhang: Bemerkungen zu Kant's Ansicht über die Chemie als Wissenschaft“ war im Jahre 1889 Gegenstand der Rede von C. Engler beim Direktoratswechsel 1889/90 in Karlsruhe. Dort sprach zwei Jahre später auch Chr. Wiener über „Die Freiheit des Willens“. In Stuttgart erörterte A. Ernst 1888 das Thema „Kultur und Technik“.

Bereits dreißig Jahre früher war diese Form öffentlicher Vorträge genutzt worden, um weltanschaulich-philosophische Fragen der Technik und der technischen Wissenschaften an die Studenten technischer Bildungseinrichtungen heranzutragen. In Karlsruhe hielt z. B. F. Redtenbacher anläßlich der Einweihung des neuen Maschinenbausaales im Herbst 1859 den Vortrag „Geistige Bedeutung der Mechanik und geschichtliche Skizze der Entdeckung ihrer Principien“. Redtenbacher geht davon aus, daß es dem Menschen möglich sei, bei Kenntnis und Berücksichtigung der Naturgesetze die Natur in wachsendem Maße für mensch-

[35] Vgl. STAD, Ministerium für Volksbildung, Nr. 15500^{c}; vgl. K.-H. Flemmig, Benjamin Vetter — ein philosophierender Naturwissenschaftler an der Technischen Hochschule Dresden im 19. Jahrhundert, in: Sächsische Heimatblätter, 1/1981, S. 12.

liche Interessen zu nutzen. Noch bedeutungsvoller sei jedoch, den Geist nach seinen wahren Gesetzen und seinen Wirkungen zu erkennen. Dies könne jedoch „ohne die gleichzeitige Erforschung der materiellen Seite der Natur nicht vollständig durchgeführt werden“[36]. In diesem Zusammenhang stellt Redtenbacher fest, gebe es noch kein philosophisches System, das der Naturforschung als Grundlage dienen könne. Der entscheidende Ausweg ist ihm deshalb: „Die Mechanik muss in die Physik und Chemie, diese müssen in die Physiologie, diese wiederum in die Psychologie und alle zusammen in die Philosophie eindringen. Die Mechanik stellt sich demnach als die Basis des ganzen wissenschaftlichen Aufbaus dar, und es ist nur die Frage, ob sie dieses zu leisten vermag.“[37] Redtenbacher kommt — ähnlich H. v. Helmholtz — zu dem Ergebnis, das Studium der Mechanik sei für alle Wissenschaften von entscheidender Wichtigkeit, jedoch der Geist selbst nicht allein durch „puren todten Mechanismus“ erklärbar:

„Der Mechanismus lehrt uns das Wohnhaus des Geistes, nicht den Geist selbst, kennen; dieser kann sich selbst nur durch fortgesetztes Schauen in sich selbst, aber zugleich mit Berücksichtigung aller Wirkungen des Geistes in der Geschichte und in den Wissenschaften wie Künsten erkennen.“[38]

Redtenbacher gelingt es nicht zuletzt in diesem Vortrag, auf der Grundlage einer mechanistischen Naturauffassung Fragen aufzuwerfen und Antworten zu geben, die sich aus den Selbstverständigungs- und Emanzipationsbestrebungen der Ingenieure in dieser Zeit notwendig ergaben. Die ingenieurtechnische Intelligenz wandte sich verstärkt der wissenschaftlichen und philosophischen Begründung ihrer Arbeit zu, suchte die strenge Wissenschaftlichkeit ihres Denkens und Tuns zu rechfertigen und verlangte die ihr gebührende gesellschaftliche Anerkennung.[39]

Für die Einführung der Philosophie an den Technischen Hochschulen als Lehrfach war also hauptsächlich das Beispiel der Universität neuhumanistischen Stils maßgebend. Das Interesse an philosophischen Fragen der Technik und der technischen Wissenschaften wurde zwar seitens der Lehrkräfte im wachsenden Maße bewußt reflektiert, gelegentlich fand das Ausdruck in der Themenwahl an Vorträgen an den einzelnen Bildungseinrichtungen, jedoch kam von den Technikern selbst noch nicht die Forderung nach einem festen Platz der Philosophie in der Ausbildung des wissenschaftlich-technischen Nachwuchses entsprechend ihrer speziellen „technikphilosophischen“ Fragen und Probleme. Das Hauptgewicht weltanschaulich-philosophischer Bildung und Erziehung der Techniker und Ingenieure wurde deshalb, nicht zuletzt bedingt durch die genannten Gründe, bis zum Ende des 19. Jh. nicht von den technischen Bildungseinrichtungen getragen.

36 F. Redtenbacher, Geistige Bedeutung der Mechanik und Geschichtliche Skizze der Entdeckung ihrer Principien, München 1879, S. 80.

37 Ebenda, S. 82.

38 Ebenda, S. 85.

39 Vgl. K.-H. Flemmig, Voraussetzungen, Herausbildung und Entwicklung der bürgerlichen „Technikphilosophie“ in Deutschland im 19. Jahrhundert. Diss., Dresden 1981, S. 137.

Der Verein Deutscher Ingenieure (VDI) stellte einen weiteren, wichtigeren Bereich dar, wo Ingenieure nach ihrer Ausbildung, besonders stimuliert durch ihre praktische Tätigkeit, auch philosophischen Interessen nachgingen. Die Zeitschrift des VDI widerspiegelt z. B. wichtige Aktivitäten des Vereins hinsichtlich unserer Problematik. Bereits in ihren ersten Jahrgängen seit 1857 ist eine deutliche Zuwendung zu historischen Fragen der Technik zu beobachten, die oft zu philosophischen Fragen der Technik hinführen. So finden sich unter der Rubrik „Technische Literatur" u. a. Rezensionen zu Biographien berühmter Erfinder und Entdecker der Neuzeit.[40] Aus dem Protokoll über die 6. Hauptversammlung des VDI ist ersichtlich, daß neben rein fachlichen Vorträgen auch Ausführungen über allgemein interessierende Gegenstände gemacht wurden. Gasdirektor Schiele aus Frankfurt a. M. sprach zum Beispiel zum Thema: „Betrachtungen über künstliche Beleuchtung und deren Beziehungen zur Cultur". Zu Beginn seines kulturgeschichtlichen Abrisses knüpft er bei den „ältesten Philosophen" und bei der „neuen Schule der Naturforschung" an. Schlußfolgernd faßt er seine Position zu den künftigen Aufgaben der Ingenieure wie folgt zusammen: „Man stellt meine Herren . . . sinnbildlich den **Geist** als leuchtende **Flamme** dar. Lassen Sie uns — und Sie als Vertreter geistigen Strebens sind besonders dazu berufen — . . . diese Flamme am hellen Brennen erhalten, schaffen wir emsig fort am geistigen Lichte, das erhellend und aufklärend strahlt nach allen Seiten und die Industrie wird thun, was an ihr ist, und mit der materiellen Entwicklung dankbar nachfolgen."[41] In einer Biographie über F. Redtenbacher, die in der Zeitschrift im Januar 1865 abgedruckt wurde, erörtert sein Schüler E. Kretzschmann u. a. das „Dynamiden-System" von Redtenbacher. Der Begründer des wissenschaftlichen Maschinenbaus in Deutschland verfolgte unter dem Einfluß der Philosophie H. Lotzes mit dieser Arbeit das Ziel, alle Naturvorgänge auf allgemein gültige mechanische Prinzipien zurückzuführen. Er versuchte, die verschiedenen physikalischen Erscheinungen wie z. B. die Wärme, das Licht und den Magnetismus unter dem Gesichtspunkt der Statik und Dynamik von Molekularkräften zu erklären. Damit wollte er bewußt eine atomistische Theorie der Naturprozesse aufstellen.[42] Im Zusammenhang mit der Charakterisierung des Redtenbacherschen Versuchs macht Kretzschmann auch Ausführungen zur Situation der Philosophie aus seiner Sicht. Er schreibt: „. . . freilich beruht das ganze ‚Dynamidensystem' nur auf einer Annahme oder Hypothese; doch kann man sich getrost dem **Redtenbacherschen** Ausspruch anschließen, daß Hypothesen nicht gefährlich sind, wenn sie nicht mit Wortkünsten, sondern mit exakten Versuchen und mit scharfen analytischen Reagentien geprüft werden. Die speculative Philosophie, die Beherrscherin der gesamten Wissenschaft seit zwei Jahrtausenden, hat ihre Hypothesen genug mit

[40] Vgl. Rezensionen zu: Biographien berühmter Erfinder und Entdecker der Neuzeit. Leben James Watts, Stuttgart 1860, in: Zeitschrift des Verein Deutscher Ingenieure (Berlin) (im folgenden ZVDI), 4/1860, S. 366. George Stephenson, in: ZVDI, 3/1859, S. 87—88; Robert Stephenson, in: ZVDI, 3/1859, S. 313—314.

[41] S. Schiele, Betrachtungen über künstliche Beleuchtung und deren Beziehungen zur Cultur, in: ZVDI, 7/1863, S. 470—476.

[42] Vgl. K.-H. Flemmig, Voraussetzungen, Herausbildung und Entwicklung der bürgerlichen „Technikphilosophie" in Deutschland im 19. Jahrhundert, a. a. O., S. 129—136.

Wortkünsten verteidigt; es ist darum von ihr aber auch nichts weiter übrig geblieben, als ihre Geschichte, d. h. die Geschichte der Verwirrungen und Bestrebungen der Menschen in der Erkenntnis des Geistes; immer schwerer wird ihr Stand den exakten Wissenschaften und der Naturphilosophie gegenüber. Ihre früheren Vasallen, d. h. die Wissenschaften, welche aus ihren Theorien Nutzen zu ziehen suchten, sind auf dem besten Wege, sie zu verlassen, und als richtige Stufenleiter, nach welcher man Körperhaftes und Geistiges zu ergründen strebe, ist nur die folgende hinzustellen: Mechanik, Physik, Chemie, Physiologie, Psychologie, Philosophie."[43]

Diese Ausführungen drücken wesentliche Einstellungen der Techniker und Ingenieure zur Philosophie in der Mitte des 19. Jh. aus. Unverkennbar ist eine mechanistische, positivistische Denkweise in philosophischen Erörterungen, die u. a. die empirischen Methoden der Naturwissenschaften zum entscheidenden Maßstab für Wissenschaftlichkeit in der Philosophie macht. Andererseits sind diese Äußerungen jedoch auch ein konkreter Ausdruck für das Streben des Ingenieurs nach Selbstverständigung über seine spezifische Rolle bei der Erkenntnis der Wirklichkeit, über den Wert seiner Tätigkeit für die philosophischen Grundaussagen seines Weltbildes, über den Wert philosophischer Aussagen für die praktische Tätigkeit des Technikers und Ingenieurs. Nicht zuletzt ist das Bestreben zu erkennen, für den genannten Berufszweig den hohen Anspruch einer allseitig gebildeten Persönlichkeit zum Maßstab zu machen.

Seit Mitte der 60er Jahre des 19. Jh. bis in die 80er Jahre ist in der Zeitschrift des VDI ein Rückgang in der Erörterung von Fragen im oben genannten Sinne und eine starke Konzentration auf rein fachliche Probleme zu beobachten. Inzwischen war eine Technikergeneration herangewachsen, die zumeist an technischen Bildungseinrichtungen ihre Qualifikation erworben hatte und mit der Erörterung weltanschaulich-philosophischer Fragen ihres Fachgebietes weit weniger vertraut war als diejenigen Ingenieure und Technikwissenschaftler, die z. B. an Universitäten eine humanistische Bildung erhalten hatten. Erst mit dem Abdruck des von F. Reuleaux im Niederösterreichischen Gewerbeverein gehaltenen Vortrags über die „Technik als Kulturfaktor"[44] werden Fragen wie die folgenden in der öffentlichen Diskussion der VDI-Zeitschrift aufgeworfen: Welche Stellung hat die Technik unserer Tage in der Kultur? Welcher allgemeinen Methode folgt die Technik, um ihre Ziele zu erreichen? Welche Methode liegt dem Ersinnen und Erfinden zugrunde? Die Darlegungen von Reuleaux sind eine der ersten wesentlichen Erscheinungsformen der bürgerlichen „Technikphilosophie" in Deutschland. Sie drücken in ihrem Grundtenor einen bürgerlichen linearen Fortschrittsoptimismus aus.[45]

Der „Verein Deutscher Ingenieure" hat zwar große Aktivitäten bei der Erörterung weltanschaulich-philosophischer Probleme der Technik und der technischen Wissenschaften und auch bei der Durchsetzung des Hochschulcharakters von höheren technischen Bildungseinrichtungen entwickelt, aber speziell zur

[43] F. Kretzschmann, Ferdinand Redtenbacher, in: ZVDI, 9/1865, S. 257.
[44] F. Reuleaux, Cultur und Technik, in: ZVDI, 29/1885, S. 24—28, 41—46.
[45] Vgl. S. Wollgast/G. Banse, Philosophie und Technik. Zur Geschichte und Kritik, zu den Voraussetzungen und Funktionen bürgerlicher „Technikphilosophie", Berlin 1979, S. 39.

Durchsetzung der Philosophie als Lehrfach für zukünftige Techniker und Ingenieure wurde kaum ein nennenswerter Beitrag geleistet. In seiner bekannten Rede auf der siebenten Hauptversammlung des „Vereins Deutscher Ingenieure“ im Jahre 1864 in Heidelberg spricht F. Grashof zwar davon, daß „allgemeinbildende Fächer dem Lektionsplan der technischen Hochschulen mit Sorgfalt einzuverleiben sind“[46], doch er faßt darunter nur folgende Fächer: neue Sprachen, Welt-, Literatur- und Kulturgeschichte, Ästhetik und Nationalökonomie.

Diese Tatsachen und Zusammenhänge sind im höheren technischen Bildungswesen und in der Öffentlichkeitsarbeit der Ingenieurorganisation VDI als wesentliche Faktoren zu betrachten, die m. E. die vorgefundene geringe Bedeutung der Philosophie als Lehrfach seitens der Techniker bedingten. Diese Aussagen, die sich speziell auf das Deutsche Reich beziehen, sollten bei weiteren Forschungen durch vergleichende Untersuchungen zu Österreich-Ungarn, der Schweiz, Frankreich, England u. a. ergänzt werden. Schon S. Müller machte z. B. wertvolle Angaben über das Wesen des Lehrgebietes „Culture work“ an den nordamerikanischen Technischen Hochschulen dieser Zeit. Dazu gehörten folgende Disziplinen: englische Sprache, neuere fremde Sprachen (Deutsch, Französisch), Aufsatzlehre, Geschichte, Einführung in politische Fragen, Wirtschaftskunde, Botanik, Psychologie, Logik und Grundzüge der Philosophie.[47] Erfahrungen bei der Lehre der Philosophie für zukünftige Techniker sind demnach nicht nur in den hochentwickelten Industriestaaten Europas gemacht worden.

Das hier vorgelegte Material läßt m. E. die Schlußfolgerung zu, daß in der Ausbildung von Technikern und Ingenieuren an Technischen Hochschulen in der zweiten Hälfte des 19. Jh. in Deutschland die systematische philosophische Bildung eine untergeordnete Rolle spielte. Dort, wo für die Studenten die Möglichkeit bestand, sich unter Anleitung mit philosophischen Fragen zu befassen, waren vorwiegend die Hauptströmungen der bürgerlichen Schulphilosophie (z. B. Neukantianismus) Gegenstand der Erörterungen. Positivistisch-szientistische und irrationalistisch-lebensphilosophische Grundauffassungen der technischen Intelligenz entwickelten sich im 19. Jh. hauptsächlich ohne systematische Lenkung der technischen Bildungseinrichtungen. Der naturwissenschaftliche Materialismus wurde eher von Vertreten technischer Disziplinen innerhalb und außerhalb der Hochschulen vertreten. Die Auseinandersetzung in Beruf und im gesellschaftlichen Leben erforderten es schließlich, sich zunehmend mit philosophischen Fragen der Technik und der technischen Wissenschaften zu befassen. Das ergab sich auch aus der wachsenden Rolle, die die Technik im gesellschaftlichen Leben spielte.

[46] F. Grashof, Über die der Organisation von polytechnischen Schulen zu Grunde zu legenden Prinzipien, in: ZVDI, 8/1864, S. 591 ff.

[47] Vgl. S. Müller, Technische Hochschulen in Nordamerika, Leipzig 1908, S. 49.

Bernd Adelhoch

„Technikphilosophie“ in der „Zeitschrift des Vereins deutscher Ingenieure“ in der Weimarer Republik

Die politische, ökonomische und ideologische Situation in Deutschland war nach dem ersten Weltkrieg dadurch geprägt, daß die Bourgeoisie mit dem offenen Ausbruch der allgemeinen Krise des Kapitalismus konfrontiert wurde. Sie reflektierte diese Krise vornehmlich in Verbindung mit den Folgen der Niederlage des deutschen Imperialismus im Weltkrieg. Bei der Suche nach den Ursachen der Niederlage wurde die öffentliche Meinung dahingehend manipuliert, daß u. a. eine den Anforderungen des Krieges nicht genügende Technik schuldig an der Niederlage sei. Damit einher ging eine „Ablehnung, Dämonisierung, Irrationalisierung der Technik, ihrer Verdammung als Feind der Menschheit“[1]. Diesen in der Zeit der Weimarer Republik weit verbreiteten Technikpessimismus mußten auch die Ingenieure, Techniker und Technikwissenschaftler feststellen. F. Dessauer resümiert, für die Technikgegner sei Technik „Mutter des sozialen Elends, des Klassenkampfes, der Revolutionen, der Fluch des Menschengeschlechtes, Feindin der Künste“[2]. Der Technikpessimismus konnte vom „Verein Deutscher Ingenieure“ (im folgenden VDI) nicht als philosophische Basis für seine Arbeit akzeptiert werden. Er sah in der Technik einen wesentlichen Kulturfaktor. Aber „Kultur, die in edelster Bedeutung dieses Wortes der Ausdruck höchster Harmonie aller Wesensentfaltungen und Schaffenskräfte des Einzelnen wie der Volksgesamtheit ist, scheint in Frage gestellt, wo sich zwischen zwei gleich wesentlichen Faktoren, wie es die geisteswissenschaftlich gerichteten Bestrebungen auf der einen, die technisch-praktischen Bemühungen auf der anderen Seite sind, solche Unvereinbarkeit der Grundanschauung herausbildet . . .“[3] In diesem Sinne machte auch F. Dessauer in Übereinstimmung mit den Interessen des VDI das Anliegen seiner „Philosophie der Technik“ deutlich. Er wandte sich „an die Philosophen, damit sie der Technik ihre Aufmerksamkeit zuwenden, an die Techniker, damit sie zur Selbstbesinnung, das ist, zur Philosophie kommen und an die Kulturmenschheit, damit sie das Wesen der Technik, ihre Ordnung, ihre Geltung, ihre Werte — ihr ideales Subjekt, erkenne und endlich innerlich erwerbe, was sie

[1] S. Wollgast/G. Banse, Philosophie und Technik. Zur Geschichte und Kritik, zu den Voraussetzungen und Funktionen bürgerlicher „Technikphilosophie“, Berlin 1979, S. 26.

[2] F. Dessauer, Philosophie der Technik. Das Problem der Realisierung, Bonn 1927, S. 21—22.

[3] H. Schimank, Zur Geschichte der Technik. Einige Bemerkungen anläßlich des Erscheinens des 18. Bandes der Beiträge zur Geschichte der Technik und Industrie, in: ZVDI (Berlin), 72/1928, S. 1891.

nur äußerlich besitzt"[4]. Schon hier sei festgestellt, daß dem VDI die Realisierung dieses Anliegens in der Weimarer Republik nicht gelang.

Der in der öffentlichen Meinung vorherrschende Technikpessimismus mußte, gesteuert durch Teile der Bourgeoisie und ihrer Ideologen, nachdem er zur Begründung der Krisensituation nach dem Kriege benutzt worden war, auch als Antwort auf Fragen nach den Ursachen der kapitalistischen Weltwirtschaftskrise dienen, von der Deutschland neben den USA in den letzten Jahren der Weimarer Republik am stärksten betroffen wurde. Die dazwischen einzuordnende Zeit der relativen Stabilisierung des Kapitalismus reichte nicht aus, die negative Einstellung großer Teile der Öffentlichkeit zur Technik, die noch durch einflußreiche Strömungen in den bürgerlichen Gesellschaftswissenschaften gefördert wurde, zu überwinden. Der VDI leistete einen wesentlichen Beitrag zur Realisierung der Selbstverständigungsfunktion der „Technikphilosophie", zum Heranführen der Techniker an die Philosophie. Stets wurde diese Funktion vom VDI mit der Verteidigung des Kapitalismus und oft auch mit dem Kampf gegen den Marxismus-Leninismus verbunden. Der Kampf um die gesellschaftliche Anerkennung des „Ingenieurstandes" war ein wesentlicher Bestandteil der Arbeit des VDI auf philosophischem Gebiet.

Das Verhältnis der Bourgeoisie zu den Technikern war nach dem ersten Weltkrieg zwiespältig. Einerseits wurde eine nicht ausreichende Technik für die Niederlage im Krieg verantwortlich gemacht, andererseits aber mußten sich die Monopole mit den Ingenieuren, Technikern und Technikwissenschaftlern verbinden, um durch Modernisierung und Rationalisierung der Industrie die Kriegsfolgen so rasch wie möglich zu überwinden.[5] Einen bedeutenden Beitrag zur Schaffung eines Ausweges aus dem Dilemma leistete der VDI. Seine „Spitzen" waren eng mit der Monopolbourgeoisie liiert. So waren z. B. A. v. Rieppel Generaldirektor der MAN und C. Köttgen Vorstandsvorsitzender der Siemens-Schuckert-Werke. Die ersten Jahre nach dem Weltkrieg waren im VDI gekennzeichnet durch die Suche nach einer neuen weltanschaulichen Orientierung.

Der VDI bezeichnete sich selbst als ein wissenschaftlich-technischer Verein, der sich zur Aufgabe stelle, herangereifte Fragen aus Wissenschaft und Technik einer sachlichen Lösung zuzuführen und sich aus diesem Selbstverständnis heraus jeder Interessenpolitik fernzuhalten. Deshalb trete auch der VDI „in ... Zeiten hochgehender politischer Erregung nach außen weniger in Erscheinung". Diese „objektive Haltung" bedeute aber „keineswegs ... Verzicht auf eine Stellung-

[4] F. Dessauer, Philosophie der Technik. Das Problem der Realisierung, a. a. O., S. VIII.

[5] Das Verhältnis der Bourgeoisie zur Technik war nicht einheitlich. Seitens der Monopolbourgeoisie hat es wohl nie eine Unterschätzung der Technik gegeben. Dafür spricht der von den Großindustriellen angestrebte Prozeß der Rationalisierung. Der mittleren Bourgeoisie fehlten für eine Rationalisierung in größerem Umfang die Mittel, so daß die Differenz zwischen Groß- und mittlerer Bourgeoisie wuchs. Nach Niemann waren das „in weiten Kreisen sozial deklassierte Bildungs- und Kleinbürgertum", verunsicherte Akademiker und Angestelltengruppen Hauptträger pessimistischer Haltungen zur Technik (vgl. H.-W. Niemann, Die Beurteilung und Darstellung der modernen Technik in deutschen Romanen des 19. und 20. Jahrhunderts, in: Technikgeschichte (Düsseldorf), 4/1979, S. 314).

nahme zu Tagesfragen"[6]. Ganz im Interesse der Bourgeoisie befaßte sich der VDI 1919 in einer Stellungnahme mit den Arbeiter- und Soldatenräten: „Als zu Beginn der Umwälzung die Arbeiter- und Soldatenräte die Macht an sich nahmen, erschien es an einzelnen Orten, wo die Arbeiterräte den guten Willen zeigten, Ordnung zu halten und eine ruhige und vernunftgemäße Überleitung in die neuen Verhältnisse herbeizuführen, den Bezirksvereinen angezeigt, ihnen mit sachverständigem Rat zur Seite zu stehen."[7] Als Grund für den „sachverständigen Rat" aber wurde angegeben: „Den Geist des deutschen Unternehmers, die Gründlichkeit und Arbeitsfreude des deutschen Ingenieurs kann der Feind nicht morden. In diesem gemeinsamen Streben wissen wir uns aufs engste verbunden mit allen unsern Fachgenossen . . ."[8]

Insgesamt ist die Suche des VDI nach einer weltanschaulichen Orientierung für die Arbeit der Ingenieure, Techniker und Technikwissenschaftler verständlicherweise noch nicht gemeistert. Das geistige Erbe des Kaiserreiches ist noch nicht überwunden. Es werden zunächst Forderungen durchzusetzen gesucht, die vor 1918 den Ingenieuren und Technikern nicht erfüllt worden waren. Das gilt z. B. für Riedlers Forderung nach einer Reform der Technischen Hochschulen.[9]

Gegenüber dem verbreiteten Technikpessimismus befand sich der VDI in einer Defensivposition. Auf die bereits genannten Vorwürfe, die militärische Niederlage beruhe auf einer den Anforderungen nicht genügenden Technik — in den Tankschlachten wären die deutschen Tanks z. B. unterlegen gewesen — reagierte der VDI mit einem Aufruf an seine Mitglieder zur Sammlung von Fakten, nach denen der Staat im Krieg die Technik unterschätzt habe. Weiter bedauerte der VDI, daß wichtige Stellen, die von Ingenieuren bzw. Technikern hätten besetzt sein müssen, von Militärs besetzt waren.[10] Hier äußert sich deutlich Emanzipations- und Selbstverständigungsstreben der Techniker und Technikwissenschaftler, das auch vor und nach dieser Zeit in ähnlicher Weise artikuliert wurde.

Eine erste, philosophisch interessante Reaktion des VDI auf den allgemeinen Kultur- und Technikpessimismus nach dem ersten Weltkrieg wurde von O. Kammerer vorgetragen. Aus einem elitären Denken heraus malte er ein düsteres Bild von der Zukunft der Technischen Hochschulen: Wenn die technische Geistesarbeit nicht mehr hoch bewertet und entschädigt werde, wenn sie nicht mehr als „Erfinder- und Organisator-Kunst", sondern nur noch als Beamtendienst gelte, dann werde der Ingenieur in der Masse der Angestellten eine Nummer sein. Kammerer spricht weiter von der Notwendigkeit der Hebung des „Kulturstandes". Dazu gäbe es zwei mögliche Wege. Der eine bestünde in der Ausbildung

6 Die Stellung der Bezirksvereine des Vereins deutscher Ingenieure zu den Forderungen des Tages, in: ZVDI, 63/1919, S. 322.

7 Ebenda.

8 Ebenda, S. 324.

9 Vgl. A. Riedler, Zerfall und Neubau der Technischen Hochschulen, in: ZVDI, 63/1919, S. 302 bis 308, 332—337.

10 Vgl. Technik und Staatsverwaltung, in: ZVDI, 63/1919, S. 179—180; Der Ausgang des Krieges und die Technik, in: ebenda, S. 224 und 712; vgl. ähnlich A. Riedler, Die neue Technik, Berlin 1921, S. 90.

breiter Volksschichten und ihrer Hebung auf ein Durchschnittsniveau des Wohlstandes, des Verständnisses und Geschmacks. Diesem Weg entspräche etwa eine sozialistische Orientierung, die Kammerer ablehnte. Als ein anderes Kulturziel bezeichnete er, analog zu Nietzsche, „die Begabten, Starken, Wertvollen auf die Höhen der Menschheit zu bringen". Das sei „verwirklicht worden in den Zeiten der Antike und der Renaissance, in den Zeitaltern, die vielleicht am weitesten von den Zielen des Sozialismus entfernt waren, aber nie wieder erreichte Kunstschöpfungen hervorgebracht haben"[11]. Diesen zweiten Weg müßten die Hochschulen gehen.

1920, als sich die innenpolitische Offensive der Bourgeoisie verschärfte, wandte sich der VDI entschiedener gegen den Sozialismus. „Zum Zwecke der Aufrichtung des ‚Zukunftsstaates'" sei dem Marxismus „der ‚Klassenkampf', zu dem das ‚kommunistische Manifest' aufruft, das Mittel, in dieser Aufforderung aber erschöpft sich die praktische Seite des Marxismus . . ."[12] Nachdem mit dem 9. November 1918 der „Sozialismus das Steuer in die Hand" genommen hätte, wären seine Möglichkeiten aber auch schon erschöpft, denn „ihm fehlte das Programm für den praktischen Weiterbau"[13]. Die Bourgeoisie bediente sich zur Verschleierung ihres Angriffs auf den Sozialismus der scheinsozialistischen Losung der „Sozialisierung", die auf dem am 23. März 1919 verabschiedeten „Sozialisierungsgesetz" basierte. „Dieses Sozialisierungsgesetz sagt als Rahmengesetz im wesentlichen nur, daß, für die Vergesellschaftung geeignete Unternehmungen, insbesondere zur Gewinnung von Bodenschätzen und zur Ausnutzung von Naturkräften vom Reich im Wege der Gesetzgebung gegen angemessene Entschädigung in Gemeinwirtschaft übergeführt werden können."[14] Dieses Gesetz habe für die Industrie eine größere Bedeutung als die am 31. Juli 1919 angenommene Verfassung. Zu diesem Gesetz, das letztlich nur eine Richtung staatsmonopolistischer Regulierung der Wirtschaft zum Ausdruck bringt, gab es seitens der Großbourgeoisie zunächst eine Reihe von Vorbehalten. Bereits im Juli 1919 scheiterte die vom Unterstaatssekretär im Reichswirtschaftsamt W. von Moellendorff und dem ersten, sozialdemokratischen Wirtschaftsminister der Weimarer Republik, R. Wissel, ausgearbeitete Wirtschaftskonzeption in der Regierung der Weimarer Koalition. 1920 wurden darin vorgesehene Strukturveränderungen der Wirtschaft gegenstandslos. Dennoch bot W. von Moellendorffs Konzeption ein für die Ingenieure annehmbares Modell einer „reinen Wirtschaft". „Sozialisierung" im Sinne einer Verstärkung der staatsmonopolistischen Komponente, zu deren geistigen Vätern auch W. Rathenau gehörte, bildete zugleich einen wesentlichen Ausgangspunkt für die Entwicklung einer diesen Bedingungen entsprechenden „Technikphilosophie". Ihre theoretische Begründung für den VDI übernahm W. von Moellendorff, der Mitglied der von der Regierung

[11] O. Kammerer, Die ersten 50 Jahre der Technischen Hochschule zu München, in: ZVDI, 63/1919, S. 158.

[12] Gegenwartsfragen des Sozialismus, in: ZVDI, 64/1920, S. 677 (redaktioneller Bericht über einen Aufsatz H. Schumachers im August-Heft 1920 der ebenfalls vom VDI herausgegebenen Zeitschrift „Technik und Wirtschaft").

[13] Ebenda.

[14] W. Speiser, Das Wirtschaftsjahr 1919, in: ZVDI, 64/1920, S. 23.

eingesetzten Ersten und Zweiten Sozialisierungskommission war.[15] Von Moellendorff wurde unterstützt durch Dipl.-Ing. C. Weihe, zeitweiliger Vorsitzender des „Verbandes Deutscher Diplomingenieure" (VDDI), der in der Zeitschrift des VDI (ZVDI) sowie in den Zeitschriften „Technik voran" und „Technik und Kultur" zahlreiche Artikel publizierte. Von Moellendorff wie Weihe legten für eine optimistische Betrachtung der Technik und ihrer Entwicklung die z. T. pseudooptimistische, letztlich aber pessimistische Philosophie A. Schopenhauers zugrunde. Schopenhauer hat neben Nietzsche wesentliche Elemente der späteren Entwicklung der bürgerlichen Philosophie unter imperialistischen gesellschaftlichen Bedingungen bereits vorgelegt bzw. angedeutet. Daher tritt sein Denken in der spätbürgerlichen Philosophie in Intervallen immer wieder betont in den Vordergrund.

Mit einem Vortrag in der Hauptversammlung des VDI 1920 in Berlin gab von Moellendorff die Grundlage für eine breite Diskussion philosophischer Fragen der Technik in der Ingenieurorganisation. Von Moellendorff erschienen Schopenhauers Werke „Die Welt als Wille und Vorstellung", „Über die vierfache Wurzel vom zureichenden Grunde" und „Über den Willen in der Natur" als „Funde des wissenschaftlichen Ordnungssinnes". Damit wäre es den Ingenieuren möglich, die ihnen entfremdeten Gebiete der Philosophie wieder aufzusuchen. Die Ingenieure wollten wieder wissen, „wie die Technik innerlich in ihren Teilen und äußerlich mit dem Weltganzen zusammenhängt"[16]. Der Begriff „Wirkungsgrad" sei dafür der Wegweiser, der von hinten aus philosophischer Lichtung, „vorwärts in den philosophisch ungeordneten Urwald unserer Praxis"[17] führe, um eben diesen „Urwald" philosophisch aufzuhellen.

Von Moellendorf beabsichtigte, der Technik einen gebührenden Platz im gesellschaftlichen Leben zuzuordnen. Dabei hatte er sich mit der auch unter Ingenieuren, Technikern und Technikwissenschaftlern verbreiteten Auffassung auseinanderzusetzen, die Technik sei nur als Anhängsel der Wirtschaft zu betrachten. Nach A. Schilling steht z. B. die Technik „immer im Kraftzug wirtschaftlichen Geschehens . . . Die Wirtschaft stellt die Aufgaben, die Technik löst sie"[18]. Um hier eine Abgrenzung zugunsten einer relativen Eigenständigkeit technischer Entwicklung vorzunehmen, bediente sich von Moellendorff der Argumentation Schopenhauers zu „viererlei Reihen von Gründen und Folgen" für die Herausarbeitung des Erkenntnisgrundes, des Grundes des Seins, des Grundes des Werdens und des Grundes des Handelns. Er kam dabei zu dem Schluß, daß die Gründe des Werdens (Kausalität) und des Handelns (Motivation) für eine philosophische Betrachtung der Technik besonders wertvoll seien, „denn deren Verhältnis zur Technik und

15 Zur Charakterisierung des Sozialisierungsgedankens und der Sozialisierungskommissionen vgl. M. Nussbaum, Wirtschaft und Staat in Deutschland während der Weimarer Republik, Berlin 1978, S. 50—53; vgl. auch E. Viefhaus, Ingenieure in der Weimarer Republik. Bildungs-, Berufs- und Gesellschaftspolitik 1918 bis 1933. In: Technik, Ingenieure und Gesellschaft. Geschichte des Vereins Deutscher Ingenieure 1856—1981, hrsg. von K.-H. Ludwig, Düsseldorf 1981, S. 296—299.

16 W. v. Moellendorff, Wirkungsgrad, in: ZVDI, 64/1920, S. 853.

17 Ebenda.

18 A. Schilling, Zur Ausbildung der Studierenden des Maschinenwesens an den Technischen Hochschulen, in: ZVDI, 64/1920, S. 154.

ihren Nachbarinnen ist es vornehmlich, was wir uns von neuem zu vergegenwärtigen haben, ehe wir uns, nach einem Jahrhundert allzu blinden Eifers anschicken, geläutert und sehend in ein Jahrhundert höherer Vernunft zu treten"[19]. In Übereinstimmung mit Schopenhauer ordnete von Moellendorff u. a. Technik (Technologie) dem „Kreis" der Kausalität zu, während z. B. Ethik, Psychologie, Politik und Geschichte in den „Kreis" der Motivation gehörten. Die Grenzen zwischen Politik und Ökonomik wie auch zwischen Ökonomik und Technik bezeichnete er als fließend. In Abgrenzung von der Wirtschaft bestimmte von Moellendorff nunmehr den Platz der Technik: „Und wenn wir uns nun mühelos die Technik als dasjenige Bereich der Gesellschaftslehre und -pflege herausschälen, in welchem die Kausalität zwischen Objekten und Objekten der menschlichen Gesellschaft waltet, für welches rein und streng der Satz vom Grunde des Werdens gilt, auf welchem jede Wirkung mit einer Ursache objektiv gepaart ist, kurzum welches das eigentliche ‚Reich des Wirkungsgrades' heißen mag, dann wollen wir zugleich geloben, nicht noch einmal, wie manchmal in der Vergangenheit, unzulässige Eroberungszüge ins Nachbargelände zu veranstalten . . ."[20] Mit dieser Standortbestimmung der Technik vermochte von Moellendorff die Technik erstens von „kapitalistischen Entartungen" in Form des Mißbrauchs durch die Wirtschaft abzugrenzen und zugleich Technik und technische Arbeit als wertneutral zu bezeichnen. Auf das erste Problem ging er noch ausführlicher ein. Das zweite Problem ist darum nicht weniger bedeutsam für die Arbeit des VDI. Es orientiert auf den bis hin zur Gegenwart immer wieder unternommenen Versuch, eine Klassenversöhnung zwischen Bourgeoisie und Proletariat zu begründen. So führt von Moellendorff an anderer Stelle aus: „Wir Techniker, die wir längst vermöge unseres Aufenthalts in der neutralen Zone zwischen Unternehmertum und Arbeitschaft Möglichkeiten einer Solidarität sehen . . . vertrauen darauf, . . . beruhigend und erzieherisch zwischen den Standpunkten der Arbeitgeber und der Arbeitnehmer das Dasein einer Gemeinschaft zu versinnbildlichen, deren Gedeihen mehr wert ist als die Erfüllung aller Einzelansprüche."[21] In seinem genannten Vortrag vor der Hauptversammlung des VDI führte von Moellendorff weiter aus, daß für die Technik nur das Kausalitätsprinzip gelte. An die Technik sei folglich ihre Wirkung als Maßstab anzulegen, während in der Wirtschaft die Kausalität „durch ihre subjektive Abart (die Motivation)" verdrängt werde und „Werte" als Maßstäbe aufträten. Auf die gesellschaftliche Entwicklung des „Abendlandes" seit 1890 eingehend, wandte sich von Moellendorff gegen pessimistische Auffassungen, wonach durch Technik „die Erde in ein rechenhaftes Paradies zwangsläufiger Energetik zu verwandeln sei", dem Religion, Kunst, Recht und Markt untergeordnet werden müßten.[22] Gleichzeitig sprach er sich für die Förderung einer vorgefundenen rationalistischen Begabung aus. Die Standortbestimmung der Technik und ihre entschiedene Abgrenzung von der Wirtschaft dienten von Moellendorff letztlich nur der Versicherung der Ingenieure für den nach dem Weltkrieg nach amerikanischem Vorbild eingeleiteten Prozeß der kapitalistischen Rationalisierung als dem Weg, der die Monopole zu einer

[19] W. v. Moellendorff, Wirkungsgrad, in: ZVDI, 64/1920, S. 853.
[20] Ebenda, S. 854.
[21] W. v. Moellendorff, Reichseisenbahn, in: ZVDI, 64/1920, S. 293.
[22] W. v. Moellendorff, Wirkungsgrad, in: ZVDI, 64/1920, S. 854.

raschen Überwindung der Kriegsfolgen führen sollte. Er forderte ein Recht, das angeblich über den Klassen, über der Wirtschaft stehend, das Taylorsystem zur Erhöhung der Arbeitsintensität glorifiziert und damit der Amerikanisierung den Weg ebnet. So appellierte er an die deutschen Ingenieure, nach dem Vorbild des Amerikaners F. Taylor zu handeln: „Der gerade war ein typischer Ingenieur, weil ihn leere Flecken in der ‚Wirkungsgradkarte' mehr beunruhigten, als die Dürftigkeit seines gelehrten Rüstzeuges. Den stachelte das Gewissen des ‚Wirkungsgrades' bis zur Erfindung auf, und den lähmte kein Umstand."[23] Die Technik bedrohe weder die Menschenseele noch untergrabe sie die Persönlichkeit, wie es ihre Gegner behaupteten. Von Moellendorff schloß seinen Vortrag mit einem erneuten Hinweis auf die Neutralität der Technik in der gesellschaftlichen Entwicklung. Die von ihm vorgetragene philosophische Auffassung von der Funktion der Technik im imperialistischen System blieb für die Periode der revolutionären Nachkriegskrise in der Weimarer Republik bestimmend. Seine Auffassungen mußten aber an den bestehenden gesellschaftlichen Verhältnissen scheitern. 1927 bemerkte F. Dessauer dazu, sie zerbrächen an einem in wirtschaftsegoistischen Vorstellungen groß gewordenen Geschlecht aus Gewinnstreben.[24]

C. Weihes Technikverständnis ist ebenfalls an Schopenhauers Willenslehre orientiert. Auch Weihe suchte nach einer Brücke zwischen Philosophie und Technik. Er fand sie im technischen Werk. Vor dem politischen und ökonomischen Hintergrund des durch die Inflation wachsenden Elends der Arbeiter, der zunehmenden Proletarisierung städtischer und ländlicher Mittelschichten und breiter Kreise der Intelligenz, die mit einer raschen Konzentration und Zentralisation der Produktion und des Kapitals verbunden war, sank das Ansehen der Technik auch in breiten Kreisen der Bourgeoisie weiter. Um dem zu begegnen, suchte Weihe die Philosophen für Technik zu interessieren und gleichzeitig die Techniker an die Gedankenwelt der Philosophie heranzuführen. Die Philosophie könne „über das technische Werk, seine Entstehung und seine Auswirkung gezwungen werden, die Technik nicht wie bisher abseits liegen zu lassen, sondern ihr den vollberechtigten Platz einzuräumen, der ihr sicher in einer das gesamte Sein und Leben umfassenden Weltanschauung zusteht"[25]. Der Philosoph müsse auch von der Willens-, der Seelenlehre und von der Lehre von den Werten her das technische Werk analysieren, das „sich in des Menschen alltägliches Dasein einschiebt und von dem Willen seines Schöpfers beherrscht wird, diesen Willen aber auch jedem aufzuzwingen vermag, der sich mit dem Werk befassen muß"[26]. Weihes Eintreten für die Technik ist vielseitig. „**Weihe** . . . beginnt immer von neuem und von allen Seiten die Kulturbezogenheit der Technik aufzuzeigen."[27] Ständig wiederholte er

[23] Ebenda, S. 856. Zur marxistischen Einschätzung F. Taylors und seines Systems vgl. W. I. Lenin, Ein wissenschaftliches System der Schweißauspressung, in: Werke, Bd. 18, Berlin 1969, S. 588, W. I. Lenin, Das Taylorsystem — die Versklavung des Menschen durch die Maschine, in: Werke, Bd. 20, Berlin 1972, S. 145—147; W. I. Lenin, Die nächsten Aufgaben der Sowjetmacht, in: Werke, Bd. 27, Berlin 1960, S. 248—249.

[24] Vgl. F. Dessauer, Philosophie der Technik, a. a. O., S. 125.

[25] C. Weihe: Georg Burkhardt, Individuum und Welt als Werk. Eine Grundlegung der Kulturphilosophie, München 1920, Rezension, in: ZVDI, 67/1923, S. 30.

[26] Ebenda.

[27] F. Dessauer, Philosophie der Technik, a. a. O., S. 176.

z. B. die Forderung, Technik mit sozial-ethischen Gedanken zu erfüllen. Der Technik stellte er die Aufgabe, den Menschen nicht zur „Arbeitsmaschine" werden zu lassen und die Menschenwürde zu wahren. Den „Sozialisierungsgedanken" deutete Weihe in „geistige Sozialisierung" um: „Eine Allgemeinverständlichmachung der Technik bis in die weitesten Schichten des Volkes hinein ist anzustreben, damit die Schönheits- und Gedankenfülle der Technik die Herzen des Volkes bis zum tiefsten Grunde aufwühlt und zugänglich macht für neue Werte, Gemeinschaftswerte friedlicher Gesinnung des Auskommens der Volksgenossen miteinander und der Völker untereinander."[28] Auch hier findet sich, wie schon bei von Moellendorff, der Gedanke einer Klassenharmonie. Der soziale Trieb technischer Arbeit sei eine verantwortliche Gemeinschaftsarbeit.[29] Dieser Gedanke wurde schließlich von W. Hellmisch zu einem „Ewigkeitsgesetz innerer Harmonie" verabsolutiert. „Harmonie" durchwehe den ganzen Kosmos, stünde über allen politischen und sonstigen Parteien und werde den harten Notwendigkeiten des Alltags gerecht.[30]

Ende 1923 und 1924 gelang es der deutschen Bourgeoisie, eine gewisse Festigung ihrer Macht zu erreichen. Es kam zu einer zeitweiligen Hochkonjunktur. Damit war auch eine Beschleunigung des technischen Fortschritts verbunden. Innerhalb des VDI häuften sich die Diskussionen zur philosophischen Bestimmung des Wesens der Technik und zum Verhältnis von Technik und Wirtschaft. In der ZVDI wurden dazu Stellungnahmen von Ingenieuren, Technikern, Natur- und Wirtschaftswissenschaftlern und — mit Einschränkungen — von Philosophen wiedergegeben. Wesentlichen Einfluß auf das „technikphilosophische" Denken der Ingenieure in der Zeit der relativen Stabilisierung des Kapitalismus (1924—1929) übten u. a. F. Dessauer, A. Riedler, A. Nägel, R. Plank und E. Heidebroek aus. Sie alle sind — F. Dessauer zumindest von der Ausbildung und langjährigen Haupttätigkeit her — Ingenieure. Ihre philosophischen Quellen werden in der ZVDI kaum reflektiert. In den Arbeiten dieser angesehenen Ingenieure und Technikwissenschaftler wurden neue Erkenntnisse der Natur- und Technikwissenschaft philosophisch verallgemeinert und Standpunkte von Philosophen und Wirtschaftswissenschaftlern zur Technik zur Diskussion gestellt. Die nach wie vor vorherrschenden kulturpessimistischen Technik-Deutungen durch Philosophen oder „Geisteswissenschaftler" wurden in der Mehrzahl der in der ZVDI veröffentlichten Arbeiten entweder völlig ignoriert oder zum Gegenstand der Auseinandersetzung gemacht. Der Tenor der Arbeiten bestand in einer fast durchgängigen Idealisierung der Technik und in einer offenen Parteinahme für die Bourgeoisie. Ziel der Arbeiten war die Rehabilitierung der Technik in der Öffent-

[28] C. Weihe, Geistige Sozialisierung (Technik und Volksbildung), in: ZVDI, 63/1919, S. 87.

[29] Vgl. C. Weihe: Georg Burkhardt, Individuum und Welt als Werk. Eine Grundlegung der Kulturphilosophie, München 1920, Rezension, in: ZVDI, 67/1923, S. 30. Weihes Auffassungen sind den Bemühungen bürgerlicher Kulturphilosophen um die Erkenntnis der Kulturfunktion der Technik zuzuordnen. Vgl. dazu G. Bohring, Technik im Kampf der Weltanschauungen. Ein Beitrag zur Auseinandersetzung der marxistisch-leninistischen Philosophie mit der bürgerlichen „Philosophie der Technik", Berlin 1976, S. 153—159.

[30] Vgl. W. Hellmich, Der Gedanke der Wertarbeit in der deutschen Gütererzeugung, in: ZVDI, 67/1923, S. 965.

lichkeit. Der VDI ging dabei systematisch vor. Er wandte sich zunächst der Technikerziehung zu.

J. Schenk bezeichnete die Erziehung zum Techniker als „vielleicht die wichtigste Grundfrage für die Technik, wenn es sich um ihre Beziehung zur Aufwärtsbewegung des Kulturlebens handelt“[31]. Die Erziehung zum Techniker müsse als Erziehung zum „ganzen Menschen“ verstanden werden, der, festgewurzelt auf dem Boden der Wirklichkeit stehend, mit klaren Sinnen, scharfem Verstand und starkem Herzen den Kern der Dinge erfasse und so ausgerüstet entschlossen, mutig und zielsicher zur schicksalsbedeutenden Gestaltungstat schreite und diese erfolgreich vollbringe. Kennzeichen des „Ganzmenschen“ sei schöpferische Arbeit als Synthese seelischer, geistiger und körperlicher Fähigkeiten. Im Sinne dieses bürgerlichen Erziehungsideals wertete Schenk die technische Arbeit. Technik sei aufzufassen „als hochwertige schöpferisch-produktive Arbeit, hauptsächlich zur Ausbeutung und Nutzbarmachung der Natur und ihrer Kräfte, zur Überwindung von Hindernissen, welche die Natur dem Verkehr der Menschen entgegenstellt“[32]. Schenk reduzierte Technik auf eine idealisierte Auffassung von der Arbeit des Technikers. Er knüpfte an die unmittelbar nach dem ersten Weltkrieg gestellten Forderungen nach einer Reform der Technischen Hochschule an und modifizierte ihre Ziele für die Bedingungen der Konjunktur.

Bereits zu Beginn der relativen Stabilisierung des Kapitalismus wurde vom VDI die Forderung nach einer scharfen Trennung zwischen Technik und Wirtschaft, wie sie in der Nachkriegskrise z. B. durch von Moellendorff fixiert wurde, wieder zurückgenommen. Nach Meinung des Wirtschaftswissenschaftlers A. Friedrich kommt es für die Techniker nur darauf an, das Produktionsfeld „menschenwirtschaftlich“ zu gestalten. Damit könne auch der für die Vergangenheit berechtigte Technikpessimismus überwunden werden. Ohne auf die bestehenden kapitalistischen Produktionsverhältnisse einzugehen, behauptet Friedrich, daß das „Gefühl des unbarmherzigen Mitgezerrtwerdens, des Verhaftetseins mit seelenloser Materie“ als Ursache der pessimistischen Haltung zur Technik durch die Schaffung einer Technik, die Harmonie und Reibungslosigkeit garantiere und in der der Zwiespalt zwischen dem **„Rhythmus des Menschen“** und dem **„Takt der Maschine“** beseitigt ist, überwunden würde.[33] Technik und Wirtschaft würden also miteinander harmonieren, wenn es nur gelänge, Gefühle der Arbeiter im Produktionsprozeß auszuschalten, die aus dem Verhältnis des Menschen zur Technik, nicht aber aus den Produktionsverhältnissen resultieren.

Herausragende Bedeutung für die Verbreitung optimistischer Auffassungen zur Technik durch den VDI gewann Mitte der zwanziger Jahre F. Dessauer. Er suchte als Techniker **und** Philosoph die Technik gegen jeden Angriff zu verteidigen und sie der bürgerlichen Philosophie zu erschließen. Seit 1908 widmete er sich, ohne zunächst allerdings größere Resonanz zu finden, der „Technikphilosophie“. — Sein Buch „Philosophie der Technik“ fiel in eine Zeit, in der „die Bourgeoisie gewöhnlich optimistisch gestimmt ist, wenn sie annimmt, daß sich Industrie und Handel

[31] J. Schenk, Über Technikerziehung, in: ZVDI, 13/1924; S. 313.
[32] Ebenda, S. 314.
[33] Vgl. A. Friedrich, Menschenwirtschaft, in: ZVDI, 68/1924, S. 409.

für sie in aufsteigender Linie bewegen"[34]. Hinzu kommt, daß Dessauer in der Zwischenzeit mit einer Reihe von Arbeiten zur „Technikphilosophie" besonders unter den Ingenieuren hervorgetreten war.[35]

Für Dessauer ist „Optimismus . . . die Anschauung, daß die ganz großen Erscheinungen der Weltgeschichte im **Grunde** gut sind, wenn man sich richtig zu ihnen einstellt, daß sie positiven Wert haben und nur negativ erscheinen, solange sie dem Denken nicht einverleibt sind"[36]. Die pessimistische Haltung zur Technik sei nur in ihrer Unkenntnis begründet. Die Kenntnis des Wesens des technischen Werkes führe zu der Erkenntnis, daß die Technik eines der größten Ereignisse der letzten Jahrhunderte sei. Dessauers Technik-Verständnis umfaßte „Naturgesetzlichkeit", „Bearbeitung" und „Zielsinn" als Merkmale der Technik. Darunter verstand er die Identität des technischen Werkes mit den Naturgesetzen, die Bearbeitung der Gegenstände aus der Natur und ihre Gestaltung nach einer vorgegebenen Zwecksetzung. Zwecksetzung oder „Zielsinn" sei dabei das entscheidende Merkmal.

Philosophisch war Dessauer letztlich stark dem objektiv-idealistischen Standpunkt des Neothomismus verpflichtet. Dabei setzt er sich selbständig mit den philosophischen Quellen des Thomismus, insbesondere der Differenz Platon-Aristoteles, auseinander. Zugleich ist er, wenn auch mit Abstrichen, Kants Philosophie verhaftet. Dessauers philosophische Grundposition mit ihren Quellen ist hier aber nicht Gegenstand der Auseinandersetzung. Sie ist aus seinen Werken, etwa aus seiner „Philosophie der Technik" unschwer ableitbar und hat bis zu seinem Tode keine grundlegenden Modifikationen erfahren. Gegenstand ist hier die Explikation seiner Philosophie in den Publikationsorganen des VDI. Nach Dessauer gilt für das technische Werk nicht zuerst die Kausalität (wie in der Natur), sondern der Verlauf nach der Finalität. Das „Sein — Sollende" sei Kennzeichen der Technik. Mit den drei genannten Merkmalen sei aber das Wesen der Technik noch nicht erschlossen. Ihr Wesen erschließe sich erst richtig, wenn man die Frage nach der Lösung eines technischen Problems beantworten könne. „Die Lösung technischer Aufgaben" sei „nicht willkürliche Schöpfung, sondern wie das Wort vorausgeahnt hat, ‚Erfindung', also **Auffindung von Etwas**". Aber: „Finden können wir nur etwas, was irgendwo bereits ist. Der menschliche Geist ergreift die Lösung des technischen Problems, er gebiert sie nicht."[37] Die irgendwo bereitliegenden technischen Lösungen ordnete Dessauer einem „vierten Reich", einem „Reich der Bereitschaft" zu. Das Wesen der Technik bestehe letztlich darin, daß sie Gestalten jenes „Reiches der Bereitschaft", eines potentiellen Vorgegebenseins,

[34] F. Rupprecht, Der Pessimismus und die Krise der gegenwärtigen bürgerlichen Philosophie, in: DZfPh, 8/1979, S. 941. Vgl. K. Marx, Finanzielles, in: MEW, Bd. 11, Berlin 1961, S. 228. Vgl. F. Dessauer, Technische Kultur. Sechs Essays, Kempten—München 1908.

[35] Vgl. F. Dessauer, Philosophie der Technik, a. a. O., S. 174/175. Zur marxistischen Einschätzung F. Dessauers vgl. u. a. H. Ley, Dämon Technik?, Berlin 1961, S. 231ff.; S. Wollgast, Zur imperialistischen Technikphilosophie der Gegenwart, in: Wissenschaftlich-technische Revolution — Sozialismus — Ideologie, Technische Universität Dresden 1974, S. 395—448.

[36] F. Dessauer, Weltsinn der Technik, in: ZVDI, 70/1926, S. 1.

[37] Ebenda, S. 2.

in das „Reich der sinnlichen Wirklichkeit" überführe. In seiner Argumentation bediente sich Dessauer der Ideenlehre Platons. Nach seiner Meinung stößt der Philosoph, der sich mit Fragen der Technik beschäftigt, notwendig auf Platon. Aufgabe der „Philosophie der Technik" sei nun, „die Eigenart dieses **‚vierten Reiches'** zu untersuchen". Das Studium dieses „vierten Reiches der Bereitschaft" als „das Reich eines Schöpfungsplanes, von potentiellen Gegebenheiten, die aber für alle Gegebenheiten eindeutig sind"[38], würde das Wesen der Technik aufhellen und die positive Betrachtung der Technik begründen.

Dessauer leitete seine Technikauffassung aus der Beschäftigung mit einer Vielzahl z. T. unterschiedlichster Probleme ab. Aber das Wesen der Technik führte er auf die Lösung eines technischen Problems zurück und idealisierte es. Die Frage nach den Ursachen für die Entstehung neuer technischer Probleme reduzierte er auf ein „Wechselwirkungsgesetz der technischen Entwicklung", wonach „Erfüllung durch Erfindung zugleich Ferment für neue Probleme"[39] ist. Der soziale Bezug des technischen Fortschritts wurde von Dessauer verschleiert. Nach K. Marx stellt sich die Menschheit immer nur Aufgaben, „die sie lösen kann, denn genauer betrachtet wird sich stets finden, daß die Aufgabe selbst nur entspringt, wo die materiellen Bedingungen ihrer Lösung schon vorhanden oder wenigstens im Prozeß ihres Werdens begriffen sind"[40]. Nach Dessauer liegt dagegen die Lösung technischer Probleme irgendwo bereit. Er setzt ein „viertes Reich der Bereitschaft" und schlägt vor, es zu untersuchen. Wo aber nichts ist, kann nichts untersucht werden. Jede positive Aussage über dieses „vierte Reich" wäre Spekulation. Spekulativ ist deshalb auch Dessauers Glorifizierung des Technikers und seiner Arbeit: „Wenn das Wesen der Technik Überführung potentieller bereitliegender Lösungsformen in das Reich der sinnlichen Wirklichkeit, also der sogenannten materiellen Welt ist, dann ist der Techniker fortsetzender **Schöpfer**."[41] Der Techniker bereichere die materielle Welt um neue Gestalten, die noch nie dagewesen und diese Welt durch ihre eigenen Gesetze umzugestalten fähig seien. „Die Mission des Technikers, insbesondere des erfinderischen Technikers mit dem Befehl zur Weiterschöpfung, zur Bereicherung der Welt gibt seinem Stande tiefsten Wert und letzte Weihe."[42] Letztlich spricht Dessauer hier von der determinierenden Rolle der Technik bei der Gestaltung des gesellschaftlichen Fortschritts. Dieser technische Determinismus diente ihm zur Begründung des Technikoptimismus, denn die neue Technik mache den Menschen zum Regenten über die Maschine.

Die Techniker, so erklärte Dessauer in Anlehnung an Kant, folgten dem „kategorischen Imperativ der Technik", dem Befehl, „aus dem vierten Reich zur Entfaltung und Weiterführung der Schöpfung die den Sinnen verborgenen Gestalten herüberzuholen"[43]. Durch die Rückführung des technischen

[38] Ebenda.
[39] F. Dessauer, Philosophie der Technik, a. a. O., S. 98.
[40] K. Marx, Zur Kritik der politischen Ökonomie, Vorwort, in: MEW, Bd. 13, Berlin 1961, S. 9.
[41] F. Dessauer, Weltsinn der Technik, in: ZVDI, 70/1926, S. 2.
[42] Ebenda.

Fortschritts auf die Eigengesetzlichkeit der Technik und die Weiterführung eines spekulativen Schöpfungsplanes abstrahierte Dessauer von der realen gesellschaftlichen Entwicklung und verteidigte dabei gleichzeitig eine weitere Beschleunigung der kapitalistischen Rationalisierung. Seine „Philosophie der Technik" wurde damit den Interessen der Monopolbourgeoisie gerecht und diente gleichzeitig der Glorifizierung des „Ingenieurstandes".

Dessauers „Technikphilosophie" blieb bei anderen „Technikphilosophen" nicht unwidersprochen. M. Schröter z. B. erklärte, daß die technische Lösung erkenntnistheoretisch nicht „Begegnung mit dem Ding an sich" im Dessauerschen Sinne sei, „sondern die ungleich fruchtbarere, günstigere Vereinigung von Wissen und Wollen im theoretisch-praktisch gelingenden Werk"[44]. Dessauer ist für ihn ein „Techniker, der naiv mit der Philosophie umgeht"[45]. Unabhängig davon kann bis hin zur Gegenwart niemand mehr, der sich mit „Technikphilosophie" beschäftigt, an Dessauer vorbeigehen.

Auch A. Riedler geht von der pessimistischen Haltung vieler seiner Zeitgenossen zur Technik aus. Er meinte, indem die Technik selbst ihr Wesen begründe, könne man die Unwissenheit der „Gebildeten" in technischen Dingen überwinden und damit aus der seit Jahrhunderten betriebenen Mißwertung herausgelangen. Als „Wesen der Technik" faßte er acht mögliche Zweck- und Wesensbestimmungen. Seine Arbeit, in der Riedler kaum auf seine Quellen einging, war für den VDI insofern von Bedeutung, als sie allein schon dadurch, daß sie von dem im VDI allgemein anerkannten, inzwischen emeritierten Rektor der Technischen Hochschule Charlottenburg geschrieben war, einen breiten Leserkreis unter den Ingenieuren erreichte. In seinem Aufsatz legte Riedler ein breites Angebot von Technikauffassungen konzentriert dar und bereicherte die Auseinandersetzung mit technikpessimistischen Strömungen. Nach Riedler ging Technik der Kultur voraus, denn „Urzweck der Technik" sei „die Kunst, das Menschendasein zu sichern, die Lebensnot zu besiegen!"[46] Werkzeuge führten zur Befreiung der Menschen und gäben die Möglichkeit der Muße. Muße aber sei Voraussetzung der Kultur. Nach Erfüllung ihres „Urzwecks" könne die Technik ihren wirtschaftlichen Aspekt erfüllen. Dann sei sie „die Kunst, durch technische Hilfsmittel **Werte** zu schaffen"[47]. Aus der Möglichkeit, Gebrauchswerte zu schaffen und diese zu verbilligen, ergebe sich ihr notwendiger Zusammenhang mit Wirtschaft, Volkswohl, Staat und Gemeinwesen. Als einen weiteren Aspekt der Technik faßt Riedler Technik als „Ingenieurkunst", „die Kunst, **Energie** aus Naturkräften zu gewinnen, umzuformen und damit die Maschinen für Menschenzwecke zu **verlebendigen**"[48]. Durch die „Ingenieurkunst" werde der Mensch vom „An-

[43] Ebenda. F. Dessauer meint, daß „im Wesen der Technik selbst eine ethische Kraft beschlossen liegt". Die Technik bilde ein eigenes Reich, das Kant noch nicht sah. Insofern ist der „kategorische Imperativ der Technik" nur eine verbale Anlehnung an Kants „kategorischen Imperativ" (vgl. F. Dessauer, Philosophie der Technik, a. a. O., S. 145—151).

[44] M. Schröter, Philosophie der Technik, München—Berlin 1934, S. 49.

[45] Ebenda, S. 47.

[46] A. Riedler, Wesen der Technik, in: ZVDI, 70/1926, S. 457.

[47] Ebenda.

[48] Ebenda.

hängsel“ zum Richtmeister und Aufseher der Maschine. Offen bleibt hier, wie schon bei Dessauer, unter welchen Bedingungen der Mensch überhaupt zum „Anhängsel“ der Maschine wurde. Nach einer weiteren Kennzeichnung der Technik als der „Kunst, die wirksamsten **Hilfsmittel** der Technik zu schaffen“, wobei Riedler unter „Hilfstechnik“ u. a. Hüttenwesen, Lichttechnik, Messen und Schutztechnik versteht, die höhere Wirkungen der Technik erreichen lassen, kommt er zu dem für ihn entscheidenden Merkmal der Technik. Technik unterscheide sich von jeder anderen Geistestätigkeit, wenn man sie kennzeichne als „die Kunst, für die sach- und zweckrichtige **Wirkung** ihrer Gestaltungen und Betriebe unbedingte **Verantwortung** zu tragen, technisch wie wirtschaftlich“[49]. Die Technik diene Menschenzwecken und nütze dem Volkswohl. Für den technischen Fortschritt trage der Techniker die volle Verantwortung. Damit erklärt Riedler die Technik zu einem eigenständigen und bedeutenden Kulturfaktor. Riedler verstand sich nicht als Philosoph, sondern immer als Technikwissenschaftler. Voller Ironie wendet er sich gegen Dessauers „Philosophie der Technik“. Unter dem Wortschwall hochtrabender Wissenschaften könne Technik auch als „die Kunst des planmäßigen Fortsetzens der Schöpfung“ verstanden werden. Aber mit inhaltlosen Begriffen wie „Sein“ oder „Ding“ lasse sich das Wesen der Technik nicht erfassen. Dieses Wesen wäre „ganz einheitlich“. Danach ist Technik „die Kunst, die Grundwerte der Technik zu günstigem **Wirkungsgrad** zu zwingen“[50]. Nach Riedler hat der Ingenieur die Kulturfunktion der Technik von sich aus niemals gebührend hervorgehoben. Technik sei aber „die Kunst, die älteste **Kultur** ermöglicht hat und jetzt in hoher Entwicklung höchste Kultur schaffen könnte, wenn ihre Mittel und Wirkungen nicht selbstsüchtig mißbraucht würden“[51]. Riedler grenzte sich vom Mißbrauch der Technik durch Ertragswirtschaft in Zusammenhang mit dem Geldwesen ab und machte die „**Mißbraucher** der Technik“ für die „Entpersönlichung der Arbeit“, die „Verameisung der Menschen“, die „Verödung der Seelen“ verantwortlich.[52] Damit stellte er sich wieder im wesentlichen auf die Position Dessauers. Riedler lehnte „Planwirtschaft“ oder „Sozialisierung“ ab, vertrat aber philosophisch weitgehend die Position W. Rathenaus und einen für die Technik modifizierten Sozialdarwinismus. In den von Riedler genannten Merkmalen zur Bestimmung des Wesens der Technik wird die gesellschaftliche Determiniertheit der Technik vernachlässigt. Daraus ist auch zu erklären, daß Riedler seinem Anliegen, das Wesen der Technik als „ganz einheitlich“ zu fassen, nicht gerecht zu werden vermochte. Er vertrat eine nationalistische Haltung zur Technik, die er mit einer sozialdarwinistischen Begründung zu erhärten suchte. Danach bringt die Technik die wirksamsten Mittel für das Bestehen im „Kampf ums Dasein“ hervor. Eine starke, leistungsfähige deutsche Technik würde dem Wiedererstarken Deutschlands im Weltmaßstab dienen. Unter diesem Gesichtspunkt befürwortete er auch

[49] Ebenda, S. 458.
[50] Ebenda.
[51] Ebenda, S. 459.
[52] Vgl. ebenda, S. 460.

die „Paneuropa-Idee" R. N. Coudenhove-Kalergis mit ihrer antikommunistischen und antisowjetischen Orientierung.[53]

Wenn noch bei Riedler eine Trennung von Wirtschaft und Technik, wie sie Moellendorff vertrat, nachwirkte, so ging der VDI unter dem Eindruck der konjunkturellen Entwicklung in der Wirtschaft immer mehr dazu über, neben der praktischen auch eine stärkere verbale Verbindung zwischen Technik und Wirtschaft anzustreben. Ausgangspunkte solcher Richtungsänderungen waren jeweils die Hauptversammlungen des VDI. Auf der 66. Hauptversammlung des VDI im Jahre 1927 äußerte sich E. Heidebroek zu philosophischen Fragen der Technik. Die Technik habe in den der Zivilisation erschlossenen Ländern die Aufgabe „wirtschaftliches Neuland **aus sich heraus** zu schaffen, dadurch daß sie immer neue Gebiete der Naturerkenntnis erschließt zur wirtschaftlichen Durcharbeitung . . ."[54] Heidebroek war ebenso wie Dessauer als Zentrumsabgeordneter Mitglied des Reichstages. Philosophisch knüpfte Heidebroek an Dessauer an: „Jeder neue Schritt der technischen Entwicklung bedeutet nur einen weitern Schritt entgegen der in der Natur enthaltenen vollendeten Lösung . . ." In all den Schöpfungen „arbeitet ein geheimnisvoller innerer Zwang zur **Weiterbildung**, zum Fortschritt auf eine — uns immer unerreichbare — **optimale** Lösung"[55]. Auch Heidebroek forderte die Ingenieure auf, sich stärker mit philosophischen Fragen zur tieferen geistigen Durchdringung ihrer Arbeit zu beschäftigen. Die große Gefahr der Zeit bestünde darin, über dem rein Stofflichen der technischen Werke die geistigen Kräfte zu übersehen, aus denen die Technik ihre ungeheure Lebenskraft schöpfe. Die Erfassung der geistigen Kräfte aber garantiere die Schöpferkraft der Technik auch für die Zukunft. Das müsse auch die Industrie erkennen. Aus ihrem ureigensten Interesse heraus müsse die Wirtschaft Mittel und Wege finden, damit „dem schöpferisch begabten, nach Neuem strebenden technischen Schaffen ein Platz und Arbeitsgebiet in der heutigen industriellen Organisation wieder zugewiesen wird"[56]. Planmäßige technische Forschungsarbeit bedeute für die Industrie „werbendes Kapital". Heidebroeks Vortrag zeichnet sich durch Weitsicht aus. Er lehnt eine zu enge Bindung der deutschen Industrie an die amerikanische mit der Begründung ab, daß das dort herrschende „Prinzip des Nurfabrizierens" die Gefahr des Zusammenbruchs in sich berge. Für Deutschland forderte er eine noch engere Verbindung von Technik und Wirtschaft. Dabei ordnete er in diesem Verhältnis der Technik das Primat zu.

Für die bisher skizzierten philosophischen Äußerungen zur Technik von Ingenieuren und Technikwissenschaftlern war typisch, daß die Technik mehr

[53] A. Riedler bezog sich dabei auf R. N. Coudenhove-Kalergi, Apologie der Technik, Leipzig 1922.

[54] E. Heidebroek, Technische Pionierleistungen als Träger industriellen Fortschritts, in: ZVDI, 71/1927, S. 809. Der Demokrat Enno Heidebroek wurde 1945 zum ersten Rektor der Technischen Hochschule Dresden gewählt und leitete sie bis zu seinem Tode im Jahre 1947. Vgl. Autorenkollektiv (Leitung: R. Sonnemann), Geschichte der Technischen Universität Dresden 1828—1978, Berlin 1978, S. 176f.

[55] E. Heidebroek, Technische Pionierleistungen als Träger industriellen Fortschritts, in: ZVDI, 71/1927, S. 809.

[56] Ebenda, S. 812.

oder minder stark von den objektiven gesellschaftlichen Verhältnissen isoliert betrachtet wurde. Damit wurde eine „Tradition" „technikphilosophischer" Literatur (E. Kapp, M. Eyth, M. M. v. Weber, F. Reuleaux, E. du Bois-Reymond u. a.) fortgesetzt. Die Gründe dafür bestanden hauptsächlich in der Absicht, die kapitalistischen Produktionsverhältnisse zum Nutzen des „Ingenieurstandes" zu rechtfertigen, in der geistigen Bindung der Ingenieure an die Bourgeoisie, ohne immer selbst der bürgerlichen Klasse anzugehören. Sie bestanden auch in dem Anspruch, als „Nur-Techniker" zu gelten, um sich damit aus politischen Auseinandersetzungen herauszuhalten. Eine Kritik an den bestehenden Produktionsverhältnissen richtete sich dabei niemals auf ihren Kern, die Eigentumsverhältnisse, sondern immer nur auf scheinbar nicht im kapitalistischen System begründete Auswüchse wie „Härten von Wirtschaft und Organisation" (F. Dessauer), „Ertragswirtschaft" (A. Riedler), „ungezügelter Kampf der Interessen" (E. Heidebroek) u. a. Um die Stellung des Ingenieurs in der Weimarer Republik wieder aufzuwerten, ging Heidebroek von der Einheit von Technik und Wirtschaft aus. Er forderte, daß die Unternehmer wieder Ingenieure und die Ingenieure wieder Unternehmer werden müßten. Die Synthese von Ingenieur und Unternehmer biete die besten Möglichkeiten für den technischen Fortschritt. Technik sei, im Gegensatz zur Meinung O. Spenglers, nicht Totengräber der „Kultur des Abendlandes" sondern führe die Menschheit aus ihrer Erdgebundenheit heraus, mache sie durch den Geist zum Herren über die Materie.

Ebenfalls für eine Aufwertung der Rolle des Technikers in der Gesellschaft forderte K. Dunkmann, Professor an der TH Berlin-Charlottenburg, die Schaffung einer „Theorie der Technik". Diese Theorie müsse es um des sozialen Menschen im Techniker willen geben, „damit der Techniker seinen besonderen Platz im sozialen Gefüge mit Bewußtsein, mit Charakter und Berufsstolz ausübe"[57]. Der Techniker müsse ein Gesamtbild der Gesellschaft im Kopf haben und entsprechend der ihm zugeordneten Rolle wie ein Rad in einer Maschine, allerdings bewußt handeln. Eine solche „Theorie der Technik" könne nicht von anderen Wissenschaftszweigen aufgestellt werden, sondern müsse von den Technikern selbst kommen. Eine moderne Soziologie in Form der Geschichtsphilosophie könne dem Techniker dazu ein wirksamer Beistand sein. Ausdrücklich lehnte aber K. Dunkmann eine materialistische Geschichtsauffassung ab. „Diese würde dem Wesen der Technik, als selbständiger Intelligenz, widersprechen . . ."[58]. Unter Berufung auf W. Sombart meint K. Dunkmann, eine vom Wirtschaftswissenschaftler kommende „Theorie der Technik" würde Technik immer nur als Magd der Wirtschaft fassen. Der Philosoph könne vielleicht eine „technische Weltanschauung" konstruieren, die aber im praktischen Leben des Technikers versagen würde. Die „Theorie der Technik" müsse von einem „technischen Genius" als „Reflexion über sich selbst" kommen und die Techniker müßten von dieser Theorie leben. In der Auffassung K. Dunkmanns paaren sich Elemente von Elitekult, Irrationalismus und Positivismus.

[57] K. Dunkmann, Zur Theorie der Technik, in: ZVDI, 71/1927, S. 1619.
[58] Ebenda, S. 1621.

1927 hatte die theoretische Formulierung der Selbstbestimmungsfunktion der „Technikphilosophie" in dem von uns behandelten Zeitraum einen Höhepunkt erreicht. Von den Autoren der ZVDI wurde eine Vielzahl von Aussagen getroffen, die dem Selbstverständnis der Rolle des Ingenieurs in der kapitalistischen Gesellschaft im Deutschland der Weimarer Republik genügten. Das Selbstverständnis zur Arbeit der Ingenieure reicht aber für die Aufwertung des „Ingenieurstandes" in der gesellschaftlichen Entwicklung nicht aus. Letzten Endes mußte der VDI, um seinen Aufgaben als Ingenieurorganisation gerecht zu werden, auch einen eigenständigen Beitrag zur philosophischen Interpretation des wissenschaftlich-technischen Fortschritts leisten. Verstärkt wurde in der ZVDI zu philosophischen Fragen der Naturwissenschaften Stellung genommen. Bedeutung für die philosophische Arbeit im VDI gewann in jener Zeit der erstmals 1926 in der ZVDI in Erscheinung tretende, an der TH Karlsruhe lehrende Kältetechniker und spätere Kurator des VDI (1948—1951) R. Plank. In seinem Hauptreferat auf der Hauptversammlung des VDI schloß er sich im wesentlichen der philosophischen Position F. Dessauers zur Technik an. Neu an diesem Vortrag war, daß er sich neuen Erkenntnissen der Naturwissenschaften und ihrer technischen Verwertbarkeit unter dem Gesichtspunkt „technische Mathematik", „technische Physik", „technische Chemie" u. a. stellte und diese mit dem „Kulturelement" Technik zu verbinden suchte. Wenig originell gegenüber der Auffassung Dessauers war Planks Behauptung der Notwendigkeit, das „dreidimensionale geistige Weltbild **Kants**, in dem wir das Wahre, Gute und Schöne als geistige Koordinaten ansprechen können, durch Hinzufügung des Zweckmäßigen als vierter Koordinate zu ergänzen und zu verallgemeinern"[59].

Dem Anliegen des VDI, die Technik als Kulturfaktor aufzuwerten, diente auch die Eröffnung einer Ausstellung zum Thema „Kunst und Technik" 1928 in Essen. Einen Vortrag zu diesem Thema hielt, ebenfalls auf der 67. Hauptversammlung des VDI 1928, der auf dem Gebiet der Formgestaltung vor allem in der Möbelindustrie tätige Prof. Dr.-Ing. E. h. R. Riemerschmid. Nach Riemerschmid hat es in früheren Zeiten zwischen Kunst und Technik keinen Gegensatz gegeben. Es sei nicht erheblich gewesen, ob **„die Gestaltungskraft, die bildend schöpferische Phantasie"** „auf eine technische Leistung oder auf ein Kunstwerk, auf eine Festung oder ein Bild"[60] angewendet worden wäre. Das Gleichgewicht zwischen Kunst und Technik sei erst Mitte des 19. Jh. verloren gegangen, als die bildenden Künste kraftlos geworden wären und die Technik die schöpferischen Kräfte an sich gerissen hätte. Erst jetzt gingen aus der Technik **„die Anfänge zu neuem künstlerischen Leben vor"**. Sie weise **„die Anfänge zu einem Stil unserer Zeit"**[61]. Um diese Richtung durchzusetzen bedürfe es der Unterstützung der herrschenden Mächte und „die Wirtschaft, das Kapital, sind die **größte Macht unserer Zeit** . . ."[62] Diese Mission zu verwirklichen sei den Deutschen zugedacht. Abschließend meinte Riemerschmid: „Möge uns Deutschen vergönnt sein, den

[59] R. Plank, Naturwissenschaft und Technik, in: ZVDI, 72/1928, S. 843, vgl. F. Dessauer, Philosophie der Technik, a. a. O., S. 54—66.
[60] R. Riemerschmid, Kunst und Technik, in: ZVDI, 72/1928, S. 1273.
[61] Ebenda, S. 1274.
[62] Ebenda, S. 1275.

anderen Völkern vorauszueilen im Streben, die Macht, die in der Technik liegt, und die Macht, die in der Kunst liegt, zusammenzubinden, eng, mit selbstverständlicher, unverdorbener junger Kraft."[63]

Einen Höhepunkt in der Bewertung der Technik in der Weimarer Republik bildete in der ZVDI die Arbeit von W. Ostwald „Grundsätzliches zur Geschichte der Technik", die mehr wissenschaftstheoretischen als philosophischen Charakter hatte. Die besondere Bedeutung dieser Arbeit lag für den VDI darin, daß hier ein Naturwissenschaftler und Philosoph die hervorragende Bedeutung der Technik bei der Gestaltung des gesellschaftlichen Lebens begründete. Für Ostwald beruhte alle Wissenschaft auf der Technik. Das Aufstellen von Regeln und Gesetzen, die den Erfolg der technischen Tätigkeiten voraussehen lassen, führe zum Aufsuchen weiterer Gesetze „auch über die **unmittelbare Notwendigkeit** hinaus"[64]. Dies kennzeichne die Technik als Wissenschaft. Neben den wissenschaftlichen Teilen finde sich in der Technik noch der soziale, insbesondere wirtschaftliche Teil, der Technik oder Technologie in Verbindung mit den Sozialwissenschaften bringe. Dadurch gelange Technik „in die unmittelbare Nachbarschaft der ‚Geisteswissenschaften'", die sich seit Platon „daran gewöhnt hatten, auf alle Technik verächtlich herabzusehen und ihr eigenes Können auf die Rede oder Schrift zu beschränken"[65]. Die Geschichte der Technik reduzierte Ostwald auf die Verwirklichung seines „energetischen Imperativs", wonach der Aufstieg in der Zeit durch die ständig wachsende Verbesserung der Lösung gekennzeichnet ist und der „energetische Imperativ: vergeude keine Energie, verwerte und veredle sie!"[66] als allgemeines Leitwort der Technik gilt. Was Ostwald bei der Verwirklichungsgeschichte seines „energetischen Imperativs" übersah und was seine Arbeit auch für die Überwindung des Pessimismus der bürgerlichen Gesellschaft ungeeignet machte, ist das Fehlen des realen sozial-ökonomischen Bezugs. Dessauer differenziert in dieser Hinsicht stärker als Ostwald. Nach Meinung Dessauers leitete Ostwald seinen „energetischen Imperativ" aus dem Ökonomiegesetz und dem Gesetz der Erhaltung der Energie ab. Das „Gesetz der sachlichen Ökonomie" als „Zweckgesetz" habe in der Technik seine Heimat, das „Energiegesetz" hingegen sei ein „Kausalgesetz". Dessauer unterscheidet vom „Gesetz der sachlichen Ökonomie" weiter ein „wirtschaftliches Gesetz der rentablen Produktion", mit dem er sich von privatwirtschaftlichen Interessen abgrenzt.[67]

Die weitgehend optimistische Deutung der Folgen der Technik und des technischen Fortschritts durch die bürgerliche Gesellschaft wurde mit dem Eintritt des imperialistischen Deutschland in die kapitalistische Weltwirtschaftskrise von einem tiefen Pessimismus überlagert. Die irrationalistische bürgerliche Philosophie gewann unter der Bourgeoisie und den Massen stark an Einfluß. Dem VDI stand der Kultur- als Technikpessimismus gegenüber. Er mußte sich, um der Notwendigkeit des technischen Fortschritts auch unter den Bedingungen der Krise gerecht zu werden, jetzt vor allem gegen den von

63 Ebenda, S. 1278.
64 W. Ostwald, Grundsätzliches zur Geschichte der Technik, in: ZVDI, 73/1929, S. 6.
65 Ebenda.
66 Ebenda, S. 7.
67 Vgl. F. Dessauer, Philosophie der Technik, a. a. O., S. 161/162.

O. Spengler propagierten Technikpessimismus wenden. Die Reflexion der Erscheinungen der Wirtschaftskrise in der ZVDI verstärkten sich in dem Maße, wie im nichtmilitärischen Bereich die Überführung neuer Technik in die Produktion zurückging, die Zahl der arbeitslosen Techniker und Ingenieure stieg und der Technikpessimismus immer massenwirksamer wurde. 1929 schrieb J. Popp: „Die Technik ist vielmehr ein Kulturproblem als an sich schon ein Kulturfaktor.“[68] In einem anderen Zusammenhang fügte O. Schwenninger dem hinzu: „. . . unsere Kultur wird sich schließlich selbst zerstören, wenn Entwicklungen, die unzweifelhaft historisch bedingt und nicht aufzuhalten sind, nicht in Einklang mit den seelischen Bedürfnissen der Menschen gebracht werden.“[69]

Die Fortsetzung dieser, von der Sorge um eine positive öffentliche Meinung getragenen, Bewertung der Technik widerspiegelte ein Vortrag von R. Plank im Jahre 1931. Er meinte, die Entwicklung der Technik sei in den vergangenen fünfzig Jahren vorwärtsstürmend, wenn nicht sogar überstürzt gewesen. „Ihr Siegeszug erweckte vielfach den Glauben an die Schrankenlosigkeit ihrer Herrschaft, man stand unter dem Eindruck, daß die Naturwissenschaften, auf die sich die Technik gründete, alle Welträtsel lösen würde.“[70] Diese Entwicklung habe unter den Naturwissenschaftlern und Ingenieuren eine Weltanschauung hervorgebracht, die man als Mechanismus, Rationalismus oder Materialismus bezeichne. R. Plank faßte, ohne auf die erkenntnistheoretischen Wurzeln der verschiedensten philosophischen Strömungen einzugehen, vorwiegend neopositivistische und z. T. naturwissenschaftlich-materialistische Anschauungen unkritisch zusammen, um sie unter dem Begriff „Materialismus“ zu bekämpfen. Damit einher ging bei ihm eine kritische Wendung gegen den Marxismus. Als Beispiel führte R. Plank die Auffassungen des zum Wiener Kreis gehörenden O. Neurath an, den er zum Marxisten machte. Plank behauptete: „Der Marxismus mit seiner materialistischen Geschichtsauffassung ist für **Neurath** der geschlossenste Versuch, eine streng wissenschaftliche, unmetaphysische, physikalische Soziologie zu schaffen.“[71] Der Standpunkt Neuraths sei zwar konsequent, aber ungeheuer einseitig, wie jeder Extremist schieße er weit über das Ziel hinaus. Die Identifizierung des mechanistischen Physikalismus, den Neurath mit einigen Gedanken des historischen Materialismus verband, mit dem Marxismus zeugt von R. Planks Unkenntnis des Marxismus-Leninismus. Als Zeugen gegen die „Einseitigkeit“ des Marxismus zitierte Plank O. Spengler: „Die unbewußte Sehnsucht jeder echten Wissenschaft richtet sich auf das Begreifen, das Durchdringen und Umfassen des naturhaften **Weltganzen**, nicht auf die messende Tätigkeit an sich, die immer nur die Freude unbe-

[68] Zit. nach: E. Diesel, Rezension zu: J. Popp, Die Technik als Kulturproblem, München 1929, in: ZVDI, 74/1930, S. 128.

[69] O. Schwenninger, Rezension zu: B. Bavink, Ergebnisse und Probleme der Naturwissenschaften, 4. Aufl., Leipzig 1930, in: ZVDI, 75/1931, S. 439.

[70] R. Plank, Die Stellung der Technik im Rahmen moderner Kultur. Versuch einer Synthese der Wissenschaften vom Standpunkt des Ingenieurs, in: ZVDI, 75/1931, S. 641.

[71] Ebenda, S. 643. — Zur marxistischen Einschätzung O. Neuraths vgl. J. Schreiter, Zur Kritik der philosophischen Grundpositionen des Wiener Kreises, Berlin 1977.

deutender Köpfe gewesen ist."[72] Die moderne Physik sei jetzt dabei, den Traum Neuraths zu überwinden und stoße mit ihren Betrachtungen auf metaphysisches Gebiet vor. Das Wesen der Technik werde schon bei Dessauer und Zschimmer im Metaphysischen vorangetrieben. Jetzt komme es darauf an, der Technik eine „Metatechnik" zur Seite zu stellen, so wie es neben der Physik noch eine Metaphysik gäbe. Durch diese „Metatechnik" „soll die Zivilisation ein Bestandteil der Kultur werden"[73]. Wenn Plank 1927 noch mit einer gewissen Wärme und Optimismus für die Probleme der Technik und ihre philosophische Interpretation eintrat, so zeigt sich hier eine Tendenz zum Irrationalismus. Plank kann als Technikwissenschaftler die Technik nicht ablehnen, er vermag sie aber auch nicht erschöpfend positiv-rational zu interpretieren.

Die sich immer mehr zuspitzende kapitalistische Weltwirtschaftskrise und die Suche nach einem Ausweg wurde vom VDI immer stärker in die Diskussion um philosophische Aspekte der Technik eingebracht. Zu Beginn des Jahres 1932 beschäftigte sich die ZVDI anläßlich ihres 75jährigen Bestehens auch ausführlich mit der Frage nach dem Sinn der Technik. O. Schwenninger und H. Ude mußten dabei feststellen, daß die Technik von Außenstehenden als kulturfeindlich abgeurteilt werde. „Der dogmatisch geschaffene Gegensatz zwischen Kultur und Technik hat auf Leben und Volkswohl einen Schaden ausgeübt, dessen Auswirkungen wir heute in verstärktem Maße erleben. So ist nun der Begeisterung über die äußeren Fortschritte der Technik eine Reaktion gefolgt, die in der Technik die Wurzel so ziemlich allen Übels erblickt."[74] Bei Schwenninger und Ude fand sich erstmals in der ZVDI eine offene und deutliche Abgrenzung von O. Spengler. „Wenn Spengler sagt: ‚Der Herr der Welt wird zum Sklaven der Maschine', so rufen wir ihm zu: **Wir kämpfen für unseren Glauben an eine idealistische Technik der Zukunft, die Dienerin aller Menschen.**"[75]

Die Auseinandersetzung mit Spengler wurde seitens des VDI explizit durch A. Nägel geführt. Er erblickt in dem des „überzeugenden Unterbaus" entbehrenden Skeptizismus Spenglers, in dessen Stellungnahme zur Technik das gefährlichste Gift, das in der krisengeschüttelten Gegenwart in die Seele des Menschen geträufelt werden konnte.[76] An Nägel besticht die Systematik, mit der er sich gegen den allgemeinen Technikpessimismus wendet. Allerdings kommt er nicht über den Horizont einer außerhalb des Klassenkampfes stehenden Betrachtung der Technik hinaus. Unter Technik versteht Nägel „die menschliche Tätigkeit, die auf die

[72] O. Spengler, Der Untergang des Abendlandes, München 1920. Zit. nach R. Plank, Die Stellung der Technik im Rahmen moderner Kultur, in: ZVDI, 75/1931, S. 664.

[73] R. Plank, Die Stellung der Technik im Rahmen moderner Kultur, in: ZVDI, 75/1931, S. 648.

[74] O. Schwenninger/H. Ude, 75 Jahre Zeitschrift des Vereins deutscher Ingenieure, in ZVDI, 76/1932, S. 23.

[75] Ebenda, S. 24.

[76] Vgl. A. Nägel, Technik und Wirtschaftskrise, in: ZVDI, 76/1932, S. 329. — A. Nägel bezieht sich auf O. Spengler, Der Mensch und die Technik. Beitrag zu einer Philosophie des Lebens, München 1931. Zur marxistischen Spengler-Einschätzung vgl. u. a. J. Petzold, Konservative Theoretiker des deutschen Faschismus. Jungkonservative Ideologen in der Weimarer Republik als geistige Wegbereiter der faschistischen Diktatur, 2. überarb. u. erg. Aufl., Berlin 1982, S. 37—42, S. 222—228.

Anpassung der uns umgebenden Natur an die Bedürfnisse des Menschen gerichtet ist"[77]. Er grenzte sich vom derzeitigen Sprachgebrauch des Begriffs „Technik" ab. „Der Sprachgebrauch geht sogar so weit, die Gesamtheit technischer Produkte, wie sie als Brücken, Kanäle, Bahnen, Schiffe, Autos oder Maschinen im Solde einer der Technik oft abgekehrten Denkweise stehen, als ‚die Technik an sich' anzusprechen und daher auch dieser die Schuld zu geben, wenn ein Schiff keine Ladung findet oder eine Brücke vergeblich auf die Verkehrsdichte wartet, für die sie berechnet und gebaut wurde. Und das ‚Kreuzige', das darum die Menge ausstößt, richtet sich gegen die Technik, die diese Werke schuf und deren führende Hand ihnen den versprochenen Lebensrhythmus versagte."[78] In dieser an sich richtigen Auffassung des Wesens der Technik zeichnete sich bei Nägel aber bereits die Trennung von Technik und Wirtschaft ab. In Zeiten der Konjunktur bestehe kein Anlaß, beide voneinander zu trennen. In Zeiten der Krise aber „gilt es auf der Hut zu sein, . . . welche kausalen Beziehungen von den Nöten unserer Zeit zurück zur Technik und welche zur Wirtschaft zurück verfolgt werden können"[79]. Damit tendierte Nägel sicher ungewollt zur Auffassung O. Spenglers, wonach die Entwicklung der Technik zum Zusammenbruch der Wirtschaft geführt hat und dadurch der Mensch mit all seiner Kultur unterzugehen drohe. Nägel versuchte Spengler durch die Widersprüche in dessen eigenen Ausführungen und durch „Zeugen gegen Spengler" zu widerlegen. Am Beispiel der Spenglerschen Gedankenführung legte Nägel dar, „welche Verzerrung dem Antlitz der Technik zugemutet wird, um sie als Ursache der Wirtschaftskrise zu brandmarken, einer Krise, die **Spengler** als solche nicht einmal anerkennt, von der er viel mehr behauptet, daß sie nur den Anfang bilde der Katastrophe, die unerbittlich über uns hereinbreche"[80]. Am Beispiel Spenglers zeigte Nägel in Übereinstimmung mit anderen Autoren wie z. B. Dessauer, die sich gegen den Technikpessimismus wandten, daß auch der Technikpessimismus nicht an der Technik als gesellschaftlicher Kraft zur Beherrschung der Umwelt durch den Menschen vorbeigehen kann.

Gegen den Pessimismus Spenglers führte Nägel zwei Zeugen auf, deren Aussagen er unter dem Aspekt erzieherischer Aufgaben der Gegenwart darlegte. Nägels erster, weil aktueller Zeuge, der Hamburger Oberbaudirektor F. Schumacher ging in einem im Oktober 1931 in Hamburg und Bremen gehaltenen Vortrag auf Spengler ein. Er erklärte, der Spenglersche „Gedankenaustausch" sei nur eine Variante der künftigen Entwicklung. Es gäbe aber deren mehrere, die der Technik den Weg in die Zukunft wiesen und die mindestens gleich wahrscheinlich seien.[81] Nägels zweiter Zeuge war J. Ortega y Gasset. Nägel identifizierte sich mit den Anschauungen Ortega y Gassets, da er die Technik als „Segnung des Lebens" pries.

[77] Ebenda.
[78] Ebenda, S. 330.
[79] Ebenda, S. 331.
[80] Ebenda, S. 332.
[81] Vgl. ebenda. — A. Nägel bezog sich auf F. Schumacher, Der „Fluch" der Technik, Hamburg 1932.

Nägel, Professor an der TH Dresden, seit 1928 im Vorstand des VDI und von 1930 bis 1939 Kurator des VDI, trug weitgehend zur Vorbereitung und Verbreitung der faschistischen Ideologie im VDI bei. Die Interpretation der Philosophie Ortega y Gassets spricht dabei für sich. Nach Ortega y Gasset besteht die große Gefahr der Zeit nicht in der Technik, sondern im Zurückweichen der Elite vor dem steigenden Anteil der Masse. Soziale und kulturelle Aufgabe der Zeit sei es, eine solche Elite zu erziehen, die dem Ansturm der Massen begegnen kann. Als ein Mittel stünde dabei die Technik obenan. Nach Nägel müßten aus der Masse heraus Persönlichkeiten herangezogen werden, die der Entwicklung der Masse entgegenwirken und „die sich verantwortungsbewußt den großen Aufgaben der Gemeinschaftsorganisation widmen, als die Gemeinde, Staat, Volk und Menschheit auftreten“[82]. Nägel endet mit einem Lob des herannahenden Faschismus, den er als Ausweg aus der verheerenden Wirtschaftskrise betrachtet. Er sah mit dem Faschismus auch die Möglichkeit einer wieder optimistischen Einstellung zur Technik durch die Bourgeoisie.

Die Standpunkte führender Vertreter des VDI gegenüber dem sich ausbreitenden Faschismus waren durchaus nicht einheitlich. Nationalistisches Gedankengut, die Betonung des „Völkischen“ in der deutschen Technik ist in Ansätzen während der Zeit der Weimarer Republik in einer Vielzahl der Beiträge z. B. von A. Riedler und R. Riemerschmid in der ZVDI nachweisbar. Das Spektrum der Ansichten zu Beginn der 30er Jahre reichte von faschistischem Gedankengut (Nägel) über die Propagierung der „Parteilosigkeit“ durch P. Gast bis hin zu realistischen Ansichten. P. Gast propagierte z. B. 1932 das Weltbild eines Ingenieurs, in dem nur solche Dinge enthalten sein sollten, die einer verstandesmäßigen Prüfung zugänglich wären.[83] Er wandte sich damit gegen die zunehmende Tendenz der Irrationalisierung. Den Ausweg aber sah er in einer neopositivistischen Philosophie. Hinsichtlich der Arbeit der Ingenieure forderte er, der Ingenieur habe sich ausschließlich um die Realisierung seiner Aufgabe, der Schaffung neuer Technik zu kümmern, nicht aber um ihre sozialen Folgen. Eine Wertung der politischen und ökonomischen Ereignisse stehe ihm nicht zu.

Auch und besonders unter dem Eindruck der kapitalistischen Weltwirtschaftskrise waren in der philosophischen Literatur Anfang der 30er Jahre Tendenzen zur Suche nach einer Neuorientierung der Technik zu verzeichnen. Unter dem Eindruck der krisenfreien Entwicklung in der Sowjetunion und der zielgerichteten Durchsetzung des ersten Fünfjahrplanes widmeten sich z. B. F. Dessauer und K. A. Meißinger der Analyse der Entwicklung von Technik und Wirtschaft in der Sowjetunion. Meißinger mußte dabei konstatieren: „Wir sind Zeugen eines weltgeschichtlichen Vorgangs von so **atemberaubender Größe,** daß sich damit nur ganz wenige Vorgänge der Menschheitsgeschichte vergleichen lassen.“[84] Bei der Suche nach dem Grund der krisenfreien Entwicklung stieß Meißinger notwendig auch auf die sozialistischen Eigentumsverhältnisse: „Die Maschinen

[82] Ebenda, S. 333. — Nägel bezog sich auf J. Ortega y Gasset, Der Aufstand der Massen, Stuttgart 1931. Hier mögliche Bezugnahmen auf Jaspers oder Heidegger finden sich in der ZVDI nicht.

[83] Vgl. P. Gast, Die Erweiterung unseres Weltbildes und der Sinn der Technik, in: ZVDI, 76/1932, S. 801—804.

[84] F. Dessauer/K. A. Meißinger, Befreiung der Technik, Stuttgart—Berlin 1931, S. 85.

gehören allen, wie der Boden und der Reichtum des Bodens allen gehört . . . Und aus der Maschine erwächst nicht die verhängnisvolle Zwietracht, sondern sie ist umgekehrt das große Zaubermittel, die soziale Eintracht herzustellen."[85] Aus diesen Einschätzungen ist aber nicht zu schließen, daß Meißinger die Entwicklung in der Sowjetunion befürwortete. Er erkannte im Sowjetsystem lediglich eine mögliche Variante zur weiteren Entwicklung des technischen Fortschritts, die unter schwierigsten Bedingungen durchgesetzt wurde. Meißinger meinte weiter: „Die große Chance des Bolschewismus liegt offenbar darin, daß er das erste positive System anbietet, das der von der Technik unausweichlich herangeführten Weltlage entspricht."[86] Für Westeuropa käme es nun darauf an, ein noch effektiveres System zu schaffen. Der Bolschewismus sei eine geistige Macht, der man mit geistiger Macht begegnen müsse. Offensichtlich in einer gewissen Vorahnung der weiteren Entwicklung der allgemeinen Krise des Kapitalismus in der Epoche des Übergangs immer neuer Völker vom Kapitalismus zum Sozialismus kam Meißinger letztlich zu dem Schluß: „Die Menschheit hat nicht mehr lange Zeit, zwischen beiden Wegen zu wählen."[87]

Insgesamt zeigt die Entwicklung „technikphilosophischen" Denkens in der ZVDI in der Weimarer Republik, daß sich die Ingenieure, Techniker und Technikwissenschaftler mit ihrem Gegenstand, der Technik, auch philosophisch auseinandersetzten. Diese Auseinandersetzung führten sie immer auch im Einklang mit dem Zeitgeschehen. So läßt sich auch die marxistische Periodisierung der gesellschaftliche Entwicklung in der Weimarer Republik — revolutionäre Nachkriegskrise — Periode der relativen Stabilisierung des Kapitalismus — kapitalistische Weltwirtschaftskrise — in den behandelten Artikeln nachweisen. Die Spezifik der „Technikphilosophie" in der ZVDI in der Weimarer Republik bestand darin, daß sie fast ausschließlich eine optimistische Entwicklung der Technik propagierte. Daß sie nicht massenwirksam wurde, liegt begründet in der weitgehend pessimistischen Haltung breiter Kreise der Öffentlichkeit zum technischen Fortschritt, in dem vornehmlich auf die Mitglieder des VDI beschränkten Adressatenkreis und letztlich in der sich auch in Deutschland immer stärker abzeichnenden allgemeinen Krise des Kapitalismus. Sie ordnete sich schließlich ein in die zunehmende Faschisierungstendenz in Deutschland am Ende der Weimarer Republik.

Der vorstehende Beitrag entstand im Rahmen einer Aspirantur an der Sektion Philosophie und Kulturwissenschaften der Technischen Universität Dresden.

[85] Ebenda, S. 109.
[86] Ebenda. S. 118.
[87] Ebenda, S. 120.

Siegfried Wollgast

„Technikphilosophie“ während der Herrschaft des deutschen Faschismus

Faschistische Ideologie und Philosophie ist nicht nur auf Standardwerke wie A. Hitlers „Mein Kampf“ oder A. Rosenbergs „Mythus des 20. Jahrhunderts“ zu beschränken. Sie hat eine bewußte oder unbewußte Ahnenreihe von unmittelbar auf sie einwirkenden und sie formenden Ideensystemen (H. St. Chamberlain, O. Spengler, A. Möller van den Bruck, K. Haushofer, L. Klages, P. de Lagarde, E. Jünger u. a.); zugleich greift sie auf reaktionäre — vorwiegend irrationalistische — Ideen in der philosophischen Vergangenheit zurück. Grundzug der faschistischen Ideologie ist ein irrationalistischer Aktivismus. Damit paart sich Pragmatismus, der auch in bestimmten Bereichen rationalen Denkens Ansätze findet. Kompromißlos ist faschistische Ideologie im Haß gegen Marxismus und Sowjetunion sowie in der „Rassenfrage“. „Gemeinschaft“ wird zu einem Schlüsselwort: „Wie die Technik Ausdruck des Schöpfertums der Rasse ist, hat die Rasse durch die Technik sich die sachlichen Voraussetzungen für neue Lebensformen ihrer Menschen geschaffen ... Sie sind verwirklicht, wenn die nationale Gemeinschaft da ist.“[1] Kulturphilosophisch nichtfaschistische Arbeiten, die zunächst noch im „Dritten Reich“ erscheinen[2], erleichtern das Eindringen faschistischer Ideen in das Bewußtsein der Ingenieure.

Neben der explizit faschistischen Philosophie (z. B. A. Baeumler, E. Krieck) und im Faschismus weiter publizierenden und sich dabei adaptierenden „Technikphilosophen“ (E. Diesel, E. Zschimmer) wirkt auf die Ausformung eines irrationalistischen Technikbewußtseins auch M. Heideggers Philosophie, für den Technik seit 1930 bis zu seinem Tode ein Zentralthema ist. Heideggers „Technikphilosophie“ wirkt zu dieser Zeit allerdings noch nicht, wohl aber wirken die idealistischen (rationalistischen) Technikauffassungen der Neukantianer auch im faschistischen Deutschland. Gleiches gilt für Ontologen (N. Hartmann), Kulturanthropologen (z. B. E. Rothacker, der sich aber bereits 1932 öffentlich zur Hitlerpartei bekennt), „philosophische“ Anthropologen (z. B. A. Gehlen) und O. F. Bollnows Existenzphilosophie. Nimmt man die erwähnten faschistischen „Hauptwerke“ Hitlers und Rosenbergs hinzu, so ergibt sich: 1. „Technikphilosophie“ ist im „Dritten Reich“ legitimer Forschungsgegenstand. 2. Sie ist vornehmlich, aber nicht ausschließlich faschistisch. Es ist also zu unterscheiden zwischen: a) faschistischer „Technikphilosophie“, b) „Technikphilosophie“ unter den Bedin-

[1] Vgl. F. Nonnenbruch, Politik, Technik und Geist, München 1939, S. 262.

[2] Vgl. O. Veit, Die Tragik des technischen Zeitalters. Mensch und Maschine im 19. Jahrhundert, Berlin 1935. Vgl. M. Schröter, Philosophie der Technik, München 1934; C. Weihe, Zur Philosophie der Technik, in: Technik und Kultur, 6/1933, S. 103—105.

gungen der faschistischen Diktatur. Materialismus und sozialistisch-kommunistische Gedankengänge werden radikal beseitigt, bürgerlich-demokratische Ideen immer mehr zurückgedrängt. Es handelt sich im „Dritten Reich" in jedem Fall um idealistische Philosophie. Dabei überwiegt mit dem tendenziellen Vorrang von faschistischer Philosophie — es bleibt hier offen, ob man beim deutschen Faschismus von einer Philosophie sprechen kann oder lediglich von Ideologie (schon indem eine theoretische Begründung im Mythos gesucht wurde, wurde der Boden der Philosophie verlassen) — der subjektive Idealismus (in der spezifischen Form eines irrationalistischen Aktivismus). Diese Punkte bedürfen der weiteren Differenzierung, Vertiefung bzw. Präzisierung. Hier sei darauf verwiesen, daß für die faschistische „Technikphilosophie", vor allem auch in ihrer populären Ausformung, die theoretischen Auffassungen E. Jüngers von nicht zu unterschätzender Bedeutung sind. Jünger stellte sich — u. a. G. Le Bon und E. Ludendorff folgend — bewußt das Ziel, den „moralischen Faktor" im Krieg und bei der Kriegsvorbereitung als ein tragendes Element der Kriegführung zu erfassen und in einem durchaus faschistischen Sinne zu interpretieren. In seinen Kriegsbüchern „In Stahlgewittern" (1920), „Der Kampf als inneres Erlebnis" (1922) u. a. hatte sich Jünger mit einer naturalistisch-brutalen Schilderung der Kampfhandlungen und mit einer von reaktionärer Lebensphilosophie geprägten Verherrlichung des Krieges begnügt. Seit der Mitte der 20er Jahre beschäftigte er sich — ebenso wie andere Militärschriftsteller — immer nachdrücklicher mit der Untersuchung der Frage, was in einem künftigen Krieg besser gemacht werden müsse. Dabei ging es ihm vornehmlich um die psychologische Beeinflussung der Soldaten. „Bei seinem Versuch, die gesellschaftlichen Ursachen des Krieges durch angeblich in der menschlichen Natur liegenden Gesetze zu ersetzen, verknüpfte Jünger Aspekte der spätkapitalistischen Lebensphilosophie mit Formulierungen aus dem Bereich der Tiefenpsychologie. Die Unabänderlichkeit des Krieges gehört zu den Dogmen der imperialistischen Ideologie. Die ‚seelische' Determinierung durch Jünger aber wirkte originell, obwohl die Anlehnung an F. Nietzsche und andere reaktionäre Ideologen des 19. und 20. Jahrhunderts offensichtlich ist."[3]

Jünger verherrlichte den imperialistischen Krieg und sein Grauen. Der moralische Faktor wurde von ihm so hoch wie nie zuvor gewertet, ohne daß er deshalb technische Kampfmittel als Nebensache ansah. Alle Vorbehalte gegenüber den ihm zu primitiven Naziführern hinderten Jünger keineswegs, seine militärpsychologischen Schlußfolgerungen zu einer politischen Gesamtkonzeption auszubauen und so die Praxis des „Dritten Reiches" theoretisch vorzuzeichnen. Dieser Schritt erfolgte in einer Art Zukunftsvision, die 1932 als umfangreiches Buch unter dem Titel „Der Arbeiter" erschien. Dieser Titel war gleichermaßen irreführend wie bezeichnend, denn jene Kraft, die von Jünger als Träger seines Zukunftsstaates angesehen wurde, war keineswegs der Arbeiter als Repräsentant seiner Klasse. Jünger gedachte nicht, dem Proletariat eine zukunftgestaltende Rolle zuzugestehen. Vielmehr wurde für ihn mit der hochgradigen Technisierung der Soldat zum „Arbeiter" und der Arbeiter zum „Soldaten". Der eine „arbeitete" mit der Waffe im Schützengraben, der andere „kämpfte" mit dem Werkzeug in der Fabrikhalle.

[3] J. Petzold, Ernst Jüngers Beitrag zur faschistischen Kriegspsychologie, in: Militärgeschichte, (Berlin), 6/1977, S. 710.

Im Grunde seien beide Soldaten oder — wie es Jünger formuliert — „Arbeiter".

Theoretisch stellte die hitlerfaschistische Ideologie nichts Neues dar. Ihre Leitideen waren längst von den Ideologen der äußersten Reaktion verkündet worden. Ihr Mystizismus und Irrationalismus paarte sich mit Demagogie. Leitideen der faschistischen Ideologie waren „die Mythologie von der Weltsendung und Herrschaftsmission der arischen Herrenrasse; der religiös-fanatische Antisemitismus; die von diesem durchdrungene absolute Feindschaft gegen den Kommunismus, gegen die Demokratie, ja selbst gegen den bürgerlichen Liberalismus; die ‚völkische' Gemeinschaftsdemagogie der Klassenversöhnung in Verbindung mit Führerprinzip und Führerkult. Dies Ganze wurde als dumpfe Schicksalsmythologie und spezielle Religion gepredigt, was wiederum die unbedingte Negation jeder Tradition rational aufklärerischen und humanistischen Charakters zur Voraussetzung hatte"[4]. In der faschistischen Schulphilosophie findet sich ein Idealismus von unverhüllt, offen mythologisierendem Charakter. Biologische Kategorien (Rasse, Blut u. a.) werden in einem eklektischen Gemisch von objektivem und subjektivem Idealismus überbetont. Eine pseudo-realistisch biologisierende, idealistische Geschichtsauffassung ersetzt demagogisch Klassen- durch Rassenkampf. Der Antimarxismus und Antikommunismus dieser Philosophie gipfelt in einer Rechtfertigung der Weltherrschaftspläne des deutschen Imperialismus durch Konstruktion einer „gottgewollten Sendung" des deutschen Volkes.

„Nationalsozialistische" Philosophie ist selbst unter ausgeprägt faschistischen Philosophen umstritten. Nach Krieck ist die Philosophie im herkömmlichen Sinn „gekennzeichnet durch ein universalistisches Prinzip. Da die nationalsozialistische Weltanschauung . . . den Universalismus jeder Art beendet und durch das rassisch-völkische Prinzip ersetzt, müßte folgerichtig die Philosophie, da sie stets am Universalismus hängt, als beendet erklärt und durch eine rassisch-völkische Kosmologie und Anthropologie abgelöst werden. Damit ist der Maßstab für eine Übersicht der seit 1933 unter der Flagge ‚Philosophie' segelnden Arbeiten gegeben"[5]. Der Nazismus habe die Philosophie „völlig unvorbereitet angetroffen und daher überrannt. Das hatte zur Folge, daß hier meist eine rückschauende Versteifung eintrat. Man suchte das Weltanschauungsprinzip von Philosophie und Wissenschaft fernzuhalten. Als Mensch und Volksgenosse verpflichtete man sich auf die rassisch-völkische Weltanschauung; in Philosophie und Wissenschaft, die ohnehin in den Händen der Epigonen schon im Niedergang begriffen waren, geriet man dagegen in völlige Unsicherheit und Rückwärtsschau"[6]. Krieck

[4] G. Mende, Die faschistische Philosophie, in: Die deutsche Philosophie von 1917—1945, Berlin 1961, S. 71; vgl. H. Günther, Der Herren eigner Geist. Die Ideologie des Nationalsozialismus, in: H. Günther, Der Herren eigner Geist. Ausgewählte Schriften, Berlin—Weimar 1981, S. 7—247. — Günther gibt in seiner 1935 erschienenen Arbeit auch noch heute gültige Aussagen zu den Quellen und zum Wesen der nationalsozialistischen Ideologie (vgl. S. 161, 200f.). Zusammenfassend dazu auch K. Pätzoldt/M. Weißbecker, Hakenkreuz und Totenkopf. Die Partei des Verbrechens, Berlin 1981, S. 44—51.

[5] E. Krieck, Philosophie, in: Deutsche Wissenschaft, Arbeit und Aufgabe, Leipzig 1939, S. 29. — Da dieser Band vom „Reichsminister für Wissenschaft, Erziehung und Volksbildung" herausgegeben und A. Hitler zum 50. Geburtstag gewidmet ist, dürfen seine Aussagen als repräsentativ bzw. autoritativ genommen werden.

[6] Ebenda.

bezeichnet seine eigenen philosophischen Arbeiten als typisch nationalsozialistisch, für Teilbereiche auch Arbeiten von F. Böhm (Anti-Cartesianismus. Deutsche Philosophie im Widerstand, Leipzig 1938) und W. Classen; dagegen entsprächen die Arbeiten von A. Baeumler, H. Schwarz und A. Bergmann nur sehr bedingt dem Geist des Nationalsozialismus. Von all diesen Philosophen wird nicht explizit „Technikphilosophie" betrieben.

A. Rosenbergs „Mythus des 20. Jahrhunderts", die theoretische „Bibel" des deutschen Faschismus war, wie er selbst schrieb, 1925 bereits abgeschlossen.[7] Diese Arbeit erschien bis 1944 in einer Auflage von 1,1 Millionen Exemplaren. Nach Rosenberg ist der „nordische Mensch ... ganz ‚natürlich' Vitalist." Davon ausgehend stellt er fest: „Wer heute blindwütig gegen ‚die Technik' zetert und auf sie Verwünschungen über Verwünschungen häuft, der vergißt, daß ihr Hervortreten auf einen ewigen germanischen Antrieb zurückgeht, der dann auch mit ihrem Untergang ebenfalls verschwinden müßte. **Das** aber würde uns erst recht einer Barbarei ausliefern, jenem Zustande, an dem die Kulturen um das Mittelmeer herum einst untergegangen sind. **Nicht ‚die Technik' tötet heute alles Vitale, sondern der Mensch ist entartet.** Er wurde innerlich entstaltet, weil ihm in schwachen Stunden seines Schicksals ein ihm an sich fremdes Motiv vorgegaukelt wurde: Weltbelehrung, Humanität, Menschheitskultur. Und deshalb gilt es heute, diese Hypothese zu brechen."[8] Damit korrespondiert Rosenbergs Wissenschaftsauffassung: „Das, was wir heute ‚die Wissenschaft' nennen, ist ureigenste germanische Rassenschöpfung, sie ist nicht irgendein technisches Ergebnis, sondern die Folge einer einzigartigen Form der Fragestellung an das Weltall."[9] Für Rosenberg steht aber in seinem Elaborat Technik doch insgesamt mehr am Rande. Eine Erklärung ihres Wesens wird, wie in der faschistischen Ideologie überhaupt, durch mystizistischen Irrationalismus verdeckt. Hitler selbst erklärte auf dem 5. „Reichsparteitag" der NSDAP in Nürnberg, dem „Parteitag des Sieges": **„Der Nationalsozialismus ist eine Weltanschauung.** Indem er die ihrer innersten Veranlagung nach zu dieser Weltanschauung gehörenden Menschen erfaßt und in eine organische Gemeinschaft bringt, wird er zur Partei derjenigen, die eigentlich ihrem Wesen nach einer bestimmten Rasse zuzusprechen sind ... Er wünscht ..., daß die politische und kulturelle Führung unseres Volkes das Gesicht und den Ausdruck jener Rasse erhält, die durch ihren Heroismus allein dank ihrer inneren Veranlagung aus einem Konglomerat verschiedener Bestandteile das deutsche Volk überhaupt erst geschaffen hat. Der Nationalsozialismus bekennt sich damit zu einer **heroischen Lehre der Wertung des Blutes, der Rasse und der Persönlichkeit sowie der ewigen Auslesegesetze** und tritt somit bewußt in unüberbrückbare Gegensätze zur Weltanschauung der pazifistisch-

[7] A. Rosenberg, Der Mythus des 20. Jahrhunderts. Eine Wertung der seelisch-geistigen Gestaltenkämpfe unserer Zeit, München 1941, S. 3. Zur Einschätzung des „Mythus" vgl. J. Petzold, Die Demagogie des Hitlerfaschismus. Die politische Funktion der Naziideologie auf dem Wege zur faschistischen Diktatur, Berlin 1982, S. 192—216.

[8] Ebenda, S. 141, 143.

[9] Ebenda, S. 120, 121, 124.

internationalen Demokratie und ihren Auswirkungen."[10] Dabei halte ich die Einschätzung von M. Broszat für durchaus bedenkenswert: „Weltanschauung war für Hitler weitgehend nur Phraseologie. Wenn er ... von der ‚siegreichen Kraft der nationalsozialistischen Idee', von ‚Fanatismus' und ‚Glauben' sprach, so bezog sich dies nicht primär auf ein gedankliches, für wahr gehaltenes Konzept, sondern auf die Partei, die Organisation, ihre Aktivität und ihren und seinen Erfolg. In zahllosen Äußerungen Hitlers sowohl in ‚Mein Kampf' wie insbesondere auch in seinen Reden der 20er Jahre bestätigt sich, daß Hitler die Frage nach der Richtigkeit und Wahrheit weltanschaulicher Sätze fast gänzlich ausgeklammert hat. Gedankliche Begründungen und Darstellungen der Ideologie und des Programms der NSDAP finden sich bei ihm nur mehr oder weniger beiläufig und sie bestehen in der Regel aus kümmerlichen, wenig originellen Klischees. Hitlers eigentliches Interesse, ... galten stattdessen Fragen der Wirksamkeit und Opportunität, der psychologischen Kalkulation, der Taktik, Organisation und Propaganda. Im Hinblick darauf, und nicht von theoretischen Überzeugungen ausgehend, hat Hitler auch primär zu Angelegenheiten der Weltanschauung und des Programms Stellung genommen."[11] Charakteristisch für Hitlers Taktik ist seine Nutzung der Technik, vor allem des Flugzeuges, mit dem er vor 1933 von Massenkundgebung zu Massenkundgebung eilte. Ebenso wurde der Rundfunk und der Film — seit 1928 bereits Lautsprecheranlagen — zur Propaganda der hitlerfaschistischen Ideologie gezielt genutzt. Ab 1933 wurden die leistungsschwachen „Volksempfänger, Radiogeräte, die lediglich das Hören des nächst gelegenen Mittelwellensenders und des ‚Deutschlandsenders' ermöglichten, millionenfach produziert und billig verkauft." Sie sollten die nazistische Propaganda effektiver verbreiten und zugleich die Masse der deutschen Hörer vom Empfang ausländischer Rundfunkstationen abhalten. „Wiewohl die Ideologie der NSDAP in ihrem Bestand weder Veränderungen noch Ergänzungen erfuhr, wechselten — je nach den inneren und äußeren Situationen und Bedürfnissen des Regimes — die Themen und Parolen, die ins Zentrum der Nazipropaganda gerückt wurden."[12] Bestandteil der auf Demagogie abgestellten faschistischen Ideologie war stets auch die Demonstration der Macht und der Terror. Auch dabei wurde mit Technik — im engeren wie im weiteren Sinne — gearbeitet.

Die Ideologie des deutsche Faschismus entnahm, wie bereits einleitend gesagt, ihre Hauptinhalte den vorangegangenen und zeitgenössischen Ideologien der äußersten Reaktion, sie entlehnte sie in erster Linie allen antidemokratischen, antihumanistischen und irrationalistischen Ideologien der preußisch-deutschen Geschichte. Zugleich beriefen sich die Naziideologen mit dem Ziel, den faschistischen Ideen eine große geistige Vorgeschichte zu verschaffen, unrechtmäßig auch auf Elemente der demokratischen und humanistischen Tradi-

[10] Zit. nach G. Rühle, Das Dritte Reich. Dokumentarische Darstellung des Aufbaues der Nation. Das erste Jahr 1933, 2. Aufl., Berlin 1934, S. 211.

[11] M. Broszat, Der Nationalsozialismus. Weltanschauung, Programmatik und Wirklichkeit, Hannover 1960, S. 26 (Schriftenreihe der Niedersächsichen Landeszentrale für Politische Bildung. Zeitgeschichte, H. 8).

[12] K. Pätzoldt/M. Weißbecker, Hakenkreuz und Totenkopf. Die Partei des Verbrechens, a. a. O., S. 293.

tion. Zu diesem Zweck wurden z. B. Ideen des Bauernkrieges, Gedanken I. Kants, J. G. Fichtes und G. W. F. Hegels, J. W. Goethes, F. Schillers und F. Hölderlins entstellt und verfälscht. Die Nazis verschmolzen eklektisch die verschiedenartigen ideologischen Elemente, die sie als geistige Quellen benutzten, vulgarisierten sie, paßten sie den Erfordernissen ihrer Massenpropaganda an und verbanden sie mit einer zügellosen nationalen und sozialen Demagogie. Als Kernstück ihrer Weltanschauung fungierte ein blindwütiger, rassistisch verbrämter Antikommunismus und Antimarxismus. Eine besondere Rolle spielte hierbei die Ausnutzung und Aufbereitung der Ideen F. Nietzsches. Zweifellos hatte dabei die Nietzsche-Verehrung Hitlers und Mussolinis eine bestimmte Bedeutung.[13] Die wichtigste Gestalt unter den faschistischen Nietzsche-Interpreten war der Philosoph A. Baeumler, seit 1933 Professor für politische Pädagogik an der Berliner Universität. Vor allem in seinem Buch „Nietzsche, der Philosoph und Politiker“ (1931) lieferte er in vielem die Stichworte und Leitlinien für die späteren Interpretationen Nietzsches. Baeumler stilisierte Nietzsches Philosophie zu einem „heroischen Realismus“ und „Germanismus“ empor; er machte Nietzsche zu einem nordischen Siegfried[14], der der orientalisch-römisch-christlichen und humanistischen und rational-wissenschaftlichen Tradition des Abendlandes eine nordisch-heidnisch-kriegerische Wertsetzung entgegengestellt habe. Als seine phisophischen Leistungen wurden u. a. hervorgehoben: sein Grundprinzip des Willens zur Macht, die Auffassung des „Lebens“ als unaufhörlicher Kampf und Krieg, seine — fälschlich als „Heraklitismus“ bezeichnete — irrationalistische, die Existenz von relativer Ruhe, von „Sein“, Kausalität und Gesetzmäßigkeit leugnende Auffassung der Wirklichkeit als unaufhörlicher Strom des Geschehens, sein Kampf gegen die „Bewußtseinsphilosophie“, die These vom Vorrang des Leibes vor dem Intellekt, seine Wendung gegen Moral und Verantwortlichkeit. Die Nietzschenutzung war aber nur ein Aspekt faschistischen Traditionsverständnisses. Rosenberg schrieb in einem Artikel des „Völkischen Beobachters“ vom 8. 12. 1933: „Wenn der Nationalsozialismus jene Persönlichkeiten aufzählt,

[13] Vgl. J. Petzold, Die Entstehung der Naziideologie, in: D. Eichholtz/K. Gossweiler (Hrsg.), Faschismusforschung. Positionen — Probleme — Polemik, Berlin 1980, S. 251—278; H. Malorny, Friedrich Nietzsche und der deutsche Faschismus, in: ebenda, S. 279—302; J. Petzold, Konservative Theoretiker des deutschen Faschismus. Jungkonservative Ideologen in der Weimarer Republik als geistige Wegbereiter der faschistischen Diktatur, 2. überarb. u. erg. Aufl., Berlin 1982.

[14] A. Baeumler, Nietzsche, der Philosoph und Politiker, Leipzig 1931, S. 103; vgl. H. Günther, Der Fall Nietzsche, in: H. Günther, Der Herren eigner Geist, a. s. O., S. 255—321. — Die Faschisten haben Nietzsche „**gerade nur zur Hälfte beerbt.** Den reaktionären Umbildungsprozeß, den er eingeleitet, haben sie freilich auf eine radikale, unsinnige Weise zu Ende geführt. Aber von den Gedanken der einstmals revolutionären, aufsteigenden Bourgeoisie, die jener, wenn auch romantisch entstellt, so doch noch bewahrte, ist den braunen Afterdenkern nicht einmal der Schatten einer Erinnerung verblieben. Damit hängt es zusammen, daß auch Nitzsche, **der Kulturkritiker**, für sie ein äußerst zweifelhafter Vorläufer ist“ (Ebenda, S. 272). Vgl. E. Kiss, Nietzsche, Baeumler oder über die Möglichkeit einer positiven faschistischen Metaphysik, in: Annales Universitas Scientiarum Budapestinensis de Rolando Eötvös nominatae, Sectio philosophica et Sociologica, Bd. 16, Budapest 1982, S. 156 bis 175.

an die er lebensvoll und unmittelbar anknüpfen kann, ohne daß im einzelnen auch hier absolute Einwirkungen über die Erfordernisse des 20. Jh. entscheiden, so könnte er nennen die scheinbaren Gegenspieler Nietzsche und Wagner, den großen Künder Paul de Lagarde und als einen Propheten Houston Stewart Chamberlain. Gerade diese Großen werden äußerst selten genannt."[15]

Diese ideologische Stoßrichtung, verschärft durch den Kampf der Nazis gegen Marxismus und Kommunismus, war dem VDI nur zu gut bekannt. Sie widerspiegelt sich auch in den speziell für Techniker geschaffenen NS-Organisationen. Seit 1931 bestand der „Kampfbund Deutscher Architekten und Ingenieure" (KDAI) und die „Ingenieur-Technische Abteilung" (ITA) bei der Münchner Reichsleitung der NSDAP. Dipl.-Ing. G. Feder, sechstes Mitglied der NSDAP und Verfasser des Programms dieser faschistischen Partei, leitete den KDAI und suchte noch 1933, den VDI diesem relativ bedeutungslosen Verein zu integrieren. K.-H. Ludwig zeigt[16], wie der VDI diesem Versuch begegnete, um seine Existenz zu erhalten. Es sei zugestanden, daß hierbei taktisch-existentielle Gründe mitschwingen, aber auch Ludwig tadelt den VDI wegen zu schneller — freiwilliger — Anerkennung etwa der faschistischen Rassengesetzgebung. Der VDI mußte 1933 zwar nicht seine Eigenständigkeit aufgeben; mußte aber eine „angemessenere" Zahl von NSDAP-Mitgliedern in seinen Vorstand aufnehmen. Der VDI akzeptierte das widerspruchslos. Nach der Vorstandswahl vom 9. Mai 1933 bestand der Vorstand des VDI zu zwei Dritteln aus Mitgliedern der NSDAP. Ludwig meint kritisch: „Nicht Fachidiotismus, sondern vorschnelle politische Gläubigkeit führte ins Dritte Reich."[17] Insgesamt sucht er die Haltung des VDI im Faschismus verstehend zu interpretieren — trotz aller Kritik im einzelnen. Vom 27. bis 29. Mai 1933 trat der VDI zu seiner 71. Hauptversammlung zusammen. Der neue Vorsitzende des VDI, Dr.-Ing. H. Schult hielt das Hauptreferat in SA-Uniform. Er bekannte sich in seinen Ausführungen zum „neuen Deutschland" und sagte „unserem Führer" die Mitwirkung zu. Schult sah in diesem Bekenntnis eine Fortsetzung der Politik des VDI, zu der sich der VDI in seiner Kundgebung vom Oktober 1932 bekannt habe.[18] Im

[15] Zit. nach H. Langreder, Die Auseinandersetzung mit Nietzsche im Dritten Reich. Ein Beitrag zur Wirkungsgeschichte Nietzsches, Diss., Kiel 1970, S. 62.

[16] K.-H. Ludwig, Der VDI als Gegenstand der Parteipolitik 1933 bis 1945, in: Technik, Ingenieure und Gesellschaft. Geschichte des Vereins Deutscher Ingenieure 1856—1981. Im Auftrag des Vereins Deutscher Ingenieure hrsg. von K.-H. Ludwig unter Mitwirkung von W. König, Düsseldorf 1981, S. 407—427; K.-H. Ludwig, Vereinsarbeit im Dritten Reich 1933 bis 1945, in: ebenda, S. 429—454. (Beide Artikel sind folgenden Arbeiten verpflichtet: G. Hortleder, Das Gesellschaftsbild des Ingenieurs. Zum politischen Verhalten der Technischen Intelligenz in Deutschland, Frankfurt/M. 1970; A. F. Manning, De vereniging van Duitse ingenieurs en het National-Socialisme, in: Voor Rogier, Opstellenbündel aange bonden aan L. J. Rogier, Hilversum—Antwerpen 1964, S. 263—283, deutsch; Acta Historiae Neerlandica, Leiden 2 (1967), S. 163—187; K.-H. Ludwig, Technik und Ingenieure im Dritten Reich, Königstein (Taunus)—Düsseldorf 1974.)

[17] Ebenda, S. 412.

[18] Vgl. W. Parey, Die Ingenieurtage am Bodensee. Das Bekenntnis der deutschen Ingenieure zur neuen Staatsführung, in: ZVDI, 77/1933, S. 725; vgl. Kundgebung des Vereins Deutscher Ingenieure (Berlin, 15. Oktober 1932), in: ZVDI, 76/1932, S. 1048.

Bericht Schults heißt es weiter, der VDI werden sich „auch in Zukunft nicht darauf beschränken, Wissenschaft und Technik losgelöst von den großen Fragen der Wirtschaftspolitik zu betrachten, sondern in enger Anlehnung an diese und unter steter Verfolgung des gemeinsamen Zieles. Daraus ergibt sich auch die Eingliederung des VDI und ähnlicher Verbände in das neue Staatsgebilde. Wir würden es begrüßen, wenn uns der Beauftragte für die Reichswirtschaft zu tatkräftiger Mitarbeit heranzieht, und wir erklären uns bereit, uns mit allen unseren Kräften hierfür zur Verfügung zu stellen. In diesem Bewußtsein hat der Vorstand des Gesamtvereins in seiner Sitzung am Freitag beschlossen, dem Herrn Reichspräsidenten und dem Herrn Reichskanzler Telegramme zu senden, in denen die deutschen Ingenieure ihre freudige Gefolgschaft zur nationalsozialistischen Führung erklären“[19]. Dieser Linie ist der VDI bis zum Ende der nationalsozialistischen Terrorherrschaft „treu geblieben“.

Die Zeitschrift des VDDI (Verein Deutscher Diplomingenieure) feiert die Machtergreifung des Nazismus als „Zeitwende“, „großen Wendepunkt der Geschichte“, „Schicksalswende“, „Revolution“.[20] Angriffe auf Liberalismus, Marxismus und Bolschewismus verstehen sich fast von selbst. Schon bzw. auch hier wird die „deutsche Technik“ verkündet. Dabei melden die Ingenieure einen Führungsanspruch an: **„nicht Wirtschaft, sondern Technik ist unser Schicksal!“**[21] Dementsprechend wird die bisherige angebliche Unterschätzung der Techniker und Ingenieure wortreich beklagt. Daraus folge auch die mangelhafte fachgerechte Einbeziehung der Technik in die Kriegführung. Deshalb sei der erste Weltkrieg verloren gegangen. Insgesamt wird der VDDI völlig auf das „dritte Reich“ ausgerichtet. Hieran konnte G. Feder anschließen, der am 25. Juni 1933 verkündete: „. . . daß wir kraft der Ehre und Würde der Technik im Volksleben auch beanspruchen, daß die **Führung der Technikerbelange in den Händen von Technikern liegen muß** . . . dazu bedarf es noch ernsthaftester Erziehung, und zwar **der Erziehung zur nationalsozialistischen Weltanschauung, zur nationalsozialistischen Staatsgesinnung.“**[22] Beruhigend erklärt Feder, damals ein relativ mächtiger Mann im nazistischen Staatsgefüge: „Ich lehne jeden Versuch der Sozialisierung ab, weil **jedes Sozialisierungsexperiment die Gefahr in sich birgt, dasjenige auszuschalten, was die ganze Wirtschaft schöpferisch trägt: die Persönlichkeit.“**[23] Das von Hitler 1926 als „unabänderlich“ deklarierte Parteiprogramm der „25 Punkte“ vom 24. Februar 1920 enthielt eine Reihe von vagen Formulierungen, die sich scheinbar gegen die private Großindustrie, das Großkapital, den Großhandel und die Großagrarier richteten: „Verstaatlichung der Trusts“ (Punkt 13), „Gewinnbeteiligung der Arbeiter in den Großbetrieben“ (Punkt 14), „Überführung der Warenhäuser in Kommunaleigentum“ (Punkt 16), „Durch-

[19] Ebenda, S. 731.

[20] F. Romberg, Die Technik im neuen Staat, in: Technik und Kultur, 4/1933, S. 54.

[21] Ebenda, S. 56.

[22] G. Feder, Die Aufgaben der Technik beim Wiederaufbau der deutschen Wirtschaft, in: Technik und Kultur, 6/1933, S. 93; vgl. ähnlich S. 96. — In dieser Rede entwickelte Feder sein Programm in bezug auf Organisation der Technik und der technischen Vereine, das durch F. Todt — in modifizierter Gestalt — 1937/38 durchgeführt wurde.

[23] Ebenda, S. 97.

führung einer Bodenreform". Auch das gehörte zur faschistischen Demagogie. Von all diesen Punkten wurde nicht einer auch nur in Angriff genommen. Der Begriff „Sozialismus" findet sich übrigens im ganzen Programm nicht ein einziges Mal, auch nicht in Verkleidungen wie „nationaler Sozialismus" oder „Nationalsozialismus". Die Zeit, da gewisse Kreise der NSDAP demagogisch mit der Sozialisierung argumentierten, um die Massen zu gewinnen, war 1933 endgültig vorbei. Feder betonte das Programmatische seiner zitierten Feststellung: „. . . wir sind dabei, uns einmal prinzipiell Rechenschaft abzulegen, über das riesenhafte Gesamtgebiet der Technik."[24]

Die einzelnen Schritte der „Neuordnung" des VDI und der anderen Ingenieurorganisationen nach 1933 sind hier nicht zu verfolgen. Ab 1935 war die „Rassenreinheit" Voraussetzung für die Mitgliedschaft im VDI. Ab 5. März 1937 war der VDI faktisch der NSDAP unterstellt.[25]

G. Dimitroff hatte auf dem VII. Kongreß der Kommunistischen Internationale vom 25. Juli bis 20. August 1935 festgestellt: „Der Faschismus an der Macht . . . ist . . . **die offene, terroristische Diktatur der reaktionärsten, am meisten chauvinistischen, am meisten imperialistischen Elemente des Finanzkapitals.**"[26] Die Kommunistische Internationale berücksichtigte in ihrer wissenschaftlichen Analyse des Faschismus auch die konkreten Besonderheiten des Faschismus in verschiedenen Ländern, sie konzentrierte sich in ihrer Kennzeichnung des Wesens des Faschismus aber auf seine grundlegenden klassenmäßigen Züge: die imperialistische sozialökonomische Basis und die politische Herrschaft der reaktionärsten Kreise des Finanzkapitals. Die Richtigkeit dieser Bestimmung bestätigt nicht zuletzt auch die geistige Entwicklung der Ingenieurorganisationen im „dritten Reich", vor allem des VDI, die völlig von den Monopolen abhängig waren.

Da bei der Manipulierung des Bewußtseins der Ingenieure im Imperialismus die Fachzeitschriften eine besondere Rolle spielen — sie werden gelesen, verstehen sich als Sprachrohr des Ingenieurs zu artikulieren, fördern seinen Berufsstolz, vermitteln fachliches Wissen usw. — seien hier weitere Beispiele angeführt in welcher Weise sich faschistische „Technikphilosophie" in ihnen widerspiegelt.[27]

[24] Ebenda, S. 100. — Zum 25-Punkte Programm der NSDAP vgl. K. Pätzoldt/M. Weißbecker, Hakenkreuz und Totenkopf. Die Partei des Verbrechens, a. a. O., S. 34—43, 313—314.

[25] Vgl. K.-H. Ludwig, Der VDI als Gegenstand der Parteipolitik 1933 bis 1945, a. a. O., S. 415ff.

[26] G. Dimitroff, Die Offensive des Faschismus und die Aufgaben der Kommunistischen Internationale im Kampf für die Einheit der Arbeiterklasse gegen den Faschismus, in: G. Dimitroff, Gegen Faschismus und Krieg. Ausgewählte Reden und Schriften, Leipzig 1982, S. 50. Vgl. E. Lewerenz, Zur Bestimmung des imperialistischen Wesens des Faschismus durch die Kommunistische Internationale (1922 bis 1935), in: D. Eichholtz/K. Gossweiler (Hrsg.), Faschismusforschung. Positionen — Probleme — Polemik, a. a. O., S. 45ff.; vgl. G. Lozek/R. Richter, Legende oder Rechtfertigung? Zur Kritik der Faschismustheorien in der bürgerlichen Geschichtsschreibung, Berlin 1979.

[27] Vgl. zum folgenden S. Wollgast/G. Banse, Philosophie und Technik. Zur Geschichte und Kritik, zu den Voraussetzungen und Funktionen bürgerlicher „Technikphilosophie", Berlin 1979, S. 95—107.

Die Beiträge stammen von faschistischen Ideologen. Dem faschistischen System ergebene Techniker äußern ihre Auffassungen zumeist politisch bzw. ideologisch, nicht philosophisch im engeren Sinne. Die zumeist positive Stellungnahme der Ingenieure und Techniker zum faschistischen System ist u. a. in einer enormen Aufwertung und in der großzügigen Aufgabenstellung für die Ingenieure und Techniker seit 1933 fundiert.

J. Koppmair will bewußt eine dem Nationalsozialismus adäquate „Philosophie der Technik" entwickeln. Technik habe ihren Ursprung und ihre Quelle in der Philosophie. In beiden gebe es Naturtriebe, einschließlich des Selbsterhaltungstriebes. Menschliches Streben sei durch Ethik und Ästhetik gesteuert. Von beiden lasse sich Technik nicht trennen. **„Die Technik ist . . . das Denken, Wollen und Handeln des Menschen, das Wissen von der Natur und dem Naturleben, im guten und schönen Sinn erdeuten und anzuwenden. Das ist der Sinn der Technik."** Sie erfülle **„das Bedürfnis des Menschen, das äußere, reale Sein und Erleben, das in der Gesamtheit der Kräfte und Ereignisse als Willkür erscheinen mag und den Menschen gefährdet, im guten und schönen Sinn zu ordnen, eine sittliche Richtschnur in seinem Denken, Wollen und Handeln gegenüber den Naturkräften zu besitzen und dadurch sein Leben zu verbessern, zu verschönern, zu ordnen, seinen Kampf zu erleichtern."**[28]

Wie es eine Religion gebe, so müsse es auch eine „Technikphilosophie" geben. Sie bilde die ethische Brücke zwischen Naturwissenschaft und Technik. Überhaupt stünden Religion, Ethik und Technik im engen Zusammenhang. Es gelte christliches und technisches Denken gegen entsprechende atheistisch-materialistische Komponenten vereint zu entwickeln. Jedes Volk habe aus historischen Gründen eigene Spielarten des Christentums entwickelt. Was für die Religion gelte, gelte auch für die Technik, „auf derselben Grundlage des ethischen Gefühls des deutschen Volkes **muß es eine deutsche Technik geben,** ein Wollen und Gestalten, das dem völkischen Wesen entspricht, und wenn es noch nicht gefunden ist, dann muß es geschaffen werden, die Technik muß der Internationalisierung entrissen werden"[29]. Das sei die Aufgabe der „Technikphilosophie". Koppmairs Forderung nach der „deutschen Technik" stellt sich „würdig" an die Seite der faschistischen Losung von der Schaffung einer „deutschen Physik". Koppmair fordert weiter einen Volksegoismus, der sich auch in der Technik äußern müsse. Die deutschen Techniker müßten fachlich und ethisch so entwickelt werden, daß sie gleichsam als Kulturbringer in den anderen, von „Mammonismus" verseuchten Ländern als Retter begrüßt werden. Schließlich wird die Technik der Politik als eines ihrer Elemente untergeordnet.

Auch A. Rosenberg äußert sich in Technikzeitschriften zur „Technikphilosophie". Er lehnt die Unterscheidung von Kultur und Zivilisation ab, **„weil wir der tiefen Überzeugung sind, daß jene Kräfte, die europäische Kulturen schufen, auch zugleich diejenigen sind, die die Voraussetzungen und die Erfindungen auf dem Gebiete der Technik hervorgebracht haben"**[30]. Es gebe keine Wissenschaft oder

[28] J. Koppmair, Zum Aufbau einer Philosophie der Technik, in: Deutsche Technik (Leipzig—Berlin), 2/1935, S. 56.

[29] Ebenda, S. 113.

[30] A. Rosenberg, Weltanschauung und Technik, in: Deutsche Technik, 1/1938, S. 1.

Technik „an sich". Es sei „germanische Art, der Natur ihre Gesetze abzulauschen". Technik sei „in den großen Forschungskampf des europäischen Menschentums" einzuordnen. Kultur und Zivilisation, die Technik mit einbegriffen, könnten dort immer mehr zusammenklingen, **„wo ein einheitlicher Charakter, eine einheitliche weltanschauliche Haltung vorhanden ist, die das Ich, das Volkstum, den Staat und die Landschaft der Heimat umschließt"**[31]. Dieses Ziel anzusteuern, sei der Nationalsozialismus auf dem Wege. Ausgesprochen oder unausgesprochen fußen wesentliche faschistische Äußerungen zur „Technikphilosophie" auf H. St. Chamberlain. Er verband die imperialistisch erneuerte Rassentheorie mit den typischen allgemeinen reaktionären Tendenzen der imperialistischen Periode, vor allem mit der „Lebensphilosophie".

Als der scheinbar unaufhaltsame Siegeszug des deutschen Faschismus immer mehr fortschritt, wuchs auch die Technikeuphorie, die Euphorie gegenüber dem „Geist der Zeit, der sich mit dem Werden der Technik als die Offenbarung des abendländischen Menschen gegenüber der ihn umgebenden Natur zu erheben begann . . . Denn die Siege dieses Krieges sind nicht auf die ‚fortgeschrittene' Technik an sich zurückzuführen, . . . sondern auf die uns vom Führer verkündete Weltanschauung. Das gilt für die Stellung des Einzelnen zum Volksganzen in biologischer, politischer und kultureller Beziehung genau so, wie für die Technik als Mittel zur Sicherung und Förderung eben dieser Bindungen." Die Technik sei: „Mit unserem biologischen Werden . . . durch uns geworden . . . so daß sich unser völkisches Dasein nunmehr aus zwei Komponenten zusammensetzt: Bauerntum und Technik."[32] Noch 1943 konstatierte C. Ramsauer: „Alles in allem ist . . . die Rolle der Physik in der gegenwärtigen Technik eine so überragende, daß man einen **großen** Fehler macht, wenn man die Physik nur als eine Einzelwissenschaft und nicht nach ihrer Schlüsselstellung zur Gesamttechnik werten würde. Dabei handelt es sich . . . um eine Rolle, welche die Technik der Zukunft im gleichen oder wahrscheinlich in noch höherem Maße beeinflussen wird wie die Technik der Vergangenheit und der Gegenwart. Die Physik wird so zu einer der wesentlichsten Grundlagen unserer Wirtschaft und Wehrkraft. Dies gilt ganz besonders für jeden Wettbewerb mit anderen Völkern auf wirtschaftlichem und militärischem Gebiet. Eine fertige Technik kann ohne große Schwierigkeiten nachgeahmt werden, die Werdeprozesse neuer Technik und neuer Naturwissenschaft sind dagegen an das geistige Potential der Rasse gebunden."[33] Überall verbindet sich geschickte Demagogie mit Irrationalismus und Verteufelung des Marxismus in der faschistischen Ideologie und „Philosophie" der Technik. Es gibt mystisch-verzückte Schilderungen, Beispiele des Verwachsens von Mensch und Maschine, einen Anthropomorphismus gegenüber der Maschine der dem faschistischen Staat als erstrebenswert gilt. Der „Deutsche Techniker" habe seine „deutsche Seele" in das Verhältnis zur Maschine zu legen. Der Mensch müsse im Betrieb im Mittelpunkt stehen, aber dabei sei der Führergedanke zu berück-

[31] Ebenda, S. 3f.

[32] H. Dehnert, Vom Wesen der deutschen Technik, in: Deutsche Technik, 1/1941, S. 17.

[33] C. Ramsauer, Die Schlüsselstellung der Physik für Naturwissenschaft, Technik und Rüstung, in: Die Naturwissenschaften, 25—26/1943, S. 288.

sichtigen, der im germanischen Menschen schlummere und zur Verwirklichung dränge. Daher Führer-Gefolgschaftsprinzip bis zum Führerkult.

Der „Leibarchitekt" Hitlers und spätere Rüstungsminister A. Speer gesteht bei aller Apologetik ein: 1. Den Technokraten, den unpolitischen Techniker als Führer, gibt es nicht. 2. Die politische, gesellschaftliche und philosophische Orientierung des deutschen Bürgertums machte dies für den Faschismus anfällig, damit auch die Masse der Ingenieure und Techniker. Speer und eine Reihe anderer NS-Führer wie auch faschistische Ideologen vertraten eindeutig technokratische Positionen.[34]

Das ist nicht verwunderlich. Speer verfügte nicht nur über eine angesehene Stellung in der Parteihierarchie, sondern war auch ein Interessenvertreter der großen Rüstungsmonopole und der führenden Kräfte der Reichsgruppe Industrie. Er setzte strategische Grundlinien seines Vorgängers F. Todt fort. Mit ihm entwickelte sich gegenüber den Ingenieuren eine Politik, die von den Ingenieuren verlangte „die fachlichen Kenntnisse . . . durch nationalsozialistische Wertvorstellungen anzureichern"[35]. Dabei konnten Todt und Speer — die hier nur als Repräsentanten genannt werden — an den auch bei Ingenieuren weit verbreiteten, aus der Vergangenheit überkommenen Konservatismus anknüpfen. Sie bezeichneten ihn als national oder völkisch. „Völkisch" war ein diffuser Sammelbegriff für die verschiedensten charakteristischen Strömungen in der deutschen Bourgeoisie. Durch innen- und außenpolitische Erfolge des Naziregimes war es etwa ab 1938 auch in breiten Schichten der Ingenieure gelungen, solche Losungen wie „der Führer hat immer recht" weitgehend durchzusetzen und das Schicksal Hitlers für das Deutschlands zu setzen.

Die zeitweilig auch im „Dritten Reich" in unterschiedlicher Form propagierte „Europaideologie" ist als taktische Variante zu werten („abendländische Technik" u. a.) und bezweckt zudem die Sammlung aller antikommunistischen Kräfte im Kampf gegen die Sowjetunion. „Aus der rassenbiologischen Definition Hitlers und aus der politischen Praxis der Jahre seiner größten Erfolge hebt sich . . . ein höchst eingeengter Europabegriff heraus, eingeengt nämlich auf den germanisch deklarierten Teil Europas, auf einen Raum, den er zum Herrschaftsgebiet des germanischen Reiches deutscher Nation umzugestalten und nach Osten weit herauszuschieben plante . . . Die slawischen und romanischen Völker insgesamt waren, abgesehen von einzelnen Individuen oder den Frankreich einverleibten ‚germanischen' Gebieten, stammesfremd . . . und daher für dieses deutsch-germanische Reich auch nicht zu gebrauchen. Sie waren allenfalls, wie etwa die unterjochten slawischen Völker, Rohstoff, gut zu untergeordneter Arbeit und als Abnehmer billigster Massenartikel zur Beschäftigung westlicher Industrie, oder andernfalls gnadenlos der Verdrängung preisgegeben."[36] Vor allem nach der

[34] Vgl. A. Speer, Erinnerungen, Frankfurt/M.—Berlin (West) 1970; vgl. H. Kehrl, Krisenmanager im Dritten Reich. 6 Jahre Frieden — 6 Jahre Krieg. Mit kritischen Anmerk. u. einem Nachw. von E. Viefhaus, Düsseldorf 1973.

[35] Vgl. Th. P. Hughes, Ideologie für Ingenieure, in: Technikgeschichte, 4/1981, S. 315.

[36] Vgl. P. Kluke, Nationalsozialistische Europaideologie, in: Vierteljahreshefte für Zeitgeschichte, (Stuttgart), 3/1955, S. 264—265.

Niederlage von Stalingrad 1943 wird die „Krise Europas" entdeckt und der Kampf Europas gegen die „bolschewistische Gefahr" beschworen.

Hitler hatte verkündet: „Was wir heute an menschlicher Kultur, an Ergebnissen von Kunst, Wissenschaft und Technik vor uns sehen, ist nahezu ausschließlich schöpferisches Produkt des Ariers."[37] Er setzte fort: „So war für die Bildung höherer Kulturen das Vorhandensein niederer Menschen eine der wesentlichsten Voraussetzungen, indem nur sie den Mangel technischer Hilfsmittel, ohne die aber eine höhere Entwicklung gar nicht denkbar ist, zu ersetzen vermochten."[38] Diese Auffassung war in den Jahren nach der faschistischen Machtübernahme immer mehr dominierend geworden. H. Mehrtens und St. Richter machen es sich wohl zu einfach, wenn sie hinsichtlich der Technikgeschichtsschreibung im „Dritten Reich" meinen: „Während die Fachgeschichtsschreibung die der Ingenieure selbst war und sich — folgerichtig (? — *S. W.*) von Politisierung und Ideologisierung fernhielt, stellte sie ihr neutral, vermeintlich ‚objektiv' aufbereitetes Material den Autoren populärer Bücher zur Verfügung, die sich der politischen Konjunktur anpaßten und in mystischer Verklärung die deutsche Technik zum Symbol der Macht und des Herrschaftsanspruchs machten."[39] Mehrtens betont hinsichtlich der Forschungen in der Bundesrepublik: „Das Thema wird durchweg mit Samthandschuhen angefaßt, umgangen oder rein apologetisch behandelt."[40] Das gilt auch hinsichtlich der „Technikphilosophie" dieser Zeit. Ebenso möchten wir, zugleich J. Petzolds u. a. marxistischen Untersuchungen folgend, mit Mehrtens feststellen: „Meine These ist, daß in der NS-Ideologie sich zwei Formen finden, in denen die Naturwissenschaften in die faschistische Gesellschaft integriert werden sollten, die eine ist die ‚völkische Wissenschaft', die zweite die Forschung als ‚nationale Aufgabe' im Dienste des ‚Volksgenossen'. In der (bürgerlichen — *S. W.*) Literatur wird in der Regel nur die ‚völkische Wissenschaft' als NS-Ideologie angesehen, weil sie die Grundlagen der Naturwissenschaften in Frage stellt. Diese Variante war in der Anfangszeit des Regimens virulent. Sie wurde, jedenfalls weitgehend, abgelöst durch die Rede von der Wissenschaft als ‚Dienst am Volk'. Dies ist jedoch unter den Bedingungen der faschistischen Herrschaft ebenso Ideologie."[41] Mit dieser Erkenntnis wird die enge Beziehung zwischen „nationaler" Wissenschaft und NS-Ideologie gezeigt. Am „Nationalen" brauchte tatsächlich nur angeknüpft zu werden. 1933 war in dieser Hinsicht kein qualitativer Einschnitt. Was Mehrtens für die Naturwissenschaft konstatiert, gilt ebenso für die Technik.

K.-H. Ludwig, der eine grundlegende Studie über „Technik und Ingenieure im Dritten Reich" publizierte, entwickelte folgende These, die wir hier nur sehr verkürzt wiedergeben. Die nationalsozialistische Ideologie und mehr noch die entweder mit der Machtergreifung angekündigte bzw. die in der Frühphase tat-

[37] A. Hitler, Mein Kampf, zwei Bände in einem Bd., ungek. Ausg., Bd. 1, München 1933, S. 317.
[38] Ebenda, S. 323.
[39] H. Mehrtens/St. Richter (Hrsg.), Naturwissenschaft, Technik und NS-Ideologie. Beiträge zur Wissenschaftsgeschichte des Dritten Reiches, Frankfurt/M. 1980, S. 12.
[40] H. Mehrtens, Das „Dritte Reich" in der Naturwissenschaftsgeschichte. Literaturbericht und Problemskizze, in: ebenda, S. 39.
[41] Ebenda, S. 42.

sächlich durchgeführte Politik befriedigten einen Großteil der von den Ingenieuren erhobenen Forderungen. Ohne daß sich die Masse der Ingenieure ausdrücklich zum Nationalsozialismus bekannte oder zu bekennen brauchte, akzeptierte sie vieles und stellte sich dem Regime zur Verfügung.[42] Diese These wird aus den angeführten Worten von Mehrtens unmittelbar einsichtig. Stets ist dabei auch der demagogische Aspekt der NS-Ideologie zu bedenken. Da wurde 1934 erstmals die Parole von der „Arbeitsschlacht" verkündet, die Friedensliebe und der Kampf gegen die Arbeitslosigkeit betont, der Autobahnbau mit großem Propagandagetön in Angriff genommen.

Diese scheinbare Parallelität der Ziele erlaubte es dann den Ingenieuren, trotz der Gleichschaltung aller technischen Vereinigungen und Unterordnung unter den Nationalsozialistischen Bund Deutscher Technik (NSBDT), an ihren Vorstellungen auch dann festzuhalten, als Hitler über „Wehrhaftmachung" und Wiederaufrüstung zielstrebig auf den Krieg zusteuerte.[43] Noch 1942 schrieb F. Münzinger, Ingenieur und Mitglied des VDI, in einem Buch, das ein warmherziges Plädoyer für den Ingenieurberuf und die Technik darstellt: „Deutschland hat als erster Staat einen vernünftigeren Einsatz der Technik angefaßt. Niemals hat sich der deutsche Ingenieur einer solchen Förderung erfreut und niemals ist ihm von der Staatsführung eine Wertschätzung zuteil geworden wie jetzt."[44] Daraus leiteten führende Technikwissenschaftler weitgehende politische Forderungen ab. So schreibt E. Storm, ordentlicher Professor für Stoffwissenschaft an der TH Berlin, 1938 bis 1942 Rektor dieser TH: „Dem Hochschullehrerstand ist zu wünschen, daß sich im neuen Jahr der Dozent neben dem Arbeiter und Studenten in die S.A. einreiht. Das darf aber nicht auf Einzelfälle beschränkt bleiben. In die S.A. gehört jeder rüstige Dozent. Er als berufenster Jugendführer findet dort mit das beste Wirkungsfeld für den Ausbau des Dritten Reiches ... Für jeden deutschen Dozenten sollen der oberste S.A.-Führer und sein Stabschef die Vorbilder sein, damit der volksfremde deutsche Gelehrte bald der Vergangenheit angehört."[45] Dabei muß immer wieder davor

[42] K.-H. Ludwig, Technik und Ingenieure im Dritten Reich, Düsseldorf 1979, S. 63ff., 105ff.

[43] Vgl. dazu R. Heiss (Hrsg.), Die Sendung des Ingenieurs im neuen Staat, Berlin 1934.

[44] F. Münzinger, Ingenieure. Gedanken über Technik und Ingenieure. Zweite, stark verm. und umgearb. Aufl., Berlin 1942, S. 120 (1. Aufl. 1941); vgl. ebenda, S. 170: „... die Worte des Reichsministers Dr. **Goebbels** ... ‚den Leistungen seiner **Techniker** und Ingenieure verdankt das deutsche Volk mit den großen Aufschwung, den die Machtergreifung im Reiche eingeleitet hat', die Äußerung **Rosenbergs**, ‚die nationalsozialistische Revolution habe der Technik einen neuen sozialen Rang zugewiesen, indem sie die Gesetze der Technik, der Politik und der Idee miteinander in Übereinstimmung brachte', die wiederholten Anerkennungen der Leistungen der Ingenieure durch den Führer ... haben dem Ansehen des Ingenieurstandes mehr genützt als viele Abhandlungen über dieses Thema." Vgl. S. 20, 33, 34f., 141 und viele andere Stellen mit ähnlichen Äußerungen. Daß bei Münzinger kein wirklicher Umdenkungsprozeß nach 1945 zu beobachten ist, zeigt die 3., stark verm. u. umgearb. Aufl. seines Buches, die unter dem Titel „Ingenieure — Baumeister einer besseren Welt. Die Rolle von Ingenieuren und Technik im Leben der Völker", Berlin—Göttingen 1947, erschien.

[45] E. Storm, Der Hochschullehrer im Dritten Reich, in: Nationalsozialistische Erziehung, 3/1934, S. 32.

gewarnt werden, die Ingenieure, Technikwissenschaftler, Technikphilosophen usw. global dem Nationalsozialismus und seiner Ideologie zuzuordnen. So schreibt C. Matschoß 1937: „Die Technik ist nicht an Landesgrenzen gebunden, und in der Technik gibt es nichts, was einer allein machen kann. Wie die Fäden her- und hinüberschießen. Von Volk zu Volk, von Vorfahr zum Nachfahr. Wie vieles unserer heutigen Ingenieurarbeit läßt sich in seinen Wurzeln zurückverfolgen bis zum Anfang aller Geschichte. Wieviel große Pionierarbeit haben Deutsche in der ganzen Welt geleistet. Wieviel wertvolles Gut konnten wir von anderen Völkern übernehmen."[46]

Wir vermögen hier nur auf einige Äußerungen faschistischer „Technikphilosophie" einzugehen. Als Hauptquelle soll uns die bereits erwähnte Arbeit von F. Nonnenbruch „Politik, Technik und Geist" (1939) dienen. Nonnenbruch ist vornehmlich als Wirtschaftspolitiker und Wirtschaftstheoretiker des deutschen Faschismus hervorgetreten. Zeitweilig leitete er den Wirtschaftsteil des „Völkischen Beobachters", des Zentralorgans der NSDAP. Nonnenbruch betont durchgängig, daß sich das Schöpfertum der Rasse auf dem Gebiet der Technik entfalte. Diesem Thema widmet er drei Kapitel seines Buches.

Technik habe es gegeben, seit Menschen auf der Erde leben. Die „moderne Technik" sei erwachsen „aus dem Erleben der Distanz zwischen dem Menschen und der Welt"[47]. In den leeren Raum zwischen Mensch und Gott baue der Mensch seine Technik. Dieser Mythos sei im 19. Jh. verkannt worden. Die Technik habe mystischen Ursprung, der Wille zur naturwissenschaftlichen Weltanschauung sei aus dem Ringen um Gott hervorgegangen. Gott habe sich aus der Welt entfernt. „Was ist die Ferne, in der Gott jetzt waltet? Es ist unsere eigene Tiefe! Die Unendlichkeit des Weltenraumes ist nur Symbol für unsere eigene Tiefe. Haben wir sie erschlossen, tritt der Gott in neuer Gestalt mit einem neuen Mythos wie mit einer Fahne heraus. Was aber ist unsere Tiefe? Es ist die Rasse. Wir haben den Gott dann eingeholt in seiner unendlichen Ferne, wenn wir unsere eigene Tiefe besitzen; wenn wir das Schöpfertum unserer Rasse besitzen. Jetzt wirkt es noch durch unser Ich und ist durch das Ich, die jetzige Form unseres Bewußtseins, gebrochen, Leben wir aber aus unserer Tiefe heraus, dann leben wir aus der Gemeinschaft heraus: Und diese Gemeinschaft beherrscht das Schöpfertum der Rasse. Sie beherrscht es, wie wir jetzt durch die Technik die Naturgesetze beherrschen."[48] Alle Gedanken kommen nach Nonnenbruch aus dem inneren Erleben; ein typischer subjektiver Idealismus. Abendländisches Denken sei seit dem Christentum ein Ringen mit dem fremden Gott. Dieses Ringen durchwalte die Rasse und ihre Schöpferkraft: „Soviel also hat die Rasse mit den Naturwissenschaften zu tun, daß mit dem schöpferischen Vorstoß zu ihnen hin ein fremdes Weltbild durchstoßen worden ist. Und ebenso viel hat die Technik mit

[46] C. Matschoß, Große Ingenieure. Lebensbeschreibungen aus der Geschichte der Technik, München—Berlin 1937, S. 6; vgl. weiteres Material bei: U. Troitzsch, Technikgeschichte in der Forschung und in der Sachbuchliteratur während des Nationalsozialismus, in: H. Mehrtens/St. Richter (Hrsg.), Naturwissenschaft, Technik und NS-Ideologie. Beiträge zur Wissenschaftsgeschichte des Dritten Reiches, a. a. O., S. 219ff.

[47] F. Nonnenbruch, Politik, Technik und Geist, a. a. O., S. 201.

[48] Ebenda, S. 204.

der Rasse zu tun. Indem sie die Naturwissenschaften schuf, erkämpfte sich die Rasse ein ihrem Wesen entsprechendes Weltgesicht gegen ein fremdes."[49] Technik sei aus der Naturwissenschaft erwachsen. Heute sei Technik mehr als Naturwissenschaft, denn es werde geforscht, um technische Methoden zu finden. Man betreibe Naturwissenschaft in der Hoffnung, sie praktisch nutzen zu können. Das gelte auch für Grundlagenforschung. Die Ursache des Schöpfertums und des Lebens selbst sei in der Rasse zu suchen. Der einzelne trete bei dieser Betrachtung hinter der Gemeinschaft zurück. „Ohne sein Volk und ohne die Gemeinschaft vermag der einzelne gar nichts. Je mehr er der Gemeinschaft verbunden ist, desto mehr ist er der Rasse und ihrem Schöpfertum, also auch dem seinen, verbunden. Die Technik ist das Mittel, durch das das Schöpfertum der Gemeinschaft für die Gemeinschaft wirksam wird. Als die Naturwissenschaften den Vorrang vor der Technik hatten, hatte tatsächlich auch das Individuum den Vorrang vor der Gesellschaft. Die Technik bekommt den Vorrang vor den Naturwissenschaften, weil die Gemeinschaft den Vorrang vor dem Individuum erhält. Das Individuum will die Welt erkennen. Die Gemeinschaft schafft ihre Welt. Wir sind dabei, es zu tun, und die Technik hilft uns wesentlich dabei."[50] Positivismus wird verurteilt, er soll durch den Rassegedanken aufgehoben werden. Der bürgerliche Rationalismus wird abgelehnt, gleichzeitig erfolgt die verfälschende Berufung auf Kants Transzendentalphilosophie, vor allem auf seine Ethik, auf Teile der Philosophie Fichtes, Hegels u. a. Der Marxismus ziehe den Menschen hinab, nicht hinauf. Indem der Mensch „die Technik aufbaute, bewies er, daß die Kausalität für ihn wohl eine Denkmethode war, daß er sich ihr aber nicht unterwarf. Er benutzte sie und machte sie sich dienstbar. Eine Rasse, die zum Fatalismus geneigt gewesen wäre, hätte also die Technik nie entwickeln können. Ihre Entwicklung war einer Rasse vorbehalten, die aus ihrer Sehnsucht zur Ferne den Mut hatte, die Freiheit zu wollen. Aller Wille zur Freiheit entspringt der Fernsehnsucht. Denn jeder Freiheitswille ist Wille zur Zukunft."[51] Nach dem Mittelalter habe es zwei Triebkräfte für die Entwicklung der Technik gegeben: das naturgesetzliche Denken und die Tatsache, daß dieses naturgesetzliche Denken der Rebellion der Rasse gegen einen fremden, den christlichen, Mythos entsprungen war. „Als Ausdruck dafür, daß die Rasse sich der Naturgesetzlichkeit der Welt nicht unterwarf, sondern daß sie sich bewußt war, das Denken in Naturgesetzen selbst geschaffen zu haben, schuf sie die Technik."[52] Bis zum Erwachen der Rasse im ersten Weltkrieg habe daher der schöpferische Schwerpunkt auf der Technik gelegen. Indem der Mensch die Naturgesetze technisch nutzte, machte er sie sich zu eigen und untertan. „In den letzten vierhundert Jahren flossen drei Entwicklungsströmungen. Die erste ist durch das Bestreben ausgemacht, hinter der naturgesetzlichen Welt den Gott wiederzufinden. Entweder in der Gestalt eines Gottes oder als letzte Ursache. Aus diesem Bestreben kamen die großen künstlerischen, denkerischen und politischen Leistungen.... Die zweite Entwicklungsreihe ist das Aufkommen der Bürgerlichen Resignation, die Be-

[49] Ebenda, S. 210.
[50] Ebenda, S. 211.
[51] Ebenda, S. 222.
[52] Ebenda.

scheidung in der heimeligen Wärme und der Verzicht darauf, die Welt groß und ernst zu empfinden. Die dritte ist der Aufbau der Technik. Die erste dieser Strömungen ist in der zweiten ausgelaufen. Die dritte ist geblieben."[53]

Der Typ des „Arbeiters" (im Sinne E. Jüngers) sei durch die harmonische Verbindung von Rasse und Technik bestimmt. Der „Arbeiter" selbst wirke schöpferisch mit am Aufbau der neuen Kultur im gleichen Grade, wie die Technik als kulturschöpfender Faktor sich auswirke. Ja, der „Arbeiter", die Techniker und die Technik stünden im Mittelpunkt der neuen Kultur. Dementsprechend sprachen die Nazis auch von den „Arbeitern der Stirn und der Faust". Kultur sei gestaltete Geistigkeit und sinnvoll, wenn sich der Geist der Rasse in ihr ausdrücke. „Mit dem Arbeiter tritt der Techniker in den Mittelpunkt der neuen Kultur. Der Techniker verhält sich zum Arbeiter genau so, wie es der Frontoffizier zum Frontsoldaten getan hat. Welch ein Unterschied liegt zwischen dem Typus des Rechtsanwalts des Vorkriegs und dem des Ingenieurs . . . Die Arbeit wird adelig. Das ist eine kulturelle Revolution. Und ob dieser Adel vom Reiche oder von der Technik kommt, ist nicht zu unterscheiden, so eng hängen Reich und Technik hier zusammen."[54] Die Schlachtfelder des ersten Weltkriegs seien die Synthese von Reich und Technik gewesen: „In der erhabenen Pracht der vom Reiche entfalteten Machtmittel — und sie waren technischer Art — hat die Macht des Reiches und das Reich selber sich offenbart. Beim Anblick von Kriegsschiffen oder feuernden Batterien in den Wochenschauen der Kinotheater fühlen wir uns unweigerlich erhoben. Das Kriegsschiff ist ein technisches Gebilde und fähig, das Reich in seiner ganzen Wucht zu repräsentieren. Das Kriegsschiff ist adelig! Aber ist das der Adel des Reiches oder der der Technik? So eng also gehören beide zusammen für unser Empfinden, also für unser Schöpfertum, daß wir die Antwort nicht zu geben vermögen."[55]

In der Wirtschaft repräsentiere sich die Freiheit des Reiches und damit auch der Technik. "Wir überwinden die Fremdheit der naturgesetzlichen Welt, indem wir ihre Gesetze zum Aufbau unserer Technik benutzen. Die Größe, die diese Welt hat und vor der das Bürgertum flüchtet, strahlt uns entgegen aus den Werken der Technik und den Stätten der Arbeit an den Maschinen: Wir bekennen uns zur Technik und zur Arbeit, während das wohlhabende Bürgertum der Vorkriegszeit auf dem Wege war, sich nur zum Erfolg der Arbeit, nämlich dem Geld, zu bekennen."[56] Technik ist für Nonnenbruch neben der Nationalstaatidee und dem Aufbau der Wirtschaft der entscheidende Faktor, durch den die Rasse ihre eigene Welt in die naturgesetzliche Welt hinausschiebt.[57] Die Technik des „Dritten Reiches" werde anders sein, als die voraufgegangene: „Im selben Grade, als wir jetzt die Fremdheit der naturgesetzlichen Welt brechen wollen, strömen der Technik neue zusätzliche schöpferische Energien zu: denn sie ist ein Mittel, das zu vollbringen. Weil sie das ist, glauben wir an die Revolution der Technik. Denn die Betrachtung der Geschichte und der Blick auf den Boden der

[53] Ebenda, S. 223.
[54] Ebenda, S. 225.
[55] Ebenda, S. 226.
[56] Ebenda, S. 227.
[57] Ebenda, S. 228—230.

allgemeinen kulturellen Krise zeigt das Schöpfertum, das bereit ist, sich auf dem Gebiet der Technik auszuwirken."[58]

Nonnenbruch repräsentiert nur eine Fraktion innerhalb der faschistischen „Technikphilosophie", aber eine sehr entscheidende. Er faßt viele Aussagen Hitlers, Rosenbergs u. a. zusammen und systematisiert sie. Noch 1944 wird eine Äußerung des 1942 bei einem Flugzeugabsturz ums Leben gekommenen F. Todt, ab 1937 auch Vorsitzender des „Nationalsozialistischen Bundes Deutscher Technik" (NSBDT), des Zusammenschlusses aller technischen Vereine und Verbände in Deutschland, abgedruckt: „Es gibt eine nationalsozialistische Auffassung der Technik. Sie besteht in einer Abkehr vom rein Materiellen, in einer Betonung des Schöpferischen, in einer engen Anlehnung zum Künstlerischen. Die nationalsozialistischen Ingenieure haben immer diese Linie betont und ihr auf großen Gebieten zum Erfolg verholfen. Sie haben die Schönheit der Technik auf allen Fachgebieten gezeigt. . . . Es freut uns Ingenieure, daß die nationalsozialistische Idee gerade die Technik in so kurzer Zeit so wirkungsvoll erfaßt und umgewandelt hat. Wir denken mit Entsetzen an die Zeit zurück, in der die Technik und Kunst unversöhnliche Gegensätze waren und die auf beiden Gebieten Schaffenden sich nicht verstanden. Wir fördern bewußt jede Maßnahme, die das Schöpferische, Gestaltende und Kulturelle auf dem Gebiet der Technik betont."[59]

Diese Ideen finden sich auch in den „Sachbüchern" zur „Technikphilosophie" und werden damit in die Massen getragen. So meint R. Grün, der damalige Direktor des Forschungsinstituts der Hüttenzementindustrie und Honorarprofessor an der TH Aachen 1942, Technik sei ein Rassenmerkmal, wachse aus dem Boden des Volkes heraus, sei seine Schöpfung, sie wachse mit der Verbesserung der Rasse und gehe mit deren Degenerierung zugrunde.[60] Nach Grün begann der Aufstieg der modernen Naturwissenschaften, als der „germanische Geist" die Frage nach dem „Warum?" stellte[61], wobei die durch M. Luther mit Hilfe des durch J. Gutenberg verbesserten Buchdrucks verbreitete deutsche Sprache der entscheidende Mittler wurde.[62] Es ist hier nicht Raum, weitere Platitüden und

[58] Ebenda, S. 231.

[59] F. Todt, in: Deutsche Technik. Ein Lesebuch, hrsg. von Dr. L. Waremuth, Berlin—Wien—Leipzig 1944, S. 24, zit. nach L. Poliakov/J. Wulf, Das Dritte Reich und seine Denker. Dokumente, Berlin-Grunewald 1959, S. 538.

[60] R. Grün, Wir und die Technik, Berlin—Wien—Leipzig 1942, S. 124—126. — Seine nationalsozialistische Überzeugung wird auch an dem rassistischen Aufsatz „Sterbende Technik?" deutlich, in: Deutsche Technik, 9/1941, S. 280—283. — Ausgehend von der These, daß Techniker als soziale Aufsteiger das Verhalten der Eliten annehmen und z. B. daher weniger Kinder zeugen, malt er das Menetekel vom Aussterben der — deutsch-germanischen — technischen Intelligenz an die Wand (vgl. zum folgenden U. Troitzsch, Technikgeschichte in der Forschung und in der Sachbuchliteratur während des Nationalsozialismus, in: H. Mehrtens/St. Richter (Hrsg), Naturwissenschaft, Technik und NS-Ideologie. Beiträge zur Wissenschaftsgeschichte des Dritten Reiches, a. a. O., S. 226ff.).

[61] R. Grün, Wir und die Technik, a. a. O., S. 63.

[62] Vgl. ebenda, S. 59; vgl. S. 60: „Sehen wir nicht eine deutliche Parallele zu heute, zu unserem Kampf um Hitler, der als erster von allen Diplomaten, die ja auch Französisch sprechen, zum Volk sprach, der ein neues technisches Mittel, das Radio, für die Verbreitung seiner Ideen nutzte und so dieser seiner Sprache und der technischen Einrichtung seinen Sieg verdankt . . . So sehen wir den deutschen Wissenschaftler . . . als Helfer des Führers."

historische Verkürzungen anzuführen, hingewiesen sei lediglich noch auf die Sprache, die ohne Bezeichnungen wie „heldische Technik", „heroische Wissenschaft", „Heldentod auf dem Kampfplatz der Arbeit" etc. nicht auskommt.

Die Inhomogenität faschistischer Ideologie der Technik äußert sich auch darin, daß wir in ihr neben einem irrationalistischen Aktivismus und dem Technokratiegedanken auch technikpessimistische Akzente und Aspekte finden. Beispiel dafür sind u. a. die Arbeiten von L. Klages. Seine wichtigsten Arbeiten schrieb Klages im ersten Drittel unseres Jahrhunderts. Er reflektierte vor allem die sich unter den imperialistischen Bedingungen vollziehenden wesentlichen Veränderungen im Kleinbürgertum. Dieses wird durch den Widerspruch von Kapital und Arbeit zerrieben, sucht nach einem „dritten Weg". Eine der Konzeptionen dieses Weges findet sich in Klages' Werken. Er geht von einer „Umwertung der Werte" aus, einem Gedanken, der erstmalig von Nietzsche betont wurde. Klages' Hauptwerk „Der Geist als Widersacher der Seele" ist eines „der ersten Werke einer neueren bürgerlichen Philosophie, in dem die These der deutschen romantischen Ideologie von der Feindlichkeit der Technik, des technischen Fortschrittes für das Leben überhaupt, für das Leben des Menschen im besonderen variiert wird"[63]. Die angesprochene These fand bekanntlich in der bürgerlichen philosophischen Literatur große Verbreitung. Klages vermag die echten Ursachen der Krise seiner Gesellschaft nicht zu erkennen. Er sieht sie daher in einer nie dagewesenen Verbreitung von technischen Neuerungen, die die Natur und die geistigen Prinzipien in den menschlichen Beziehungen schonungslos zerstören. Aber hinter dieser angeblichen Kritik verbirgt sich ein ganz bestimmter Klasseninhalt. Klages wendet sich gegen die Idee des gesellschaftlichen Fortschritts: seine angebliche Besorgtheit um das Schicksal der Natur transformiert sich in ein nihilistisches Verhältnis zu den Errungenschaften der Zivilisation, in eine Apologie der Degradation, die über Nietzsche und Spengler hinausgeht. Er spricht von den tödlichen Folgen für das Leben. „Indem der Geist als Wille nach außen bricht, vollbringt er durch seinen Büttel, den herakleischen Menschen (d. h. durch das theoretisch denkende Individuum, dem der „natürliche", instinktiv denkende, „prometheische" Mensch gegenübersteht — S. W.) an der Erde dasselbe Werk (nachdem er bereits die Seele „übertüncht, überklebt und zugestampft" hat — S. W.): „er verstopft ihre Poren, raubt ihr die Atemluft, unterbindet ihren Austausch mit dem Kosmos."[64] Das von Klages gezeichnete soziale Ideal ist rückwärts gewandt. Daher konnte Klages' „Geist als Widersacher der Seele" auch von den Nationalsozialisten teilweise benutzt werden. Klages' Behandlung des Mythos als Form der Überdauerung des Lebens hatte für Rosenbergs „Mythus des zwanzigsten Jahrhunderts" gewisse Bedeutung. Auch die Frage nach dem Wesen des Menschen beantwortete Klages in einer dem Faschismus genehmen Weise. Sein „wahrer Mensch" ist anders geartet als der homo sapiens, von mythisch-mystischem Geist durchwebt. Klages hat mit seinen präfaschistischen

[63] E. M. Kotik, Vzgljad na čeloveka v mirovozrenii i teorii kultury L. Klagesa, in: Filosofskije nauki (Moskau) 6/1972, S. 79. Vgl. S. F. Oduev, Auf den Spuren Zarathustras. Der Einfluß Nietzsches auf die bürgerliche deutsche Philosophie, Berlin 1977, S. 165ff.

[64] L. Klages, Der Geist als Widersacher der Seele, in: L. Klages, Sämtliche Werke, Bd. 2, m. e. Kommentar von H. E. Schröder, Bonn 1966, S. 1140f.

Ideen heute in der bürgerlichen Welt in wachsendem Maße Anhänger. Es ist daher wohl auch kaum als Zufall zu werten, daß Klages' „Gesammelte Werke" in zehn Bänden in der BRD erschienen, daß Klages' „Geist als Widersacher der Seele" z. B. neben Heideggers „Sein und Zeit" und Hartmanns Ontologie als eine der größten theoretischen Errungenschaften unseres Jahrhunderts dargestellt wird.[65] Klages gehört dem vorfaschistischen Irrationalismus an. Er verwandelt die „Lebensphilosophie" in ein offenes Bekämpfen von Vernunft und Kultur. Dabei tritt der anthropologische Zug stark in den Vordergrund. Klages ist direkter Vorläufer des Nationalsozialismus, wenn auch mit bestimmten Vorbehalten: „denn erstens ist Klages zwar ein militanter Lebensphilosoph — aber noch auf der Grundlage des alten, apologetischen Individuums; das Terrain seines Kampfes kann nur das Kaffeehaus oder der Salon sein; sein Kampf kann unmöglich auf die Straße hinausgetragen werden. Zweitens und vor allem, weil bei Klages zu den verderblichen, kulturzersetzenden Folgen des Geistes auch der Krieg gehört. Das ist natürlich ein Punkt, wo für die Nationalsozialisten jede Pietät dem verdienstvollen Vorläufer gegenüber aufhören muß."[66]

Immer wieder wird deutlich: faschistische Ideologie entnimmt den reaktionärsten Theorien das ihr Genehme bzw. verfälscht progressives Gedankengut. Ergebnis ist ein kaum zu überbietender Eklektizismus, in dem unter dem Aspekt des Rassismus und der anderen faschistischen Grundprinzipien der Pragmatismus keine geringe Rolle spielt. Das erhellt auch aus folgendem. W. Groß, Mediziner und Rassentheoretiker, Mitglied der NSDAP seit 1925, Leiter des Rassenpolitischen Amtes der NSDAP propagiert bewußt mit seinem Rassenmythos, seinem subjektiven Idealismus und Technizismus die offizielle Linie der deutschen Faschisten. Er hatte in einer Antrittsvorlesung an der Berliner Universität am 26. 11. 1935 festgestellt: Ziel der faschistischen Bewegung in Deutschland sei die Bildung eines alles verbindenden neuen Geistes der Nation. „Alle errungene Macht kann nur der Ausbreitung der Weltanschauung dienen, die uns die Kraft zum Kampfe um die Macht gab und jetzt die Kraft zu neuem kulturellen Schöpfertum geben wird, das alle Macht erst rechtfertigt. Und wo ein fremdes Denken, eine weltanschaulich andere Haltung heute noch besteht, da ist sie unser Feind nach den ewig gültigen Gesetzen des Glaubens, der keine andere Wahrheiten neben sich anerkennen kann, weil er selbst für sein Volk und seine Zeit die einzige Wahrheit verkörpert."[67] Daraus scheine sich ein Konflikt mit dem Reich der Forschung und Wissenschaft zu ergeben. Das sei aber nicht objektiv. Vielmehr entspreche diese faschistische Weltanschauung durchaus der Wissenschaft. Denn Weltanschauung ranke sich um die Begriffe Blut und Rasse. Die neue Hinwendung zu rassengebundenen Werten sei an sich unabhängig von der naturwissenschaftlichen Forschung gleichzeitig und gleichberechtigt entstanden. „Völkische Weltanschauung und moderne Naturwissenschaft, die gleichzeitig den Angriff auf überkommene Systeme siegreich begannen, stehen nicht im

[65] Vgl. die Einleitung von A. Schuberth zu: L. Klages, Der Geist als Widersacher der Seele, Buch I-IV, in: L. Klages, Sämtliche Werke, Bd. 1, Bonn 1969, S. VII—XLVIII.

[66] G. Lukács, Die Zerstörung der Vernunft, Berlin 1954, S. 420.

[67] W. Groß, Der Rassengedanke in der weltanschaulichen Auseinandersetzung unserer Tage, in: W. Groß, Rasse, Weltanschauung, Wissenschaft, Berlin 1936, S. 19.

Verhältnis von Wirkung zur Ursache; sie berühren sich aber an manchen entscheidenden Stellen, begründen einander und bestätigen sich von verschiedenen Seiten her ihre innere Wahrheit und Berechtigung."[68] Dabei beziehe sich „Rasse" auf Geistiges **und** Körperliches. Dieser Begriff sei „die Grundlage für eine weltanschauliche Haltung . . ., die der von jedem erlebten und damit in sich wahren Wirklichkeit des Lebens gerecht wird"[69]. Generell aber ist auch hier nur ein Aspekt faschistischer Philosophiedeutung ablesbar. Die führenden Nazis sind einer umfassenden Definition ihrer Weltanschauung immer wieder ausgewichen. So hat J. Goebbels betont, „daß der Nationalsozialismus sich in seiner Gesamtheit nicht definieren lasse, da er fortlaufenden Veränderungen und Wandlungen unterworfen"[70] sei. Gewiß erhielt er auch bestimmte Grundanschauungen, auf die er unlösbar fixiert blieb, aber — mit Ausnahme der Idee des Kampfes und der Führermaxime — doch kaum welche, die er nicht um der Eroberung oder Behauptung der Macht willen, zumindest zeitweilig, preiszugeben oder doch zurückzustellen bereit gewesen wäre. Dieser taktische Opportunismus entsprach weitgehend der eher willkürlichen Art, in der die aufsteigende faschistische „Bewegung" die unterschiedlichsten ideologischen Elemente übernommen hatte. Ihre Prinzipienlosigkeit gegenüber Ideen und Grundsätzen war nur der Ausdruck der stets von berechnenden Erwägungen bestimmten Aneignung dieser Ideen. Rassistische, antisemitische, biologistische und pangermanische Konzepte hatte sie ebenso rezipiert wie gewisse traditionelle Gefühlselemente bäuerlicher, antizivilisatorischer, militärischer oder pseudoreligiöser Natur. Dazwischen geisterten die Schatten der deutschen Romantiker sowie R. Wagners; sodann, als Reflexe der Zeitstimmung, nationale, restaurative, bündische und sozialistische Vorstellungskomplexe. Bis hin zu den abseitigen Bestrebungen gewisser Lebensreformer und Neuheiden findet sich im Grunde kaum eine der mehr oder minder verbreiteten Strömungen jener Jahre, die nicht zumindest zeit- oder teilweise zum Konglomerat der nationalsozialistischen Ideologie einen Akzent beigesteuert hätte: „Wir haben", so hat Hitler gelegentlich erklärt, „unsere Ideen von allen Sträuchern zu Seiten unseres Lebensweges aufgelesen, und wir wissen nicht mehr, wo sie herstammen."[71]

Bisweilen hört man auch heute, der Ingenieur sei von seinem Arbeitsgegenstand, seiner Ausbildung, seinen Zielen usw. her naturgemäß Rationalist. Daß dies einseitig ist, lehrt u. a. die gesamte Entwicklung der „Technikphilosophie". Ständig kommen idealistisch-irrationalistische Elemente unter, selbst im linearen Technik„optimismus". Die faschistische Ideologie ist ein drastisches Beispiel dafür, daß man den Einfluß zutiefst irrationalistischer Ideologie auch auf den angeblich völlig sachlichen und nüchternen Ingenieur nicht ausschließen kann.

[68] Ebenda, S. 22.
[69] Ebenda, S. 23.
[70] Zit. nach: J. C. Fest, Das Gesicht des Dritten Reiches. Profile einer totalitären Herrschaft, München 1963, S. 226.
[71] Zit. nach: Ebenda.

Margit Rezsö

Zur „Technikphilosophie" Martin Heideggers

Heideggers Technik-Auffassung ist ein charakterististischer Bestandteil seiner Kulturphilosophie. Die Kulturphilosophie, oder weiter gefaßt, die Gesellschaftsphilosophie, spielt eine bedeutend wichtigere Rolle in Heideggers Philosophie als dies bei oberflächlicher Betrachtung scheint. Ebenso scheint es, daß sich Heidegger besonders in „Sein und Zeit" nur indirekt mit gesellschaftlichen Problemen auseinandersetzt, denn sein Gegenstand ist das individuelle Dasein. Wie aber marxististische Analysen dieser Arbeit nachgewiesen haben, sind die bei der Explikation des Daseins auftretenden Kategorien, oder, wie sie Heidegger nennt, Existentialen („das Mitsein", „das Man". usw.) Ausdrücke der Vergesellschaftung des Menschen.[1]

Dabei ist zu beachten, daß Heidegger in „Sein und Zeit" die Gesellschaft in einen bloßen Bestandteil des Subjekts, des „Daseins" verwandelt. Die Formen der Vergesellschaftung sind von ihren materiellen Wurzeln losgelöst. Die Charakterisierungen der entfremdeten und der echten Gesellschaft (das vom „Man" beherrschte Alltagsleben und das „Mitsein") sind nur als Abstraktionen richtig.[2]

Im Unterschied zur deutschen Kulturphilosophie des ausgehenden 19. und beginnenden 20. Jh. (Simmel, Tönnies) stellt der Existentialismus nicht mehr nur die Objektivationen der Kultur dem Individuum gegenüber, sondern verweist darüber hinaus darauf, daß im Individuum selbst eine Kluft entstanden ist, das Individuum sei gefährdet und müsse erlöst werden.[3]

Nach Heidegger ist die Entstehung der Kultur schicksalhaft, von den Bestrebungen des Menschen unabhängig oder genauer gesagt: das Schicksal bestimmt auch die menschlichen Bestrebungen, der Prozeß ist irrational, begrifflich nicht wiederzugeben. Die Rationalität und das Machtstreben des Menschen über die Natur seien zudem Zeichen des Niedergangs und Quelle des die menschliche Kultur beherrschenden allgemeinen Unbehagens.

Heidegger wollte die vor allem aus der Spezifik des deutschen Imperialismus erwachsenen kulturphilosophischen Konzeptionen vertiefen, bearbeiten und auf sie ein System aufbauen. Er begann, sich in den dreißiger Jahren mit kulturphilosophischen Problemen zu beschäftigen. In seinem Buch „Sein und Zeit" (1927) will Heidegger vom Dasein ausgehend das Sein auslegen, seit den dreißiger

[1] Vgl. Th. Schwarz, Sein, Mensch und Gesellschaft im Existentialismus. Mit zwei Arbeiten über Schopenhauer und Nietzsche, Frankfurt/M. 1973, S. 171—178.
[2] Vgl. ebenda, S. 113.
[3] Vgl. G. Lukács, Die Zerstörung der Vernunft, Berlin 1954, S. 392.

Jahren will er, umgekehrt, die Kultur des Menschen erklären.[4] In einigen Äußerungen Heideggers scheint es so, als ob das Sein mit der Natur oder mit dem Leben identisch wäre. Heidegger hat aber auch sie irrational gefaßt.

In Heideggers Philosophie bedeuteten die dreißiger Jahre einen Wendepunkt, weil ihn seit dieser Zeit nicht mehr die Seinsmöglichkeiten des Individuums beschäftigten, sondern das Sein und die Geschichte des Seins. Später formulierte er den Grundgedanken seiner Kulturphilosophie folgendermaßen: „Die Seinsgeschichte ist weder die Geschichte des Menschen und eines Menschentums noch die Geschichte des menschlichen Bezuges zum Seienden und zum Sein. Die Seinsgeschichte ist das Sein selbst und nur dieses."[5] G. Lukács charakterisierte Heideggers Geschichtsauffassung treffend: Heidegger stelle das Verhältnis von vulgärer und eigentlicher Geschichte auf den Kopf, indem er die wirkliche Geschichte in eine mystifizierte Pseudogeschichte des Seins verwandelt.[6]

A. Gedö hob hervor, daß die thematischen Veränderungen der Philosophie Heideggers, das Hervortreten des Themas Technik und Wissenschaft, ein Mittel der modernen Apologie des Kapitalismus, „des Mythisierens der Krise" der bürgerlichen Gesellschaft darstellt. Die thematischen Veränderungen bei Heidegger ergeben sich nach Gedö nicht aus der immanenten Logik seiner Philosophie, sondern aus der Notwendigkeit einer neuartigen Apologie des Kapitalismus. „Letztlich hat die „Seinsphilosophie' überwiegend Negatives über die in ihre Thematik einbezogene Technik, Wissenschaft und Geschichte zu behaupten (diese gehören ja zum Reich des ‚Seienden') und sie geht über dieses bloß Negative nur insoweit hinaus, als sie auf das hinter ihnen liegende **Geheimnis**, auf das sich in ihrem Wesen verbergende, doch außer ihnen waltende, von ihnen vergessene ‚Sein' hinweist."[7] Wir stimmen Gedö darin zu, daß diese Problemstellung bei Heidegger der Apologie des Kapitalismus dient, wobei allerdings nicht übersehen werden darf, daß Heidegger in mystischer Form auch einige grundlegende Probleme des Kapitalismus aufwirft und auf einige wichtige Zusammenhänge aufmerksam macht. Dazu gehören z. B. der Zusammenhang von Technik und Wissenschaft, oder, im Problem des „Gestells", die Merkmale der Entfremdung der Produktionsverhältnisse des Kapitalismus.

Für die indirekte Apologie des Kapitalismus ist (beginnend mit A. Schopenhauer) charakteristisch, daß sie die Übel des Kapitalismus nicht leugnet, sondern sie als Schicksal des Menschen hinstellt. Dadurch werden die gesellschaftlichen Probleme auf eine andere (philosophisch-spekulativ oder mystische) Ebene verlagert. Das geschieht auch in Heideggers Philosophie. Diese Verlagerung mystifiziert die Realität, wodurch dieses Philosophieren auch als Religionsersatz dienen kann. Auch Heideggers Philosophie drückt das schlechte Gewissen des Bürgertums aus und beruhigt es zugleich. Lukács hat darauf verwiesen, daß Heideggers Ontologie

[4] Vgl. M. Heidegger, Sein und Zeit, Erste Hälfte, Tübingen 1949, S. 5 (Übrigens ist das Sein nach Heidegger begrifflich unausdrückbar.).
[5] M. Heidegger, Nietzsche, Bd. 2, Pfullingen 1961, S. 489.
[6] Vgl. G. Lukács, Heidegger redivivus, in: Existentialismus oder Marxismus, Berlin 1951, S. 117.
[7] A. Gedö, Philosophie der Krise, Berlin 1978, S. 44.

sich schon in „Sein und Zeit" vielfach „unversehens in eine Moral, ja fast in eine religiöse Predigt" verwandelt.[8]

Charakteristisch für Heideggers Philosophie ist ihre Uneindeutigkeit. Heidegger faßt die Begriffe seiner Philosophie im Sinne einer irrationalen und mystischen Interpretation. Bei seinen Erörterungen stößt man jedoch manchmal auch auf Hinweise, die in Richtung einer rationalen, realen Interpretation weisen können. Das Alternieren der rationalen und irrationalen Ebenen ist eines der wichtigsten Charakteristika der Heideggerschen Philosophie.

Dieser Wechsel verleiht der Heideggerschen Philosophie ein eigenartiges „Schimmern" — eine gewollte Unbestimmtheit. Immer wieder tauchen reale Fragen auf, die dann auf eine irreale Ebene übergehen. In diesem Prozeß verwandelt sich der reale Inhalt der Fragestellung in einen irrealen; auf diese Weise entsteht die „camera obscura" dieser Philosophie. Mit dem Wechsel der zwei Ebenen entsteht der Schein einer tiefgehenden Analyse. Tatsächlich ist diese Analyse jedoch fast immer willkürlich und spekulativ und weniger tief als es scheint. Dabei ist sie oft geistreich und durch eine eigenartige Sprache immer von einem Gefühlsinhalt erfüllt. Aus diesen Faktoren resultiert eine spezifische Anziehungskraft der Philosophie Heideggers insbesondere auf bürgerliche Intellektuelle, aber auch auf „Wirtschaftskapitäne" und hier wohl vorwiegend als Religionsersatz.[9]

Eine marxistische Analyse der Heideggerschen Philosophie hat auch ihren ambivalenten Charakter zu analysieren und dadurch die Struktur einer sehr wirkungsvollen Apologie des Kapitalismus zu enthüllen.

„Technikphilosophische" Fragestellungen behandelt Heidegger vor allem im Zusammenhang mit dem Problem des „metaphysischen Zeitalters", in seinen politischen Bekenntnissen (die eng mit seinem Metaphysik-Verständnis zusammenhängen) sowie in seinen Äußerungen über Arbeit und Wissenschaft. Von grundlegender Bedeutung für Heideggers „Technikphilosophie" ist seine Konzeption vom „Zeitalter der Metaphysik".

Bei der Darstellung dieses Zeitalter benutzt Heidegger die von der bürgerlichen deutschen Kulturphilosophie übernommenen Konzeptionen. Hier finden wir z. B. O. Spenglers Charakterisierung der Zivilisation und die Merkmale der Simmelschen entfremdeten Welt der Kultur wieder. Das „Zeitalter der Metaphysik" sei eine Periode der Seinsgeschichte, die für die „abendländische Kultur" kennzeichnend ist.

Dabei hält Heidegger die Metaphysik nicht einfach für eine Denkweise oder eine philosophische Konzeption, sondern für eine kulturelle Erscheinung im weitesten Sinne. Die Metaphysik sei die Seinsart der Menschheit, eine Form der Beziehung der Menschen zum Sein, zur Natur und zueinander sowie zu sich selbst. Darin ist nach Heidegger die Denkweise nur ein — obwohl ein bestimmendes — Moment.

Nach Heidegger gliedert sich die Seinsgeschichte in zwei Perioden. In der ersten strebten die Menschen nicht nach Beherrschung der Natur. In diesem Sinne

[8] Vgl. G. Lukács, Die Zerstörung der Vernunft, a. a. O., S. 403.
[9] Vgl. J. Habermas, Philosophisch-politische Profile, Frankfurt/M. 1971, S. 76.

hatten sie keine Kultur. Sie benötigten damals weder Logik noch Ethik und Physik; dennoch sei ihr Denken und ihre Moral besser und ihr Wissen von der Natur tiefgreifender gewesen als das unsere. Die zweite Periode der Seinsgeschichte nennt Heidegger das Zeitalter der Metaphysik. Er legt seinen Beginn nicht eindeutig fest. Die Geschichte der abendländischen Kultur beginne jedenfalls mit der Epoche der Metaphysik.[10] In diese Geschichte stellt Heidegger den Prozeß der abendländischen Kultur.

Es sei das Wesen des Zeitalters der Metaphysik, daß es nicht nach dem Unterschied des Seins und der Seienden frage. Heidegger meint damit, daß die Menschen sich mit Dingen beschäftigen, die sie selber hergestellt haben. Sie vergessen dabei das nicht von ihnen hergestellte Sein. Darum sei diese Epoche das Zeitalter der „Seinsvergessenheit". „Die Metaphysik ist das Verhängnis in dem strengen, hier allein gemeinten Sinne, daß sie als Grundzug der abendländisch-europäischen Geschichte die Menschentümer inmitten des Seienden hängen läßt, **ohne** daß das Sein des Seienden jemals **als die Zwiefalt** beider von der Metaphysik her und durch diese in ihrer Wahrheit erfahren und erfragt und gefügt werden könnte."[11]

Heidegger führt das Wesen der „Metaphysik" auf „Wirklichkeit" und diese etymologisch auf „wirken" zurück. In diesem Sinne sei „Wirklichkeit" mit „dem Erwirkten" identisch, und diese Wirkung wurde durch etwas anderes zustande gebracht; durch die Ursache.[12] Der Mensch kann nur in einer Welt aktiv auftreten, wo es diesen Zusammenhang gibt. Die Griechen hätten demgegenüber die Welt nicht „metaphysisch" als Zusammenhang von Ursache und Wirkung, von Wesen und Erscheinung betrachtet. Nach Heidegger ist im „metaphysischen Zeitalter" „das Seiende" durch „das Wirken" entstanden, bilde „das Seiende" folglich „die Wirklichkeit". Dazu vermerkt er im Zusammenhang mit Nietzsches Wort vom „Tod Gottes": „Alles Seiende ist jetzt entweder das Wirkliche als der Gegenstand oder das Wirken als die Vergegenständlichung, in der sich die Gegenständlichkeit des Gegenstandes bildet. Die Vergegenständlichung stellt vor-stellenden Gegenstand auf das ego cogito zu. In diesem Zustellen erweist sich das ego als das, was seinem eigenen Tun (dem vor-stellenden Zu-stellen) zugrunde liegt, d. h. als subjectum"[13].

Den Gegenstand im Sinne des Objekts gebe es nur dort, wo das Subjekt des Menschen zum Ich und das Ich zum **ego cogito** wird. Mit dem **ego cogito** sei ein Beziehungszentrum entstanden, das Subjekt; dem gegenüber stehe, davon abgesondert, das Objekt. Heidegger betont, daß die Welt nicht immer als gegenständlich, als dem Menschen gegenständlich aufgefaßt worden sei. Die Wiederherstellung der Einheit des Subjekts und des Objekts — nach Heidegger zugleich die Lösung der Grundfrage der Erkenntnistheorie — könne nicht in der Form

[10] Vgl. M. Heidegger, Nietzsches Wort „Gott ist tot", in: M. Heidegger, Holzwege, Frankfurt a. M. 1950, S. 243.

[11] M. Heidegger, Überwindung der Metaphysik, in: M. Heidegger, Vorträge und Aufsätze, Pfullingen 1954, S. 77f.

[12] Vgl. M. Heidegger, Wissenschaft und Besinnung, in: M. Heidegger, Vorträge und Aufsätze, a. a. O., S. 48ff.

[13] Vgl. M. Heidegger, Nietzsches Wort „Gott ist tot", in: M. Heidegger, Holzwege, a. a. O., S. 236.

der Hegelschen Identifizierung von Subjekt und Objekt erfolgen, da Hegel nach Heidegger das Sein zum Subjekt umwandelte. Gehe man aber von der menschlichen Existenz, vom **sum** aus, dann könne die Einheit des Menschen und der Welt geschaffen werden. Das stellt Heidegger in „Sein und Zeit“ dar.

Ein wesentliches Merkmal des „metaphysischen Zeitalters“ sieht Heidegger im Subjektivismus. Der Mensch stelle sich in die Mitte der Welt. Im Zeitalter der Metaphysik erscheint auch die Wahrheit subjektivistisch, als „Gewißheit“, also nicht einfach als das Wissen von etwas, sondern als das Selbstbewußtsein dieses Wissens.[14] In der „Gewißheit“ erhält der Mensch die Bekräftigung seiner selbst, also seine Subjektivität. Diese Selbstsicherung ermögliche, daß das Menschentum innerhalb der Wirklichkeit herrschend wird.

„Das Wirkliche wird zum Bewirkbaren innerhalb jenes menschlichen Wirkens, das, wissentlich sich auf sich selbst stellend, alles in die Bebauung und Pflege nimmt.“[15] Aus dem Streben des Menschen nach Beherrschung der Natur seien die wichtigsten Merkmale der modernen Kultur entstanden.

Ausgehend von seinem Verständnis des „metaphysischen Zeitalters“ entwickelt Heidegger auch seine Position zur Humanismus-Problematik: „Jeder Humanismus gründet entweder in einer Metaphysik, oder er macht sich selbst zum Grund einer solchen.“[16] Wenn die Philosophen vom Menschen als vernünftigem Wesen sprechen, so behandeln sie den Menschen als Seiendes, wollen sie ihn bloß von den Tieren, Pflanzen usw. unterscheiden. Ebensowenig sei die Anthropologie imstande, das Wesen der Menschen zu fassen.[17] Damit stelle die Metaphysik die Frage nach dem Wesen des Menschen ohne Untersuchung seiner Beziehung zum Sein. Heidegger setzt dagegen: „Das Stehen in der Lichtung des Seins nenne ich die Ek-sistenz des Menschen . . . Die Ek-sistenz läßt sich nur vom Wesen des Menschen, das heißt, nur von der menschlichen Weise zu ‚sein‘ sagen; denn der Mensch allein ist, . . . in das Geschick der Ek-sistenz eingelassen. Deshalb kann die Ek-sistenz auch nie als eine spezifische Art unter anderen Arten von Lebewesen gedacht werden, gesetzt daß es dem Menschen geschickt ist, das Wesen seines Seins zu denken und nicht nur Natur- und Geschichtstheorien über seine Beschaffenheit und seinen Umtrieb zu berichten.“[18]

Heidegger bestimmt das Wesen des Menschen also im Hinblick auf seine Beziehung zur Transzendenz. Damit negiert er nicht nur die Tradition jedes wirklichen Humanismus. Er nimmt auch innerhalb der Traditionen existentialistischen Philosophierens insofern eine extreme Position ein, als bei ihm — im Unterschied z. B. zur S. A. Kierkegaard — der Gedanke der Selbstverwirklichung des Menschen keine Rolle mehr spielt. Tatsächlich schätzt Heidegger nämlich die Autonomie des Menschen nicht sehr hoch.

[14] „. . . das seiner selbst bewußte Bewußtsein vom Gewußten“ (M. Heidegger, Nietzsche, Bd. 2, a. a. O., S. 422).

[15] Ebenda, S. 423.

[16] M. Heidegger, Platons Lehre von der Wahrheit. Mit einem Brief über den „Humanismus“, 2. Aufl., Bern 1954, S. 63f.

[17] Vgl. M. Heidegger, Holzwege, a. a. O., S. 103.

[18] M. Heidegger, Platons Lehre von der Wahrheit, a. a. O., S. 66f.

Es wäre sicher voreilig, mit N. Hartmann zu behaupten, Heidegger lehne die Objektivationen der Kultur wegen der Autonomie des Individuums ab.[19] Für Heidegger entfernt sich der Mensch in dem Maße, in dem er Herrschaft über die Natur erlangt, vom „ursprünglichen", „wesentlichen Denken". Heidegger stellt das logische Denken dem Denken im ursprünglichsten Sinne entgegen und meint, das Denken der frühesten Griechen sei ein „wesentliches Denken" gewesen, ein Verstehen der „Seinsmöglichkeiten des Daseins". Dagegen sei modernes Denken ein „rechnendes Denken", das durch das Ausrechnen der Naturkräfte nur zur Beherrschung der Natur diene. Das „wahre, wesentliche" Denken führe, im Gegensatz zum logischen, zu keinem sachlichen Wissen wie die Wissenschaft, es gebe keine brauchbare Philosophie zur Meisterung des Lebens, denn es löse keinerlei Welträtsel und gebe keinerlei Kraft zum Handeln.[20] Mit dem Vergehen dieses ursprünglichen Denkens sei unsere Kultur zustandegekommen. „Wenn das Denken zu Ende geht, indem es aus seinem Element weicht, ersetzt es diesen Verlust dadurch, daß es sich als τέχνη, als Instrument der Ausbildung und darum als Schulbetrieb und später als Kulturbetrieb eine Geltung verschafft. Die Philosophie wird allgemach zu einer Technik des Erklärens aus obersten Ursachen. Man denkt nicht mehr, sondern man beschäftigt sich mit ‚Philosophie'."[21]

Die verschiedenen philosophischen Systeme, Weltanschauungen und Weltbilder, die die Welt als Bild vor den Menschen stellen, seien typische Produkte unseres Zeitalters. Der Materialismus drücke das Wesen dieser Epoche aus: „Das Wesen des Materialismus besteht nicht in der Behauptung, alles sei nur Stoff, vielmehr in einer metaphysischen Bestimmung, der gemäß alles Seiende als das Material der Arbeit erscheint . . . Das Wesen des Materialismus verbirgt sich im Wesen der Technik, über die zwar viel geschrieben, aber wenig gedacht wird. Die Technik ist in ihrem Wesen ein seinsgeschichtliches Geschick der in der Vergessenheit ruhenden Wahrheit des Seins. Sie geht nämlich nicht nur im Namen auf die τέχνη der Griechen zurück, sondern sie stammt wesensgeschichtlich aus der τέχνη als einer Weise des 'αληθεύειν, das heißt des Offenbarmachens des Seienden. Als eine Gestalt der Wahrheit gründet die Technik in der Geschichte der Metaphysik."[22]

19 „Die Heideggersche Existential-Analyse entfaltet . . . eine bestimmte Auffassung vom geistigen Sein. Und diese läuft darauf hinaus, alles überindividuell Geistige, allen objektiven Geist, von Grund aus . . . zu entkräften und entrechten; das Individuum und seine private Entscheidung allein behält Recht, alles Gemeinsame, Übernehmbare und Tradierbare wird als das Uneigentliche und Unechte ausgeschaltet". (N. Hartmann, Zur Grundlegung der Ontologie, 3. Aufl., Meisenheim am Glan 1948, S. 44).

20 Vgl. M. Heidegger, Was heißt Denken?, in: M. Heidegger, Vorträge und Aufsätze, a. a. O., S. 133f.

21 M. Heidegger, Platons Lehre von der Wahrheit, a. a. O., S. 58.

22 Ebenda, S. 87f. — In diesem Zusammenhang geht Heidegger auch auf die marxistische Theorie der Entfremdung ein. Marx habe damit eine tiefgehende Analyse der Geschichte geliefert: „Weil Marx, indem er die Entfremdung erfährt, in eine wesentliche Dimension der Geschichte hineinreicht, deshalb ist die marxistische Anschauung von der Geschichte aller übrigen Historie überlegen" (ebenda, S. 87.).

Heidegger beschäftigt sich mehrmals mit dem Ende des „metaphysischen Zeitalters". Das Ende dieser Epoche beginne mit Nietzsches Philosophie, die das Wesen dieses Zeitalters begreife: den Willen zur Macht und den Nihilismus. Nietzsche selbst gehöre aber noch zum metaphysischen Zeitalter, er konnte sich nicht über die Metaphysik erheben. Die Lehre vom „Willen zur Macht" (und deren höchste Form: „der Wille zum Willen") sind Ausdruck des unbedingten Subjektivismus und Nietzsche erwartete von der Verwirklichung dieser Lehre die neue Epoche der Menschheit. Nach Nietzsche lehrt die Maschine die Menschen: sie ist Beispiel dafür, wie man die Menschenmasse organisieren, sie zu einheitlichem Handeln veranlassen kann. Das Beispiel für das Organisieren des Krieges oder der Parteien ist nach Nietzsche ebenfalls die Maschine. Heidegger zitiert dies zustimmend und fügt hinzu: die Maschinisierung spare Kraft und häufe gleichzeitig Kraft an. So herrschte sie über das Seiende. Auch die Wissenschaft gehört zum Gebiet der Maschinisierung, weil sie im Dienste des Willens zur Macht die Eigenschaften der Dinge erschließen muß. Aber auch die Züchtung der menschlichen Rasse ist ein Teil dieses Prozesses. Die Herrschaft über die Seienden erfordert — nach dem Beispiel der Maschine — die Vereinfachung und Gleichartigkeit. Der Wille zur Macht erfordert die Einfachheit, Eindeutigkeit, weil er die größte Befehlsmöglichkeit bietet.[23]

In diesem Zusammenhang identifiziert Heidegger die „Vollendung des metaphysischen Zeitalters" mit „der Technik" schlechthin: „Die Grundform des Erscheinens, in der dann der Wille zum Willen im Ungeschichtlichen der Welt der vollendeten Metaphysik sich selbst einrichtet und berechnet, kann bündig ‚die Technik' heißen. Dabei umfaßt dieser Name alle Bezirke des Seienden, die jeweils das Ganze des Seienden zurüsten; die vergegenständlichte Natur, die betriebene Kultur, die gemachte Politik und die übergebauten Ideale. ‚Die Technik' meint hier also nicht die gesonderten Bezirke der maschinenhaften Erzeugung und Zurüstung . . . der Name ‚die Technik' ist hier so wesentlich verstanden, daß er sich in einer Bedeutung deckt mit dem Titel: die vollendete Metaphysik."[24]

Nach Heidegger stellt schon „der Wille zur Macht" den Menschen in den Mittelpunkt. Die Kunst, die Wahrheit, das planend-berechnende Denken und Schaffen — also „die Technik" — alle stehen im Dienste dieses „Willens zur Macht". Die absolute Herrschaft der Subjektivität ist nach Heidegger der „Wille zum Willen". In diesem Sinne betont er: „Das Wesen des Willens zur Macht läßt sich erst aus dem Willen begreifen."[25] Dieser Gedanke bleibt bei Heidegger nicht im Rahmen der philosophischen Spekulation. Der „Wille zum Willen" erscheint immer in Form des Kampfes um die Macht.[26] Durch diese Auffassung erhalten der Imperialismus und die Weltkriege eine schicksalhafte Begründung. Die Unterwerfung des Seienden unter „die Technik" sei die Möglichkeit zur Selbstverwirklichung der menschlichen Macht in Form des Übermenschentums. Weltkriege seien die

23 Vgl. M. Heidegger, Nietzsche, Bd. 2, a. a. O., S. 308—310.
24 M. Heidegger, Überwindung der Metaphysik, in: M. Heidegger, Vorträge und Aufsätze, a. a. O., S. 80.
25 Ebenda, S. 82.
26 Vgl. ebenda, S. 83.

Folge davon, daß der Mensch der Herr der Welt geworden ist und die Möglichkeit zum „Ausnützen des Seienden“ besitzt.

Heideggers Auffassung vom „Ende des metaphysischen Zeitalters“ und seine damit von Nietzsche abgehobene „technik-philosophische“ Grundposition haben wesentlich sein Verhältnis als Philosoph zum Hitlerfaschismus bestimmt. 1935 spricht Heidegger von der „inneren Wahrheit und Größe“ der faschistischen Bewegung als „Begegnung der planetarisch bestimmten Technik und des neuzeitlichen Menschen“[27]. In diesem Zusammenhang brachte er zum Ausdruck, daß er seine Philosophie für die eigentlich dem Faschismus adäquate hält. 1940 nahm er in gleicher Weise zu dieser Problematik Stellung.[28] Daß Heidegger seine profaschistischen Positionen nie wirklich revidiert hat, erhellt die Tatsache, daß er seine diesbezüglichen Stellungnahmen aus der Zeit der faschistischen Diktatur nach dem zweiten Weltkrieg kommentarlos veröffentlicht hat. Mehr noch: 1966 betont er in seinem als philosophisches Testament anzusehenden postum veröffentlichten Interview noch einmal, daß seiner Auffassung nach der „Nationalsozialismus“ zur Erlangung eines „zureichenden Verhältnisses zum Wesen der Technik“ in die richtige Richtung gegangen sei.[29]

Heideggers Eintreten für den deutschen Faschismus wurzelte in seinem Irrationalismus, in seiner schicksalhaften Auffassung des Seins, in seiner Geringschätzung von Arbeit und Vernunft. Immer wieder wurde und wird versucht, Heideggers Auftreten während der Naziherrschaft zu entschuldigen und zu rechtfertigen.[30] Richtig ist natürlich, daß Heideggers Philosophie nicht identisch war mit faschistischer Ideologie. Aber sie hat ihr zweifellos gedient.[31] Dieses Dienen war nicht frei von Konflikten. Wenn Heidegger die nationalsozialistische Literaturwissenschaft kritisierte, wenn er wegen der von ihm benutzten Sprache von einem Nazi angegriffen wurde, oder wenn er in den Hölderlin-Analysen seine pessimistische Einschätzung des Weltzustandes artikulierte — dies alles charakterisiert eine Situation, von der Marx und Engels schreiben: der Ideologe einer Klasse kann durchaus in Gegensatz zu anderen Ideologen seiner Klasse geraten.[32] So stimmt

[27] M. Heidegger, Einführung in die Metaphysik, Tübingen 1953, S. 152.

[28] Folgendermaßen rühmte Heidegger im Sommer 1940 die „seinsgeschichtliche Dimension“ der Deutschen: „Jetzt zeigt sich, . . . daß die neuzeitliche ‚machiale Ökonomie‘, die maschinenmäßige Durchrechnung alles Handelns und Planens in ihrer unbedingten Gestalt ein neues Menschentum fordert . . . Es bedarf eines Menschentums, das von Grund aus dem einzigartigen Grundwesen der neuzeitlichen Technik und ihrer metaphysischen Wahrheit gemäß ist, d. h. vom Wesen der Technik sich ganz beherrschen läßt, um so gerade selbst die einzelnen technischen Vorgänge und Möglichkeiten zu lenken und zu nützen“ (M. Heidegger, Nietzsche, Bd. 2, a. a. O., S. 165f.).

[29] „Nur noch ein Gott kann uns retten“. SPIEGEL-Gespräch mit Martin Heidegger am 23. September 1966, in: Der Spiegel, Hamburg 1976, Nr. 23, S. 214.

[30] So u. a. bei O. Pöggeler, Philosophie und Politik bei Heidegger, Freiburg/München 1959; G. Busse, War Heidegger regimetreu?, in: Zeitschrift für philosophische Forschung, 1/1980, S. 117ff.

[31] Heideggers profaschistische Haltung — vor allem in den ersten Jahren der Nazi-Herrschaft — hat Guido Schneeberger umfassend dokumentarisch belegt (vgl. G. Schneeberger, Nachlese zu Heidegger. Dokumente zu seinem Leben und Denken, Bern 1962).

[32] Vgl. K. Marx/F. Engels, Die deutsche Ideologie, in: MEW, Bd. 3, Berlin 1958, S. 46f.

auch Heideggers Philosophie nicht in allen Punkten mit der Ideologie des deutschen Faschismus überein. Das ändert jedoch nichts daran, das es sich um Gedanken ähnlichen Typs handelt.

Das Problem der Arbeit spielt in Hinsicht auf seine Technikauffassung bei Heidegger eine zentrale Rolle. Nach Heidegger hat die Arbeit mit dem Wesen und der Geschichte der Menschheit nichts zu tun. Die Arbeit verstellt dem Menschen den Weg, wenn er seine Ek-sistenz verwirklichen will.

Bei der Behandlung des Problems der Arbeit müssen wir berücksichtigen, wie Heidegger dies in dem alltäglichen Modus dieses In-der-Welt-Seins in „Sein und Zeit" analysiert. In der menschlichen Praxis verwandelt sich nach Heidegger das bloße „Vorhandene" in „Zeuge". Diese bilden ein Ganzes, eine Totalität, welche durch die verschiedenen Weisen der Brauchbarkeit bestimmt wird. „**Ein** Zeug ‚ist' strenggenommen nie. Zum Sein von Zeug gehört je immer ein Zeugganzes, darin es dieses Zeug sein kann, das es ist. Zeug ist wesenhaft ‚etwas, um zu . . .'. Die verschiedenen Weisen des ‚um-zu' wie Dienlichkeit, Beiträglichkeit, Verwendbarkeit, Handlichkeit konstituieren eine Zeugganzheit. In dieser Struktur ‚um-zu' liegt eine **Verweisung** von etwas auf etwas."[33]

Diese Feststellungen sind richtig, vor allem auch, daß der Mensch sich zum „Zeug" tätig verhält: „Das ‚praktische' Verhalten ist nicht ‚atheoretisch' im Sinne der Sichtlosigkeit, und sein Unterschied gegen das theoretische Verhalten liegt nicht nur darin, daß hier betrachtet und dort **gehandelt** wird, und daß das Handeln, um nicht blind zu bleiben, theoretisches Erkennen anwendet, sondern das Betrachten ist so ursprünglich ein Besorgen, wie das Handeln **seine** Sicht hat."[34]

Gegenüber der theoretischen Untersuchung betrachtet also Heidegger den Gebrauch, das praktische Verhältnis zu den Dingen als grundlegender. Wir finden aber auch im obigen Zitat den Ausdruck „Besorgen". In der Analyse dieses Ausdrucks erscheint die grundlegende Konzeption Heideggers, wonach die Arbeit nur in ihrer alltäglichen Wirklichkeit betrachtet werden kann, die „Arbeit" ist lediglich eine nichtschöpferische und keine kreativ-schaffende Tätigket.

Wir müssen folgende „Existenzialen" bei Heidegger genau unterscheiden. Die „Sorge" hat einen zweideutigen Charakter, sie enthält den Gegensatz der „Geworfenheit" und des „Entwurfes", d. h. den Gegensatz der fertig vorhandenen Welt und unserer Entscheidung. Also hat sie auch ein Moment, das über das entfremdete Alltagsleben hinausgeht (den „Entwurf"). Durch die „Sorge" ist die „Ganzheit des Daseins" zustandegekommen. Auf die „Sorge" gründet sich das „Besorgen", die alltägliche Tätigkeit des Menschen.[35] Die „Angst" schaut dem gegenüber in die letzten Seinsmöglichkeiten des „Daseins" (d. h. des Menschen). Die Angst ängstigt sich um das Verfehlen der Möglichkeit eines authentischen Lebens des Menschen.[36]

Heidegger trennt „Sorge" und „Besorgen" streng voneinander. „Sorge" bezieht sich auf die authentische Seinsweise des Menschen, die jedoch in der Welt des

[33] M. Heidegger, Sein und Zeit, a. a. O., S. 68.
[34] Ebenda, S. 69.
[35] Vgl. ebenda, S. 192—194.
[36] Ebenda, S. 184—190.

Alltags versteckt bleibt. Statt dessen gebraucht der Mensch im In-der-Welt-Sein die verschiedenen Weisen des Besorgens, sein Verhältnis zu den Gegenständen und Instrumenten der Welt ist „das Besorgen". „Wir nennen das im Besorgen begegnende Seiende das **Zeug**."[37] Heidegger stellt weiter fest: „Die Mannigfaltigkeit solcher Weisen des In-Seins läßt sich exemplarisch durch folgende Aufzählung anzeigen: zutunhaben mit etwas, herstellen von etwas, bestellen und pflegen von etwas, verwenden von etwas, ... unternehmen, durchsetzen, erkunden, befragen, betrachten, besprechen, bestimmen ... Diese Weisen des In-Seins haben die ... Seinsart des **Besorgens** ... Der Titel ‚Besorgen' hat zunächst seine vorwissenschaftliche Bedeutung und kann besagen: etwas ausführen, erledigen ... Der Ausdruck kann auch meinen: sich etwas besorgen im Sinne von ‚sich etwas verschaffen'."[38] Das „Besorgen" ist ein praktisch-utilitaristisches Verhältnis zur Welt, nicht nur und nicht unbedingt eine körperliche Tätigkeit, welche die Entfremdung nicht übersteigen kann.

Die Arbeit ist ein wichtiges Charakteristikum des „Zeitalters der Metaphysik". Heidegger beschäftigt sich mehrmals mit dem seiner Auffassung nach „metaphysischen" Charakter der Arbeit. In einer seiner Arbeiten schildert er die Wirkung, die E. Jüngers Buch „Der Arbeiter" auf ihn ausübte.[39] Heidegger stimmt Jüngers These zu, daß die Metaphysik des neuen Zeitalters immer und überall als Arbeit auftritt. Die im Zeitalter der Metaphysik gegen die Natur gebrauchte Gewalt äußert sich auch im Erheben der Arbeit in einen metaphysikalischen Rang. Nach Jünger sind die Arbeit und der Schmerz dem Wesen nach dasselbe; beide sind Ausdruck dessen, daß der Mensch dem Seienden ausgeliefert ist. Im gleichen Sinne analysiert Heidegger den berühmten Chorgesang aus der „Antigone" von Sophokles.[40] Nach Heidegger gibt der Antigone-Chor einen Einblick in das Wesen der Technik, die er ausschließlich als den Kampf des Menschen gegen die Natur versteht.

Tatsächlich verherrlicht der Chor die Großartigkeit der menschlichen Arbeit. Nach Heidegger spricht der Chor dagegen davon, daß das Unheimlichste der Mensch sei, der Gewalt braucht; das Gewaltbrauchen sei der Grundzug nicht nur seines Tuns, sondern auch seines Daseins. Nach Heideggers etymologischer Interpretation nennt der Chor den Menschen auch deshalb „unheimlich", „weil er aus seinen zunächst und zumeist gewohnten, heimischen Grenzen hinaustritt, ausrückt, weil er als der Gewalt-tätige die Grenze des Heimischen überschreitet ..."[41]. Nach Heideggers Analyse beschreibt der Chor nicht die zu seiner Entwicklung unerläßliche produktive Auseinandersetzung des Menschen mit der Natur, sondern seine Heimatlosigkeit und Verlorenheit. Letztlich ist für Heidegger der Kampf um die Beherrschung der Natur, die Technik, zum Scheitern verurteilt. Er kommt zu dem Schluß: „Je ragender der Gipfel des geschichtlichen Daseins, umso gähnender der Abgrund für den plötzlichen Absturz in das Ungeschichtliche,

[37] Ebenda, S. 68.
[38] Ebenda, S. 56f.
[39] Vgl. M. Heidegger, Zur Seinsfrage, Frankfurt/M. 1956, S. 12.
[40] Vgl. Sophokles, Antigone, 20. veränd. Aufl., Leipzig 1981, S. 32f. (Vers 332ff.).
[41] M. Heidegger, Einführung in die Metaphysik, a. a. O., S. 116, vgl. S. 115.

das nur noch in der ausweglosen und zugleich stätte-losen Wirrnis dahintreibt."[42] Durch diese zutiefst pessimistische Beurteilung der menschlichen Arbeit gelangt Heidegger faktisch zu einer negativen Bewertung der gesamten menschlichen Kultur.

Nach Heidegger ist auch die Wissenschaft ein wesentliches Merkmal der Kultur der „Metaphysik". Auf dieser Grundlage bilden Technik und Wissenschaften eine Einheit: „Die Wissenschaften sind im Grunde Philosophie, aber sie sind diese dergestalt, daß sie ihren eigenen Grund verlassen und sich nach ihrer Weise in dem einrichten, was die Philosophie ihnen eröffnet hat. Das ist der Bereich der τέχνη."[43] Auf dieser Grundlage entwickelt Heidegger über das Verhältnis von Technik und Wissenschaft zahlreiche bemerkenswerte Gedanken. Er sieht wohl, daß die Wissenschaft, wie alle Erscheinungen des „metaphysischen Zeitalters", vom „Wirken", d. h. von der menschlichen Tätigkeit stammt: **„Die Wissenschaft ist die Theorie des Wirklichen."**[44] Heidegger will durch diesen Gedanken zugleich die Relativität alles Wissens zeigen. In mystifizierter Form zeigt er auch, daß Theorie und Praxis eine Einheit bilden, jedoch auf der Grundlage, daß die wirkliche Praxis, das wirkliche Tun des Menschen ein „Wissen" sei.[45]

Einer der positiven Züge der Technik-Auffassung Heideggers ist, daß er die Technik nicht als angewandte Naturwissenschaft betrachtet. Seiner Meinung nach verkörpert sich die technische Denkweise in der modernen Wissenschaft. Diese Konzeption richtet sich gegen die positivistische Auffassung, die in der Wissenschaft die Triebkraft der Kultur sieht. Nach Heidegger ist die Wissenschaft nur ein Moment der Kultur. Schon in „Sein und Zeit" hatte Heidegger die Absicht, „die ontologischen Grundlagen" der Wissenschaft zu zeigen. Die Wissenschaft ist nicht unabhängig von den anderen Tätigkeitsformen des Menschen, sie ist ein Bestandteil der menschlichen Welt (des „in-der-Welt-Sein"). Das „bestellende", nach Heidegger für die Technik typische Verhalten des Menschen zeige sich in der exakten Naturwissenschaft schon früher als in der modernen Technik.[46]

Diese, im Grunde genommen richtige Konzeption ist aber bei Heidegger nicht konsequent durchgeführt. Er wirft nicht die Frage auf, warum die Wissenschaft das Wesen der Technik auszudrücken vermag. Nach Heidegger ist die moderne Physik Vorbote des Wesens der Technik, das lange verborgen bleibt, bis zur Erfindung der Kraftmaschinen, bis zum Auftauchen von Elektro- und Atomtechnik: „Dem Menschen zeigt sich das anfängliche Frühe erst zuletzt."[47] Offensichtlich vergißt Heidegger hier, daß die exakten Naturwissenschaften letztlich durch reale Produktionsaufgaben geschaffen wurden, nicht primär durch eine geistige Bewegung. Dennoch enthält Heideggers Wissenschaftsanalyse viele richtige Züge. Das Wesen der Technik geht nach Heidegger der Entstehung der

[42] Ebenda, S. 123.
[43] M. Heidegger, Hegels Begriff der Erfahrung, in: M. Heidegger, Holzwege, a. a. O., S. 179.
[44] M. Heidegger, Wissenschaft und Besinnung, a. a. O., S. 46.
[45] Vgl. M. Heidegger, Nietzsche, Bd. 1, Pfullingen 1961, S. 96f.
[46] Vgl. M. Heidegger, Die Frage nach der Technik, in: M. Heidegger, Vorträge und Aufsätze, a. a. O., S. 29.
[47] Ebenda, S. 30.

modernen Wissenschaft voraus, weil die moderne Wissenschaft im wesentlichen Forschung ist.

Gegen diese Konzeption erhebt aus bürgerlicher Sicht u. a. S. Moser Einwände. Hier werde der „theoretische Erkenntniszug" der Physik unterschätzt. „Es wird aber wohl auch der Gegenstand der exakten Naturwissenschaft zu sehr wird."[48] Nach Moser ist Heidegger im Unrecht, wenn er die Natur als ein System von Informationen sieht.[49] U. E. hat dagegen Heidegger insofern recht mit eingeschränkt, wenn er mit dem berechenbaren Kräftezusammenhang identifiziert seiner Ansicht, als die Begriffe und Methoden der modernen Wissenschaft wirklich im wesentlichen aus dem Streben nach Beherrschung der Natur entstanden sind. Das Ziel der Renaissance-Wissenschaft war noch die Formung des Menschen durch Bildung. Seit dem 17. Jh. aber ist das bewußte Streben der Wissenschaft hauptsächlich auf die Umwandlung der Natur gerichtet. Heidegger übersieht allerdings, daß die moderne Wissenschaft nicht ohne Voraussetzung entstanden ist, sondern aus den Bedürfnissen der vorangehenden Epochen.

Die Forschung bedarf also einer bereits spezifisch aufgefaßten, „offenen" Natur. Das Wesen der Forschung: die Öffnung eines Gebietes (nach Heidegger eines „Bezirkes"). „Forschung" ist für ihn Projektierung, Anfertigung eines „Entwurfs". „Der Entwurf zeichnet vor, in welcher Weise das erkennende Vorgehen sich an den eröffneten Bezirk zu binden hat."[50] Forschung und Anwendung der Mathematik hängen in dem, was Heidegger unter moderner Wissenschaft versteht, zusammen.

Die idealistische und undialektische Wissenschaftsauffassung Heideggers kommt auch in seinem sehr engen Begriff des „Experiments" zum Ausdruck. So behauptet er: „Weil die neuzeitliche Physik eine im wesentlichen mathematische ist, deshalb allein kann sie experimentell sein" und schließt dann: „Weil nun aber weder die mittelalterliche doctrina noch die griechische ἐπιστήμη Wissenschaft sind im Sinne der Forschung, deshalb kommt es dort nicht zum Experiment". Für Heidegger ist „das Entscheidende des Experiments" die „Zugrundelegung eines Gesetzes"[51]. „Die neuzeitliche Physik ist nicht deshalb Experimentalphysik, weil sie Apparaturen zur Befragung der Natur ansetzt, sondern umgekehrt: weil die Physik und zwar schon als reine Theorie die Natur daraufhin stellt, sich als einen vorausberechenbaren Zusammenhang von Kräften darzustellen, deshalb wird das Experiment bestellt, nämlich zur Befragung, ob sich die so gestellte Natur und wie sie sich meldet."[52]

Dem gegenüber sei im Altertum und im Mittelalter nur beobachtet, nicht aber experimentiert worden. Wenn es auch das wissenschaftliche Experiment auf der Basis einer ausgefeilten Meßtechnik und Fehlerrechnung erst seit G. Galilei, J. Kepler und I. Newton gibt, so heißt das jedenfalls nicht, daß im Altertum und im Mittelalter nur beobachtet worden ist. Vor allem die Medizin, die Alchemie,

48 S. Moser, Kritik der traditionellen Technikphilosophie, in: H. Lenk/S. Moser (Hrsg.), Techne — Technik — Technologie. Philosophische Perspektiven, München 1973, S. 72.

49 Vgl. ebenda, S. 73.

50 M. Heidegger, Die Zeit des Weltbildes, in: M. Heidegger, Holzwege, a. a. O., S. 71.

51 Ebenda, S. 74.

52 M. Heidegger, Die Frage nach der Technik, in: M. Heidegger, Vorträge und Aufsätze, a. a. O., S. 29.

die Optik und Mechanik kennen seit der Spätantike und vor allem in der mittelalterlichen arabischen Wissenschaft die systematische Anwendung des Experiments zur Bestätigung bzw. Widerlegung wissenschaftlicher Theorien.[53] All dies war Heidegger bewußt, aber er ging von einem anderen Begriff des Experimentes aus. Folglich kann eben nicht das Anfertigen umfassender Modellentwürfe das Kriterium für Experimente sein, es sei denn, man huldigt — wie Heidegger — einer idealistischen Wissenschaftsauffassung. Ebenso verhält es sich mit der etymologischen Interpretation des Begriffes „Mathematik" durch Heidegger. So behauptet Heidegger, daß τὰ μαθήματα für die Griechen das bedeutet habe, „was der Mensch im Betrachten des Seienden und im Umgang mit den Dingen im voraus kennt . . ."[54] Tatsächlich jedoch bedeutet das griechische Verb μανθανεύέιν soviel wie „kennenlernen, erfahren, erlernen" und das von ihm abgeleitete Substantiv τὸ μάθημα „das Gelernte, die Kenntnis", während sein Plural τὰ μαθὴματα „(mathematische) Wissenschaften" bedeutet. Mit anderen Worten: Anders als Heidegger es suggeriert, wird damit im griechischen Sprachgebrauch kein a priori-Wissen ausgedrückt, sondern der aktuelle Lernprozeß bzw. dessen Ergebnis! Bei den μαθήματα handelt es sich — seit den Pythagoräern — um nichts anderes als widerspruchslos beweisbare Lerngegenstände im Unterschied zu Objekten autoritären Glaubens.

Die Wissenschaften sind nach Heidegger „Forschung", wenn sie einem bestimmten „Entwurf" folgen. Deswegen erfolge in der Wissenschaft notwendigerweise Spezialisierung: diese sei die Grundlage des Voranschreitens der Forschung. Das Voranschreiten ist jedoch nicht willkürlich: die moderne Wissenschaft wird durch „Betrieb" bestimmt.[55] Das Wort Betrieb ist für Heidegger nicht unbedingt „abschätzig". Wenn der „Betrieb" immer offen für die neuen Entwürfe ist und nicht nur die erreichten Ergebnisse nutzen will, so ist der Betrieb-Charakter der Forschung keine Herabsetzung der Forschung. Es besteht jedoch immer die Gefahr, daß der Betrieb nur nach der Nutzung der Vorhandenen strebt, und dagegen könne sich die Forschung nicht verteidigen.[56]

Heidegger sieht demnach die Wissenschaft gegenüber der Produktion untergeordnet. Er betrachtet das nur dann als Übel, wenn die Produktion die Forschung nicht entwickelt.

Die Forschung habe notwendig einen „Betrieb-Charakter", weil die neueren Ergebnisse der Forschung die Grundlage wieder neuer Verfahren bilden: „In der Maschinenanlage, die für die Physik zur Durchführung der Atomzertrümmerung nötig ist, steckt die ganze bisherige Physik."[57] Heidegger betrachtet jedoch diesen ganzen Prozeß, den Zusammenhang zwischen Wissenschaft und Produktion, das Erscheinen des Wesens der Technik in der Wissenschaft, als einen der menschlichen Daseinsweise, dem Dasein feindlichen Prozeß. Die moderne Wissen-

[53] Vgl. dazu auch den Beitrag von H.-U. Wöhler im vorliegenden Band; vgl. St. F. Mason, Geschichte der Naturwissenschaft in der Entwicklung ihrer Denkweisen, Stuttgart 1961, S. 58—152.

[54] M. Heidegger, Die Zeit des Weltbildes. a. a. O., S. 79.

[55] Vgl. ebenda, S. 77.

[56] Vgl. ebenda, S. 90.

[57] Ebenda, S. 77.

schaft stehe zusammen mit der Technik im Dienste der Weltverwüstung. Das ergibt sich aus Heideggers Auffassung, daß die Grundlage der Wissenschaft das „rechnende Denken“ sei, dem das „wesentliche Denken“ gegenüberstehe. „Wo immer und wie weit auch alle Forschung das Seiende absucht, nirgends findes sie das Sein. Sie trifft immer nur das Seiende weil sie zum voraus in der Absicht ihres Erklärens beim Seienden beharrt. Das Sein ist jedoch keine seiende Beschaffenheit am Seienden. Das Sein läßt sich nicht gleich dem Seienden gegenständlich vor- und herstellen.“[58] Nach Heidegger ist das Sein vom Seienden aus gesehen — Nichts. Insofern schließen das „wesentliche“ und das „rechnende Denken“ einander aus. Das „wesentliche Denken“ strebe nicht nach Erkenntnis und „Unterjochung des Seienden“, sondern nach „Auslegung des Seins“. Das „rechnende Denken“, das Erkennen, sei hingegen nicht auf die „Seinsmöglichkeit“ des Menschen gerichtet.

Schließlich geht Heidegger davon aus, daß die „rechnende“ (d. h. objektive, desanthropomorphisierende) Anschauungsweise der Wissenschaft, die die objektiven Eigenschaften der Dinge aufweisen will, eine Erscheinungsweise der Entfremdung oder — um Heideggers Ausdrucksweise zu gebrauchen — der „Seinsvergessenheit“ ist. Nach seiner Meinung braucht die wirkliche Wissenschaft die Hermeneutik, welche nicht die objektive Erklärung der Erscheinungen anstrebt, sondern ihre „Auslegung“.[59] „Auslegung“ soll bedeuten, daß das Maß des Gegenstandes der Mensch ist. Die naturwissenschaftliche Untersuchungsweise könne nicht als die beste, grundlegende Methode der Erkenntnis betrachtet werden. Die in der Geschichte übliche Auslegung sei grundlegender: „Weil Verstehen seinem existenzialen Sinn nach das Seinkönnen des Daseins selbst ist, übersteigen die ontologischen Voraussetzungen historischer Erkenntnis grundsätzlich die Idee der Strenge der exaktesten Wissenschaften. Mathematik ist nicht strenger als Historie, sondern nur enger hinsichtlich des Umkreises der für sie relevanten existenzialen Fundamente.“[60] In den Heisenbergschen Unschärferelationen sieht Heidegger den Beleg, daß moderne Wissenschaft mit der objektiven, desanthropomorphisierenden Betrachtungsweise brechen mußte. Heideggers Wissenschaftsauffassung ist wohl dem positivistischen Wissenschaftsverständnis entgegengesetzt, seine Thesen über die Rolle und das Wesen der Wissenschaft stammen aber aus einer letztlich falschen Konzeption, wonach „die Technik“ und „die Wissenschaft“ entfremdete Tätigkeitsformen des Menschen sind. Auf dieser Grundlage sieht Heidegger den Zusammenhang von Wissenschaft und Technik. Er verurteilt beide, aber ihren Zusammenhang sieht er in vielen Punkten richtig.

Heidegger war kein „Technikphilosoph“, obwohl er sich viel mit Fragen der Technik beschäftigte. Er beschäftigte sich mit „der Technik“, um dadurch seinen eigenen Standpunkt zur Kultur auszudrücken. Weil das Problem „der Technik“ bei ihm eine zentrale Rolle spielt, kehrt es in vielen seiner Arbeiten wieder, nicht nur in denen, wo dies der Titel verrät. So erreicht das „Zeitalter der Metaphysik“ für Heidegger seine Vollendung in „der Technik“.

[58] M. Heidegger, Was ist Metaphysik?, Tübingen 1958, S. 41.
[59] Vgl. M. Heidegger, Sein und Zeit, a. a. O., S. 148.
[60] Ebenda, S. 153.

Bei der Behandlung des Technikproblems alternieren bei Heidegger immer wieder rationale und irrationale Fragestellungen und Behauptungen. Er lehnt die einschlägigen Definitionen von Technik ab. Dabei sieht er richtig, daß „Technik“ nicht auf eine Gemeinsamkeit der technischen Mittel zu beschränken ist: „Die moderne Technik beruht nicht darauf und nicht darin, daß Elektromotoren und Turbinen und ähnliche Maschinen in Betrieb gesetzt sind, sondern dergleichen kann nur erstellt werden, insofern das Wesen der modernsten Technik schon in die Herrschaft gelangt ist.“[61]

Wie wir schon darlegten, hält Heidegger Technik nicht für angewandte Naturwissenschaft. Aus seiner Kulturauffassung folgt, daß er „die Technik“ nicht als Mittel in der Hand des Menschen betrachtet. Er glaubt nicht, daß die Entwicklung der Technik für den Menschen irgendeine Emanzipation und Freiheit bedeutet. Heidegger glaubt nicht an die Humanisierung der Natur. Für ihn wird im „Zeitalter der Metaphysik“ die Natur immer gegenständlicher, immer feindlicher dem Menschen gegenüber. Er glaubt auch nicht, daß der Mensch mit Hilfe der Technik seine Wesenskräfte zu entfalten vermag. Das Wesen des Menschen hat ja für ihn mit dem Handeln nichts zu tun. Heidegger steht mit seiner Verurteilung der Technik nicht allein. Allerdings erwarten J. Ortega y Gasset und K. Jaspers zumindest partiell Gutes von der Technik (das Wohlbefinden des Menschen bei J. Ortega y Gasset und die Möglichkeiten der friedlichen Anwendung der Technik und das Leben sichernde Versorgung bei K. Jaspers). Dagegen ist bei E. Jünger der Krieg die Verabsolutierung der Technik und Heidegger vertritt eine ähnliche Auffassung.[62]

Heidegger sucht das Wesen der Technik, welches seiner Auffassung nach unser Zeitalter beherrscht. „Die Technik“ sei nicht dasselbe, wie „das Wesen der Technik“ — sagt er — ebenso wie das Wesen des Holzes nicht Holz ist.[63] Heidegger hätte die Arbeit und die Produktion analysieren müssen, um das Wesen der Technik wirklich zu erschließen. S. Wollgast und G. Banse betrachteten Heideggers Auffassung zu recht als platonistisch.[64] S. Moser kennzeichnet Heideggers Technikinterpretation als metaphysisch (im traditionellen Sinne) wegen der Trennung des Wesens der Technik von der Technik selbst.[65] Auch dem ist zuzustimmen. Eine Folge der Kulturauffassung Heideggers ist eine Mystifizierung der Technik. Mit ihr ent- und verhüllt er in einem die Entfremdung der Produktivkräfte im Kapitalismus. Wenn wir die Technik nur als im Dienste der Menschen stehendes Instrument auffassen, dann erkennen wir nach Heidegger nicht ihr Wesen. Die üblichen Definitionen der Technik, wonach sie ein Mittel, eine Vorrichtung im Dienst menschlicher Ziele ist, seien zwar richtig, aber nicht wahr, d. h. sie befriedigten das alltägliche Denken, doch „die Philosophie“, „das Denken“

[61] M. Heidegger, Was heißt Denken?, Tübingen 1954, S. 54.
[62] Siehe dazu den Beitrag von E. Woit im vorliegenden Band.
[63] Vgl. M. Heidegger, Die Technik und die Kehre, Pfullingen 1962, S. 5.
[64] Vgl. S. Wollgast/G. Banse, Philosophie und Technik. Zur Geschichte und Kritik, zu den Voraussetzungen und Funktionen bürgerlicher „Technikphilosophie“, Berlin 1979, S. 165ff.
[65] Vgl. S. Moser, Kritik der traditionellen Technikphilosophie, in: Techne — Technik — Technologie, Philosophische Perspektiven, a. a. O., S. 61ff.

müsse darüber hinausgehen.[66] Die Philosophie frage: was ist Instrumentalität? Was ist der Sinn der Begriffe Ziel und Ursache?

Sicherlich müssen wir nach dem Wesen der Technik fragen. Technik bedeutet wirklich mehr als eine bloße Gesamtheit der Gegenstände. Ihr Wesen ist nur im Zusammenhang mit den jeweils konkret-historisch gegebenen Produktionsverhältnissen zu enthüllen. Es ist auch richtig, der Instrumentalität und dem Ziel der Technik nachzugehen. Da Heidegger jedoch jeglichen positiven menschlichen Inhalt der Technik wie der Arbeit überhaupt negiert, ist es folgerichtig, daß er die Auffassung von der Technik als Mittel des Menschen für nicht mit dem Wesen der Technik im Zusammenhang stehend hält. Wenn er vom menschlichen Charakter der Technik und der Arbeit ausgegangen wäre, hätte er sie unter dem entscheidenden Gesichtspunkt ihrer **gesellschaftlichen** Determination und Zielsetzung analysieren müssen. Aber Heidegger behandelt „die Technik" in ihrer entfremdeten Form als einen Naturvorgang. Von dorther bemüht er die Kategorie „Ursache" und ist natürlich so außerstande, das wirkliche Wesen der Technik zu erklären. Um das Wesen der Ursache zu enträtseln, wendet Heidegger sein scheinetymologisches Verfahren an. „Ursache" (causa, casus) stamme vom „Zeitwort cadere, fallen, und bedeutet dasjenige, was bewirkt, daß etwas im Erfolg so oder so ausfällt."[67] Heidegger beruft sich in diesem Zusammenhang ausführlich auf die von Aristoteles stammende Lehre von den vier Ursachen.[68] Nach Heidegger sind die vier aristotelischen Ursachen vier Formen der Sünde, die die Menschen gegen die Natur begehen. Das Herstellen eines silbernen Gegenstandes — um Heideggers Beispiel zu nehmen — ist danach eine sündhafte Tätigkeit des Silberschmieds, weil er die Materie, die Form und das Ziel mit seinem Handeln, — also mit Gewalt und nicht natürlich — verbindet. (Im Unterschied zur ποίεσις, wo diese Elemente sich ohne menschliches Handeln vereinen.)

Grundlage alles Zustandekommens, sowohl in der Natur als auch im Handwerk, ist nach Heidegger das „Erschließen", das „Her-vor-bringen". Auch das Wesen „der Technik" sei dementsprechend ein „Her-vor-bringen": „Das Her-vorbringen bringt aus der Verborgenheit her in die Unverborgenheit vor."[69] Heidegger stellt „technè" und „epistéme" als zwei wesensverschiedene „Weisen" des „Entbergens" gegenüber.[70] Die Technik sei eine sündhafte Weise des „Her-vorbringens", „Entbergens" (des Seins), aber sie sei eine notwendige Phase der Seinsgeschichte. Auf diese Weise gehöre die Technik auch zur „Wahrheit des Seins".

Das Wesen der Technik sei das „Erschließen" und nicht die „Verfertigung" von irgendetwas. Heidegger schreibt mehrmals, daß die Technik (weil sie wesentlich „Erschließen" sei) ein „Wissen" bedeutet. So heißt es in einem Nietzsche-Buch, daß „techne" bloß Wissen, keine Tätigkeit sei. „Wenn nun der Mensch inmitten des Seienden (φύσις), in das er ausgesetzt ist, einen Stand zu gewinnen

[66] Vgl. M. Heidegger, Die Frage nach der Technik, in: M. Heidegger, Vorträge und Aufsätze, a. a. O., S. 14f.
[67] Ebenda, S. 16.
[68] Vgl. ebenda, S. 15ff.
[69] Ebenda, S. 19.
[70] Vgl. ebenda, S. 20ff.

und sich einzurichten versucht, wenn er in der Bewältigung des Seienden so und so vorgeht, dann ist sein Vorgehen gegen das Seiende von einem Wissen um das Seiende getragen und geleitet. Dieses **Wissen** heißt τέχνη. Das Wort ist von vornherein nicht und nie die Bezeichnung für ein ‚Machen' und Hervorbringen, sondern für dasjenige Wissen, das allen menschlichen Aufbruch inmitten des Seienden trägt und führt."[71] Dieses Wissen ist nach Heidegger eine Form des „Erscheinenlassens des Seins". In diesem Sinne interpretiert Heidegger auch den Chor in der „Antigone" von Sophokles: „τέχνη bedeutet weder Kunst, noch Fertigkeit, noch etwa gar Technik im modernen Sinne. Wir übersetzen τέχνη durch ‚Wissen'. Aber dies bedarf der Erläuterung. Wissen meint hier nicht das Ergebnis bloßer Feststellung über das vordem unbekannte Vorhandene. Solche Kenntnisse sind immer nur Beiwerk, wenn auch ein unentbehrliches für das Wissen. Dieses ist im echten Sinne der τέχνη das anfängliche und ständige Hinausgehen über das je gerade Vorhandene.... Das Werk der Kunst ist in erster Linie nicht Werk, sofern es gewirkt, gemacht ist, sondern weil es das Sein in einem Seienden erwirkt. Er-wirken heißt hier ins Werk bringen, worin als dem Erscheinenden das waltende Aufgehen, die φύσις zum Scheinen kommt."[72] Mit dieser Methode Heideggers verlieren die Fragen der Technik ihren rationalen Inhalt. Sie sind auf eine „seinsgeschichtliche" Ebene übergegangen. „Technik" bedeutet kein Herstellen, sondern „Erschließen" und „Entbergen". Nach Heidegger wird durch „die Technik" das über das menschliche Schicksal herrschende „Wesen des Seins" „erschlossen" und „entborgen".

Heidegger reflektiert in seinem Philosophieren über „die Technik" in mystifizierter Form durchaus reale Probleme. So etwa, wenn er die heutige Technik in ihrem Verhältnis zur Natur mit der der Vergangenheit vergleicht. Zwar sei die moderne Technik ebenfalls ein „Erschließen", aber als eine „Herausforderung an die Natur".[73] So habe der Bauer früher zwar sein Feld gepflügt, doch den Weizen den Nährkräften der Natur überlassen. Demgegenüber sei die heutige Landwirtschaft eine Herausforderung, sie tut der Natur Gewalt an, sie zwingt die Luft, den Stickstoff abzugeben, die Erde, ihre Rohstoffe freizugeben usw. Die alte Technik erhielt kein „Hinstellen", kein „Speichern". Die moderne Technik stelle die gewonnene Kohle für die Wärmeproduktion hin, damit sie „bei der Hand" sei, damit die Energie zur Verfügung stehe. Die alte Windmühle speicherte die Energie nicht, sie verbrauchte sie nur. Es bestand eine einfache, unmittelbare Beziehung zwischen Wind und Mahlen. Das Wasserkraftwerk am Rhein dagegen ist mit allem Zubehör und dem Landesenergienetz nur ein Teil eines Ganzen, worin auch der Rhein nichts als ein Bestandteil ist. „Das Wasserkraftwerk ist nicht in den Rheinstrom gebaut wie die alte Holzbrücke, die seit Jahrhunderten Ufer mit Ufer verbindet. Vielmehr ist der Strom in das Kraftwerk verbaut. Er ist, was er jetzt als Strom ist, nämlich Wasserdrucklieferant, aus dem Wesen des Kraftwerks."[74] Heute sei der Rhein als Strom, als Teil der Gegend, ein auf „Be-

[71] M. Heidegger, Nietzsche, Bd. 1, a. a. O., S. 96f.

[72] M. Heidegger, Einführung in die Metaphysik, a. a. O., S. 122.

[73] Vgl. M. Heidegger, Die Frage nach der Technik, in: M. Heidegger, Vorträge und Aufsätze, a. a. O., S. 22ff.

[74] Ebenda, S. 23.

stellung" besichtigbares Ding auf einer Gesellschaftsreise. Das Wesentlichste sei, daß es sich um einen verwickelten und zusammengeordneten, gesteuerten Vorgang handelt, in dem niemand und nichts mehr selbständig bleibe. Hegel hatte die Maschine noch selbständiges Werkzeug genannt. Dies war nach Heidegger für das Werkzeug des Handwerkers gültig, treffe jedoch nicht für die moderne Technik zu. Hier sei wesentlich, daß die Maschine stets zur Verfügung steht, jederzeit in den Vorgang eingeschaltet werden kann; sie sei also nicht „selbständig". Seit dem 17. Jh. habe sich das Verhalten des Menschen gegen die Natur verwandelt. Der Mensch trete mit größerer Aktivität gegen die Natur auf, sein Verhalten sei „Herausforderung" und nicht Herstellung.[75] In der „Herausforderung" schildert Heidegger in mystischer Form die erweiterte Reproduktion unter den Bedingungen des Kapitalismus. Nach Heidegger gilt: „Das Entbergen, das die moderne Technik durchherrscht, hat den Charakter des Stellens im Sinne der Herausforderung. Dies geschieht dadurch, daß die in der Natur verborgene Energie aufgeschlossen, das Erschlossene umgeformt, das Umgeformte gespeichert, das Gespeicherte wieder verteilt und das Verteilte erneut umgeschaltet wird. Erschließen, umformen, speichern, verteilen, umschalten sind Weisen des Entbergens. Dieses läuft jedoch nicht einfach ab. Es verläuft sich auch nicht ins Unbestimmte. Das Entbergen entbirgt sich selbst seine eigenen, vielfach verzahnten Bahnen dadurch, daß es sie steuert. Die Steuerung selbst wird ihrerseits überall gesichert. Steuerung und Sicherung werden sogar die Hauptzüge des herausfordernden Entbergens."[76]

Der „Gegenstand", der vorher gegen den Menschen als Feind stand, hat allmählich seine Selbständigkeit verloren. So entsteht aus dem „Gegenstand" der „Bestand", der auf die „Bestellung" des Menschen zur Verfügung steht. Mit diesem Begriff will Heidegger mehr und wesentlicheres sagen als nur „Vorrat". „Das Wort ‚Bestand' rückt jetzt in den Rang eines Titels. Er kennzeichnet nichts Geringeres als die Weise, wie alles anwest, was vom herausfordernden Entbergen betroffen wird. Was im Sinne des Bestandes steht, steht uns nicht mehr als Gegenstand gegenüber."[77] In diesem Prozeß sei auch der Mensch ein „Bestand" geworden: „Nur insofern der Mensch seinerseits schon herausgefordert ist, die Naturenergien herauszufordern, kann dieses bestellende Entbergen geschehen. Wenn der Mensch dazu herausgefordert, bestellt ist, gehört dann nicht auch der Mensch, ursprünglicher noch als die Natur, in den Bestand? Die umlaufende Rede vom Menschenmaterial, vom Krankenmaterial einer Klinik spricht dafür. Der Forstwart, der im Wald das geschlagene Holz vermißt und dem Anschein nach wie sein Großvater in der gleichen Weise dieselben Waldwege begeht, ist heute von der Holzverwertungsindustrie bestellt, ob er es weiß oder nicht."[78]

Wie ersichtlich, hat Heidegger in mystifizierter Form viele wesentliche Züge der modernen Technik erblickt. Freilich ist die Technik und die technische Entfremdung nach Heidegger kein gesellschaftliches Problem. Nach der vorangehenden Analyse fragt Heidegger nach der Ursache dieses ganzen Prozesses. Seine Antwort

[75] Vgl. ebenda, S. 24f.
[76] Ebenda, S. 24.
[77] Ebenda.
[78] Ebenda, S. 25.

lautet: „Der Mensch kann zwar dieses oder jenes so oder so vorstellen, gestalten und betreiben. Allein über die Unverborgenheit, worin sich jeweils das Wirkliche zeigt oder entzieht, verfügt der Mensch nicht."[79]

Als „Wesen" der modernen Wissenschaft und Technik als der neuesten Phase des „Erschließens" bezeichnet Heidegger das „Ge-stell": „Es ist nichts Technisches, nichts Maschinenartiges. Es ist die Weise, nach der sich das Wirkliche als Bestand entbirgt. Wiederum fragen wir: geschieht dieses Entbergen irgendwie jenseits menschlichen Tuns? Nein. Aber es geschieht auch nicht nur **im** Menschen und nicht maßgebend **durch** ihn. Das Ge-stell ist das Versammelnde jenes Stellens, das den Menschen stellt, das Wirkliche in der Weise des Bestellens als Bestand zu entbergen. Als der so Herausfgeforderte steht der Mensch im Wesensbereich des Ge-stells."[80] Das Wesen des „Ge-stells" sieht Heidegger als eine geheimnisvolle, zwingende Kraft, welche zwar mit der menschlichen Tätigkeit, mit dem „Herstellen" in Zusammenhang bleibt, aber diese Tätigkeit und dieses „Herstellen" wird durch das „Speichern", das „Wiederverteilen" usw. also durch die allumfassenden kapitalistischen Produktionsverhältnisse in ihren Dienst gestellt.

Es ließe sich vielleicht behaupten, daß Heidegger in diesem „Ge-stell" die entfremdeten Produktionsverhältnisse des Kapitalismus darstellt, allerdings in einer mystifizierenden platonischen Hülle. Das „Ge-stell" zwinge den Menschen zu einem Verhalten, welches dem Wesen der Technik entspricht. „Ge-stell heißt die Weise des Entbergens, die im Wesen der modernen Technik waltet und selber nichts Technisches ist. Zum Technischen gehört dagegen alles, was wir als Gestänge und Geschiebe und Gerüste kennen ... Diese fällt jedoch samt den genannten Bestandstücken in den Bezirk der technischen Arbeit, die stets nur der Herausforderung des Ge-stell entspricht, aber niemals dieses selbst ausmacht oder gar bewirkt."[81]

In Heideggers Auffassung ist das Negieren des gesellschaftlichen Charakters des Menschen offensichtlich. Das „Ge-stell" als zwingende Macht stehe dem einzelnen Menschen gegenüber. Die Kultur, die Objektivationen der Kultur und die Gesellschaft können nach Heidegger keine Stütze gegen die Entfremdung bieten, da sie Erscheinungen der Entfremdung, (der „Seinsvergessenheit") sind. Heidegger macht in seinen Schriften durchaus auf reale mit der modernen Technik verbundene Gefahren aufmerksam. Die Hauptfrage der modernen Technik ist nach Heidegger: wie kann man die Atomenergie zügeln? Wenn das gelänge, beginne ein völlig neues technisches Zeitalter, für welches die heutige Technik nur einen primitiven Anfang darstellt. Mit dem Beginn des „Atomzeitalters" würden Veränderungen eintreten, die keine heutige Organisation zu lenken fähig sei. Heidegger betont ausdrücklich, daß die Gefahren für die Menschheit nicht mit den Atomwaffen zusammenhängen, sondern aus dem Streben des Menschen resultieren, das menschliche Sein durch Verwendung, Steuerung und Umwandlung der Naturenergien „für alle erträglich und im ganzen glücklich zu machen"[82].

[79] Ebenda.
[80] Ebenda, S. 31.
[81] Ebenda, S. 28.
[82] M. Heidegger, Wozu Dichter?, in: M. Heidegger, Holzwege, a. a. O., S. 271.

Nach Heidegger sind die Mächte, die den Menschen überall und immer in Gestalt von technischen Anlagen und Einrichtungen beanspruchen, fesseln, fortziehen und bedrängen, längst über seine Entscheidungsmöglichkeiten hinausgewachsen. Pessimistisch stellt er fest: „Das Walten des Ge-stell besagt: Der Mensch ist gestellt, beansprucht und herausgefordert von einer Macht, die im Wesen der Technik offenbar wird und die er selbst nicht beherrscht.“[83] Obwohl der Mensch sich als Herr der Erde fühlt, drohe die „Herrschaft des Ge-stells“ damit, daß der Mensch nicht gewillt sein werde, zur Erkenntnis der grundlegenden Wahrheit zu gelangen.
Heidegger sieht im Wesen der modernen Technik eine Gefahr für die Menschen denn das „Geschick der Entbergung ist als solches in jeder seiner Weisen und darum notwendig **Gefahr**“, und das wesentlich dadurch, daß „der Mensch sich am Unverborgenen versieht und es mißdeutet“.[84] Folglich bedeutet für Heidegger die Untersuchung der kausalen Zusammenhänge und das aktive Verhalten des Menschen die Quelle seiner schicksalhaften Gefährdung. Ebenso schicksalhaft wie die Gefährdung der Menschheit sieht Heidegger die Möglichkeit ihrer Rettung: „Wo aber Gefahr ist, wächst das Rettende auch“, zitiert er Hölderlin.[85] Das „Ge-stell“, das „Wesen“ der Technik, sei „zweideutig“.[86] Auch diese „Zweideutigkeit des Ge-stells“ wird etymologisch abgeleitet. Da „Wesen“ und „Währen“ etymologisch zusammengehören, sei das „Wesen der Technik“ etwas „Währendes“, aber das „Währende“ die „Entbergung“ und nicht das „Herausfordern“.[87] Das „Ge-stell“ sei also eine zwar schicksalhafte, aber doch vorübergehende „Form des Entbergens“ und gehört zur „Geschichte des Seins“: „Wenn das Gestell ein Wesensgeschick des Seins selbst ist, dann dürfen wir vermuten, daß sich das Gestell als eine Wesenweise des Seins unter anderen wandelt.“[88] Weil das „Gestell“ wesentlich zur „Seinsgeschichte“ gehört, verberge sich in ihm eine Möglichkeit der „Kehre“, eine Schicksalwendung des „Seins“, wo die „herausfordernde Form des Entbergens“ aufhöre.[89]

Eine „Erlösung“ soll die Lösung der Probleme des technischen Zeitalters bringen. Die „Erlösung“ kommt nach Heideggers eschatologischer Geschichtsauffassung, wenn überhaupt, von außen, vom „Sein“.

Heideggers Äußerungen zur Technik und zur Lösung der Probleme des technischen Zeitalters in seiner Schrift „Gelassenheit“ klingen wie Gebete. „Die Technik“ sei ein Angriff gegen die Menschen, gegen den die Gefahr der Atombombe vergleichsweise unbedeutend sei. Man könne sich das Leben nicht mehr ohne technische Einrichtungen vorstellen, man könne nicht gegen sie revoltieren. Das Übel sei, daß wir in ihrer Knechtschaft leben und sie uns dazu ansporne, immer neue Anlagen zu bauen. Wir können die Technik lediglich zwar gebrauchen, jedoch als etwas betrachten, das uns innerlich nicht berührt.

[83] „Nur noch ein Gott kann uns retten“, in: Der Spiegel, a. a. O., S. 209.
[84] M. Heidegger, Die Technik und die Kehre, a. a. O., S. 26.
[85] Ebenda, S. 28: vgl. F. Hölderlin, Patmos. Dem Landgrafen von Homburg, in: F. Hölderlin, Sämtliche Werke, Bd. 2, Stuttgart 1951, S. 165, 173, 179, 184.
[86] Vgl. ebenda, S. 33.
[87] Vgl. ebenda, S. 30ff.
[88] Ebenda, S. 37.
[89] Vgl. ebenda, S. 40.

Die Lösung der Probleme des technischen Zeitalters sieht Heidegger in „Gelassenheit", in der gleichzeitigen Annahme und Abweisung der Technik. Wird durch ein solches Verhältnis zu den technischen Gegenständen unser Verhältnis zur technischen Welt nicht zwiespältig und unsicher? Nach Heidegger ist das Gegenteil der Fall: „Unser Verhältnis zur technischen Welt wird auf eine wundersame Weise einfach und ruhig. Wir lassen die technischen Gegenstände in unsere tägliche Welt hinein und lassen sie zugleich draußen, d. h. auf sich beruhen als Dinge, die nichts Absolutes sind, sondern selbst auf Höheres angewiesen bleiben. Ich möchte diese Haltung des gleichzeitigen Ja und Nein zur technischen Welt mit einem alten Wort nennen: **die Gelassenheit zu den Dingen.**"[90]

Heidegger empfiehlt also keine konsequente Ablehnung der Ergebnisse der Technik. Er strebt nicht nach der wirklichen Umwandlung der alltäglichen Welt. Er empfiehlt sozusagen eine Mentalreservation gegenüber „der Technik". Im Alltag solle man die Technik benutzen, Dinge herzustellen usw. und gleichzeitig sein menschliches Wesen unberührt von den Schäden der Technik lassen. Dieser Heideggersche Gedanke beruhigt das Gewissen der Kapitalisten. Im Alltagsleben herrscht „die Technik" wie vorher. Die Herstellung der Gegenstände (auch der schädlichen), die Umweltverschmutzung usw. setzt sich fort, aber mit dieser „Mentalreservation" und so mit beruhigtem Gewissen. Die Heideggersche „Gelassenheit" ist als Religionsersatz im Interesse des Kapitalismus geeignet. Jeglichem Mißbrauch technischer Errungenschaften zum Zwecke der Profitmacherei gegenüber wird „Gelassenheit" empfohlen — und damit Duldung, Hinnahme. Hier besteht die indirekte Apologie des Kapitalismus darin, daß Heidegger neben der quasi-religiösen „Erlösung", die Lösung der realen Probleme für unnötig hält.

Was kann Heidegger uns über diese „Gelassenheit" sagen? Die Gegend, wo der Mensch sich aufhält, wird in „Gegnet" verwandelt. In dieser „Gegnet" werde nichts geschehen. Die Dinge werden ruhen. Wie ist es möglich, sich eine solche Welt vorzustellen? Nach Heidegger auf keine Weise. „Es ist wohl überhaupt nicht vorzustellen, insofern durch das Vorstellen jegliches schon zum Gegenstand geworden ist, der in einem Horizont uns entgegensteht."[91]

Heidegger lehnt nachdrücklich den Gedanken ab, daß die menschliche Handlung die vom „Wesen der Technik", dem „Ge-stell" beherrschte Welt verändern könnte. Der Mensch brauche nur ein neues Denken, damit die wirklichen Probleme (vielleicht) auch gelöst werden. Doch die Menschen können nicht wissen, was in der Zukunft sein wird, sie sollen „warten": „Warten, wohlan; aber niemals erwarten; denn das Erwarten hängt sich bereits in ein Vorstellen und dessen Vorgestelltes ... Das Warten hat eigentlich keinen Gegenstand."[92] Nach Heidegger wissen die Menschen nicht, worauf sie warten. Diese These von der unbestimmten, jedoch schicksalhaften Zukunft bedeutet eine weitere Form der Apologie des Kapitalismus.

Vor allem aber ist Heideggers „Gelassenheit" die Predigt einer pessimistischen und fatalistischen Haltung gegenüber den anonym erscheinen sollenden tatsächlichen Machthabern über die Technik im Spätkapitalismus. Als deren Apologet

[90] M. Heidegger, Gelassenheit, Pfullingen 1960, S. 25.
[91] Ebenda, S. 43.
[92] Ebenda, S. 44.

leistet Heidegger seinen Beitrag zur Verrätselung der objektiven gesellschaftlichen Gegebenheiten, indem er schreibt: „Die Mächte, die den Menschen überall und stündlich in irgendeiner Gestalt von technischen Anlagen und Einrichtungen beanspruchen, fesseln, fortziehen und bedrängen — diese Mächte sind längst über den Willen und die Entscheidungsfähigkeit des Menschen hinausgewachsen, weil sie nicht vom Menschen gemacht sind".[93] Völlig in diesem Sinne betont er in seinem postum edierten Interview, daß keine Möglichkeit bestehe, den jetzigen Weltzustand zu verändern: „Dies gilt nicht nur von der Philosophie, sondern von allem bloß menschlichen Sinnen und Trachten. Nur noch ein Gott kann uns retten. Uns bleibt die einzige Möglichkeit, im Denken und im Dichten eine Bereitschaft vorzubereiten für die Erscheinung des Gottes oder für die Abwesenheit des Gottes im Untergang; daß wir im Angesicht des abwesenden Gottes untergehen."[94]

Die Literatur über Heideggers Werke ist fast unübersehbar und wächst ständig. Die Autoren gehören zu den verschiedensten weltanschaulichen Richtungen. Hier sei abschließend nur noch auf einige bürgerliche Stimmen zur Technikphilosophie Heideggers verwiesen.

H. Sachsse hat versucht, eine rationale („anthropologische") Interpretation der Heideggerschen Philosophie zu geben. Sachsse meint z. B., daß die vorbegrifflichen Erfahrungsweisen (etwa die „Angst") bei Heidegger darum eine große Bedeutung haben, weil die negativen Befindlichkeiten eine wichtige Rolle bei der Entwicklung des Bewußtseins spielen. Heideggers These: „Technik ist eine Weise des Entbergens" bedeutet nach Sachsse, die Technik bringe „Verborgenes hervor . . . sie verwirklicht etwas, was in der Natur — zunächst unbekannt und verborgen — aber doch als reale Möglichkeit, also in Form von Strukturen, Kraftbeziehungen, und Wirkungsmechanismen bereits schon vorhanden war."[95] Nach Sachsse besitzen Heideggers „technikphilosophische" Äußerungen durchaus auoh rationalen Charakter. Er betont das ausdrücklich, wobei er auch die unter Ingenieuren verbreitete Ablehnung Heideggers als unbegründet hinzustellen sucht.[96] Demgegenüber meint B. Beier, daß nach Heidegger dem Menschen „die technisierte Welt mehr und mehr entgleitet"[97]. Da Heidegger ihrer Auffassung nach keine Lösungswege aufzeigen will und kann, sei sein Denken deshalb „keine Philosophie der Technik, sondern ein Fragen nach der Technik"[98]. Für K. Hübner repräsentiert Heidegger — neben Ortega y Gasset — ein „Denken, welches die Geschichtlichkeit der Technik hervorgehoben" habe.[99] Was damit gemeint ist,

93 Ebenda, S. 21.

94 „Nur noch ein Gott kann uns retten", in: Der Spiegel, 23/1976, S. 209.

95 H. Sachsse, Was ist Metaphysik?, in: Zeitschrift für Philosophische Forschung (Meisenheim am Glan) Bd. 28 (1974), S. 88.

96 Vgl. H. Sachsse, Anthropologie der Technik, Braunschweig 1978, S. 254f.

97 B. Beier, Die Frage nach der Technik bei Arnold Gehlen und Martin Heidegger, Diss., Aachen 1978, S. 207.

98 Ebenda, S. 216. Die Arbeit von W. Schirmacher (vgl. W. Schirmacher, Technik und Gelassenheit. Zeitkritik nach Heidegger, Freiburg—München 1983) wurde mir erst nach Abschluß dieses Aufsatzes bekannt.

99 K. Hübner, Philosophische Fragen der Technik, in: Techne — Technik — Technologie. Philosophische Perspektiven, a. a. O., S. 146.

erhellt aus der Tatsache, daß Hübner nicht nur Marx ein „ungeschichtliches" Technikverständnis unterstellt, sondern im Zusammenhang mit der Technik unserer Zeit eine Unterscheidung zwischen Kapitalismus und Sozialismus für philosophisch irrelevant hält.[100]

Die marxistischen Philosophen sind darin einig, daß Heideggers Philosophie mit ihrem Kulturpessimismus und der eschatologischen Geschichtsauffassung, die sich auch in seiner „Technikphilosophie" äußern, zur Förderung faschistischer Ideologie geeignet waren und sind. Einige marxistische Autoren haben inzwischen detaillierte und differenzierte Untersuchungen der Philosophie Heideggers vorgelegt.[101] Heute ist offensichtlicher denn je, daß Heideggers philosophisches System auch künftig ein nicht zu unterschätzender Gegenstand der philosophischen Forschung bleibt. Es gilt, diese — vor allem nach dem zweiten Weltkrieg wirksam gewordene — charakteristische Form der indirekten Apologie der Kapitalismus noch gründlicher zu analysieren. Dies umso mehr, als der Einfluß der Heideggerschen Philosophie in der bürgerlichen Welt anhält, wenn er sich nicht gar verstärkt. Es gilt, der Wirkung dieser Philosophie im ideologischen Kampf noch effektiver entgegenzutreten.

100 Vgl. ebenda, S. 146, 151.

101 Vgl. Th. Schwarz, Sein, Mensch und Gesellschaft im Existentialismus, a. a. O., S. 93—179; P. P. Gajdenko, Ekzistencializm i problema kultury. Kritika filosofii M. Geideggera, Moskva 1963; G. I. Patent, Zur Kritik der Existenzphilosophie Martin Heideggers, Berlin 1979; B. Suki, Martin Heidegger filosofiájának alapkérdései, Budapest 1976; H.-M. Gerlach, Martin Heidegger, Denk- und Irrwege eines spätbürgerlichen Philosophen, Berlin 1982.

Ernst Woit

Spätbürgerliche „Technikphilosophie" über Krieg und Frieden

Krieg und Frieden waren stets in dieser oder jener Weise Gegenstand philosophischen Denkens. Zu keiner Zeit war allerdings die philosophische Auseinandersetzung mit dem Wesen des Krieges und des Friedens, mit ihren Ursachen und Triebkräften sowie mit ihrer moralischen Bewertung so intensiv wie in unserer Epoche. Gelangt doch in unserer Epoche die Menschheit an jenen Punkt ihrer Entwicklung, von dem an ihre Zukunft letztlich davon abhängt, ob es ihr gelingt, den Übergang von der Ausbeuterordnung mit der ihr wesenseigenen sozialen Notwendigkeit des Krieges zu gesellschaftlichen Verhältnissen zu vollziehen, die der nunmehr historisch unabdingbar gewordenen sozialen Notwendigkeit des Friedens[1] gerecht werden. Philosophieren über den Charakter der gegenwärtigen Epoche heißt deshalb, „einen Standort zur Frage der Menschlichkeit, des Friedens und des Fortschritts zu beziehen"[2].

Über den Tatbestand einer nicht mehr rückgängig zu machenden völlig neuartigen Situation der Menschheit und einer gegenüber der gesamten Geschichte der Menschheit qualitativ anders zu bewertenden Tragweite der Problematik Krieg—Frieden bestehen bei denkenden Menschen heute ebensowenig Zweifel wie darüber, daß die Herausbildung dieser Situation unmittelbar mit dem wissenschaftlich-technischen Fortschritt zusammenhängt. Es gibt aber erhebliche Unterschiede in der Beurteilung des Wesens der Wechselbeziehungen zwischen wissenschaftlich-technischem und gesellschaftlichem Fortschritt, zwischen den waffentechnischen Ergebnissen der wissenschaftlich-technischen Revolution und der Problematik Krieg—Frieden und folglich auch hinsichtlich der Wege zur Lösung der unter gegenwärtigen und heute bereits voraussehbaren Bedingungen wichtigsten Frage für den Fortbestand der Menschheit. Sie ergeben sich aus den unterschiedlichen Klassenpositionen, von denen aus die marxistisch-leninistische Philosophie und die verschiedenen Strömungen der spätbürgerlichen Philosophie die Problematik Krieg und Frieden in unserer Zeit reflektieren.

Die Erhaltung des Friedens ist heute die Frage aller Fragen. Sicherung des Weltfriedens und Abrüstung sind zur Voraussetzung für die Erhaltung des Lebens der Völker, zur Voraussetzung auch für die Lösung aller anderen globalen Probleme unserer Zeit geworden. Von unverminderter Aktualität ist deshalb die Forderung B. Brechts: „Lassen Sie uns doch alle gesellschaftlichen Systeme,

[1] Vgl. E. Hocke/W. Scheler, Die Einheit von Sozialismus und Frieden. Zu philosophischen Problemen von Krieg und Frieden in der Gegenwart, 2. überarb. Aufl., Berlin 1982, S. 33.

[2] R. Mocek, Bürgerliche Epochendeutung und pseudosozialistische Gesellschaftstheorien, in: DZfPh, 10/1979, S. 1233.

an die wir denken mögen, zu allererst daraufhin untersuchen, ob sie ohne Krieg auskommen."[3] Diese Forderung markiert auch in der Auseinandersetzung mit Stellungnahmen spätbürgerlicher „Technikphilosophie" zu Krieg und Frieden den Kern der Problematik.

Die massenhafte Anwendung der Ergebnisse der industriellen Revolution auf dem Gebiet der Militärtechnik eröffnete der Kriegführung der kapitalistischen Großmächte qualitativ neuartige Möglichkeiten. Es begann die **Maschinenperiode der Kriegführung.** Sie setzte etwa zu Beginn des 20. Jh. ein, prägte bereits umfassend den militärisch-technischen Charakter des ersten Weltkrieges und erreichte mit dem zweiten Weltkrieg ihren bisherigen Höhepunkt. Bereits im Zusammenhang mit dem Russisch-Japanischen Krieg 1904—1905 schrieb W. I. Lenin von der „Epoche der Schnellfeuergewehre und Schnellfeuergeschütze, der komplizierten technischen Schiffsausrüstungen und der aufgelösten Kampfordnung der Landstreitkräfte"[4]. In der Maschinenperiode der Kriegführung erlangten Waffensysteme zur Bekämpfung und Vernichtung größerer Menschengruppen gegenüber den in der gesamten vorangegangenen Kriegsgeschichte bestimmend gewesenen Waffen zur Bekämpfung einzelner Menschen dominierende Bedeutung. Die Motorisierung verlieh den Streitkräften eine neue Qualität der Beweglichkeit und Manövrierfähigleit auf dem Lande und zu Wasser. Sie erschloß ihnen zudem den Luftraum als dritte Sphäre der Kriegführung. Die Militärtechnik der Maschinenperiode des Krieges erlaubte, Schläge immer tiefer in das Hinterland des Gegners zu führen. Dadurch wurde die Tiefe der Kampfzone ausgedehnt. Die Unterschiede zwischen Front und Hinterland wurden immer mehr relativiert.

Der Beginn der Maschinenperiode der Kriegsführung fiel — keineswegs zufällig — mit dem Übergang des Kapitalismus in sein höchstes und letztes Stadium, den Imperialismus, zusammen. Die der Militärpolitik imperialistischer Staaten und Koalitionen wesenseigene Aggressivität erwächst aus dem gesetzmäßigen Kampf der mächtigsten Monopole um Rohstoffquellen, Absatzmärkte und Einflußsphären sowie gegen den gesellschaftlichen Fortschritt.[5] Kriege imperialistischer Staaten sind deshalb ihrem politischen Wesen nach vor allem Kriege zur Neuaufteilung der Welt zwischen den imperialistischen Hauptmächten (wie der erste Weltkrieg und der Beginn des zweiten Weltkrieges) und konterrevolutionäre Aggressionskriege (wie die ausländische militärische Intervention gegen Sowjetrußland 1918—1920 und die Aggression des von Deutschland geführten faschistisch-imperialistischen Blocks gegen die UdSSR 1941—1945).

Kriege der Maschinenperiode der Kriegführung erfordern Massenarmeen und einen solchen ökonomisch-technischen Aufwand, daß die **Kriegswirtschaft**, d. h. die Umstellung der **gesamten** Volkswirtschaft auf die Erfordernisse der Krieg-

[3] B. Brecht, An den Kongreß für kulturelle Freiheit, in: B. Brecht, Schriften zur Politik und Gesellschaft, Bd. 2, Berlin—Weimar 1968, S. 210.

[4] W. I. Lenin, Der Fall von Port Arthur, in: Werke, Bd. 8, Berlin 1958, S. 38f.

[5] „Die Kapitalisten teilen die Welt nicht etwa aus besonderer Bosheit unter sich auf, sondern weil die erreichte Stufe der Konzentration sie zwingt, diesen Weg zu beschreiten, um Profite zu erzielen . . ." (W. I. Lenin, Der Imperialismus als höchstes Stadium des Kapitalismus, in: Werke, Bd. 22, Berlin 1960, S. 257).

führung notwendig wird. Während zuvor die bis Kriegsbeginn angehäuften Vorräte an Militärtechnik und Ausrüstung zur Entscheidung eines Krieges in der Regel ausreichten, machten bereits die ersten Wochen des ersten Weltkrieges allen am Kriege beteiligten Staaten deutlich, daß mit der Maschinenperiode des Krieges die Kriegswirtschaft unerläßlich wird.[6] Rüstung in diesen Dimensionen wird für die kapitalistischen Monopole zu einer Quelle besonders hoher Profite. Den Völkern dagegen bringen die Kriege der Maschinenperiode der Kriegführung riesige Blutopfer, die massenhafte Vernichtung ihrer Arbeitsergebnisse und den Verlust unersetzlicher Kulturgüter. In den von der Monopolbourgeoisie inszenierten Kriegen des 20. Jh. werden „die gewaltigsten Errungenschaften der Technik in solchen Ausmaßen, so zerstörerisch und mit solcher Energie zur Massenvernichtung von Millionen Menschenleben verwendet“[7], daß der jährliche Durchschnitt der durch Kriege getöteten Menschen in der ersten Hälfte des 20. Jh. gegenüber dem 19. Jh. auf das Zwölffache ansteigt! Gegenüber dem 17. Jh. hatte sich die Bevölkerung Europas in der ersten Hälfte des 20. Jh. zwar auf das 4,2fache erhöht; die Kriege der Monopolbourgeoisie hatten aber dazu geführt, daß die Kriegsopfer der Völker Europas in der ersten Hälfte des 20. Jh. gegenüber dem 17. Jh. auf das Zwanzigfache angestiegen waren.[8]

Im Unterschied zum Marxismus hat bürgerliches Weltanschauungsdenken vor dem ersten Weltkrieg eine derartige Entwicklung der Kriegführung zwar vereinzelt geahnt, ohne jedoch die monopolkapitalistische Herrschaft als die soziale Basis dieser Kriege und die damit objektiv verbundenen Konsequenzen für die Zukunft der Menschheit zu erfassen. Nietzsche, der wohl ahnungsvollste und zugleich das spätbürgerliche Weltanschauungsdenken am nachhaltigsten prägende Philosoph, hatte bereits 1879 den Zusammenhang Mensch—Maschine explizit auch unter dem Aspekt der Kriegführung erwähnt, indem er die Maschine als „Muster der Kriegsführung“ bezeichnete, weil sie „durch sich selber das Ineinandergreifen von Menschenhaufen, bei Aktionen, wo jeder nur eins zu tun hat“, lehre. Sie mache „aus vielen **eine** Maschine, und aus jedem einzelnen ein Werkzeug zu **einem** Zweck. Ihre allgemeinste Wirkung ist: den Nutzen der Zentralisation zu lehren“[9]. Ohne Zweifel erfaßte F. Nietzsche damit eine wesentliche Auswirkung der Mechanisierung der Kriegführung.

Trotz Ahnungen künftiger Kriege und Katastrophen, die im ausgehenden 19. Jh. neben Nietzsche auch W. Dilthey, J. Burckhardt und der Stefan-George-Kreis mehr oder weniger deutlich artikulierten, dominierte im bürgerlichen Weltanschauungsdenken bis 1914 die illusionäre Überzeugung, in einer „heilen Welt“

[6] Vgl. Autorenkollektiv, Probleme der Militärökonomie, Berlin 1967, S. 20ff., 46ff. — Siehe auch: W. Rathenau, Gesammelte Schriften in fünf Bänden, Bd. 5, Berlin 1918, bes. S. 23ff., 59ff., 179ff.

[7] W. I. Lenin, Gemeinsame Sitzung des Gesamtrussischen Zentralexekutivkomitees, des Moskauer Sowjets der Arbeiter-, Bauern- und Rotarmistendeputierten und der Gewerkschaften. In: Werke, Bd. 27, Berlin 1960, S. 420.

[8] Vgl. B. Z. Urlanis, Bilanz der Kriege. Die Menschenverluste Europas vom 17. Jahrhundert bis zur Gegenwart, Berlin 1965, S. 366f.

[9] F. Nietzsche, Menschliches, Allzumenschliches, in: Werke in drei Bänden, hrsg. von K. Schlechta, 8. Aufl., Bd. 1, München 1977, S. 965f.

mit sicherer Perspektive, ja ewigem Bestand zu leben, in der selbst ein Krieg, wenn es überhaupt noch dazu komme, ein relativ belangloser Zwischenfall sei, „nach dem alles ungefähr wieder so sein werde, wie vorher“[10]. Diese Überzeugung beruhte einerseits auf einer klassenbornierten Fehleinschätzung der relativ friedlichen Entwicklung des Kapitalismus in Europa seit 1871. Sie beruhte andererseits in nicht geringem Maße auf jenem im ausgehenden 19. Jh. besonders in Deutschland zu voller Blüte gelangten Technik-Optimismus, dessen Kern der feste Glaube daran war, mittels der im Ergebnis der stürmischen industriellen Entwicklung verfügbar gewordenen gigantischen technischen Möglichkeiten alle innenpolitischen Widersprüche und Probleme der kapitalistischen Gesellschaft („Arbeiterfrage“) ebenso lösen zu können wie die globalen, imperialen Interessengegensätze („Kolonien“). W. Rathenau, einer der gebildetsten und am weitesten blickenden deutschen Monopolkapitalisten, zugleich produktiv als „Technikphilosoph“, äußerte 1911 die Überzeugung, daß die technische Entwicklung schließlich alle sozialen Probleme lösen und daß sie Reichtum wie ewigen Frieden für alle Menschen der Erde bringen werde, daß sie lediglich nicht vermöge, die „seelische Entwicklung“ des Individuums zu befördern.[11]

Ausbruch, Verlauf und Ergebnisse des ersten Weltkrieges, die Große Sozialistische Oktoberrevolution in Rußland und die revolutionäre Nachkriegskrise mußten solche illusionären Überzeugungen bis in ihre Grundlagen hinein erschüttern. Obwohl gerade W. Rathenau bereits um die Jahrhundertwende auf die erstrangige Bedeutung der Technik für die künftige Kriegführung aufmerksam gemacht hat, hatte auch er die damit verknüpfte Vernichtungs- und Zerstörungswirkung offenkundig unterschätzt. W. Rathenau wußte sehr wohl um den Beginn der Maschinenperiode der Kriegführung, deren Konsequenzen er „technikphilosophisch“ zu erfassen suchte. So betonte er bereits 1901: „Unsere Kriege werden nicht mehr mit Blut, sondern mit Geld genährt. Maschinen arbeiten gegen Maschinen, Panzer gegen Panzer. Der Ingenieur, der Chemiker, der Finanzmann sind Feldherrn. Das neueste Gewehr, das beste Pulver, das schnellste Boot fesseln den Sieg. Unser Herrgott kämpft nicht mehr auf der Seite der stärksten Bataillone, sondern auf der Seite der modernsten Gießerei.“[12] Dennoch hatte W. Rathenau noch 1911 „moderne Kriege“ als angeblich ganz normale „Befähigungsnachweise im Völkerleben“ bezeichnet, als „das gleiche, was Examina im bürgerlichen Leben sind“[13]. Die millionenfachen Blutopfer und enormen materiellen Verluste, die im ersten Weltkrieg dann tatsächlich auftraten und W. Rathenau als dem Organisator der Kriegswirtschaft des imperialistischen Deutschland genauestens bekannt waren, veranlaßten ihn 1917 zu folgender, den tiefgreifenden Wandel im großbürgerlichen Weltanschauungsdenken deutlich

[10] Th. Mann. Brief an Paul Amann vom 25. 2. 1916, in: Th. Mann, Briefe an Paul Amann 1915—1952, hrsg. von H. Wegener, Lübeck 1959, S. 39; vgl. auch A. Fuchs, Geistige Strömungen in Österreich 1867—1918, Wien 1949, S. VIII.

[11] Vgl. W. Rathenau, Zur Kritik der Zeit, in: Gesammelte Schriften, Bd. 1, Berlin 1918, S. 143f.

[12] W. Rathenau, Zur Physiologie der Geschäfte, in: Gesammelte Schriften, Bd. 4, Berlin 1918, S. 278f.

[13] W. Rathenau, Zur Kritik der Zeit, in Gesammelte Schriften, Bd. 4, a. a. O., S. 115.

artikulierenden Einschätzung: „Unser Geschlecht, das auf keinem Gebiet die Folgen des Krieges verwinden wird, solange es lebt, wird sich der früheren Friedenszeit als der Epoche der leichten Arbeit, der billigen Lebensführung, des Wohlstands und Luxus und der unbeschränkten wirtschaftlichen Beweglichkeit erinnern . . . das Frühere ist dahingesunken und wird niemals mehr erstehen; wenn es ein Paradies war, so ist es ein verlorenes."[14]

Nicht zuletzt durch den Mißbrauch der technischen Errungenschaften in der Kriegführung der Monopolbourgeoisie und durch die ihm innewohnende Tendenz „zur Untergrabung der Existenzbedingungen der menschlichen Gesellschaft"[15] wurde offenbar, daß in der sozialen Wirklichkeit des 20. Jh. für ein naiv-lineares bürgerliches Perspektivbewußtsein und einen ihm entsprechenden Technik-Optimismus keine Voraussetzungen mehr bestehen. Die imperialistischen Hauptmächte hatten endgültig die Maschinenperiode der Kriegführung eingeleitet und keinerlei Hemmung gezeigt, jegliche wissenschaftlich-technische Errungenschaft für ihren Kampf um die Neuaufteilung der Welt zu mißbrauchen. Maschinenwaffen und chemische Kampfstoffe verliehen den Handlungen der Streitkräfte eine sprunghaft gestiegene Vernichtungswirkung. Waffeneinwirkung, Hunger und Epidemien dezimierten die Zivilbevölkerung in bisher nicht gekanntem Umfang. Angesichts dieser Entwicklung, die F. Engels detailliert vorausgesagt hatte,[16] setzte in der Reflexion bürgerlichen Weltanschauungsdenkens über den wissenschaftlich-technischen Fortschritt nun speziell im Zusammenhang mit der Kriegsproblematik eine tiefgehende Wandlung und Differenzierung ein. Der früher dominierende linear-optimistische Fortschrittsglaube tritt eindeutig hinter eine stärker lebensphilosophisch geprägte anthropologisierende kulturpessimistische Betrachtung zurück. Zugleich verabsolutiert spätbürgerliche „Technikphilosophie" die Technik immer mehr, betrachtet sie losgelöst von den realen gesellschaftlichen Determinanten ihrer Entwicklung und Nutzung, treibt diese Verabsolutierung der Technik teilweise bis zu ihrer Dämonisierung.

Allerdings entwickelt bürgerliches Weltanschauungsdenken in Deutschland unter dem Eindruck des ersten Weltkrieges nicht nur Irrationalismus. W. Rathenau, der während des ersten Weltkrieges zu der Erkenntnis gelangt, daß der Privatkapitalismus historisch überholt ist, plädiert zutiefst rational für einen staatsmonopolistisch organisierten Kapitalismus[17] und trifft sich dabei mit dem zu ähnlichen Schlüssen gelangten und ebenfalls rationalistisch argumentierenden Max Weber.

Zugleich publizierten Natur- und Technikwissenschaftler sowie Ingenieure scheinbar unbeeindruckt durch die Opfer und Zerstörungen des ersten Weltkrieges

[14] W. Rathenau, Die neue Wirtschaft, in: Gesammelte Schriften, Bd. 5, Berlin 1918, S. 191, 199.

[15] W. I. Lenin, Gemeinsame Sitzung des Gesamtrussischen Zentralexekutivkomitees . . ., in: Werke, Bd. 27, a. a. O., S. 420.

[16] Vgl. F. Engels, Einleitung zu Sigismund Borkheims Broschüre „Zur Erinnerung für die deutschen Mordspatrioten. 1806—1807", in: MEW, Bd. 21, Berlin 1962, S. 350f.

[17] Rathenau faßt seine diesbezüglichen Überlegungen in der These zusammen: „Wirtschaft ist nicht mehr Privatsache, sondern Sache der Gemeinschaft" (W. Rathenau, Die neue Wirtschaft, in: Gesammelte Schriften, Bd. 5, a. a. O., S. 181).

zu neuen technischen Errungenschaften, sogar mit besonderer Berücksichtigung militärisch relevanter Entwicklungen, ohne Anspruch auf weltanschauliche Wertungen.[18] Besonders Ingenieure und Technikwissenschaftler neigen seit dem ersten Weltkrieg vielfach dazu, Probleme des wissenschaftlich-technischen Fortschritts — auch im Zusammenhang mit der Problematik Krieg — Frieden — in scheinbar weltanschauungsfreier positivistischer oder pragmatischer Weise darzustellen, womit sie allerdings nolens volens dem Mißbrauch ihrer Erkenntnisse ideologisch zuarbeiten.

Schließlich muß jener in den besten humanistischen Traditionen des Bürgertums wurzelnde Pazifismus erwähnt werden, den z. B. R. Rolland, H. Hesse oder K. Kraus prinzipienfest auch unter Bedingungen vertraten, da die absolute Mehrheit aller im bürgerlichen Weltanschauungsdenken befangenen Menschen dem von den herrschenden Klassen der kriegführenden Länder entfesselten chauvinistischen Taumel erlegen war. Es war in erheblichem Maße die zunehmende Erkenntnis des barbarischen Mißbrauchs wissenschaftlich-technischer Errungenschaften für die Kriegsführung der Monopolbourgeoisie, die im Verlaufe des ersten Weltkrieges das Häuflein aufrechter bürgerlicher Kriegsgegner anwachsen ließ, wobei einige von ihnen — wie z. B. H. Barbusse und B. Brecht — schließlich zur revolutionären Arbeiterklasse fanden.

Der durch den ersten Weltkrieg bewirkte Wandel im bürgerlichen Verständnis des wissenschaftlich-technischen Fortschritts ist untrennbar mit der Herausbildung jenes Krisenbewußtseins verbunden, das bürgerliches Weltanschauungsdenken unter den Bedingungen der allgemeinen Krise des Kapitalismus prägt. Aus der Ahnung einzelner bürgerlicher Denker des ausgehenden 19. Jh. vom nahen Untergang ihrer Ordnung wird nun dessen schmerzlich empfundene Gewißheit. Spätbürgerliches Weltanschauungsdenken artikuliert diese Gewißheit immer wieder apologetisch als „Menschheitskrise" und „Menschheitsdämmerung", als „Untergang des Abendlandes" oder als „Die letzten Tage der Menschheit". Zugleich aber ist es mit dem durch die Große Sozialistische Oktoberrevolution eingeleiteten weltweiten Übergang vom Kapitalismus zum Sozialismus konfrontiert. Dieser aber ist der anschauliche Beweis dafür, daß das Ende des Kapitalismus keinesfalls identisch ist mit dem Ende der Menschheit. Im Gegenteil: weil es im Sozialismus keine Klasse mehr gibt, die vom Mißbrauch wissenschaftlich-technischer Errungenschaften profitieren könnte, ist diesem Mißbrauch die soziale Basis entzogen. Bürgerliches Philosophieren versucht zwar in Erfüllung seiner ideologischen Funktion permanent, diesen fundamentalen Tatbestand in Zweifel zu ziehen oder zu verschleiern, kann ihn aber nicht aus der Welt schaffen. In diesem Sinne wird die Problematik Technik — Krieg — Frieden für spätbürgerliches Philosophieren erst im Ergebnis des ersten Weltkrieges und der Oktoberrevolution, d. h. unter den Bedingungen der allgemeinen Krise des

[18] Vgl. J. Plaßmann (Hrsg.), Jahrbuch der angewandten Naturwissenschaften, **30** (1914—1919), Freiburg i. Br. 1920.

kapitalistischen Systems, wirklich bedeutungsvoll.[19] Spätbürgerliches Verständnis des wissenschaftlich-technischen Fortschritts wie auch der Problematik Krieg — Frieden kann nicht umhin, stets auch zugleich Position zu beziehen zu den sich in Übereinstimmung mit den objektiven Entwicklungsgesetzen der menschlichen Gesellschaft in der modernen Epoche vollziehenden revolutionären Veränderungen auf unserer Erde. Das aber berührt so oder so stets die gegen den gesellschaftlichen Fortschritt gerichtete ideologische Hauptfunktion bürgerlichen Philosophierens in dieser Epoche.

Im einzelnen zeichnen sich nunmehr zur Problematik Krieg — Frieden immer stärker drei „technikphilosophische" Grundtendenzen innerhalb des spätbürgerlichen Weltanschauungsdenkens ab, die ihre volle Ausprägung schließlich in der dritten Etappe der allgemeinen Krise des Kapitalismus erfahren:

1. die Tendenz zur Verabsolutierung der waffentechnischen Entwicklung auf dem Hintergrund ihrer menschliches Vorstellungsvermögen überfordernden Zerstörungsqualitäten, bei gleichzeitiger Negierung, mindestens aber Geringschätzung der realen gesellschaftlichen Verhältnisse, so daß Kriege und ihre Folgen bis hin zur Bedrohung des Fortbestandes der Menschheit als Resultat des wissenschaftlich-technischen Fortschritts erscheinen;

2. die Tendenz zur Subsumtion waffentechnischer Entwicklungen und ihrer Nutzung in modernen Kriegen unter das biologistische bzw. psychologistische Menschenbild des Ethologismus bzw. Neofreudismus, wodurch die vom Imperialismus inszenierten Kriege als schicksalhaft durch die anthropologische Natur des Menschen begründet erscheinen;

3. die Tendenz zur Beurteilung der waffentechnischen Entwicklung unter dem Vorzeichen eines sozialdarwinistischen bzw. neomalthusianistischen Weltbildes, nach dem Kriege zur „Regulierung" der Weltbevölkerung, zur Eroberung von „Lebensraum" bzw. von Rohstoff-Ressourcen als schicksalhaft unvermeidlich und damit zugleich als legitim erscheinen.

In diesen „technikphilosophischen" Ansätzen wurzeln sowohl Voluntarismus als auch Fatalismus als die beiden einflußreichsten weltanschaulichen Grundhaltungen spätbürgerlichen Philosophierens zur Problematik Krieg — Frieden seit Beginn der Maschinenperiode der Kriegführung. In diesem Sinne halte ich es für berechtigt, von „technikphilosophischem" Voluntarismus und von „technikphilosophischem" Fatalismus als den in diesem Zusammenhang wichtigsten Grundhaltungen spätbürgerlichen Weltanschauungsdenkens zu sprechen.

„Technikphilosophischer" Voluntarismus — irrationalistischer wie szientistischer Provenienz — sieht die Macht „des" Menschen, womit realiter fast immer die Macht der Monopolbourgeoisie gemeint ist, vor allem auf Besitz, Beherrschung und Anwendung der effektivsten Technik gegründet. Paradigmatisch dafür ist O. Spenglers Konzeption von dem über die modernste Technik gebietenden

[19] Bürgerliche Philosophen reflektieren diesen Zusammenhang durchaus. So betonte Ernst Jünger 1931: „Diese beiden Erscheinungen, der Weltkrieg und die Weltrevolution, sind weit enger miteinander verflochten, als es dem ersten Blick scheint; sie sind zwei Seiten eines Ereignisses von kosmischer Art." (E. Jünger, Die totale Mobilmachung, in: Werke, Bd. 5, Stuttgart 1960, S. 126).

„faustischen Menschen" als „Typus **des erfinderischen Raubtiers**"[20]. Indem „technikphilosophischer" Voluntarismus die Technik als Destruktivkraft glorifiziert und als Mittel der Kriegführung maßlos überbewertet, wird er zur philosophischen Quelle zahlreicher militärwissenschaftlicher Theorien und Kriegsideologischer Konzeptionen der imperialistischen Bourgeoisie, die der jeweils neuesten Waffentechnik bzw. der Technik überhaupt kriegsentscheidende Bedeutung beimessen. So meinte der namhafte britische Militärtheoretiker J. F. Fuller im Jahre 1928, daß der Sieg in einem künftigen Krieg zu 99% von der Bewaffnung und nur zu 1% von der Führungskunst und der politisch-moralischen sowie physischen Verfassung der Menschen abhänge.[21] Derartige Überlegungen entspringen letztlich immer wieder der Angst der Monopolbourgeoisie vor den revolutionären Potenzen einer durch allgemeine Wehrpflicht rekrutierten Massenarmee. Diese Angst hatte bereits F. Nietzsche artikuliert. Er erkannte zwar die von der Mechanisierung der Kriegführung ausgehenden neuen Anforderungen an Disziplin und Kooperation im Militärwesen[22], hielt es jedoch für einen schwerwiegenden Fehler, daß man die Arbeiter durch die allgemeine Wehrpflicht „militärtüchtig" gemacht hat[23] und forderte statt dessen den der herrschenden Klasse auf Gedeih und Verderb ergebenen Söldner.[24]

Ganz im diesem Sinne suchen die Politiker, Militärs und Ideologen der Monopolbourgeoisie immer wieder nach Wegen, durch hochtechnisierte Berufsarmeen sowie durch ein Konzept des durch den technischen Fortschritt scheinbar realisierbar gewordenen „Druckknopf-Krieges" („Push-button-war") ihre militärpolitischen Ziele womöglich ohne Bewaffnung der werktätigen Massen zu erreichen. Auch deshalb ist die Geschichte der imperialistischen Kriegsideologie seit dem ersten Weltkrieg stark durch die Tendenz charakterisiert, neue Waffenarten immer wieder in ihrer Bedeutung zu verabsolutieren und als kriegsentscheidend hinzustellen. Das betraf bis zum zweiten Weltkrieg nacheinander das Maschinengewehr, Großkampfschiffe, chemische Kampfstoffe, Panzerkampfwagen und Kampfflugzeuge. Signifikant ist dafür der „Douhetismus", die vom italienischen Luftwaffengeneral G. Douhet in Auswertung des ersten Weltkrieges entwickelte Doktrin, nach der der Ausgang eines künftigen Krieges durch den Einsatz der Luftstreitkräfte — bei lediglich defensiv handelnden Land- und Seestreitkräften — entschieden würde.[25] Ein nur besonders extremer Fall dieser Denkungsart war die hitlerfaschistische „Wunderwaffen"-Propaganda, die keineswegs erst in der Endphase des zweiten Weltkrieges einsetzte.[26]

[20] O. Spengler, Der Mensch und die Technik, Berlin 1932, S. 18.

[21] Vgl. J. F. Fuller, On Future Warfare, London 1928, p. 153.

[22] Vgl. F. Nietzsche, Menschliches, Allzumenschliches, in: Werke in drei Bänden, Bd. 1, a. a. O., S. 965f.

[23] Vgl. F. Nietzsche, Götzendämmerung, in: Werke in drei Bänden, Bd. 2, München 1977, S. 1017.

[24] Vgl. F. Nietzsche, Also sprach Zarathustra, in: Werke in drei Bänden, Bd. 2, a. a. O., S. 311ff.

[25] Vgl. G. Douhet, Luftherrschaft, Berlin 1935; siehe auch O. Groehler, Geschichte des Luftkriegs 1910—1980, 5. Aufl., Berlin 1983, S. 112ff.

[26] Am 10. August 1939 suchte der Oberbefehlshaber des faschistischen deutschen Heeres, General-

Im Unterschied zum aktivistischen „technikphilosophischen“ Voluntarismus spiegelt der **„technikphilosophische“ Fatalismus in der Maschinenperiode der** Kriegführung das Unverständnis und die Ohnmacht des den wissenschaftlich-technischen Fortschritt und die Folgen seiner monopolkapitalistischen Verwertung nicht mehr begreifenden Bildungsbürgertums. Insbesondere die Schrecken des modernen Krieges, deren Ursachen und Schuldige nicht erkannt werden, lassen noch stärker als Wirtschaftskrisen und soziale Degradation in dieser sozialen Schicht Verzweiflung und „Angst als Grundbefindlichkeit“[27] entstehen, wobei allerdings die Angst vor einer die kapitalistische Ordnung beseitigenden Revolution in der Regel stets größer bleibt als die Angst vor einem neuen Krieg. Wenn bürgerliches Weltanschauungsdenken in Philosophie, Soziologie, Kunst und Literatur seit dem ersten Weltkrieg den wissenschaftlich-technischen Fortschritt überwiegend kulturpessimistisch reflektiert, dann ergibt sich das primär daraus, daß die mit der Entwicklung von Wissenschaft und Technik im 20. Jh. zusammenhängenden Probleme durch die kapitalistische Ordnung insgesamt nicht mehr im Interesse der Menschheit gelöst werden können, was sich in der Rüstungs- und Kriegspolitik der Monopolbourgeoisie nur besonders deutlich äußert.

Nicht so sehr die durchaus gegebene Kompliziertheit gesellschaftswissenschaftlicher Erkenntnis als vielmehr die Klassenborniertheit spätbürgerlichen Philosophierens führen dazu, daß seine Aussagen objektiv immer wieder dazu beitragen, imperialistische Kriege zu rechtfertigen. Allerdings hängen die Stellungnahmen spätbürgerlichen Philosophierens zur Frage Krieg — Frieden in der Maschinenperiode der Kriegführung nicht direkt von ihrem „technikphilosophischen“ Ansatz ab. Ob der jeweilige „technikphilosophische“ Denkansatz in einer aktivistischen bzw. fatalistischen Apologetik[28] imperialistischer Kriege mündet oder zu einer Anti-Kriegs-Position führt, wird vor allem davon bestimmt, welche ideologische Position in der gegebenen konkrethistorischen Situation **objektiv** eingenommen wird. Hierbei ist zumindest zu differenzieren zwischen

a) den ideologischen Positionen der vorzugsweise auf kriegerische Lösung setzenden aggressivsten Kreise der Monopolbourgeoisie,
b) den ideologischen Positionen der zu Pazifismus und friedlicher Koexistenz tendierenden Kreise der Monopol- und nichtmonopolistischen Bourgeoisie,
c) kleinbürgerlichen ideologischen Positionen.

Diese **ideologischen** Grundpositionen sind letztlich entscheidend dafür, welche Konsequenzen aus dem jeweiligen „technik**philosophischen**“ Konzept hinsichtlich der Problematik Krieg — Frieden abgeleitet werden.

oberst von Brauchitsch, auf einer von allen Sendern des deutschen Rundfunks übertragenen Großkundgebung in einem Rüstungsbetrieb, die sich unter der deutschen Bevölkerung abzeichnende Furcht vor einem Krieg mit folgenden Worten zu zerstreuen: „Der beste Arbeiter der Welt hat dem besten Soldaten der Welt die besten Waffen der Welt geschmiedet“ (nach J. Sywottek, Mobilmachung für den totalen Krieg, Opladen 1976, S. 234).

27 M. Heidegger, Sein und Zeit, Tübingen 1949, S. 188.

28 Fatalistische Apologetik treibt z. B. Heidegger mit seiner These: „Im Verhalten zum Seienden, das der Mensch nicht selbst ist, findet er das Seiende schon als das, wovon er getragen wird, worauf er angewiesen ist, dessen er im Grunde bei aller Kultur und Technik nie Herr werden kann“ (M. Heidegger, Kant und das Problem der Metaphysik, Bonn 1929, S. 219).

Typisch für die Ideologen der aggressivsten Kreise des Monopolkapitals ist die offene Apologetik imperialistischer Raubkriege. So feiert der Spengler-Schüler E. Jünger 1940 den Krieg geradezu euphorisch als Inkarnation eines lebensphilosophischen Technik-Voluntarismus: „Die glühenden Gefilde, die uns erwarten, hat noch kein Dichter in seinen Träumen geschaut. Da sind eisige Kraterfelder, Wüsten mit glühenden Palmeninseln, rollende Wände aus Feuer und Stahl und ausgestorbene Ebenen, über die rote Gewitter ziehen. Da schwärmen Rudel von stählernen Vögeln durch die Luft, und gepanzerte Maschinen fauchen über das Feld. Und alles, was es an Gefühlen gibt, vom gräßlichsten körperlichen Schmerz bis zum höchsten Jubel des Sieges, wird dort zu einer berauschenden Einheit, zu einem blitzartigen Sinnbild des Lebens zusammengeballt. Singen, Beten und Jubeln, Fluchen und Weinen — was wollen wir mehr?“[29]

E. Jünger feiert das Inferno des imperialistischen Krieges als gleichsam höchsten Ausdruck „gesunden aristokratischen Lebens“. Nur daß der Kult des raubtierhaften Verhaltens und des Söldnertums hier unter dem Eindruck der Materialschlachten des ersten Weltkrieges in qualitativ anderer Weise als bei Nietzsche im Zeichen der Technik steht: Jüngers „Herrenmensch“ zeichnet sich durch Beherrschung der Kriegstechnik **und** der sie nur „bedienenden“ proletarischen Soldatenmassen aus. Nach Jünger kämpft und stirbt der Arbeiter „in Apparaturen, nicht nur ohne ‚höhere Ideen‘, sondern auch in ihrer bewußten Ablehnung. Sein Ethos liegt in der sauberen Bedienung des Apparats. Er hat sich keine Gedanken zu machen; er übersieht nicht den Plan“[30].

Jünger ist später von Details seiner unter dem Eindruck des ersten Weltkrieges verfaßten Verherrlichung des imperialistischen Krieges abgerückt, ohne sich jedoch jemals von einem einzigen seiner Werke zu distanzieren.[31] Vielmehr hat er seine lebensphilosophisch-technikvoluntaristische Apologetik des imperialistischen Krieges immer weiter verfeinert, so daß sein irrationalistisches lebensphilosophisches Gesamtwerk — auch hinsichtlich seiner „technikphilosophischen“ Aussagen — „eine lückenlose Theorie von der Gewalt“[32] bildet.

[29] E. Jünger, Feuer und Blut, in: Werke, Bd. 1, Stuttgart 1960, S. 474.

[30] E. Jünger, Maxima — Minima, Adnoten zum „Arbeiter“, in: Werke, Bd. 6, Stuttgart 1963, S. 340.

[31] E. Jünger hat auch die Kriegführung des Hitlerfaschismus kritisiert — weil sie sich nicht gleich gegen den ersten sozialistischen Staat, sondern zunächst gegen andere imperialistische Staaten richtete. Seit 1936 dachte Jünger über den imperialistischen Krieg hauptsächlich unter dem Gesichtspunkt des „Weltbürgerkrieges“, d. h. des Kampfes zwischen Sozialismus und Kapitalismus nach. So wertete er beide Weltkriege „als bewaffnete Akte im weit ausgedehnteren Rahmen des Weltbürgerkrieges“ (E. Jünger, Der gordische Knoten, Frankfurt/M. 1953, S. 69). Ausgehend von dem dergestalt reflektierten Grundwiderspruch der modernen Epoche stand Jünger in Verbindung zur Verschwörung vom 20. Juli 1944.

[32] E. Könnecker, Ernst Jünger und das publizistische Echo. Reaktion zu Person und Werk nach dem zweiten Weltkrieg. Diss., Berlin (West) 1976, S. 216f. — Könnecker hat überzeugend nachgewiesen, daß Jünger auch nach dem zweiten Weltkrieg der „Bejaher des Krieges geblieben“ ist. Siehe dazu auch A. Auer, Nachträgliches zu einem Jubelfest — Ernst Jünger und die formierte Gesellschaft. In: Weimarer Beiträge, 4/1966, S. 597; H.-J. Bernhard, Die apologetische Darstellung des imperialistischen Krieges im Werk Ernst Jüngers, in: Weimarer Beiträge, 2/1963, S. 321ff.; S. F. Oduev, Auf den Spuren Zarathustras, Berlin 1977, S. 172ff.

Der gleiche „technikphilosophische" Ansatz — Verabsolutierung und Dämonisierung der Technik — der für Jünger zum Ausgangspunkt einer neuartigen Apologetik des imperialistischen Krieges wurde, wird für kleinbürgerliches Weltanschauungsdenken nicht selten zum Ausgangspunkt direkt entgegengesetzter, nämlich pazifistischer Positionen, R. Woldt, der nach dem ersten Weltkrieg an der Universität Münster und der TH Berlin-Charlottenburg zu „technikphilosophischen" Problemen las und auch mit entsprechenden Publikationen hervortrat, charakterisierte den Krieg der Maschinenperiode: „Über die Körperkraft und Geschicklichkeit des Menschen hinaus sind die Naturkräfte zur Entfesselung gebracht worden, das Kriegswerkzeug wurde zur Maschine, und in dem Zusammenhang von Mensch und Maschine, massenmäßig vereinigt, in der Wirkung gesteigert, entstand der kriegstechnische Großbetrieb."[33] Woldt beschwört nun — genau entgegengesetzt den Intentionen eines Jünger — die Schrecken eines neuen, mit noch zerstörerischer Technik geführten Weltkrieges, um damit zum Pazifismus zu erziehen: „Von Grauen werden wir erfaßt, wenn wir uns vorstellen, daß bei einer neuen Kriegskatastrophe die Schrecken des letzten Weltkrieges noch harmlos genannt werden können gegenüber den Erlebnissen, die ein solcher Weltkrieg den Völkern bereiten müßte. Wolken von Gasen, durch Flugzeugbomben herabgeworfen, durch Geschützgranaten abgeschossen, senken sich mit fürchterlicher Präzision auf die ‚feindliche Bevölkerung'. Da gibt es kein Entrinnen . . . Wer diesen Dingen ernsthaft nachgegangen ist und in die Entwicklung der modernen Kriegstechnik Einblick bekommt, wird zum Pazifismus überzeugt, wenn er sich überhaupt noch menschliches Gefühl bewahrt hat. Vor den Erfolgen der modernen Kriegstechnik bekommt er ein Grauen, eine Art Verzweiflungsstimmung muß ihn dahin führen, daran mitzuarbeiten, daß der Menschheit die Schrecken eines neuen Weltkrieges erspart bleiben."[34] Das humanistische Engagement dieses Pazifismus ist hier ebenso offensichtlich wie seine Blindheit für die tatsächlichen Ursachen der Kriege des 20. Jh. und damit seine praktische Ohnmacht gegenüber dem aggressiven Flügel des Finanzkapitals, der seine Ziele mittels immer neuer Raubkriege durchzusetzen bestrebt ist.

Eine andere Version kleinbürgerlich-pazifistischer Technik-Reflexion entwickelte nach dem ersten Weltkrieg der namhafte britische Mathematiker und positivistische Philosoph B. Russell. Russell, der die menschliche Psyche als entscheidende Ursache der Kriege ansah, meinte: „die größere Wildheit des modernen Krieges ist den Maschinen zuzuschreiben . . ." Die Maschinen „haben unsere Lebensführung, aber nicht unsere Instinkte verschoben. Infolgedessen bleibt hier ein Unverträgliches"[35]. Um zu verhindern, daß die Menschheit sich durch eine anwachsende Zerstörungskraft der Kriegstechnik bei sich nicht adäquat verändernden Instinkten selbst vernichtet, ruft der Pazifist Russell nach einem Weltgendarmen: „soll unsere Zivilisation sich weiter entwickeln, so muß es eine zentrale Autorität geben, welche die ganze Welt unter Aufsicht hält". Diese „zentrale Autorität" müsse „zuerst und vor allem . . . über Krieg und Frieden

[33] R. Woldt, Die Arbeitswelt der Technik, Berlin 1926, S. 175.
[34] Ebenda, S. 178f.
[35] B. Russell, Maschine und Empfindung, in: Wissen und Wahn, Skeptische Essays, München 1930, S. 104, 105.

entscheiden können, oder gewährleisten, daß im Kriegsfalle die von ihr begünstigte Seite einen schnellen Sieg erringt"[36]. Russells Sozialutopismus kommt nicht nur darin zum Ausdruck, daß er als solche „zentrale Autorität" die USA bzw. die USA im Bündnis mit dem Britischen Empire empfiehlt, solange „die Welt tatsächlich zwischen Amerika und Rußland gespalten ist . . ." Noch weltfremder ist seine Überzeugung: „In dem Maße, als der Krieg wissenschaftlicher wird, wird er kostspieliger, und so könnten die führenden Weltfinanzgrößen, wenn sie sich zusammentäten, den Verlauf durch Bewilligung oder Zurückhaltung von Anleihen entscheiden."[37] Die **objektiv** stets dem Weltherrschaftsstreben der aggressivsten Kreise des Finanzkapitals dienende Forderung nach einer „Weltregierung" mit militärischen oder polizeilichen Vollmachten wird immer wieder auch von subjektiv ehrlich nach Garantien für einen dauerhaften Frieden suchenden Vertretern einer pazifistisch orientierten spätbürgerlichen „technikphilosophischen" Reflexion des modernen Krieges artikuliert.

Im Ergebnis der wissenschaftlich-technischen Revolution sind vor allem in Gestalt der Raketen-Kernwaffen Massenvernichtungsmittel entstanden, die die Entscheidung der Frage Krieg oder Frieden für ganze Völker zu einer Frage ihres Seins oder Nichtseins machen. Die Dimensionen der nunmehr möglichen Auslöschung menschlichen Lebens durch Kernwaffen wurden schlagartig erhellt, als die USA-Luftwaffe im August 1945 — ohne militärische Notwendigkeit[38] — die japanischen Städte Hiroshima und Nagasaki atomar einäscherte. Inzwischen kommen die Kernwaffenarsenale in der Welt „nach Schätzungen der UNO fast anderthalb Millionen der auf Hiroshima abgeworfenen Bomben gleich. Ihre gesamte Sprengkraft übersteigt die von 50 Milliarden Tonnen herkömmlichen Sprengstoffes. Mit diesen Waffen kann alles Leben auf der Erde fünfzehnmal vernichtet werden"[39]. Der Vernichtungsfaktoren der Kernwaffen und der aus ihrem möglichen Einsatz resultierenden Gefahren für den Bestand der Menschheit sind sich die Menschen aller Erdteile unseres Planeten zunehmend bewußt geworden.

Nicht in gleichem Maße werden demgegenüber bisher zwei ebenfalls mit der wissenschaftlich-technischen Revolution verbundene waffentechnische Entwicklungstendenzen erkannt, auf die die aggressivsten Kreise des Finanzkapitals ebenfalls seit längerem ihre Rüstungsanstrengungen orientieren: **erstens** die Steigerung der Vernichtungswirkung sog. „herkömmlicher" Waffensysteme auf das Niveau etwa einer Kernwaffe vom „Hiroshima-Typ" (ca. 20 kt TNT-Äquivalent).[40] **Zweitens** hat die wissenschaftlich-technische Entwicklung inzwischen Vernich-

[36] B. Russell, Einige Augenblicke: Erfreuliche und sonstige. In: ebenda, S. 301.

[37] Ebenda, S. 301—302.

[38] USA-Außenminister J. F. Byrnes erklärte laut Bericht des Physikers Leo Szilard Anfang Juni 1945: „Wir brauchen die Bombe weniger um Japan zu besiegen, als um in Europa ein leichteres Spiel mit Rußland zu haben" (nach R. Crawshay-Williams, Begegnungen mit Bertrand Russell, Zürich 1974, S. 164).

[39] B. N. Ponomarjow auf dem Treffen kommunistischer und Arbeiterparteien Europas, in: Für Frieden und Abrüstung. Treffen kommunistischer und Arbeiterparteien Europas. Paris, 28./29. April 1980, Berlin 1980, S. 31.

[40] So verfügte die von den USA-Streitkräften bereits gegen Vietnam eingesetzte 6,8-t-Bombe „herkömmlicher" Bauart über eine Sprengwirkung, die jegliches Leben in einem Umkreis von etwa 1 km vom Detonationszentrum vernichtet.

tungsfaktoren erschlossen, die z. B. in Gestalt der sog. „Umwelt-Waffen" die bisher bekannten Wirkungen von Kernwaffen sogar noch übertreffen können.[41]

Spätbürgerliches Philosophieren reflektiert seit Hiroshima und Nagasaki in dieser oder jener Weise die neue Qualität waffentechnischer Entwicklung, die im Ergebnis der wissenschaftlich-technischen Revolution entstand. Allerdings führen Idealismus und Antidialektik die Vertreter der spätbürgerlichen Philosophie immer wieder zu einem eigenartigen philosophischen Reduktionismus, der ihnen eine komplexe Verarbeitung der komplizierten Zusammenhänge zwischen wissenschaftlich-technischer Revolution und der Problematik Krieg — Frieden in unserer Zeit letztlich unmöglich macht.

Es ist für die jüngste Philosophiegeschichte bemerkenswert, daß namhafte und einflußreiche Vertreter spätbürgerlichen Philosophierens nach dem Ende des zweiten Weltkrieges — und das heißt nach Hiroshima und Nagasaki — für die atomare Aufrüstung der NATO und gegen jene Wissenschaftler aufgetreten sind, die zur Ächtung der atomaren Massenvernichtungsmittel aufgerufen hatten. Das betraf klerikale Philosophen wie G. Gundlach und H. Thielicke ebenso wie den physikalischen Positivisten P. Jordan und Existenzphilosophen wie M. Heidegger und K. Jaspers, der allerdings in den 60er Jahren seine diesbezügliche Position wesentlich korrigiert hat. In einer Zeit, da die imperialistischen Hauptmächte unter Führung der USA — gestützt zunächst auf das Monopol und dann eine zeitweilige Überlegenheit an Kernwaffen — einen strategischen Überfall zur Vernichtung des Sozialismus vorbereiteten, lieferten diese und andere bürgerliche Philosophen einen effektiven Beitrag zur ideologischen Schwächung des Friedenskampfes und zur Rechtfertigung eines Aggressionskrieges gegen die sozialistischen Länder.

Obwohl Papst Pius XII. bereits 1953 zumindest Bedenken gegen die Rechtfertigung eines Krieges mit Massenvernichtungsmitteln ausgesprochen hatte[42], fanden sich in der BRD sieben namhafte katholische Moraltheologen, die in ihrer Erklärung vom 5. Mai 1958 nicht nur eine prinzipielle Rechtfertigung des Atomkrieges, sondern auch die atomare Bewaffnung der Bundeswehr für angezeigt

[41] Vgl. dazu: Imperialistische Staaten setzen Arbeiten an prinzipiell neuen Vernichtungswaffen fort, in: Militärtechnik, 2/1979, S. 100—101; M. M. Schneider, Eine Gefahr qualitativen Wettrüstens: neue Massenvernichtungswaffen, in: Wissenschaft und Fortschritt, 6/1981, S. 207—212; R. Stöhr, Zu einigen gefährlichen waffentechnische Entwicklungen in den imperialistischen Staaten, in: H. Meißner, K. Lohs (Hrsg.), Wissenschaft und Frieden, Berlin 1982, S. 140—148; M. M. Schneider, Neue Massenvernichtungswaffen — eine drohende Gefahr des qualitativen Wettrüstens, in: ebenda, S. 149—165; G. Ziebell, Der lautlose Atomschlag aus dem All, in: Wissenschaft und Fortschritt, Berlin 5/1983, S. 171 bis 174.

[42] Pius XII. erklärte am 19. 10. 1953 vor Teilnehmern der 16. Sitzung des Internationalen Dokumentationsbeirates für Militärmedizin: „Wenn die Schäden, die durch den Krieg herbeigeführt werden, unvergleichlich größer sind als die der geduldeten Ungerechtigkeit, kann man verpflichtet sein, die Ungerechtigkeit auf sich zu nehmen. Was wir hier gesagt haben, gilt vor allem für den ABC-Krieg" (zit. nach: Atomare Kampfmittel und christliche Ethik, München 1960, S. 147).

hielten[43]. Einer der sieben Unterzeichner, Prof. A. Auer, rechtfertigte den Einsatz von Atomwaffen unter Hinweis auf sog. „existentielle“ und „geistige“ Werte, wobei er erläuterte: „Existentielle Werte — das ist klar. Wenn man einem Volk einen Lebensraum vorenthält, während das Nachbarvolk Raum genug hat. Diese existentiellen Werte können an Gewicht noch gewinnen, wenn sie geistige, kulturelle oder gar Werte der Religion und des Glaubens sind — konkret gesprochen, wenn die Gefahren etwa des Bolschewismus, der Glaubenslosigkeit . . . drohen.“[44]

Unter Berufung auf die Erbsünde-Problematik hat sich der evangelische Moraltheologe H. Thielicke in den Jahren des kalten Krieges immer wieder gegen die „Unbereitschaft“ gewandt, „die Gefallenheit unserer Welt auszuhalten“ und mit dieser Begründung den Kampf um einen dauerhaften Frieden auf der Erde als „Hybris und Götzendienst“ verteufelt.[45] Auf keinen Fall könne es angesichts der „in dieser Welt vorliegenden Notwendigkeit von Kriegen“ angehen, „die Mittel des Krieges nicht wahrhaben zu wollen und Ratschläge zu erteilen, wie er milde gehalten oder wie das Töten-Müssen verhindert werden könne“[46]. Der damalige Verteidigungsminister der BRD, K.-U. von Hassel, griff dieses klerikal-philosophische Grundmuster der Kriegs-Rechtfertigung auf und formulierte seinerseits: „Eine Welt ohne Kampf? Ein irdisches Paradies? — Das ist es nicht, was wir anstreben können, weil wir . . . wissen, daß Menschen nicht im Diesseits zu erreichen vermögen, was ihnen für das Jenseits verheißen wird.“[47]

Im Zusammenhang mit der Entwicklung nach 1945 und dem Kalten Krieg muß nochmals auf E. Jünger eingegangen werden. 1953 erschien seine bereits erwähnte Arbeit „Der gordische Knoten“. Darin nahm er auf dem Hintergrund der Tatsache, daß die UdSSR endgültig das Kernwaffenmonopol der USA gebrochen hatte, erneut zur Problematik des „Weltbürgerkrieges“ Stellung. Ähnlich wie der damalige BRD-Außenminister, H. von Brentano, suchte Jünger die UdSSR als eine Macht darzustellen, die das „christliche Abendland“ mit einem neuen „Hunnensturm“ bedroht: „Das Außergewöhnliche unserer Zeit liegt darin, daß die Katastrophen des Weltbürgerkrieges sich, und zwar notwendig, treffen mit einer der durch lange Ebben getrennten Hochfluten der Ost-West-Begegnung und daß beide Bewegungen ihre Wirkung vereinigen.“[48] Eine „Kontrolle der großen Kampfmittel“ — d. h. der Kernwaffen — erklärt Jünger aber nur dort für möglich, „wo abendländische Gesittung herrscht“[49]. Erneut plädiert er — nunmehr eindeutig im Rahmen des „Weltbürgerkrieges“ — für den Krieg um die Weltherrschaft: „Daß freier Geist die Welt beherrsche,

[43] Wortlaut in: Herder-Korrespondenz. Monatshefte für Gesellschaft und Religion (Freiburg i. Br.), 9/1958, S. 128.

[44] A. Auer, O. S. B., Die Atombombe und das Naturrecht, in: Die neue Ordnung (Paderborn), 4/1958, S. 261.

[45] H. Thielicke, Brauchen wir Leitbilder?, Hamburg 1961, S. 19.

[46] H. Thielicke, Theologische Ethik, Bd. II/2, Tübingen 1951, S. 577.

[47] Junge Stimme — Soldatenausgabe (Stuttgart), 22/1963, S. 1.

[48] E. Jünger, Der gordische Knoten, a. a. O., S. 70.

[49] Ebenda, S. 127.

wird nachgewiesen um den höchsten Preis. Das ist die Prüfung, die im Opfergange bestanden werden muß."[50]

Eine der Position H. Thielickes nicht nur verbal sehr ähnliche Auffassung vertrat in der Zeit des Kalten Krieges auch M. Heidegger. 1950, im Jahr der Unterzeichnung des Stockholmer Appells zur Ächtung der Atombombe, wandte sich Heidegger — ohne sich zu diesem Appell zu bekennen — mit folgender Behauptung gegen eine friedliche Nutzung der Kernenergie: „Nicht die vielberedte Atombombe ist als diese besondere Tötungsmaschinerie das Tödliche . . . Was den Menschen in seinem Wesen bedroht, ist die Willensmeinung, durch eine friedliche Entbindung, Umformung, Speicherung und Lenkung der Naturenergien könne der Mensch das Menschsein für alle erträglich und im ganzen glücklich machen."[51]

In den 50er Jahren, in der Zeit des Kalten Krieges, wirkte auch der im Unterschied zu Heidegger antifaschistische Positionen vertretende Existenzphilosoph K. Jaspers im Interesse der aggresivsten Kreise des Imperialismus, indem er maßgeblich daran mitwirkte, die „Totalitarismus"-Doktrin als militant antikommunistische Kriegsideologie der NATO zu begründen.[52] Insbesondere in seinem 1958 erschienenen Buch „Die Atombombe und die Zukunft des Menschen" rechtfertigte Jaspers den Einsatz von Kernwaffen gegen den Sozialismus. Jaspers, der „Technik" stets mit „Masse" verband[53], den Volksmassen gegenüber Mißtrauen, wenn nicht Haß empfand, reflektierte die waffentechnische Entwicklung zunächst dahingehend, daß die „technische Maschinerie der Kriegführung . . . als solche das handelnde Menschsein vernichtet"[54] habe. Das war im Grunde seine alte These von der Ohnmacht des Menschen gegenüber der Technik. Vor allem aber reflektierte Jaspers zu dieser Zeit die waffentechnische Entwicklung durch die Optik des Antikommunismus, wobei er Kommunismus mit Totalitarismus identifiziert: „Solange der Krieg mit Menschenmassen und alten Waffen, mit alter Technik, aber ohne Atombomben geführt würde, wären die Totalitären heute überlegen. In solchem Kriege würden daher die Ereignisse an einen Punkt führen, wo für die freien Staaten die Frage ist: Anwendung der Atombombe oder Hinnahme

[50] Ebenda, S. 7.

[51] M. Heidegger, Wozu Dichter?, in: M. Heidegger, Holzwege, Frankfurt/M. 1950, S. 271. — Heidegger hat bis zuletzt die pessimistische Auffassung verbreitet, daß Technik in ihrem Wesen etwas sei, „was der Mensch von sich aus nicht bewältigt". Er folgerte daraus: „Die Philosophie wird keine unmittelbare Veränderung des jetzigen Weltzustandes bewirken können. Dies gilt nicht nur von der Philosophie, sondern von allem bloß menschlichen Sinnen und Trachten. Nur noch ein Gott kann uns retten. Uns bleibt die einzige Möglichkeit, im Denken und Dichten eine Bereitschaft vorzubereiten für die Erscheinung des Gottes oder für die Abwesenheit des Gottes im Untergang; daß wir im Angesicht des abwesenden Gottes untergehen" („Nur noch ein Gott kann uns retten". SPIEGEL-Gespräch mit Martin Heidegger am 23. September 1966, in: Der Spiegel, Hamburg, Nr 23/1976, S. 206, 209). — Zur „Technikphilosophie" M. Heideggers siehe auch den Beitrag von M. Rezsö in diesem Band.

[52] Vgl. H.-M. Gerlach, Existenzphilosophie und Politik. Kritische Auseinandersetzung mit Karl Jaspers, Berlin 1974, S. 99.

[53] Vgl. K. Jaspers, Die geistige Situation der Zeit (1931), Zweiter unveränd. Abdruck der 1932 bearb. 5. Aufl., Berlin 1949, S. 35.

[54] K. Jaspers, Von der Wahrheit, München 1947, S. 340.

des Totalitarismus? Wagnis der Menschheitsvernichtung oder Preisgabe der Freiheit![55] Jaspers ist zu dieser Zeit nicht nur von der atomaren Überlegenheit der USA überzeugt, seine Angst vor einer antiimperialistischen Revolution ist zugleich so stark, daß er der letzten Ausbeuterordnung faktisch das Recht zugesteht, die Existenz der Menschheit aufs Spiel zu setzen, wenn diese es wagen sollte, die kapitalistische Ordnung zu stürzen und die sozialistische Gesellschaftsordnung aufzubauen: „Wer sagt, um jeden Preis müsse die Menschheit am Leben bleiben, ist nur glaubwürdig, wenn er weiß, was der Totalitarismus ist."[56] Weitergehend als Jaspers es hier tat, ist die menschheitsfeindliche Parole „lieber tot als rot" kaum auszulegen und anzuwenden.

In den Jahren des kalten Krieges wurden verantwortungsbewußte Naturwissenschaftler, die — wie die Göttinger 18 — ihre Stimme zur Ächtung der Kernwaffen erhoben, ohne damit bereits bürgerliche Klassenpositionen zu verlassen[57], nicht nur von F.-J. Strauß oder einem solchen faschistoiden philosophierenden Naturwissenschaftler wie P. Jordan angegriffen, sondern auch von Jaspers, der ihnen entgegenhielt, ihr Verhalten sei ein Verhalten „nicht von Forschern, die erwägen und prüfen"[58]; sie hätten die atomare Bewaffnung der Bundeswehr „ohne Durchdenken aller Gesichtspunkte in der weltweiten politischen Situation aus ungeklärten Motiven" abgelehnt.[59] Noch 1960 bezeichnete Jaspers einen Verzicht der BRD auf atomare Rüstung als „Preisgabe eines Machtpostens des Westens und damit Verrat am Abendland"[60]. Und Jaspers verstand sich auch zu dieser Zeit als Humanist!

Demgegenüber sind viele bürgerliche Naturforscher gemeinsam mit **einzelnen** bürgerlichen Philosophen angesichts der Gefahr einer nuklearen Katastrophe auch in den Jahren des kalten Krieges mutig und prinzipiell für friedliche Koexistenz zwischen Kapitalismus und Sozialismus eingetreten. Hier ist vor allem der bedeutendste Physiker unseres Jahrhunderts, A. Einstein, zu nennen, der bis zu seinem Tode der bereits im ersten Weltkrieg gewonnenen Erkenntnis treu blieb, daß die waffentechnische Entwicklung die Sicherung des Friedens zur Existenzfrage der Menschheit macht, der sich kein verantwortungsbewußter Wissenschaftler entziehen darf.[61] Gemeinsam mit B. Russell, der trotz tiefverwurzelter

[55] K. Jaspers, Die Atombombe und die Zukunft des Menschen, München 1958, S. 23.

[56] Ebenda, S. 228.

[57] In der Göttinger Erklärung der 18 Atomwissenschaftler vom 12. 4. 1957 hieß es: „Wir bekennen uns zur Freiheit, wie sie heute die westliche Welt gegen den Kommunismus vertritt". (Zit. nach: C. F. v. Weizsäcker, Die Verantwortung der Wissenschaft im Atomzeitalter, Göttingen 1957, S. 51.)

[58] K. Jaspers, Die Atombombe und die Zukunft des Menschen, a. a. O., S. 276.

[59] K. Jaspers, Wahrheit, Freiheit und Friede, München 1958, S. 14.

[60] K. Jaspers, Freiheit und Wiedervereinigung, München 1960, S. 35.

[61] „Das Ziel der Sicherung des Friedens ist von den wirklich bedeutenden Menschen früherer Generationen in seiner Wichtigkeit erkannt worden. Die Entwicklung der Technik in unserer Zeit aber macht das ethische Postulat zu einer Existenzfrage für die heutige zivilisierte Menschheit und die aktive Teilnahme an der Lösung des Friedensproblems zu einer Gewissenssache, der kein der moralischen Verantwortung bewußter Mensch ausweichen kann." (A. Einstein, Mein Weltbild, hrsg. von C. Seelig, Frankfurt/M. 1977, S. 46.)

antikommunistischer Vorurteile ebenfalls leidenschaftlich für das Zusammenwirken aller Wissenschaftler zur Verhinderung eines Atomkrieges eintrat, rief Einstein auf dem Höhepunkt des Kalten Krieges alle Wissenschaftler der Welt zu gemeinsamem Handeln für den Frieden auf. Dieses Einstein-Russell-Manifest führte 1957 zur ersten Pugwash-Konferenz, aus der die Pugwash-Bewegung der Wissenschaftler der Welt gegen die Gefahren eines Kernwaffenkrieges hervorging.

B. Russell war schon über 75 Jahre alt, als er zum Initiator und leidenschaftlichen Sprecher der britischen Bewegung für nukleare Abrüstung wurde; trotz seines hohen Alters nahm er an den seit 1958 regelmäßig stattfindenden Ostermärschen der britischen Kernwaffengegner teil und ließ sich davon auch durch Polizeischikanen und Inhaftierung nicht abschrecken. Ähnlich standhafte Positionen bezogen in den Jahren des kalten Krieges die Göttinger 18 in der BRD, Nobelpreisträger L. Pauling in den USA —, ganz zu schweigen von dem konsequenten Humanisten und Pazifisten A. Schweitzer[62].

Insgesamt jedoch blieben die Befürworter friedlicher Koexistenz zwischen Sozialismus und Imperialismus unter den Vertretern bürgerlichen Weltanschauungsdenkens in den Jahren des Kalten Krieges Ausnahmeerscheinungen, die von der offiziellen bürgerlichen Propaganda heftig attackiert und verleumdet wurden. In nennenswertem Umfang entwickelte spätbürgerliches Weltanschauungsdenken die Einsicht in die Notwendigkeit der friedlichen Koexistenz mit dem Sozialismus erst im Ergebnis der grundlegenden Veränderung des Kräfteverhältnisses, erst als die UdSSR eine zur Vernichtung jedes potentiellen imperialistischen Aggressors ausreichende nukleare Gegenschlagskapazität besaß. Weil sie angesichts dieses veränderten Kräfteverhältnisses nunmehr auch **ihre** Welt bedroht sehen mußten, begannen bürgerliche Philosophen, Ideologen, Politiker und Militärs allmählich ihre Einstellung zur friedlichen Koexistenz von Sozialismus und Kapitalismus zu korrigieren. Zu Beginn der 60er Jahre artikulierte G. Mann diesen Sinneswandel als einer der ersten mit der Feststellung, es bestehe nun nicht mehr „die Hoffnung, wir könnten diesen sogenannten Kommunismus doch wieder aus der Welt schaffen. Das können wir nicht, er ist da und bleibt da; aus der Welt schaffen könnten wir ihn höchstens zusammen mit uns selber; das wäre keine sehr lohnende Operation“[63]. Zurecht weist J. Kuczynski darauf hin, daß dieser Sinneswandel mit der die Positionen des zur friedlichen Koexistenz neigenden Flügels der Monopolbourgeoisie artikuliert werden, „nur pragmatischer, aber nicht moralischer Natur ist“[64].

Oberflächlich betrachtet, deckt sich die Argumentation zahlreicher bürgerlicher Befürworter einer friedlichen Koexistenz von Kapitalismus und Sozialismus seitdem mit der These W. I. Lenins, daß ein mit den „gewaltigsten Errungenschaften der Technik“ geführter Krieg „das größte Verbrechen wäre“ und durchaus „zur Untergrabung der Existenzbedingungen der menschlichen Gesellschaft führen

[62] Vgl. L. Pauling, Leben oder Tod im Atomzeitalter, Berlin und Weimar 1964; L. Pauling, Neue Moral und internationales Recht, Berlin 1965; A. Schweitzer, Friede oder Atomkrieg. In: Die Lehre der Ehrfurcht vor dem Leben, 7. Aufl., Berlin 1974, S. 61ff.; ders., Los von der Gesinnung der Unmenschlichkeit! Los von den Atomwaffen! In: ebenda, S. 67ff.

[63] G. Mann, Der verlorene Krieg und die Folgen. In: Bestandsaufnahme, hrsg. von H. W. Richter, München—Wien—Basel 1962, S. 49.

[64] J. Kuczynski, Philosophische Aspekte von Krieg und Frieden. In: DZfPh, 12/1976, S. 1459.

kann . . .“[65], wenn es nicht gelingt, ihn zu verhindern. Doch bei allen für die Sicherung des Friedens in ihrer Bedeutung gar nicht zu überschätzenden Gemeinsamkeiten zwischen den Marxisten-Leninisten und den meisten bürgerlichen Befürwortern der friedlichen Koexistenz, gibt es dennoch zwischen ihnen gravierende Unterschiede im Herangehen eben an die Problematik der Kriegstechnik. Sie dürfen im Interesse eines ehrlichen Bündnisses für den Frieden nicht ignoriert werden. Im Unterschied zu den Marxisten-Leninisten pflegen bürgerliche Befürworter der friedlichen Koexistenz die militär-technische Seite eines möglichen Krieges zu verabsolutieren, seine gesellschaftliche Determiniertheit hingegen zu negieren bzw. unterzubewerten. Dieser philosophische Reduktionismus verhindert nicht nur die das Wesen jedes Krieges gebührend berücksichtigende komplexe wissenschaftliche Analyse der Kriegsproblematik in unserer Zeit; er verleiht auch den von diesen Positionen aus erarbeiteten Lösungsvorschlägen einen letztlich sozialutopischen Charakter und führt in komplizierten Klassenkampfsituationen nicht selten — trotz größter persönlicher Lauterkeit — **objektiv** zur Unterstützung jener imperialistischen Kreise, die im Interesse ihrer Klassenziele den Weltfrieden bewußt gefährden. Exemplarisch dafür ist der „nukleare Pazifismus“.

Der „nukleare Pazifismus“ als eine spezifische Erscheinung spätbürgerlichen Weltanschauungsdenkens ist z. B. **erstens** dadurch gekennzeichnet, daß er die Gefahr eines die Zukunft der Menschheit bedrohenden thermonuklearen Weltkrieges kurzschlüssig und absolut aus der waffen**technischen** Entwicklung ableitet. In diesem Sinne argumentierte z. B. auch A. Schweitzer, wenn er schrieb: „Wir leben in einer düsteren und beängstigenden Zeit . . . In diese Lage sind wir durch die Errungenschaften der Wissenschaft und Technik gekommen.“[66] Die dergestalt aller sozialen Determinanten entkleideten „Errungenschaften der Wissenschaft und Technik“ erscheinen als die Verursacher der Gefahren. In Wirklichkeit resultieren sie daraus, daß die über diese Errungenschaften verfügenden Vertreter der letzten Ausbeuterklasse ein **Interesse** daran haben, diese Errungenschaften immer wieder zur Expansion ihres Herrschaftsbereiches und zur Vernichtung des gesellschaftlichen Fortschritts zu mißbrauchen.

Ebenso handelt es sich zumindest objektiv um Desorientierung, wenn R. Proske anläßlich der 30-Jahr-Feier der Technischen Akademie Wuppertal für die real gegebene „Gefahr eines künftigen Krieges“ „technologische Entwicklungen“ verantwortlich macht, die „heute durch politische und psychologische Entwicklungen verstärkt werden“ und damit „destabilisierend“ auf den Weltfrieden wirken.[67] Daß die kurzschlüssige Ableitung der Kriegsgefahr aus der wissenschaftlich-technischen Entwicklung, die in der Regel einem klassenbornierten Streben nach „Objektivität“ geschuldet ist, nicht nur unwissenschaftlich ist, sondern in bedenkliche Nähe zur Argumentation der Feinde der friedlichen

[65] W. I. Lenin, Gemeinsame Sitzung des gesamtrussischen Zentralexekutivkomitees . . ., in: Werke, Bd. 27, a. a. O., S. 420.

[66] A. Schweitzer, Los von der Gesinnung der Unmenschlichkeit! Los von den Atomwaffen!, in: Die Lehre der Ehrfurcht vor dem Leben, a. a. O., S. 69.

[67] R. Proske, Die wahren Grenzen der Zukunft. In: Handelsblatt, Düsseldorf, Nr. 9 vom 12./13. 1. 1979, S. 10.

Koexistenz führt, macht die These deutlich, die der militärpublizistische Exponent des Militär-Industrie-Komplexes der BRD, A. Weinstein, im Zusammenhang mit dem NATO-Hochrüstungsprogramm vertritt: „Die Technik drängt die Allianz in die neue Nuklearstrategie.“[68] Von dort ist es nur noch ein kleiner Schritt zu der unbeweisbaren These des SPD-Politikers K. D. Voigt, es verleihe „die Waffenentwicklung selbst — und nicht etwa die politischen Ziele, Interessen, Konflikte u. ä. — dem Wettrüsten die entscheidende Triebkraft“[69]. Indem Voigt damit ein schicksalhaftes Ausgeliefertsein des Menschen an „die Waffenentwicklung“ suggeriert, lähmt er nicht nur den Kampf um Rüstungsbegrenzung und Abrüstung, sondern deckt auch jene NATO-Kreise, deren Ziel es ist, den Sozialismus entweder totzurüsten oder — nach Erlangung entsprechender militärischer Überlegenheit — zu überfallen.

Der gleiche „technikphilosophische“ Denkansatz, der von den NATO-Ideologen demagogisch eingesetzt wird, führte bei M. Born zu verzweifeltem ethischen Pessimismus. Born, der Kriege der Vergangenheit zunächst idealisiert, behauptet dann: „Moderne Waffen der Massenvernichtung lassen keinen Raum für irgendwelche sittlich begründete Einschränkungen und degradieren den Soldaten zu einem technischen Mörder.“[70] Tragisch muß es genannt werden, daß M. Born, der zu den Göttinger 18 gehörte, am Ende seines Wissenschaftlerlebens zu dem absolut pessimistischen Schluß gelangt, „daß Naturwissenschaft und Technik die sittliche Grundlage der Zivilisation vielleicht für immer zerstört haben“[71]. Tragisch deshalb, weil dieser bedeutende Naturforscher durch seine Unkenntnis der objektiven Entwicklungsgesetze der menschlichen Gesellschaft zu der abstrusen Auffassung gelangt, daß der von ihm erlebte imperialistische Mißbrauch wissenschaftlich-technischer Erkenntnis — z. B. die atomare Bombardierung Hiroshimas und Nagasakis — „durch die Entwicklung der naturwissenschaftlichen Methode verursacht wurde“, ja, daß sie geradezu „eine notwendige Folge des naturwissenschaftlichen Aufstiegs“ sei.[72] Philosophisch ist Born ein Opfer jener Denkweise, die vermeint, gesellschaftliche Probleme ohne gesellschaftswissenschaftliche Voraussetzungen wissenschaftlich klären zu können.

Der „nukleare Pazifismus“ weist sich **zweitens** dadurch als spätbürgerliches Weltanschauungsdenken aus, daß seine Vertreter Sozialismus und Imperialismus im Zusammenhang mit der Problematik Krieg — Frieden immer wieder objektivistisch gleichsetzen. Natürlich handelt es sich um ein scheinbares Gleichsetzen, denn zumeist liegt dem — unabhängig davon, wieweit das den betreffenden Vertretern bis zur letzten Konsequenz bewußt ist — ein Reflektieren aus einem durch Industriegesellschafts-Theorien geprägten Epocheverständnis zugrunde. Dieses Verständnis ist letztlich aber stets prokapitalistisch und antisozialistisch orientiert, auch wenn Kapitalismus und Sozialismus scheinbar als Varianten oder

[68] Frankfurter Allgemeine Zeitung, Frankfurt/M., 11. 12. 1978.
[69] Nach: die Tat (Frankfurt/M.), S. 2/1979.
[70] H. Born/M. Born, Der Luxus des Gewissens, München 1969, S. 67.
[71] Ebenda, S. 69.
[72] Ebenda, S. 72.

Hybriden eines Gesellschaftstyps gleichgesetzt werden. Diese Art des Herangehens ist typisch für C. F. von Weizsäcker, der die These vertritt: „Die Spannungen zwischen dem Westen und der Sowjetunion beruhen . . . nicht vor allem auf dem Gegensatz der Gesellschaftssysteme, sondern auf dem unvermeidlichen Konflikt zweier Imperialismen."[73] C. F. von Weizsäcker, der 1957 ebenfalls zu den Unterzeichnern des Göttinger Appells gehörte, war später u. a. auch Vizepräsident des der NATO nahestehenden „Instituts für Strategische Studien" in London. Dennoch hat er im NATO-Bereich — und teilweise darüber hinaus — nicht zuletzt wegen seiner einstmaligen Unterschrift unter den Göttinger Appell den Ruf eines seriösen Friedensforschers. Von Weizsäcker hat in seinem Nachdenken über Krieg und Frieden in unserer Epoche immer wieder betont „technik-philosophische" Fragestellungen aufgeworfen und seine diesbezüglichen Antworten wiederholt modifiziert. Festgehalten hat er stets an der Gleichsetzung von UdSSR und USA als „zwei Imperialismen" sowie daran, in Zeiten verschärfter ideologischer Auseinandersetzung zwischen Sozialismus und Imperialismus eindeutiger zugunsten des Imperialismus Partei zu ergreifen. Obwohl durch den Verlauf der Kriegsgeschichte immer wieder ad absurdum geführt, neigen bürgerliche Denker stets erneut dazu, in einer bestimmten **Technik** die Kraft zu sehen, die den Krieg von sich aus unmöglich machen kann.[74] In den 50er Jahren sah auch von Weizsäcker in der modernsten Kriegstechnik nicht nur die Quelle der drohenden Gefahren, sondern auch das wichtigste Mittel zu ihrer Bannung: „Heute ist die Wasserstoffbombe wahrscheinlich der stärkste Garant des Weltfriedens."[75] Auf seiner Suche nach einem „Ethos des Umgangs mit der Technik" gelangte er rund zehn Jahre später zu der Erkenntnis, daß nicht „die Technik", sondern Politik mit der Technik der Kern des Problems ist. Im Zusammenhang mit der Verschärfung des ideologischen Klassenkampfes nach der Wende vom Kalten Krieg zur Entspannung hat von Weizsäcker seine Position auch hinsichtlich der Problematik Krieg — Frieden deutlicher artikuliert. 1976 setzte er die Erwartung einer weltweiten sozialistischen Revolution apodiktisch mit der „Erwartung des Weltkrieges" gleich.[76] 1980 versuchte er der Sowjetunion dadurch die Schuld an der Verschärfung der internationalen Situation zu unterstellen, daß er sie als einen Gegner bezeichnete, „dem es ohne Zweifel um die Weltherrschaft geht"[77]. Zugleich hat sich von Weizsäcker ausgehend von der These „Friedenssicherung hat Priorität vor jedem Partikularinteresse" nachdrücklicher als zuvor zur friedlichen Koexistenz zwischen Sozialismus und Imperialismus bekannt: „Planung für den

[73] C. F. v. Weizsäcker, Wege in der Gefahr. Eine Studie über Wirtschaft, Gesellschaft und Kriegsverhütung, München—Wien 1976, S. 73.

[74] So schrieb z. B. Friedrich Naumann unter dem unmittelbaren Eindruck der in dieser Weise nicht vorhergesehenen Stellungsschlachten des ersten Weltkrieges: „Möglicherweise ist der Schützengraben das größte Mittel der Vorsehung, um dem Krieg durch seine eigene Technik illusorisch zu machen" (F. Naumann, Mitteleuropa, Berlin 1915, S. 8).

[75] C. F. v. Weizsäcker, Die Verantwortung der Wissenschaft, in: Wege in der Gefahr, a. a. O., S. 37.

[76] Vgl. C. F. v. Weizsäcker, Herrschaft der Revolutionäre. In: Die Welt, Ausg. B., Bonn, 6. 11. 1976.

[77] Mit Krieg muß wieder gerechnet werden. Gespräch mit C. F. v. Weizsäcker. In: Rheinischer Merkur/Christ und Welt, Bonn, Nr. 18 vom 2. 5. 1980, S. 3.

Frieden heißt vermutlich zunächst Ernüchterung. Sie heißt natürlich auch Aufbau einer wirtschaftlichen Kooperation mit unseren osteuropäischen Nachbarn, Förderung einer Europa verflechtenden Struktur und damit auch einen — notwendigerweise langsamen — Fortschritt im Bewußtsein der Möglichkeit der Koexistenz."[78] Ebenso hat von Weizsäcker den NATO-Plan zur Stationierung zusätzlicher USA-Mittelstreckenraketen in der BRD abgelehnt.[79]

Schließlich leiten die Vertreter des „nuklearen Pazifismus" nicht selten aus ihrem „technikphilosophischen" Ansatz **drittens** die These ab, daß angesichts der Vernichtungswirkung der Kernwaffen eine Unterscheidung von gerechten und ungerechten Kriegen gegenstandlos geworden sei. Ein namhafter Vertreter dieser These ist J. Somerville. Somerville hat große Verdienste um die Friedens- und Bürgerrechtsbewegung in den USA. Sicher entspringt sein moralischer Rigorismus in Bezug auf einen möglichen Kernwaffenkrieg seiner tiefen Sorge um das Überleben der Menschheit. Daß Somerville auch hinsichtlich seiner Stellung zum Militär-Industrie-Komplex seines Landes anders als von Weizsäcker beurteilt werden muß, erhellte nicht zuletzt die Tatsache, daß er zu den wenigen namhaften USA-Wissenschaftlern gehört, die sich durch die antisowjetische Hysterie der Carter-Administration im Jahre 1980 von ihrem Kampf für Frieden und reale Abrüstungsschritte nicht abbringen ließen. Seinen „nuklearen Pazifismus" hatte Somerville Anfang der 70er Jahre in folgende Worte gekleidet: „Besitzt irgendeine Regierung oder ein Volk das Recht — Krieg zu führen unter Einsatz von Kernwaffen — **selbst für eine gerechte Sache?** Die Frage muß verneint werden, weil die am wenigsten gerechte aller Folgen ist, daß alles vernichtet wird."[80]

Auf den ersten Blick scheint eine solche Argumentation dem Friedenskampf zu dienen. Tatsächlich aber zielt sie durch die absolute Gleichsetzung des potentiellen Aggressors mit seinem Opfer auf dessen zunächst moralische und schließlich auch materielle Entwaffnung. Dieser Argumentation praktisch zu folgen würde bedeuten, daß sich der reale Sozialismus, die Hauptkraft des Friedens, dem Imperialismus ausliefern würde. Und genau das fordert Somerville 1981 von der UdSSR! Mit der Behauptung, nicht der Kernwaffenüberfall eines Aggressors, sondern erst der Antwortschlag des überfallenen Landes habe den Untergang der Menschheit zur Folge, sucht er die groteske Forderung zu begründen, der Sozialismus dürfe eine mit Kernwaffen geführte Aggression des Imperialismus nicht mit Kernwaffen beantworten. Darauf aufmerksam gemacht, daß eine derartige Kapitulation jeden potentiellen Aggressor nur ermuntern könne, einen Kernwaffenkrieg zu beginnen, entgegnet Somerville: „Ja, das kann den Aggressor ermuntern, aber das ist besser als das andere Ergebnis, die totale Vernichtung der Menschheit."[81] Gerade die historische Tatsache, daß die Wende vom Kalten Krieg zur Entspannung als Ergebnis eines qualitativ zugunsten des Sozialismus

[78] C. F. v. Weizsäcker, Können wir den Frieden in der heutigen Welt planen?, in: Universitas (Stuttgart) 10/1980, S. 1015f.

[79] Vgl. Deutsche Volkszeitung, Düsseldorf, 29. 11. 1979.

[80] J. Somerville, Durchbruch zum Frieden, Darmstadt 1973, S. 47.

[81] J. Somerville (Ed.), Soviet Marxism and Nuclear War, Westport/Connecticut 1981, S. 27. Siehe dazu auch: E. Woit, Diskussionen um die Lebensfrage der Menschheit, in: DZfPh, 10/1982, S. 1257ff.

veränderten Kräfteverhältnisses auf militärischem Gebiet möglich wurde, beweist, wie unvermindert aktuell ist, was Th. Mann 1938 angesichts der drohenden Aggression des Hitlerfaschismus gegen einen „Humanismus der Schwäche" geschrieben hat: „Die Freiheit muß ihre Männlichkeit entdecken, sie muß lernen, im Harnisch zu gehen und sich gegen ihre Todfeinde zu wehren, muß endlich, nach bittersten Erfahrungen, begreifen, daß sie mit einem Pazifismus, der eingesteht, den Krieg um keinen Preis zu wollen, den Krieg herbeiführt, statt ihn zu bannen."[82]

Mit der von den Friedenskräften zu Beginn der 70er Jahre gegen den hartnäckigen Widerstand der Kräfte des Militär-Industrie-Komplexes eingeleiteten und insbesondere in der Schlußakte der Konferenz von Helsinki (1975) völkerrechtlich fixierten Wende vom Kalten Krieg zur Entspannung wurde ein historisch höchst bedeutsamer Schritt in Richtung auf einen dauerhaften Frieden getan. Im Ergebnis dessen erfuhr auch bürgerliches Nachdenken über Krieg und Frieden eine Weiterentwicklung und Modifizierung. Neben der Wende vom kalten Krieg zur Entspannung selbst sind es vor allem zwei in ihrer Tragweite kaum zu überschätzende Umstände, die seitdem die weitere Profilierung und Differenzierung spätbürgerlichen Philosophierens über die wichtigste Frage der Menschheit bestimmen: **Erstens** die Tatsache einer gleichzeitigen Verschärfung der Existenzbedingungen des kapitalistischen Systems durch Zuspitzung seiner allgemeinen Krise und deren Verflechtung mit Struktur- und zyklischen Krisen solcher Intensität und Dauer, daß die Grenzen staatsmonopolistischer Regulierungsmöglichkeiten unübersehbar zutage traten. Dadurch sind die Chancen des Kapitalismus, den Sozialismus im friedlichen Wettbewerb zu besiegen, selbst in den Augen seiner treuesten Ideologen erheblich geschrumpft. **Zweitens** die nunmehr durch die wissenschaftlich-technische Revolution möglich gewordenen qualitativen Weiterentwicklungen der Militärtechnik[83], wodurch die das weitere Schicksal der Menschheit direkt berührende Alternative zwischen Abrüstung und erneutem strategischen Wettrüsten objektiv eine noch nie dagewesene Bedeutung erlangt hat.

Bürgerliches Weltanschauungsdenken reflektiert diese Tatbestände mit sehr unterschiedlichen Konsequenzen. Dabei erlangen „technik-philosophische" Überlegungen im Zusammenhang mit Stand und Trends der waffentechnischen Entwicklung nunmehr für die Beurteilung der Problematik Krieg — Frieden insgesamt eine große, wenn nicht gar ausschlaggebende Bedeutung. Die praktisch-politische Differenzierung erfolgt auch hier in erster Linie danach, wessen ideo-

[82] Th. Mann, Vom kommenden Sieg der Demokratie, in: Gesammelte Werke in zwölf Bänden, Bd. 12, Berlin 1955, S. 824.

[83] Hierzu gehören bisher zumindest folgende Richtungen der Vervollkommnung bzw. Neuentwicklung von Massenvernichtungsmitteln: Erhöhung der Vernichtungswirkung von Kernwaffen durch Weiterentwicklung der Kernsprengköpfe und der Kernwaffen-Einsatzmittel: Erhöhung der Wirkung chemischer und bakteriologischer Waffensysteme; Entwicklung von Waffensystemen zur ökologischen Kriegführung durch Auslösung künstlicher Erd- und Seebeben, Veränderung der Wetterlage, partielle Zerstörung der Ozonschicht und Erdatmosphäre usw.; Weiterentwicklung herkömmlicher Waffensysteme, so daß deren Vernichtungswirkung etwa der von Kernwaffen kleiner bis mittlerer Stärke entspricht, z. B. in Gestalt von sog. „Flächenwaffen".

logische Position objektiv vertreten werden: die der Anhänger oder die der Feinde friedlicher Koexistenz innerhalb der Monopolbourgeoisie, kleinbürgerliche Positionen eines kämpferischen Humanismus oder pessimistischer Resignation.

Typisch für alle bürgerlichen Befürworter einer friedlichen Koexistenz von Kapitalismus und Sozialismus ist die große Bedeutung, die sie waffentechnischen „Gleichgewichts"-Konzeptionen beimessen. Ohne die Bedeutung des auch waffentechnisch zu fundierenden Prinzips gleicher Sicherheit für alle Beteiligten für das Zustandekommen **völkerrechtlicher** Vereinbarungen über friedliche Koexistenz im geringsten zu unterschätzen, muß hier vor allem angemerkt werden, daß die **weltanschauliche** Beurteilung waffentechnischer Kräfteverhältnisse als wichtigste oder gar einzige Basis friedlicher Koexistenz zwischen Sozialismus und Kapitalismus schon deshalb völlig unzureichend ist, weil diese beiden Gesellschaftsordnungen kraft ihres unterschiedlichen sozialen Wesens objektiv nicht dasselbe Verhältnis zu Krieg und Frieden haben. Es kann wohl nur als klassenbedingte Inkonsequenz gedeutet werden, wenn der verdiente bürgerliche Friedensforscher W. von Bredow ausgerechnet im Zusammenhang mit der Wende vom kalten Krieg zur Entspannung Hinweisen „auf die Veränderung des internationalen Kräfteverhältnisses" größeren Erklärungswert abspricht und dann explizit „Vorbehalte gegen den analytischen Wert eines Begriffes wie des militärisch-industriellen Komplexes" anmeldet[84]. Auch für ein direkt entgegengesetztes Vorgehen bürgerlicher Friedensforscher dürften klassenbedingte Inkonsequenz und Zurückweichen vor dem ideologischen Druck der Massenmedien die wichtigste Ursache sein: wenn sie nämlich zu suggerieren suchen, daß konkret-historisch an das letzte Stadium des Kapitalismus gebundene Erscheinungen wie der Militär-Industrie-Komplex oder Politiker-Fraktionen wie „Falken" und „Tauben" auch in den Ländern der sozialistischen Staatengemeinschaft existieren.

Jede soziale Gleichsetzung von Kapitalismus und Sozialismus in Verbindung mit einer ausschließlich oder vorwiegend auf waffentechnischer Parität aufgebauten Friedenskonzeption vermag bestenfalls „atomares Patt" und „Gleichgewicht des Schreckens" als Alternative zum Kernwaffenkrieg anzubieten, wie das z. B. durch W. Becker auf dem 16. Weltkongreß für Philosophie 1978 in Düsseldorf demonstriert wurde. Becker stellte nicht nur die Möglichkeit der Beherrschung des wissenschaftlich-technischen Fortschritts durch die Menschheit prinzipiell in Frage; er polemisierte in diesem Zusammenhang auch entschieden gegen den Kampf um „einen Frieden jenseits der permanenten Bedrohung". Demgegenüber behauptete er, „daß der Weltfriede — auf absehbare Zeit ohne Alternative — auf dem Gleichgewicht des überdimensionierten Schreckens, konkret: der gleichmäßig verteilten Möglichkeit des Atombomben-Overkills, beruht . . .[85] Auf diese Weise wird nicht nur die Lösung der Frage Krieg oder Frieden absolut an die Technik als das Mittel der Kriegsführung gebunden, sondern zugleich — bewußt oder unbewußt — verschleiert, daß ausnahmslos jeder Krieg einer bestimmten

[84] W. von Bredow, Zum Verhältnis von Abrüstung und friedlicher Koexistenz, in: Entspannung und Abrüstung, hrsg. von A. Kaljadin u. G. Kade, Wien 1976, S. 86f.

[85] W. Becker, Technischer Fortschritt und das Freiheitsverständnis der liberalen Demokratie, in: 16. Weltkongreß für Philosophie 1978, Sektionsvorträge, Düsseldorf [1978], S. 85.

Politik entspringt, das Ergebnis politischer Entscheidungen und damit seinem Wesen nach die Fortsetzung der Vorkriegspolitik mit anderen Mitteln ist.[86] Außerdem wird damit eine Konzeption entwickelt, die es — wiederum beabsichtigt oder unbeabsichtigt — rechtfertigt, wenn Vertreter des Militär-Industrie-Komplexes unter demagogischem Hinweis auf ein angeblich gestörtes quantitatives oder qualitatives „Gleichgewicht" auf waffentechnischem Gebiet **verbal** für die Beendigung des Wettrüstens eintreten, **real** aber durch „Nachrüstung" das Wettrüsten immer wieder neu inszenieren.

Vor allem aber muß jedes Philosophieren über die Problematik Krieg und Frieden in unserer Zeit, bei dem die Technik verabsolutiert und das Problem der Beherrschung des wissenschaftlich-technischen Fortschritts nicht als Problem seiner gesellschaftlichen Beherrschung gestellt wird, letztlich pessimistisch bleiben, weil dadurch Rüstung und Abrüstung von den jeweils vital an ihnen interessierten gesellschaftlichen Kräften sowie deren Feinden getrennt wird. Eine Ausklammerung oder Unterbewertung dieser für die wissenschaftliche Analyse der Lebensfrage der Menschheit letztlich entscheidenden Komponente führt zwangsläufig zu jenem Pessimismus, wie ihn gemeinsam mit einer wachsenden Zahl anderer bürgerlicher Philosophen der Gegenwart H. Lübbe artikuliert, wenn er einerseits von der „Gewißheit" erfüllt ist, „daß es auf die Dauer so nicht weitergehen kann", andererseits aber resignierend meint, daß „die Nebenwirkungen unseres voraussehbaren Katastrophen vorbeugenden Handelns immer noch rascher zu neuen Problemen führen, als unsere wissenschaftlichen und politischen Potentiale anwachsen, mit ihnen fertig zu werden"[87]. Den gleichen Pessimismus kleidet G. Rohrmoser nur noch etwas drastischer in die Worte: „Der Schatten, den ein ungebändigter Fortschritt wirft, rückt die Welt in die Perspektive einer apokalyptischen Situation, die an die Stelle emanzipatorischer Hoffnung die Angst als das Grundgefühl der Epoche treten läßt."[88] Ja, eingestandenermaßen philosophiert man im Spätkapitalismus „über Naturwissenschaft und Technik mit zunehmendem Interesse, auch mit Hoffnung, aber auch aus Angst"[89]. Bei der Einschätzung dieses Pessimismus darf nicht übersehen werden, „daß pessimistische Ideologien ausschließlich die Werktätigen zum Adressaten haben"[90].

Indem die aggressivsten Kreise der NATO in der zweiten Hälfte der 70er Jahre dazu übergingen, die Errungenschaften der politischen Entspannung und die friedliche Koexistenz mit dem Sozialismus immer offener in Frage zu stellen und einen gigantischen Hochrüstungskurs mit dem erklärten Ziel einleiteten, die

81 „Jeder Krieg ist unlösbar mit der politischen Ordnung verbunden, der er entspringt. Dieselbe Politik, die eine bestimmte Großmacht, eine bestimmte Klasse innerhalb dieser Großmacht lange Zeit hindurch vor dem Krieg verfolgte, setzt dieselbe Klasse unvermeidlich und unausbleiblich während des Krieges fort, wobei sie nur die Form des Handelns ändert" (W. I. Lenin, Krieg und Revolution, in: Werke, Bd. 24, Berlin 1959, S. 397).

87 H. Lübbe, Unsere stille Kulturrevolution, Zürich 1976, S. 81f.

88 G. Rohrmoser, Zeitzeichen. Bilanz einer Ära, Stuttgart 1977, S. 220f.

89 H. M. Elzer, Anthropologie der Technik, in: Philosophia Naturalis (Meisenheim/Glan), 1/1980, S. 6.

90 H. Hörz, Wissenschaftlich-technische Revolution in der weltanschaulichen Auseinandersetzung, in: DZfPh, 1/1978, S. 9.

militärische Überlegenheit über die Staaten des Warschauer Vertrages zu erreichen, beschworen sie tödliche Gefahren für die Zukunft der Menschheit herauf. Folgerichtig wurde die Auseinandersetzung mit dieser ihre Existenz bedrohenden Konfrontations- und Rüstungspolitik zunehmend zum Gegenstand des Denkens und Fühlens der Menschen auch in den NATO-Staaten, weckte diese Auseinandersetzung ihr Engagement im Kampf zur Verhinderung einer thermonuklearen Katastrophe. Bedeutung und Tragweite dieser Problematik führen zu der Frage, welche Positionen die Vertreter der spätbürgerlichen „Technikphilosophie" in dieser Auseinandersetzung einnehmen.

Zunächst fällt auf, daß besonders jene Vertreter der „Technikphilosophie", die mit dem Anspruch auftreten, sich als „philosophische Universalisten" der „Interpretation **aller** Faktoren und Phänomene annehmen" zu wollen, „die ‚die Welt verändern'"[91], die Entwicklung der modernen Kriegstechnik und die mit ihr verbundenen Menschheitsprobleme kaum oder gar nicht reflektieren. Sie ignorieren vielfach den fundamentalen Zusammenhang, der in der Klassengesellschaft zwischen Produktions- und Kriegstechnik besteht, den Tatbestand, daß die Mittel, mit denen die Menschen auf einer bestimmten Entwicklungsstufe ihren Stoffwechsel mit der Natur vollziehen, die gleiche technologische Qualität besitzen, auf demselben wissenschaftlichen Erkenntnisstand beruhen, wie jene Mittel, die Klassen, Staaten und Koalitionen in Kriegen zur Erreichung ihrer politischen Ziele gegeneinander einsetzen. So unterscheidet H.-M. Sass lediglich zwischen „Techniken der Produktion, der Organisation und . . der Orientierung"[92]. Die mit der Entwicklung der Massenvernichtungsmittel verbundenen Gefahren für die Zukunft der Menschheit scheinen für H.-M. Sass nicht zu existieren. Ausgehend von der These, daß es in der Geschichte der Menschheit keine Veränderungen gebe, sondern „stets die gleiche Herausforderung an die Kultivierung des Bodens und der Stadt, an die Kultivierung der Gesittung und die Natur des Menschen"[93], erklärt H.-M. Sass im Jahre 1980 den „Gartenbau, der die Grenzen des Machbaren lehrt und zugleich die Herausforderung an die Veredelung und Kultivierung" zum „Paradigma auch für die Bestimmung von sittlich verantwortlichem Handeln in einer durch Technik und Manipulation gekennzeichneten Zivilisation". Ganz im Sinne dieser betont apolitischen Apologetik der letzten Ausbeuterordnung ist für Sass „Umweltphilosophie wichtiger als Geschichtsphilosophie"[94].

Auch G. Ropohl, der „Philosophie als integrative Reflexionswissenschaft für umfassende Orientierungen in der wissenschaftlich-technischen Kultur" versteht[95], klammert die moderne Kriegstechnik aus seinen Reflexionen faktisch aus. Aus seiner zweifellos zutreffenden Einschätzung, daß die „wichtigsten Gegenwartsfragen . . . gleichermaßen technische und gesellschaftliche Probleme" sind,

[91] H. Lenk (Hrsg.), Technokratie als Ideologie, Vorwort des Herausgebers, Stuttgart—Berlin (West)—Köln—Mainz 1973, S. 8.

[92] H.-M. Sass, Mensch und Umwelt, in: Schopenhauer-Jahrbuch (Frankfurt/M.). **61**/1980, S. 4.

[93] Ebenda, S. 6.

[94] Ebenda, S. 12, 11.

[95] G. Ropohl, Technik — Ein Problem der Philosophie?, in: Philosophia Naturalis (Meisenheim/Glan), 4/1980, S. 421.

leitet er lediglich die Aufgabe ab, „jedes mündige Mitglied der Gesellschaft muß etwas von der Technik verstehen, wenn es gelingen soll, planvoll und zielstrebig die emanzipatorischen Kräfte der Technik zu entfalten und ihre repressiven Gefahren zu bannen“[96]. Abgesehen davon, daß Technikverständnis allein hier offenkundig überfordert ist, erklärt Ropohl auch nicht, was er unter „repressiven Gefahren“ versteht. Er bleibt dieser Unschärfe der Problemstellung bis in die Gegenwart ebenso treu wie seiner Orientierung auf „technologische Aufklärung“ als Ausweg.[97] Darin wird deutlich, wie stark Ropohls Denken dem „kritischen Rationalismus“ eines K. R. Popper und H. Albert verpflichtet ist.

Analog sprach E. Seibold, Präsident der „Deutschen Forschungsgemeinschaft“ der BRD auf der Jahresversammlung dieser Institution über die „uns bedrängenden globalen Probleme“, ohne das Problem der Sicherung des Friedens auch nur zu erwähnen.[98] Im Jahr zuvor hatte der Vizepräsident der DFG, Th. Lehmann, auf der VDI-Tagung „Ingenieure für die Zukunft“ einen Vortrag über die „soziale und fachliche Redlichkeit des Ingenieurs“ gehalten. Auch er ging mit keinem Wort auf die moderne Kriegstechnik und die Verantwortung des Ingenieurs für die Verteidigung des Friedens ein.[99] Diese Art zu argumentieren ist m. E. ein Ausdruck dessen, daß ein Teil der spätbürgerlichen „Technikphilosophen“ seiner apologetischen Verpflichtung dadurch genügt, daß er die moderne Kriegstechnik in ihrer relativen Selbständigkeit und die mit ihr verknüpften Gefahren für die Existenz der Menschheit gar nicht reflektiert und durch dieses Ignorieren bzw. Vermeiden der Problematik Technik — Krieg — Frieden nolens volens dazu beiträgt, von der Auseinandersetzung mit dem wichtigsten globalen Problem unserer Zeit abzulenken.

Andere zeitgenössische bürgerliche „Technikphilosophen“ räumen dieser Problematik und den damit verbundenen Fragen und Konsequenzen relativ breiten Raum ein.[100] Gewachsen ist die Zahl jener „Technikphilosophen“, der bürgerlichen Philosophen der BRD überhaupt, die sich gegen eine Dämonisierung der modernen Technik wenden und einen eigenen Beitrag zur Verhinderung eines Krieges mit Massenvernichtungsmitteln zu leisten suchen, obwohl ihre philosophische Ausgangsbasis letztlich immer wieder zu sozialutopischen, fatalistischen oder voluntaristischen Positionen gegenüber dieser Lebensfrage der Menschheit führt. Das beginnt bei der Analyse der Ursachen für die bestehende Gefahrensituation; so etwa, wenn H. G. Gadamer dafür, daß möglicherweise „die Menschheit in Katastrophen und Selbstzerstörung stürzen wird“ explizit „das lebensgefährliche Mißverhältnis zwischen der Schärfe unserer Waffen und

[96] G. Ropohl, Gesellschaftliche Perspektiven und theoretische Voraussetzungen einer technologischen Aufklärung, in: Technokratie als Ideologie, a. a. O., S. 232.

[97] Vgl. G. Ropohl, Technik — ein Problem der Philosophie?, in: Philosophia Naturalis, a. a. O.

[98] Vgl. E. Seibold, Der Blick über die Fachgrenzen, in: Forschung. Mitteilungen der DFG (Boppard a. Rh.), 3/1981, S. 5.

[99] Th. Lehmann, Die soziale und fachliche Redlichkeit des Ingenieurs, in: Ebenda, 2/1981, S. 9.

[100] So erreichen nach Heinrich Stork die „Versuchungen“ und „Gefahren“, die das technische Tun mit sich bringt, einen ihrer Höhepunkte „in der modernen Waffentechnik“ (H. Stork, Einführung in die Philosophie der Technik, Darmstadt 1977, S. 176).

der Schwäche unserer Weisheit" verantwortlich macht.[101] Konsequenterweise mündet eine von derartigen Positionen aus geführte Auseinandersetzung mit der „Ambivalenz wissenschaftlich-technischen Fortschritts" nicht selten in fatalistische Resignation. So gelang etwa W. Oelmüller zu dem Schluß: „Wir können auf der menschlichen Ebene kein Handlungssubjekt angeben (Wissenschaftler, Klasse, Volk, Staat, Menschheit, Gattung), von dem wir die Vermeidung der unerwünschten Folgeprobleme stattfindender Fortschritte mit Sicherheit erwarten können. Wir können auf der Ebene des Außer- und Übermenschlichen aber auch nicht mehr wie in den weniger differenzierten Kulturen und Gesellschaften Instanzen angeben (mythische Mächte, **die** Natur, Gott, **die** Geschichte) von denen wir im Ernst erwarten können, daß sie unsere Probleme lösen werden."[102]

Eine andere Qualität spätbürgerlicher Technikreflexion markiert der Präsident des VDI, Gerhard W. Becker, mit der Feststellung, „daß die Technik selbst keine Bedrohung darstellt, wenn sie nicht mißbraucht wird".[103] Ebenso polemisiert H. Sachsse gegen die These von der Technik als einer fremden dämonischen Macht. Für H. Sachsse ist Technik ein Teil des menschlichen Wesens. Die Entwicklung der Technik sei heute an einem Punkt angelangt, „an dem sie für unsere geistige wie materielle Existenz ebenso zur beherrschenden Gefahr wie zur einmaligen Chance geworden ist". Sachsse fordert Technik als soziales Phänomen zu untersuchen, wobei für ihn Kapitalismus und Sozialismus als real existierende sozialökonomische Formationen „im Brennpunkt des Interesses stehen"[104]. Doch obwohl Sachsse dagegen zu polemisieren sucht, daß „man" die Technik für Imperialismus und Kriege verantwortlich macht, sieht auch er die Ursache der aktuellen Gefahren für den Fortbestand der Menschheit letztlich in den „Mächten und Kräften unserer eigenen Natur"[105]. Analog dieser seiner anthropologistischen Denkweise geschuldeten Fehleinschätzung erblickt er den Ausweg aus der Gefahr in einer „ethischen Bewältigung der Technik"[106], ja sogar in der existentialistischen Orientierung auf Erlangung „der inneren Freiheit, der Unabhängigkeit von äußeren Gegebenheiten"[107].

Überhaupt werden die klassenbedingten Grenzen spätbürgerlicher „technikphilosophischer" Auseinandersetzung mit der Problematik Krieg — Frieden in unserer Zeit an den jeweils gewiesenen „Auswegen" und „Alternativen" am deutlichsten. Hier dominiert der Appell zur lediglich geistigen, insbesondere

[101] H.-G. Gadamer, Wissenschaft, Praxis und Selbstbewußtsein unserer Zeit — in der Sicht der Philosophie, in: Universitas (Stuttgart), 7/1981, S. 682.

[102] W. Oelmüller, Die Ambivalenz wissenschaftlich-technischer Fortschritte und die Frage nach den Bedingungen der Ausbildung und Sicherung sozialer Identität, in: Philosophia Naturalis (Meisenheim/Glan), 1/1980, S. 160f.

[103] Vgl. G. W. Becker anläßlich der Eröffnung der Ausstellung „Die nützlichen Künste" zum 125jährigen Bestehen des VDI, zit. nach Volksblatt, Berlin (West), 15. 5. 1981.

[104] H. Sachsse, Anthropologie der Technik. Ein Beitrag zur Stellung des Menschen in der Welt, Braunschweig 1978, S. 6, 7.

[105] H. Sachsse, Die moderne Technik und die heutige Technikdiskussion, in: Universitas (Stuttgart), 4/1981, S. 346.

[106] H. Sachsse, Anthropologie der Technik, a. a. O., S. 266.

[107] H. Sachsse, Die moderne Technik und die heutige Technikdiskussion, in: Universitas, a. a. O., S. 346.

ethischen Erneuerung eines anthropologistisch entgesellschafteten und damit verrätselten Menschen. Gleicher philosophischer und ideologischer Qualität ist die hauptsächliche Orientierung auf „technologische Aufklärung“, wie sie Ropohl vertritt, oder der Appell des Moraltheologen und Rektors der Universität Freiburg, B. Stoeckle, Aufklärung über die Technik mit der „Entwicklung von Wertvorstellungen“ zu verbinden, die geeignet seien, „den Abbau der Zukunftsangst, jener apokalyptischen Grundstimmung, in der sich viele befinden“, zu erreichen und „den Willen zum Überleben in dem Sinne zu stärken: Zukunft lohnt sich doch“.[108]

Ein anderes Herangehen demonstriert der neothomistische Philosoph H. Beck. Er bezeichnet zutreffend die im Ergebnis des wissenschaftlich-technischen Fortschritts tendenziell zunehmende internationale Arbeitsteilung als eine „Hauptchance für den *Weltfrieden*“[109] und wirft im Zusammenhang mit der Problematik Technik — Krieg — Frieden vor allem auch die „Frage nach einer angemessenen politischen Struktur der Menschheit“ auf. Dieser Ansatz ist auch dann als wesentlich und richtig festzuhalten, wenn Beck wenige Seiten später zu dem wissenschaftlich unhaltbaren Schluß gelangt, daß ein „produktiver und kreativer Weltfriede“ weder durch den „liberalistischen Individualismus“ (Kapitalismus) noch durch den „kollektivistischen Sozialismus“ zu verwirklichen sei, weil beide Gesellschaftsordnungen „in der Tiefe ein Atheismus, d. h. eine pervertierte Religion“[110] seien. Ausgehend von den Prinzipien der neothomistischen Soziallehre plädiert H. Beck verbal für eine auf dem Prinzip des „politischen Solidarismus“ beruhende Gesellschaftsordnung jenseits von Kapitalismus und Sozialismus.[111] An anderer Stelle spricht er von der „Aufgabe, durch eine partnerschaftlich-solidaristische Gesellschaftsstruktur die verantwortliche Gestaltung der technischen Macht zu lernen“[112]. Indem sie faktisch eine Reformierbarkeit der letzten Ausbeuterordnung im Interesse der arbeitenden Menschen suggeriert, erweist sich die neothomistische Soziallehre auch hier wieder als besonders subtile Kapitalismus-Apologetik.

Kaum ein Vertreter spätbürgerlicher „Technikphilosophie“, der sich angesichts der militärischen Konsequenzen der wissenschaftlich-technischen Revolution heute nicht in dieser oder jener Weise zum Frieden bekennt! Allerdings ist damit noch nichts Schlüssiges darüber ausgesagt, wo sie alle in diesem Kampf um die Entscheidung der Lebensfrage der Menschheit tatsächlich stehen. Mit dem bloßen Verwünschen des Krieges, das hat F. Mehring bereits während des ersten Weltkrieges betont, „ist nichts Nützliches getan und nichts Schädliches ver-

[108] Zit. nach Wirtschaftswoche, Hamburg—Frankfurt/M., Nr. 20 vom 8. 5. 1981, S. 41.

[109] H. Beck, Kulturphilosophie der Technik. Perspektiven zu Technik — Menschheit — Zukunft, 2., völlig neu bearb. u. erg. Aufl. von „Philosophie der Technik“ (1969), Trier 1979, S. 63.

[110] Ebenda, S. 187, 189.

[111] Vgl. ebenda, S. 187.

[112] H. Beck, Thesen zur Kulturphilosophie der Technik, in: Philosophisches Jahrbuch (Freiburg—München), **86**/1979, S. 271.

hindert". Vielmehr ist „der kleinste Beitrag zur wirklichen Erkenntnis des Krieges immer noch wertvoller als die herrlichste Zornrede gegen den Krieg"[113].

Angesichts der realen Existenz zweier wesensverschiedener sozialökonomischer Systeme beginnt in unserer Zeit jedes ehrliche Engagement für den Frieden mit der Anerkennung dieser historischen Tatsache und der Parteinahme für die friedliche Gestaltung ihres Nebeneinanderbestehens. Es ist im Hinblick auf die mit der jüngsten Entwicklung der Militärtechnik verknüpften Gefahren für den Fortbestand der Menschheit auf unserem Planeten, die von den meisten Vertretern spätbürgerlicher „Technikphilosophie" mehr oder weniger deutlich reflektiert werden, bemerkenswert, wie viele von ihnen diese Parteinahme für ein durch wachsende internationale Zusammenarbeit fundiertes friedliches Nebeneinanderbestehen von Kapitalismus und Sozialismus als dem unter den gegebenen konkrethistorischen Bedingungen einzig realistischen Weg zur Friedenssicherung umgehen oder verweigern. Tatsächlich wird das Bekenntnis zur friedlichen Koexistenz zwischen Sozialismus und Kapitalismus solange auch der Prüfstein ehrlichen Friedensengagements für jeden Philosophen sein, solange sich nicht die Gesellschaftsordnung weltweit durchgesetzt hat, die einen dauerhaften Frieden für alle Völker der Erde verwirklicht, weil sie kraft ihrer sozial-ökonomischen Natur keinen Krieg, sondern diesen Frieden braucht.

[113] F. Mehring, Kriegsgeschichtliche Probleme, in: Gesammelte Schriften, Bd. 8 (Zur Kriegsgeschichte und Militärfrage), Berlin 1967, S. 406f.

Imre Hronszky/János Rathmann

Zur „Technikphilosophie“ in der BRD in den 70er Jahren

Einschlägige marxistische Darstellungen zur „Technikphilosophie“ der 70er Jahre, wie zur bürgerlichen „Technikphilosophie“ überhaupt charakterisierte H. H. Holz 1980 wie folgt: in den Arbeiten von G. Bohring beziehungsweise S. Wollgast und G. Banse wird „die ideologische Funktion der Technikphilosophie im Kapitalismus global hinsichtlich ihrer apologetischen und systemstabilisierenden Rolle eingeschätzt“[1]. H. H. Holz sah es seinerseits als seine Aufgabe an, darauf hinzuweisen, welche Widersprüche des kapitalistischen Systems sich in der Technikphilosophie widerspiegeln.[2] Wir wollen auf einige Richtungen der „Technikphilosophie“ in der BRD näher eingehen, die in der bisherigen marxistischen Literatur zu diesem Thema weniger ausführlich behandelt wurden. Für unsere Darstellung beschränken wir uns auf eine Auswahl aus der Fülle der Publikationen.[3]

Die Technikphilosophie“ der 70er Jahre in der BRD trägt grundlegend pessimistischen Charakter. Das wird von den meisten der sich mit dem Thema beschäftigenden marxistischen Autoren konstatiert.[4] Dieser Pessimismus ist der Reflex darauf, daß sich die Krise der bürgerlichen Gesellschaft in diesem Jahrzehnt verschärfte und auch für Schichten unmittelbar spürbar wurde, die bis dahin die schädlichen Folgen der sich unter kapitalistischen Verhältnissen vollziehenden technischen Entwicklung von sich fernhalten konnten. Obwohl die Feststellung über den pessimistischen Grundtenor zweifellos zutrifft, darf dabei aber nicht übersehen werden, daß man — nach wie vor — die komplette Skala der Wertungen über die Technik findet, wenn auch die „technikoptimistischen“ Varianten zweifellos einer charakteristischen Verfärbung unterlagen, welche durch solche Stellungnahmen wie „wir müssen Herr über die

[1] H. H. Holz, Zur Kritik der bürgerlichen Technik-Philosophie, in: Technik, Umwelt, Zukunft: eine marxistische Diskussion über Technologie-Entwicklung, Ökologie, Wachstumsgrenzen und die „Grünen“. Materialien der Tagung Wissenschaftlich-Technischer Fortschritt und Gesellschaftliche Alternativen, Frankfurt/M. 1980, S. 105; vgl. G. Bohring, Technik im Kampf der Weltanschauung. Ein Beitrag zur Auseinandersetzung der marxistisch-leninistischen Philosophie mit der bürgerlichen „Philosophie der Technik“, Berlin 1976; S. Wollgast/G. Banse, Philosophie und Technik. Zur Geschichte und Kritik, zu den Voraussetzungen und Funktionen bürgerlicher „Technikphilosophie“, Berlin 1979.

[2] Ebenda, S. 87.

[3] So werden z. B. die Arbeiten von H. Stork (Einführung in die Philosophie der Technik, Darmstadt 1977), H. Sachsse, (Anthropologie der Technik. Ein Beitrag zur Stellung des Menschen in der Welt, Braunschweig 1978) u. a. hier nicht näher behandelt.

[4] Vgl. Einleitung der Herausgeber und den Artikel von G. Banse im vorliegenden Band.

Probleme werden", „wir können sie beherrschen, wenn . . ." zum Ausdruck kamen. Technikoptimismus bestand also weiter; er ging aber mit dem Pessimismus sehr eigenwillige Bündnisse ein, nahm Anleihen bei ihm auf.[5]

Für die Gesamtheit der Strömungen der „Technikphilosophie" ist kennzeichnend, daß sie aufgehört haben, eine im wesentlichen lediglich optimistische oder pessimistische ideologische Wertung zu sein, wie das für ihre bisherige, mehr als hundertjährige Entwicklung charakteristisch war (woran auch das Vorhandensein einzelner wissenschaftstheoretischer Untersuchungen nichts änderte). Etwa seit Ende der 60er Jahre fand sich das bürgerliche Denken vor der Aufgabe, auch in der Praxis der Technikentwicklung funktionsfähige und gleichzeitig natürlich als ideologischer Reflex effektive Konzeptionen auszuarbeiten. Dies bedeutet für das bürgerliche Denken einen neu erscheinenden grundsätzlichen Widerspruch. Ihn zu verdeutlichen und die philosophischen Lösungsvarianten zu analysieren bildet eine der Hauptlinien der vorliegenden Arbeit.

Auch der „Technikpessimismus" erfuhr eine gewisse Entwicklung. Die für die siebziger Jahre charakteristischen Formen der Ideologie der „Verweigerung" gegenüber der „Großtechnik" stehen keinesfalls mehr einfach auf dem Boden der im wesentlichen kontemplativen bürgerlichen „Zivilisationsgegnerschaft", sondern enthalten neue Momente. Daher kann gesagt werden, daß die Kennzeichnungen „Technikoptimismus" und „Technikpessimismus" als bloß ideologischer Reflex in gewissem Sinne überholt sind. Technikoptimismus und -pessimismus mußten die Praxis zu meistern suchen.

Ausgangspunkt für diesen Problemkreis in der Wirtschaftsentwicklung war zu Beginn der 70er Jahre die Tatsache, daß die Entwicklung der kapitalistischen Wirtschaft eindeutig in den Abschnitt der intensiven Wirtschaftsentwicklung eintrat. Darin wurde das entscheidende Moment von der Technologie, von der auf Wissenschaft basierenden Technikentwicklung bestimmt: in gewisser Hinsicht entstand ein „technologisches Zeitalter"[6]. Gleichzeitig mit der Verstärkung ihrer wirtschaftlichen Rolle brachte die Technik — in der Arbeit ebenso wie im tägliches Leben — eine schnelle Wandlung des Technik — Mensch-Verhältnisses mit sich. Dabei häuften sich gleichzeitig auch negative Folgen der schnellen technologischen Entwicklung, wie z. B. das Ansteigen der Umweltverschmutzung. Die Beherrschung der Technikentwicklung erforderte gesteigerte Kraftanstrengungen in Wirtschaft, Politik und Wissenschaft. Es erhob sich die Forderung, die mit der Technik befaßten Disziplinen zu integrieren bzw. teilweise oder völlig vernachlässigte neue Disziplinen verstärkt zu entwickeln. Dabei entstand auch für die Philosophie die Notwendigkeit der wissenschafts-

[5] Vgl. Denken gegen die Zeit. Die geistige Krise des Imperialismus, Redaktion: E. Fromm/A. Loesdau/U. Plener, Berlin 1981, S. 202—212.

[6] Den Ausdruck „technologisches Zeitalter" sehen wir insofern für unsere Zeit als verwendbar an, weil er ein bestimmtes wichtiges Merkmal bei der industriellen Entwicklung hervorhebt. Für eine marxistische Gesellschafts- und Epochenanalyse ist jedoch grundlegend, den strukturellen und evolutionären Unterschied nachzuweisen, der durch den grundlegenden Gegensatz der unterschiedlichen Gesellschaftsformationen bestimmt wird. Demgegenüber versuchen bürgerliche Ideologen unter der Bezeichnung „technologisches Zeitalter" gerade von diesem grundlegenden Unterschied auch mit der Wortbildung abzulenken.

theoretischen Untersuchung der Technik. Gleichzeitig zeigten sich zu Beginn der 70er Jahre auf den unterschiedlichsten Gebieten die negativen Auswirkungen der kapitalistischen Technikentwicklung in dramatischer Weise. Die „negativen Folgen der Technik“ äußerten sich nicht nur abstrakt auf der Ebene der Relation von „Zivilisation“ und „Kultur“ und nicht nur im Bewußtsein unterschiedlicher Schichten der Bourgeoisie. Die Frage nach dem „Sinn“ der Technik ergab sich aus den Erfahrungen des Alltags und wurde für die gesamte bürgerliche Gesellschaft von Interesse. Der pessimistische Grundton dieser Frage begann in widersprüchlicher Weise ein entfremdetes, mindestens gelockertes Verhältnis zur bürgerlichen Gesellschaft hervorzurufen.

Während sich die technische Entwicklung in der bürgerlichen Gesellschaft als immer problematischer erwies, wurde die Arbeit des Ingenieurs für die bürgerliche Gesellschaft immer bedeutender. Einesteils durch die unmittelbaren Erfahrungen, zum anderen durch die „neulinke“ bürgerliche Kritik verursacht, begann aber gerade zu Beginn des vorigen Jahrzehnts für den schon infolge seines Fachgebietes „technikoptimistischen“ Ingenieur der gesellschaftliche Sinn seiner Arbeit zweifelhaft zu werden. Für die auf dem Standpunkt des Schutzes der bürgerlichen Gesellschaft stehenden Philosophen ergab sich die Aufgabe der Erneuerung der apologetischen „Technikphilosophie“ demnach sowohl durch objektive, sich aus der Wirtschaftsentwicklung ergebende Bedürfnisse als auch durch die Notwendigkeit einer ideologischen Gegenoffensive. Dieser ideologische Kampf richtete sich primär gegen den Marxismus.[7] Es mußten Konzeptionen gesucht werden, die als orientierende Prinzipien einer Art Reformpraxis und gleichzeitig als ideologischer Reflex funktionsfähig waren; der „technikphilosophische“ Schutz der bürgerlichen Gesellschaft mußte in eine „moderne“ Form gekleidet werden. Diese Form konnte nur dergestalt herausgebildet werden, daß sie bis zu einem gewissen Grade die Lösung oder wenigstens Vertagung der objektiven Probleme tatsächlich effektiv förderte, die sich aus der kapitalistischen Anwendung der Technik bzw. aus der Anwendung der auf heutiger Entwicklungsstufe stehenden Technik überhaupt ergaben. Nur in diesem Falle konnte sie auch als Ideologie eine gewisse Glaubwürdigkeit haben. Aus dieser Widersprüchlichkeit folgt, daß die Erkenntnis und Suche nach tatsächlichen Mitteln zur Lösung der wirklichen Probleme vom ideologischen Bedürfnis eingeschränkt wurde und umgekehrt, daß neben einem ideologisch verzerrten Ausgangspunkt auch reale Erkenntnisse in die neu geschaffenen Denksysteme eingebaut wurden. Letzteres um so mehr, je eher es sich um Kenntnisse handelte, die für unterschiedliche Gesellschaftssysteme bedeutsam sind.

Das zeigt sich an der Oberfläche nicht immer unmittelbar. Viele bürgerliche Philosophen versuchen neben dem Verschweigen Marx zu verfälschen. Im theoretischen Streit von miteinander konkurrierenden bürgerlichen Strömungen werden Marx' Gedanken vielfach einfach als bis auf die Spitze getriebene Variante der zurückgewiesenen Strömung dargestellt. Man erwähnt eventuell nebenbei, daß die Marxisten das selbst nicht sehen oder „bewußt vertuschen“. So wurde gegen den „Entfremdungskritiker“ Marx der „Prophet des technologischen Determinismus“ ausgespielt. Wenn aber Marx die schlimmste Form der blinden technologischen Entwicklung vertrete, sei offenbar, daß Marxisten nur zynisch sein können, wenn sie bei Marx Gedanken über den Umweltschutz finden wollen.

Somit findet sich auch in den 70er Jahren in der BRD eine breite Skala von apologetischen „technikphilosophischen“ Schriften, die — den neuen Anforderungen entsprechend — alle Mittel zu integrieren versuchen, die das bürgerliche Denken für eine gewisse Meisterung und vor allem zum Vertuschen der sich in den Problemen der technischen Entwicklung manifestierenden Krise zu bieten vermag. Etwas grob zusammengefaßt, handelt es sich bei diesen Mitteln im wesentlichen um die Vereinigung der wissenschaftstheoretischen Analyse mit der „rationalen Untersuchung der Wertdimension“.

A. Kuhlmanns „Alptraum Technik?“[8] ist fast ein Schulbeispiel dafür, wie mit Hilfe fachlicher Analysen versucht wird, die grundlegenden gesellschaftlichen Probleme zu vertuschen, die sich als Probleme der Technikbeherrschung manifestieren. Auf diese Arbeit werden wir noch eingehen. Den Hauptgegenstand unserer Analyse bilden die Gedanken der Karlsruher „Technikphilosophen“ bzw. die Arbeiten von O. Ullrich. In ihnen sind u. E. zwei Standpunkte philosophisch am konzentriertesten verarbeitet, mit denen sich die marxistische Kritik ausführlich beschäftigen muß: einerseits die „Philosophie des Krisenmanagements“, zum anderen ein kleinbürgerlicher Utopismus, der in die Richtung des utopisch-sozialistischen Denkens geht.

Bedeutsam für die in den 70er Jahren abgelaufene Entwicklung der apologetischen bürgerlichen „Technikphilosophie“ ist der „Technokratiestreit“, in den sich die Karlsruher Philosophen und Sozialtheoretiker einschalteten. Nach H. Lenk ist es ein politisches Dilemma, daß die Technokratie gegenüber der Demokratie eine Gefahr zu sein **scheint**.[9] Zum Erfassen des Problemkreises seien kurz einige Bezüge des „Technokratiestreites“ rekonstruiert. Er begann in der BRD bekanntlich mit der offen formulierten These von H. Schelsky, wonach die technische Entwicklung allmählich autonom wird und dieser Prozeß zwangsläufig den Abschied von der bürgerlichen Demokratie bedeute. Um zu verstehen, wie sich in Schelskys „kulturpessimistischer“ Geschichtsinterpretation der Mensch aus dem Zwang der Natur herausgearbeitet hat und sich gerade mit dieser seiner Tat unwiederbringlich und immer stärker seiner eigenen Tätigkeit, seinen eigenen Ergebnissen, dem „Produktionszwang“ unterwirft, zum Sklaven der Arbeit macht, sei Schelsky etwas ausführlicher zitiert. „Jedes technische Problem und jeder technische Erfolg wird unvermeidbar sofort auch ein soziales, ein psychologisches Problem, und zwar in der Art, daß dem Menschen eine Sachgesetzlichkeit, die er selbst in die Welt gesetzt hat, nun als soziale, als seelische Forderung entgegentritt, die ihrerseits gar keine andere Lösung zuläßt als eine technische . . . Der Mensch löst sich vom Naturzwang ab, um sich seinem eigenen Produktionszwang wiederum zu unterwerfen.“[10] Das Herrschaftsverhältnis verliere seine alte persönliche Beziehung der Macht von Personen über Personen, wobei „an die Stelle der politischen Normen und Gesetze . . .

[8] A. Kuhlmann, Alptraum Technik? Zur Bewertung der Technik unter humanitären und ökonomischen Gesichtspunkten, Köln 1977.

[9] Technokratie als Ideologie. Sozialphilosophische Beiträge zu einem politischen Dilemma, hrsg. v. H. Lenk, Stuttgart—Berlin(West)—Köln—Mainz 1973, S. 7f.

[10] H. Schelsky, Der Mensch in der wissenschaftlichen Zivilisation, in: H. Schelsky, Auf der Suche nach Wirklichkeit. Gesammelte Aufsätze, Düsseldorf—Köln 1965, S. 449.

Sachgesetzlichkeiten der wissenschaftlich-technischen Zivilisation treten, die nicht als politische Entscheidungen setzbar und als Gesinnungs- oder Weltanschauungsformen nicht verstehbar sind. Damit verliert auch die Idee der Demokratie sozusagen ihre klassische Substanz: an die Stelle eines politischen Volkswillens tritt die Sachgesetzlichkeit, die der Mensch als Wissenschaft und Arbeit selbst produziert“[11]. In einer Welt der sich verschärfenden Technisierung werde auch die ansteigende Technisierung des Staates und das stärker werdende lenkende Eingreifen des Staates notwendig. Damit wird die Gesellschaft völlig zum Instrument: der effektive Staat vervollkommnet die technischen Möglichkeiten der Gesellschaft. Der Staat mache das in der Entfaltung des Wesens des Menschen gegebene Schicksal zu seinem Ziel: „Auch das ‚Ziel‘ des Staates ist dann die höchste Wirksamkeit der in ihm verfügbaren technischen Mittel“[12], was die Herrschaft der technischen Sachverständigen, besser der Technokraten, rechtfertige.

Schelsky ist es zeitweilig weitgehend gelungen, das Problem der technischen Determination des gesellschaftlichen Geschehens und seiner politischen Zusammenhänge als eines der Hauptthemen des ideologisches Streites zwischen konservativen und „linken“ bürgerlichen Schichten in den Mittelpunkt zu stellen. Die Antwort des Vertreters der „Frankfurter Schule“ J. Habermas (hinter der Scheinautonomie von Technik und Wissenschaft verbirgt sich eine Ideologie, hinter dem angenommenen „Sachzwang“ stehen Interessenverhältnisse, ideologische und Wertentscheidungen) machte die Verteidigung der „Sachzwang-These“ auf **philosophischer** Ebene unmöglich.[13] Das ist sicherlich ein Verdienst Habermas’. Selbst ein so militanter Apologet wie H. Lübbe konnte die offene Verteidigung des gesamten Standpunktes nicht wagen. Nach seiner Meinung — eine Uminterpretation von Schelskys Gedanken — wollte Schelsky nur darauf aufmerksam machen, daß wegen der steigenden Komplexität der technischen Prozesse, wegen der Verflechtung von Wissenschaft und Wirtschaft, die jedes Gebiet des Lebens durchdringen, die Entscheidung in die Hand der „Könner und Macher“ gelangte. Es bedeute kein Ende der Demokratie. In den Entscheidungen der Experten — führte Lübbe fort — wirken Wertmomente. Sie sind aber der „guten bürgerlichen Gesellschaft“ verpflichtet, folglich stellen sie ihre Verpflichtungen nicht in Frage.[14]

Dieser Kunstgriff konnte jedoch die Wertkrise nicht vertuschen. Wenn nun der Gedanke einer eigengesetzlichen Entwicklung der Technik genausowenig wie die Erklärung Lübbescher Art wirksam sein konnte, mußte die philosophische Legitimationsstrategie darin bestehen, das Schema der „Verantwortlichen Handlung“ annehmbar zu machen. In den Mittelpunkt trat — in der „Technikphilosophie“ wie auch wenig später in der sogenannten Grundwerte-Diskussion — die „rationelle Diskussion“ der Werte. Es galt überzeugend darzulegen, daß der „vernunftgemäße“ Bewegungsraum der Veränderung keinesfalls das Nachdenken

[11] Ebenda, S. 453.

[12] Ebenda, S. 455.

[13] Vgl. J. Habermas, Technik und Wissenschaft als „Ideologie“, Frankfurt/M. 1968.

[14] Vgl. H. Lübbe, Bemerkungen zur aktuellen Technikratie-Diskussion, in: Technokratie als Ideologie. Sozialphilosophische Beiträge zu einem politischen Dilemma, a. a. O., S. 94 bis 104.

über die Veränderung des Gesellschaftssystems ist. Vernunft im Namen des Gesamtmenschlichen mußte in den Vordergrund treten.

Die Bedeutung „der Philosophie", „des Verstandes", wurde immer mehr bürgerlichen Ideologen bewußt. Die Aufwertung „der Philosophie", die „allgemeinmenschliche" Dimension, trat als Gegenpol zu den im linken bürgerlichen Denken erscheinenden konkreten gesellschaftskritischen Bemühungen der „Soziologie" in Erscheinung.[15] Sowohl die Anstrengungen zur Stabilisierung der bürgerlichen Gesellschaft durch Reformen als auch die Paralysierung der im wesentlichen kleinbürgerlichen „linken" ideologischen Reflexionen der Gesellschaft forderten, sich der Ausarbeitung einer Philosophie des **„pragmatischen Verstandes"**, einer neuen „Aufklärung" zuzuwenden, zu einer Konzeption **universeller**, wenn auch nicht „ewiger" Werte zu finden. „Vernunft oder der freie Machtkampf der scheinbar von den Ideologien unabhängigen Interessen über-Alternative.[16] Es gelte demnach, eine „Vernunft" auszuarbeiten, die den freien Machtkampf der scheinbar von den Ideologien unabhängignn Interessen übersteigt. Hauptkomponenten dieses Versuches sind z. B. in Lenks liberalistischer Konzeption: Setzung des „freien Individuums" als Ausgangspunkt, Verschmelzung der Wissenschaftstheorie des „kritischen Rationalismus" mit einer modifizierten „verbesserten" Form der Gehlenschen Anthropologie und einer Art liberalistischer Ethik.[17]

Die „aufgeklärte" bürgerliche Apologetik verstand sich selbst als „vernünftige Mitte". Die Wahl — so wurde betont — besteht zwischen konservativ rechter Haltung oder linker Rebellion. Die Strategie der „vernünftigen Mitte" war nun darauf gerichtet, beide bei der Anwendung der im Grunde identischen gesellschaftsinterpretierenden Struktur (wenn auch mit entgegengesetztem Vorzeichen) und Denkweise zu „ertappen". Hinsichtlich der „Technikphilosophie" postuliert diese Strategie vor allem zwei Komponenten: die negative Grundeinstellung gegenüber der Technik wird als Grundvoreingenommenheit zurückgewiesen und die Methode der „Globaldeutung" gesellschaftlicher Erscheinungen abgelehnt. Damit wurden die grundlegenden Momente jenes Programms zu umreißen gesucht, das dem immer einflußreicher werdenden Technikpessimismus gegenüber gestellt werden konnte. Die negative Einstellung zur Technikentwicklung war in der bürgerlichen Gesellschaft, u. a. durch die Studentenbewegung, immer wirksamer geworden.

Der Band „Techne — Technik — Technologie"[18] beinhaltet das genannte Programm der Erneuerung der bürgerlichen Technikinterpretation und faßt deren

[15] Wir müßten von unserem Thema abschweifen, wollten wir analysieren, wie die Bemühungen, eine gesellschaftskritische Soziologie herauszuarbeiten, in soziologischen Untersuchungen rein szientistischer Art mündeten.

[16] Vgl. H. Lenk, Technokratie und Sozialismus. Analoges und Verbindendes zu zwei ideologischen Kontroversen, in: Technokratie als Ideologie. Sozialphilosophische Beiträge zu einem politischen Dilemma, a. a. O., S. 154—172.

[17] Vgl. ebenda. Vgl. zu H. Lenk und den Vertretern der „Karlsruher Schule" G. Banse/S. Wollgast, Neue Aspekte der „Technikphilosophie" in der BRD, in: DZfPh, 4/1979, S. 481 ff.

[18] S. Moser/H. Lenk (Hrsg.), Techne — Technik — Technologie. Philosophische Perspektiven, Pullach bei München 1973.

Ideologie und Begründung zusammen. In ihm sind repräsentative Studien von Technikern und Sozialtheoretikern vereinigt, womit das integrative Moment der „neueren Technikphilosophie“ zum Ausdruck gebracht werden sollte. Die durch Vermeidung der Globaldeutung erreichbare „Nüchternheit“, die Ausarbeitung einer allgemeinen Techniktheorie und die Forderung nach vielseitiger empirischer Untersuchung der Technik waren Hauptargumente dieser zunächst für praktisch tätige und zugleich philosophisch interessierte Ingenieur-, Sozialwissenschaftler, Philosophen und Studenten verschiedener Fakultäten gehaltenen Vorlesungen. An diesen Adressatenkreis wurde auch appelliert, das Vertrauen auf die Technikentwicklung durch ein Programm ihrer verantwortungsvollen und fachgerechten Erforschung wieder herzustellen. Die „technikphilosophische“ Linie der Gruppe um Lenk hat sich in der BRD sehr schnell durchgesetzt. In einem vom VDI-Verlag veröffentlichten Sammelband, unter dessen acht Autoren fünf Vertreter technischer Berufe sind, heißt es schon in der Einleitung: „Die neuere Technikphilosophie zeigt, wie Technik **nur im ganzen Zusammenhang** (in ihrer Interdependenz) **mit sozialen, wirtschaftlichen und politischen Handlungssträngen verständlich wird** (Hervorhebung — I. H./J. R.) und so auch verständlich gemacht werden muß. Der Mensch braucht Technik und will Technik, um seinen angeborenen und durch Umweltverhältnisse verstärkten Mangel überhaupt auszuhalten und schließlich teilweise auszuschalten. Der Mensch schafft es immer wieder, mittels Technik sich Macht über die Natur, über die Umwelt und über seinesgleichen aufzubauen, sie zu vermehren und zu vervielfältigen. In der Arbeitstätigkeit des sozialen Lebens kommt den Technikberufen die Rolle und Funktion zu, das technische Potential in der Fülle und Breite seiner Möglichkeiten zu enwickeln. Geht das gut und mit brauchbaren Ergebnissen aus, dann braucht man darüber nicht zu reden. Das ist der Triumph der Technik als Bestätigung des Menschen. Das ist schon Lebensqualität oder ein goldener Weg dahin.“[19]

Um dieses Ziel zu erreichen, mußte man sich mit dem Erbe der traditionellen Metaphysik auseinandersetzen. S. Mosers Kritik an den früheren „Technikphilosophien“ verdient die Aufmerksamkeit auch der Marxisten. Auch er kritisierte treffend die verschiedenen „optimistischen“ wie „pessimistischen“ Varianten. Dabei geht er davon aus, daß sie hauptsächlich aus Grundvoreingenommenheiten genährt waren.[20]

Ausgehend davon stand man nun vor der Aufgabe, eine echte Zusammenarbeit von Vertretern verschiedenster Disziplinen herzustellen, sowie, um nicht in Metaphysik zu verfallen, Werthierarchien und -präferenzen für die Technikentwicklung herauszuarbeiten, die zwar universell, doch nicht ein für allemal festgelegt, wandlungsfähig sein sollten. Auch dieses Problem wollte man in

[19] F.-J. Schlösser/P. Teckentrup (Hrsg.), Technik zwischen Macht und Mangel, Düsseldorf 1978, S. 2.

[20] Vgl. S. Moser, Kritik der traditionellen Technikphilosophie, in: S. Moser/H. Lenk (Hrsg.), Techne — Technik — Technologie, Philosophische Perspektiven, a. a. O., S. 11—81. Der Kampf gegen die Methode der „Globaldeutungen“ führte bei anderen Autoren jedoch zur Ablehnung der marxistischen Analysen. Die Ambivalenz der Kritik dieser Art läßt sich hier gut erkennen.

Zusammenarbeit von Ingenieuren bzw. Technikwissenschaftlern und Philosophen lösen.

Zu Beginn der 70er Jahre begann — aufbauend auf Arbeiten der 60er Jahre ein Projektausschuß im Bereich „Mensch und Technik" der Hauptgruppe „Der Ingenieur in Beruf und Gesellschaft" des VDI sich verstärkt mit der Bewertung der Technik zu beschäftigen und deren ökologische, humane, soziale und wirtschaftliche Faktoren zu berücksichtigen. Das Material der Diskussionen in diesem Projektausschuß, aus dem der Bereich „Technikbewertung" hervorging, wurde im VDI-Verlag publiziert.

Die erste Diskussion behandelt Entstehung und Grundlagen der wertorientierten Handlungen in Rechtsprechung, Religion, Wissenschaft und Technik, wobei letztere akzentuiert wurde.[21] Die zweite Diskussion stellt Modelle und Verfahren zur Wertbestimmung und Entscheidungssteuerung und deren Anwendungsmöglichkeiten in Technik, Wirtschaft und Politik in den Mittelpunkt.[22] Hauptthema einer weiteren Diskussion war die Ausarbeitung einer Richtlinie zur Technikbewertung.[23]

Die Wertproblematik im uns interessierenden Bereich ist theoretisch am gründlichsten von H. Lenk durchdacht worden. Lenk, der unter den bürgerlichen Philosophen ständig für das praktische „Commitment" der Analysen plädiert, zeichnet hinsichtlich der Werttheorie ein recht negatives Bild. Wenn zwischen der Philosophie und der Welt eine Entfremdung bestehe, (man sollte besser sagen: zwischen den Bedürfnissen der Apologetik der bürgerlichen Welt und der von ihrem Boden entfremdeten „akademischen" Philosophie), so folgert Lenk daraus mit Recht, daß die bürgerliche Philosophie auch die Wertfragen nicht pragmatisch, praxisorientiert beantwortet, sondern sich in den „Elfenbeinturm der Seminarphilosophie" zurückgezogen hat. Damit ist die Frage berechtigt, woher in dieser Situation die Antwort zu erhoffen ist.[24] Lenk weist die Erwartung „neuer Wertprogramme" von Philosophen als „überzogen und utopisch" zurück und wendet sich konkret gegen Ozbekhans „neuen Grundwert der ‚planetarischen' Ethik als den „neuen Fundamentalwert aller künftigen Ethik"[25]. Lenk will dabei zwei Fliegen mit einer Klappe schlagen. Er sieht daß Philosophen der Welt keine Werte vorschreiben können. Zugleich greift er den Marcuseschen „Neomarxismus" an, den er als Marxismus versteht.

[21] Vgl. S. Moser/A. Huning (Hrsg.), Werte und Wertordnungen in Technik und Gesellschaft. Vorträge und Diskussionen, Düsseldorf 1975.

[22] Vgl. S. Moser/A. Huning (Hrsg.), Wertpräferenzen in Technik und Gesellschaft, Düsseldorf 1976.

[23] Vgl. G. Ropohl u. a., Maßstäbe der Technikbewertung. Vorträge und Diskussionen, Düsseldorf 1978.

[24] Vgl. H. Lenk, Werte und Handlungsanalysen. Zur praktischen Bedeutsamkeit werttheoretischer Modellansätze, in: S. Moser/A. Huning (Hrsg.), Werte und Wertordnungen in Technik und Gesellschaft, a. a. O., S. 134—135; H. Lenk, Zur Sozialphilosophie des Ingenieurs, in: Fridericiana. Zeitschrift der Universität Karlsruhe, 21/1977, S. 34—43; vgl. H. Lenk, Pragmatische Vernunft. Philosophie zwischen Wissenschaft und Praxis, Stuttgart 1979, S. 34—76.

[25] H. Lenk, Werte und Handlungsanalysen, in: S. Moser/A. Huning (Hrsg.), Werte und Wertordnungen in Technik und Gesellschaft, a. a. O., S. 129—130.

Lenk stellt global fest, die „überkommenen philosophischen Wertsysteme", zu denen er primär den Neukantismus rechnet, seien hinsichtlich der Wertgedanken mitnichten ausgeschöpft.[26] Wir sind der Meinung, daß die ihm als Ausgangspunkt dienenden Autoren (L. M. Loring, C. W. Morris, N. Rescher, H. Sachsse, H. Ozbekhan)[27] zwar neue Gedanken (im Rahmen einer liberalistischen Auffassung) aufwerfen, aber den reichen Fragekomplex der Wertproblematik nicht im entferntesten erschöpfen. Sie können nach Lenk nur eine Grundlage der modernen werttheoretischen Untersuchungen bilden und deren Reichweite ausmessen.

Lenk will gewissermaßen an diese liberalistische Einstellung anknüpfen und stellt fest: Unter den Bedingungen unserer Zeit sind die menschlichen Handlungen und ist deren Beurteilung stärker denn je zuvor an Bezugsgruppen gebunden. Hinsichtlich der Technik ist es erstmals notwendig geworden, die moralische Verantwortung in planetarischen und welthistorischen Maßstäben aufzuwerfen, wenngleich sich auch die „planetarische Ethik" H. Ozbekhans nicht aus neuen ethischen Werten aufbaut, wie Lenk zeigt. Diese neuen Dimensionen der Einschätzung der Technikentwicklung sind aus der explosionsartigen Erhöhung der technischen Handlungsfähigkeit zu erklären. Es handelt sich um Probleme, die am stärksten durch die Determinationsstrukturen der Gesellschaftsformationen beeinflußt sind. Sie dokumentieren für Lenk zusammen mit „dem" Problem der „expandierenden Bevölkerungsmassen" der Dritten Welt die „maßlos" gewachsene Verfügungsmacht „des Menschen" und die sich daraus ergebenden zahllosen Risiken. Auf dieser Grundlage gewinne die Natur (als ökologisches Ganzes) ethische Relevanz.[28]

Lenk versucht also mit seiner Konzeption die neu entstandene Situation zu fassen. Die explosionsartige Erhöhung der technischen Handlungsfähigkeit, das Zurückdrängen des Naturgegebenen macht uns unmittelbarer als je zuvor für unsere Mitmenschen auch in der fernen Zukunft verantwortlich. Das kollektive Moment wird bei Lenk auf das „Allgemeinmenschliche" beschränkt. Lenk geht hier trotz realer Problemstellungen am eigentlichen Problem vorbei, dessen Bewältigung eine Erfassung und Analyse der konkreten Klasseninteressen verlangt. Lenk nimmt die veränderte Verantwortungssituation ausschließlich im Spannungsfeld von abstrakt aufgefaßter technischer Entwicklung und dem „Allgemeinmenschlichen" zur Kenntnis. Er will offensichtlich einen gemeinsamen Nenner ausarbeiten. In seiner Utopie erscheint die „Einheit der Moral" in der Nahperspektive als „aposteriorische Angelegenheit der Entwicklung zur Weltgesellschaft"[29].

[26] Vgl. ebenda, S. 131. — Zur marxistischen Wertdiskussion vgl. M. Buhr/R. Steigerwald, Verzicht auf Fortschritt, Geschichte, Erkenntnis und Wahrheit. Zu den Grundtendenzen der gegenwärtigen bürgerlichen Philosophie, Berlin 1981; Autorenkollektiv, Wertauffassungen im Sozialismus, Berlin 1980.

[27] Vgl. Diskussion zu: H. Lenk, Werte und Handlungsanalysen, in: S. Moser/A. Huning (Hrsg.), Werte und Wertordnungen in Technik und Gesellschaft, a. a. O., S. 171—183.

[28] Vgl. H. Lenk, Werte und Handlungsanalysen, in: ebenda, S. 134. Ähnlich auch in anderen Arbeiten Lenks.

[29] Ebenda, S. 132.

Lenks Gedankengänge enthalten implizit überhaupt eine Konzeption, wonach jeder Wert im wesentlichen moralischer Natur ist. Dementsprechend muß für Lenk in der Entscheidungsfindung der Wert als das Ethische zur Geltung gebracht werden.[30] Dies alles scheint uns nicht einfach die Frage der Wertbestimmung aufzuwerfen, sondern vielmehr die einer ontologischen Fundierung der Werte, was keine Stärke dieser Wertkonzeption ist. Gesellschaftliche Werte sind Bedeutungsrelationen von Sachverhalten, Erkenntnissen oder Erfordernissen für den Menschen in einer konkret-historischen gesellschaftlichen Situation. Diese Bedeutungsrelationen umfassen das Nützliche, das Sittliche und das Schöne. Sie sind eine Einheit von Zustandscharakteristika und Zielen, d. h. von Erreichtem und Erforderlichem. Gesellschaftliche Werte — auch hinsichtlich Wissenschafts- und Technikentwicklung — ergeben sich aus den objektiven Gesetzen der Gesellschaft und aus den strategischen Programmen für die weitere Entwicklung.[31]

Lenk wendet sich gegen „absolute Werte“ und hebt hervor, daß Wert und Bewertung untrennbar sind von der bewertenden Gruppe oder Person. Dieser Gedanke würde, konsequent zu Ende gedacht, zu Normativen mit Klassencharakter führen, aber soweit geht Lenk natürlich nicht.

Wenn Lenk seine Wertkonzeption in einer allgemeinen Entscheidungstheorie ansiedelt, so steht er damit formal auf dem Boden der Realität.[32] Weitgehend offen bleibt eine andere, ebenfalls wesentliche Seite der Erscheinung: die sich hinter den Entscheidungen verbergende **Wert**präferenz ist gleichzeitig eine **Interessen**präferenz. Wenn man diesen Aspekt nicht einbezieht, muß man zu abstrakt-allgemeinen oder universell-menschlichen Normen und Werten kommen, mit denen der Interessenkonflikt praktisch ausgeschaltet ist, weil die Identität oder die Ähnlichkeit dominieren. So kommen dann bei Lenk Begriffe vor wie „Weltmoralsystem“, „Minimalnormen“ und „Minimalkanon von Werten“[33], die u. E. Zielvorstellungen einer fernen Zukunft sein können, sich jedoch nicht aus der Analyse unserer Gegenwart ergeben, will man darunter mehr als einen bloßen minimalen Nenner verstehen.

Wenn man — wie Lenk — von einer Variante der Industriegesellschafts-Theorie ausgeht, so werden auch die technischen Produkte nur systemneutral oder unter einem „universell-humanen“ Aspekt bewertet. Dabei wird angenommen, daß die Grundwerte ebenfalls systemneutral sind.[34] Lenk und seine Schule wollen offenbar nicht sehen, daß die Grundwerte historisch immer auch von einer Weltanschauung bestimmt werden.[35]

[30] Vgl. ebenda, S. 134—135.

[31] Vgl. H. Hörz, Wahrheit und Wert wissenschaftlicher Erkenntnis, in: W. Bahner/M. Buhr/H. Hörz/H. Horstmann/W. Neumann, Wissenschaftlichkeit — Objektivität — Parteilichkeit, Berlin 1981, S. 25ff.

[32] Vgl. H. Lenk, Werte und Handlungsanalysen, in: S. Moser/A. Huning (Hrsg.), Wert und Wertordnung in Technik und Gesellschaft, a. a. O., S. 140—143.

[33] Diskussion zu: H. Lenk, Werte und Handlungsanalysen, in: ebenda, S. 182.

[34] H. Lenk, Zu neueren Ansätzen der Technikphilosophie, in: S. Moser/H. Lenk (Hrsg.), Techne — Technik — Technologie. Philosophische Perspektiven, a. a. O., S. 228—231.

[35] Vgl. K. Bayertz/H. H. Holz (Hrsg.), Grundwerte — Diskussion. Der Streit um die geistigen Grundlagen der Demokratie, Köln 1978.

Wird nur mit system- und klassenneutralen Normativen operiert, so können lediglich abstrakt-allgemeine Kategorien beibehalten werden. Der Geltungsbereich dieser Kategorien in der Weltentwicklung dürfte sich in ferner Zukunft erweitern. Aber damit werden die zahlreichen konkreten, von den Interessen und der Weltanschauung abhängenden Normen und Wertbegriffe in überschaubarer Zukunft nicht zum Verschwinden gebracht. Es besteht bei Lenk die Gefahr, daß eine ideale, jedoch utopische Wertwelt aufgebaut wird, die er ja gerade kritisieren und zerstören wollte. Historisch und theoretisch ist die „kritische Wissenschaft der universell gültigen Werte" schon gescheitert, so etwa die Bestrebungen W. Windelbands oder der methodische Versuch E. Cassirers zur Einheit der Kulturphilosophie. Für die Gegenwart und die nahe Zukunft werden die Wert- und Interessenkonflikte charakteristischer sein als die Weltharmonie-Tendenzen. Dementsprechend muß die moderne Axiologie und innerhalb ihrer die Ethik auch für diese Konflikte eine theoretische Begründung geben, die das theoretische Fundament einer allgemeinen Entscheidungstheorie wäre.[36]

Lenk hält zu recht die Verbindung von Wert und Handlung, genauer: die Bezugnahme auf Werte bei Handlungsanalysen, für viel wichtiger als Wortklassifizierungen. Zur Unterscheidung der Funktion verwendet er die Begriffe des Handlungs- und Diskussionswertes. Unter Handlungswert versteht er, daß aus der erfolgten Handlung auf jene Werte rückgefolgert werden muß, aufgrund derer das Subjekt gehandelt hat. Auf diese Weise erhalten wir die Beschreibung, wonach der Wert nichts anderes ist als die Erklärung der Handlung (zum Beispiel hat der barmherzige Samariter der Bibel aus Nächstenliebe geholfen).[37]

Diese Ansichten wurden in der VDI-Diskussion kritisiert. Von F. Rapp wurde Lenk als Vertreter einer „Erfolgsethik" bezeichnet.[38] Wir halten Lenks Grundgedanken trotz der abstrakten Formulierung für bedenkenswert. Beziehen wir nämlich den zweckbezogenen Charakter der Handlung in die Wertsuche oder „Rücksuche" ein — ferner auch die alternative Natur der jeweiligen Handlungen — so läßt sich unschwer über den Wert oder die Wertlosigkeit einer Handlung entscheiden bzw. auf die der Handlung zugrunde liegende Wertwahl rückfolgern.

Die Handlung als Folge einer alternativen Wahl — und darin stimmen wir seinen Kritikern zu — spielt bei Lenk eine geringere Rolle als ihr zukommt, ist doch der Wert immer bezogen auf gegebene alternative Möglichkeiten und die Alternative Grundmerkmal der Praxis (d. h. jeder Handlung), ohne sie existiert weder individuelle noch Gruppenentscheidung.[39]

Die klassische deutsche Philosophie und die Gedankenwelt der Aufklärung sind im Marxismus-Leninismus lebendige Tradition. Was davon nicht bis in unsere

[36] Vgl. G. Lukács, Aufzeichnungen zur Ethik, II. Teil, in: Lukács-Archiv der Akademie der Wissenschaften, Budapest.

[37] Vgl. H. Lenk, Werte und Handlungsanalysen, in: S. Moser/A. Huning (Hrsg.), Werte und Wertordnungen in Technik und Gesellschaft, a. a. O., S. 145ff.

[38] Vgl. Diskussion zu: H. Lenk, Werte und Handlungsanalysen, in: ebenda, S. 175.

[39] Vgl. G. Lukács, Zur Ontologie des gesellschaftlichen Seins. Die ontologischen Grundprinzipien von Marx, Frankfurt/M. 1972, S. 78—91.

Tage progressiv weiterwirkt, das sind die hier ausgebauten Systeme und entsprechende, an ihr Zeitalter gebundene Theorien. Das gilt auch für die „Nützlichkeitstheorie".

Die Ethiker der Aufklärung versuchten u. a. das „Gemeinwohl" aus der Nützlichkeitstheorie abzuleiten und den Begriff des Nützlichen selbst aus der allgemeinen Natur zu verstehen. C.-A. Helvetius löste diese Aufgabe noch geistreich, J. Bentham jedoch vereinfacht und platt, da er die früheren revolutionären Maßstäbe durch den des englischen Spießbürgers ersetzte, d. h. die Nützlichkeit von dessen Interessen abhängig machte.

Bentham gelangte vom Eigentum, vom eigenen Interesse und vom Selbstnutz tatsächlich zum Begriff des Gemeinnutzes und des Gemeininteresses, aber nicht einfach von ungefähr: entweder „infolge einer prästabilierten Harmonie der Dinge, oder unter den Auspizien einer allpfiffigen Vorsehung".[40]

Lenk möchte das Nützlichkeitsprinzip aktualisieren. Es fragt sich jedoch, warum er ausgerechnet bei Bentham, dem Vulgarisator dieses Prinzips, und warum nicht bei dessen ursprünglichem Schöpfer, bei Helvetius, anknüpft. Dort fände er sicherlich fundiertere Argumente zu seiner durchaus würdigungswerten Forderung, daß die technische Intelligenz und die ökonomischen Leitungskräfte eine über ihr Fachgebiet hinausgehende Zusatzqualifikation erwerben sollen.[41] Bentham ist bereits der mehr oder weniger bewußte Apologet des entwickelten Kapitalismus, der trotz der erfahrenen Wirklichkeit versucht, diese divergierenden Tendenzen zu vereinigen.

Beim heutigen Entwicklungsstand der Produktivkräfte ist die spätkapitalistische Gesellschaft zu „gesamtgesellschaftlicher" Planung gezwungen. Eine aus dieser Situation mögliche werttheoretische, moralphilosophische Folgerung lautet: zu einer Synthese der divergierenden individuellen, privaten Interessen zu gelangen, aus der sich das gesamtgesellschaftliche Wohl ergibt. Das ist eher eine Farce der tatsächlichen Bestrebungen. Die wirkliche Bewegungsmöglichkeit zur Durchsetzung des „Gemeinwohles" ist die von fortschrittlichen Kräften erzwungene „Selbstbeschränkung" des Großkapitals. In dieser Situation an die Einsicht des Kapitalismus zu appellieren[42], ist für den Philosophen nicht angemessen, will er sich nicht als Apologet des Großkapitals betätigen.

Die Verantwortung der wirtschaftlichen Leitungskräfte steigt an — darin stimmen wir Lenk durchaus zu. Richtig ist auch, daß sie von echten moralischen Prinzipien geleitet sein sollen. Diese Prinzipien dürften aber schwerlich von Bentham ableitbar sein.

Wir haben am Beispiel Lenks zu zeigen versucht, wie Werte als Anforderung der Praxis der Technik gegenübergestellt wurden. Wenn sich Lenk und seine Gruppe schon mit der „Wertsphäre" beschäftigen und durch Betonung gewisser, mehr oder weniger utopischer Systeme und Prinzipien zu beweisen suchten, daß

[40] Vgl. K. Marx, Das Kapital. Erster Band, in: MEW, Bd. 23, Berlin 1962, S. 190; vgl. ebenda, S. 636f.

[41] Vgl. H. Lenk, Zur Gemeinwohlaufgabe und fachübergreifenden Qualifikation der industriellen Führungskräfte, in: Zeitschrift für Arbeitswissenschaft (Köln), 34/1980, S. 193—199.

[42] Vgl. ebenda, S. 195.

die bürgerliche Gesellschaft die Verantwortung und die Wertbezüge nicht vernachlässigt, so bot die Übertragung solcher Prinzipien in die Praxis der kapitalistischen Produktion zudem die Möglichkeit zum Ausbau eines Manipulationsmechanismus. „Dieses wertphilosophisch sich begründende Technikverständnis kann in ein offen profitorientiertes Bewertungsverfahren (technology assessment, Technikbewertung, Technikfolgenabschätzung) abgedrängt werden.“[43] In dieser Hinsicht ist es nicht uninteressant, wie das System des „TA“ von einzelnen bürgerlichen Autoren gewertet wird. Das sei nachstehend an einigen Beispielen verdeutlicht.

A. Huning charakterisierte z. B. 1972 die Einführung des „TA“ so, als gäbe es bei der Ausarbeitung des „TA“ lediglich institutionelle und forschungsmethodische Probleme. Er anerkennt: „Wachsendes kritisches Bewußtsein der Öffentlichkeit und bessere Einsicht in wechselweise systemimmanente und systemübergreifende Abhängigkeiten mußten sich fast zwangsläufig jenem Hauptmerkmal der Wertanalyse zuwenden, das das Kostenminimum als Ziel bestimmt. Sobald man über die unmittelbaren Kosten auch die Folgelasten in die Wertanalyse einbeziehen wollte, zeigte sich, daß neben den technischen und ökonomischen auch ökologische und gesellschaftspolitische Zielsetzungen einbezogen werden müssen.“[44] Die größte Schwierigkeit des „Technology Assessment“ liege darin, „daß auch Werte berücksichtigt werden müssen, die nicht ohne weiteres quantifizierbar sind und die daher nur unter Schwierigkeiten mit anderen Werten verglichen und im Vergleich beurteilt werden können . . . Methoden zu entwickeln, die solche nicht unmittelbar quantifizierbare Parameter möglichst exakt meßbar und damit in Assessments einfügbar machen, dürfte für die nächsten Jahre eine vordringliche Aufgabe sein.“[45]

Auch die „Gesellschaft für Verantwortung in der Wissenschaft“ hat sich bereits 1973 mit den Problemen des „TA“ beschäftigt. Der CDU-Bundestagsabgeordnete Chr. Lenzer konstatierte ein allgemeines Unbehagen gegenüber der Forschungs- und Technologiepolitik in der westlichen Welt.[46] Einige Autoren versuchen zu erklären, warum die Entwicklung eines eigenen „TA“ für die (kapitalistische) Großindustrie wichtig ist. Zur Beschränkung des Zusammenstoßens der gesellschaftlichen Interessen und Ziele der Unternehmen suchen sie nach einer Lösung von der Art „die Ziege soll sattwerden, und vom Kohl soll auch was bleiben“. Unter Auswertung US-amerikanischer Erfahrungen betonen sie, die Unternehmen seien geneigt, das Technology Assessment als „Technology Arrestment“ aufzufassen, welches „innovationshemmend“ wirkt. In ihrer Argumenta-

[43] H. H. Holz, Zur Kritik der bürgerlichen Technikphilosophie, in: Technik, Umwelt, Zukunft: eine marxistische Diskussion über Technologie-Entwicklung, Ökologie, Wachstumsgrenzen und die „Grünen“, a. a. O., S. 97.

[44] A. Huning, Wertanalyse in neuer Sicht. Technology Assessment — eine Methode zur Planung und Bewertung technischer Maßnahmen, in: VDI-Nachrichten (Düsseldorf), 49/1972, S. 24.

[45] Ebenda.

[46] Vgl. Chr. Lenzer, Die Probleme forschungspolitischer Planung und Entscheidung beim Deutschen Bundestag, in: H. Haas (Hrsg.), Technikfolgen — Abschätzung (Technology Assessment, TA, Bewertung technischer Entwicklungen), München—Wien 1975, S. 12.

tion unterstellen sie, Kapital habe Gemeinwohlfunktionen: „Seit ihrer Existenz hat die Industrie zweifelsohne viele wertvolle soziale Aufgaben erfüllt. Vielleicht wurde allerdings unter dem sogenannten kapitalistischen System dem reinen Gewinnstreben zuviel Bedeutung beigemessen. In den 70er Jahren gewinnt nun das Bewußtsein immer mehr an Bedeutung, daß Geldverdienen zwar für ein industrielles Unternehmen eine notwendige Aufgabe ist, jedoch mit gewissen Enschränkungen. Eine wesentliche Zielsetzung wird in Zukunft sein, vermehrt nützliche Leistungen für die Öffentlichkeit zu erbringen und bei industriellen Vorhaben schon von vornherein Rücksicht auf die Umwelt zu nehmen. Diese Auffassung spiegelt sich in vielen Veröffentlichungen und Schlagworten wider, wie z. B. die Industrie habe sich als ‚guter Bürger' zu verhalten."[47] Blum und Altenpohl schlagen vor, die Industrie soll der öffentlichen Meinung und der Gesetzgebung zuvorkommen und mit eigenem „TA" die Folgen einschätzen und vermeiden, wozu sie ohnehin gezwungen würde: „Es muß ... erkannt werden, daß ... ein Konflikt zwischen den sozialen Interessen und den Firmenzielen oftmals unvermeidbar ist. Rechtzeitig in der Industrie selbst durchgeführte Assessments können jedoch viel dazu beitragen, diesem Konflikt an Schärfe zu nehmen."[48] Einer der Autoren gelangt sogar bis zu dem Gedanken des „TA als Partizipationsprozeß". Er gibt zu, daß im „TA" unterschiedliche Interessen zusammenstoßen, und sucht eine Antwort auf die Frage, wie dieser Konflikt zu einem „transparenten", „partizipatorischen" und „argumentativen" Prozeß organisiert werden kann.[49] Die „Gesellschaft für Verantwortung in der Wissenschaft" trat mit dem Anspruch eines Vermittlers zwischen „öffentlicher Meinung" und „Industrie" auf. Sie erweckte den Anschein, als befasse sich eine Gruppe gelehrter Sachverständiger mit der gesellschaftlichen Kontrolle der Technikentwicklung.

Kuhlmanns bereits erwähntes Buch „Alptraum — Technik?" zeigt, wie ein Technikwissenschaftler, der über sein Fach hinauszublicken sucht und wohl über Verantwortungsbewußtsein, aber über ungenügende gesellschaftswissenschaftliche Kenntnisse verfügt, aus der Sicht eines der bürgerlichen Gesellschaft weitgehend verpflichteten Ingenieurs das untersuchte Problem der Herrschaft der Technik formuliert. Er fordert: „Es müssen Kriterien entwickelt und anerkannt werden, die geeignet sind, die Technik umfassender und objektiver als bisher zu bewerten. Das ist eine Voraussetzung dafür, um mit ihr in einem vernünftigen Verhältnis auch in Zukunft leben zu können. Wir dürfen nicht zulassen, daß uns die Technik emotional oder geistig entfremdet ... Weil wir in den nächsten Jahrzehnten noch mehr Technik in unserem Leben haben werden als gegenwärtig, muß auf der Grundlage einer richtigen Bewertung ihre Wertsteigerung im humanitären Sinne erreicht werden ... Das Buch richtet sich ... im besonderen Maße an die zuständigen Kräfte in Politik, Wirtschaft und Wissenschaft."[50]

[47] W. Blum/D. Altenpohl, Warum Technology Assessment in der Industrie? in: Technikfolgen — Abschätzung, a. a. O., S. 37.

[48] Ebenda, S. 42.

[49] Vgl. H. Paschen, Technology Assessment (TA) als partizipatorischer und argumentativer Prozeß, in: Technikfolgen — Abschätzung, a. a. O., S. 45—54.

[50] A. Kuhlmann, Alptraum Technik? Zur Bewertung der Technik unter humanitären und ökonomischen Gesichtspunkten, a. a. O., S. 5.

Kuhlmann fordert, über den vielbeschworenen Fachidioten hinauszugehen: „Über den Wert der Technik nachzudenken, ist heute mehr denn je eine der großen Verpflichtungen, denen man sich nicht entziehen darf." Weiter anerkennt er: „Bislang werden die Einführung und der Ausbau technischer Anlagen und Systeme in erster Linie vom Kriterium der wirtschaftlichen Rentabilität — meist für einzelne oder einzelne Gruppen (sic — I. H./J. R.) — bestimmt."[51] Kuhlmann will die Entscheidungen über die Technik so fundieren, daß diese nicht den momentanen politischen oder wirtschaftlichen Kräfteverhältnissen ausgeliefert sind. Er weist darauf hin, daß in den USA „Technology Assessment" zur Lösung der Probleme des in der Industriegesellschaft lebenden Menschen mit der Technik entwickelt wurde. Die bisherigen Erfahrungen mit TA zeigten, daß der Weg grundsätzlich richtig sei: Das Problem sei das gleiche, das schon bei anderen erkannt wurde: Vergrößerung der Exaktheit. Große Datenbänke und „umfassende Auswertungen" würden gebraucht. Über den Charakter des Attributs „umfassend" kann man sich aus folgendem Zitat ein Bild machen: „Die Entscheidungsinstanzen, besonders die staatlichen, müssen sich zwangsläufig nicht nur mit klaren Fakten wie Wirtschaftlichkeit, Arbeitsbeschaffung usw. auseinandersetzen, sondern auch mit Problemen wie Sozialprestige, Fortschrittsglaube, Mißtrauen und Ästhetik."[52]

All diese euphorischen Aussagen über „TA" sind inzwischen einer gewissen Skepsis gewichen. Es wird — auch seitens der Techniker und der Wirtschaft — für eine bescheidenere und flexiblere Zielsetzung und -erwartung für Technology Assessment plädiert. Hunings Auffassung hat sich z. B. gegenüber der zitierten von 1972 merklich gewandelt: „Die Forderung nach einer umfassenderen TA ist eine unmögliche und deshalb eine unsinnige Forderung. Hinter ihr steckt möglicherweise sogar eine Verschleierung der Ablehnung. Vielleicht hängt sie aber auch mit einem ganz bestimmten alten Wissenschaftsverständnis zusammen, das den umfassenden Anspruch mit dem Streben nach Absolutheit, Ewigkeit usw. verbindet. Ein bescheidenes, partielles Technology Assessment hingegen basiert auf einem etwas neuzeitlicheren Wissenschaftsverständnis, welches eher auf den Begriffen Wahrscheinlichkeit, Geschichtlichkeit, Praktikabilität aufbaut."[53]

Kuhlmann aber entwickelt eine Konzeption der „Attraktivität der Technik". Attraktivität, Sicherheit, Wirtschaftlichkeit, das sind ihm die drei Wunderparameter, deren Einhaltung die harmonische gemeinsame Entwicklung von Technik und Mensch gewährleisten. Weiter spricht er von der „Sozialbilanz der Wirtschaft". Die Erläuterung und Bewertung seiner Parameter ist ebenfalls in systematischer Hinsicht einfach. „Man hat erkannt, daß Unternehmensleistung nicht nur nach dem

[51] Ebenda, S. 9, 10.
[52] Ebenda, S. 11, 14.
[53] A. Huning in: J. von Kruedener/K. von Schubert (Hrsg.), Technikfolgen und sozialer Wandel. Zur praktischen Steuerbarkeit der Technik, Köln 1981, S. 79f.; vgl. H. Paschen/G. Bechmann/B. Wingert, Funktion und Leistungsfähigkeit des Technology Assessment (TA) im Rahmen der Technologiepolitik, in: Technikfolgen — Abschätzung, a. a. O., S. 57—79; K. Fränz, Humanismus und Technik. Variationen über ein altes Thema, Opladen 1978, S. 13, S. 36ff. (Rheinisch-Westfälische Akademie der Wissenschaften, Natur-, Ingenieur- und Wirtschaftswissenschaften, Vorträge N 274).

finanziellen Bilanzgewinn bewertet werden kann, sondern gleichwertig dazu als eine Verpflichtung gegenüber der Gesellschaft. Unabhängig von den sich daraus ergebenden ideologischen Diskussionen und bisher vergeblichen Versuchen, in der Wirtschafts- und Sozialwissenschaft eine Art ‚gesellschaftsbezogene Betriebswirtschaftstheorie' zu entwickeln, haben einige Unternehmen in den letzten Jahren versucht, sogenannte Sozialbilanzen als Ergänzung des herkömmlichen Geschäftsberichts mit der vorgeschriebenen Bilanz und Gewinn- und Verlustrechnung aufzustellen."[54] Für den offensichtlich im Zeichen des Gedankens der „großen allgemeinen Übereinstimmung" lebenden Kuhlmann sind die Motive für das Aufstellen derartiger Bilanzen „grundsätzlich gut und förderungswürdig. Die bisherigen Versuche in dieser Richtung zeigen, daß es trotz aller Schwierigkeiten gelingen kann, auch die gesellschaftliche Verantwortung der Unternehmen zu dokumentieren, ihre gesellschaftlichen Leistungen zu verdeutlichen und damit einen Dialog mit der Öffentlichkeit zu führen, der das Image des Unternehmers, der Firma und des gesamten Systems der freien Marktwirtschaft nur verbessern kann."[55]

Nach Kuhlmann ist das Großkapital der BRD im Bereich der humanitären Leistung nur noch gewisse weitere Verbesserungen schuldig, und auch das nur so lange, wie es Kraft zu deren Realisierung hat. Kuhlmann stützt sich mit seiner dilettantischen Offenheit auf ein unmittelbar als Apologetik verwendbares Gesellschaftsmodell: er wandelt die Doppelproblematik der Technikentwicklung — die Tatsache, daß Technik immer eine im Rahmen einer bestimmten gesellschaftlichen Formation entwickelte Produktivkraft ist — zu einem einzigen Problem um und faßt sie auf der Ebene der Produktivkraftentwicklung zusammen. „Die Probleme der Technik für den Menschen in der Industriegesellschaft" — das ist der Rahmen seiner Technikinterpretation. Seine Lösung der Probleme ist der Mythos der großen gemeinsamen Kraftanstrengung der Unternehmer unter Hinzuziehung von Experten.

Viele Gedanken Lenks, Ropohls u. a. über das Wechselverhältnis zwischen Wissenschaft und Technik zeigen eine grundlegende Wandlung in der Auffassung dieses Verhältnisses bei bürgerlichen Wissenschaftstheoretikern und „Technikphilosophen". War noch 1966 Agassis Auffassung, daß die Technik im Grunde genommen angewandte Wissenschaft sei, typisch[56], so sehen Mitte der 70er Jahre viele bürgerliche Wissenschaftstheoretiker: die technische Handlung wie die Technologie brauchen entsprechendes wissenschaftstheoretisches Verständnis.

Wir sind mit Lenks Feststellung einverstanden, daß die moderne Technik nicht nur die relevanten Ergebnisse der Wissenschaften, sondern auch deren experimen-

[54] A. Kuhlmann, Alptraum Technik? Zur Bewertung der Technik unter humanitären und ökonomischen Gesichtspunkten, a. a. O., S. 163.

[55] Ebenda, S. 165.

[56] Vgl. J. Agassi, The Confusion between Science and Technology in the Standard Philosophies of Sciences, in: Technology and Culture, Atlanta/Georgia, 3/1966, S. 348—366. Mario Bunges Arbeiten zur wissenschaftshistorischen Charakterisierung der Technologie waren damals hinsichtlich ihrer Aussage weitgehend ein Einzelfall. (Vgl. M. Bunge, Scientific Research II. The Search for Truth, Berlin(West) — Heidelberg — New York 1967).

telle Forschungsmethoden übernimmt und sie in umfassendere Systeme integriert.[57] Verwissenschaftlichung der Technik und Technisierung der Experimentalwissenschaften sind zwei sich einander bedingende Prozesse. Dennoch gibt es wichtige Gebiets-, Methoden-, Akzent- und Zielunterschiede. Man kann auch damit einverstanden sein, daß das Besondere in der Technik dadurch zustande kommt, daß sich hier ein spezieller Akt des Schaffens vollzieht, daß der Plan unreduzierbares Moment des technisch Verwirklichten ist. Zurecht leitet Lenk von dieser Tatsache ab, daß sie zu einer spezifischen Methodologie, zu einer spezifischen Wissenschaftstheorie der Technikwissenschaften führen muß. Er führt weiter aus, daß diese zukünftige Wissenschaftstheorie der Technik, wegen der gesellschaftlichen „Einbettung" der Technik, in eine Gesellschaftstheorie der Technik integriert werden soll.

Wichtige und neue Elemente einer „Technikphilosophie" äußern sich in den Arbeiten von G. Ropohl. Das gilt vor allem für den Gedanken der „technologischen Aufklärung" bzw. für die Systemtheorie der Technik, die Ausweitung der die Technik betreffenden wissenschaftstheoretischen Untersuchungen zur Systemtheorie. Auch Ropohls politisch-ideologisch-moralischer Standpunkt verdient aufgrund seiner Reflexion der „Technokratie-Debatte" entsprechende Würdigung. Ropohl wies Schelskys Konservatismus zurück. Schelsky vertritt für ihn „einen anthropologischen und geschichts-metaphysischen Determinismus . . ., der dem Menschen jede Möglichkeit bestreitet, Herr seiner zukünftigen Geschichte zu werden . . . Das Modell des technischen Staates steht und fällt mit der Frage, ob der Mensch in der Lage ist, die durch Wissenschaft und Technik produzierten Sachgesetzlichkeiten zu transzendieren, wünschbare Zukünfte zu antizipieren und die Perfektionierung der technischen Mittel und deren Effizienzmaximierung emanzipatorischen Zielen unterzuordnen."[58] Ropohl akzeptiert Habermas' Analyse, daß die Technikentwicklung die Pervertierung der Relation Zweck — Mittel zeigt, jedoch ohne Habermas' Kapitalismuskritik. Ropohl tritt auch im Namen eines „autonomen Menschen" auf, aber dieser Mensch ist sozial noch indifferenter als der von Habermas. Das Problem der mit der technischen Entwicklung nicht Schritt haltenden gesellschaftlichen Verantwortung wird zum Problem des Wissens über die Technik eingeengt. Zur „Beherrschung" der Technik sind nach Ropohl Aufklärung und eine systematische Theorie der Technik notwendig.[59]

Was versteht Ropohl unter „technologischer Aufklärung"? Aus dem komplexen Problem der gesellschaftlichen Kontrolle der technischen Entwicklung hebt er das Verhältnis Fachmann — Laie heraus. Wenn der einzelne das Verhältnis zur Technik nicht zu überblicken vermag, so schließe das die Möglichkeit der Teilnahme des einzelnen am gesellschaftlichen Entscheidungsprozeß von vorn-

[57] Vgl. H. Lenk, Pragmatische Vernunft. Philosophie zwischen Wissenschaft und Praxis, a. a. O., S. 135—153.

[58] G. Ropohl, Zur Technokratie-Diskussion in der Bundesrepublik Deutschland, in: Technokratie als Ideologie. Sozialphilosophische Beiträge zu einem politischen Dilemma, a. a. O., S. 73.

[59] Vgl. G. Ropohl, Gesellschaftliche Perspektiven und theoretische Voraussetzungen einer technologischen Aufklärung, in: ebenda, S. 223—234.

herein aus. Nach Ropohl hat der technische Fortschritt in unseren Tagen einen Knotenpunkt erreicht, an dem sich die Frage der gesellschaftlichen Verantwortung in erhöhtem Maße stellt. Zum Entstehen und Funktionieren einer zur Kontrolle der technischen Entwicklung fähigen demokratischen öffentlichen Meinung ist erforderlich, daß diese öffentliche Meinung eine „technologische Aufklärung" durchläuft. Ist Schelsky im Unrecht — so Ropohls Gedankengang — so muß genau gezeigt werden können, was das objektiv Gesetzmäßige und was das jeweilige Wertwahlmoment im gegebenen Zustand bzw. in der Entwicklungslinie der Technik ist. Die Schlußfolgerung ist demnach: es besteht Bedarf an einer umfassenden Gesellschaftstheorie der Technik und der technologischen Entwicklung.

Bei Ropohl erfährt der Gedanke der „technischen Aufklärung" eine unzulässige Erweiterung und Überhöhung, indem er zum entscheidenden Mittel verantwortungsbewußter Entwicklung der Technik wird. Dennoch finden sich bei Ropohl richtige Ansätze, die sich auf die Spezifik des für die „technologische Aufklärung" notwendigen Wissens beziehen. Er sieht z. B., daß das Ziel nur mit Hilfe eines generalisierenden und integrierenden Wissens, mit Hilfe einer allgemeinen Theorie der Technologie erreicht werden kann. Ropohl dringt sowohl auf die Ausarbeitung der zur Partizipation an der öffentlichen Meinung erforderlichen „technologischen Aufklärung" wie auch auf die Ausarbeitung der zur Entwicklung der Technik gehörenden allgemeinen technologischen Theorie. Dabei sei betont: die tatsächliche inhaltliche Ausarbeitung einer „allgemeinen Techniktheorie" ist weitgehend auch Frage der Weltanschauung.

Wir sind mit Ropohls gesellschaftsphilosophischer Konzeption, soweit sie überhaupt aus seinen Schriften abzulesen ist, nicht einverstanden, finden aber seine Bemühungen um eine mit der Systemmethode entwickelte Techniktheorie auch für den Marxismus bedenkenswert. Einige marxistische Autoren beurteilen Ropohls Systemüberlegungen offenbar kritischer.[60] Deshalb beschäftigen wir uns mit dieser Problematik etwas ausführlicher.

Ropohls systemtheoretisches Programm verspricht ein umfassendes Verständnis der Technik. Dazu muß man die Multidimensionalität und die innere Einheit der Technik begreifen. Es gilt, die Technik als Gesamtphänomen aufzufassen, um „vor lauter Bäumen auch den Wald zu sehen". Das methodische Werkzeug dazu ist für Ropohl die systematische Vorgehensweise. Als er aber seine Methode interpretierte, hat er selbst dazu beigetragen, daß seine Arbeitsweise von Marxisten u. E. mißverstanden wurde. Ropohl sieht im systemtheoretischen Denken eine neue Ebene der analytischen wissenschaftlichen Behandlungsweise entstehen, u. E. zurecht. Zugleich glaubt er jedoch, daß mit dieser Wendung auch

[60] Vgl. H. H. Holz, Zur Kritik der bürgerlichen Technik-Philosophie, in: Technik, Umwelt, Zukunft: eine marxistische Diskussion über Technologie-Entwicklung, Ökologie, Wachstumsgrenzen und die „Grünen", a. a. O., S. 95; G. Banse/S. Wollgast, Neue Aspekte der Technikphilosophie" in der BRD, in: DZfPh, 4/1979, S. 491; S. Wollgast/G. Banse, Philosophie und Technik. Zur Geschichte und Kritik, zu den Voraussetzungen und Funktionen bürgerlicher „Technikphilosophie", a. a. O., S. 222ff.; vgl. dagegen M. Leske, Zum Verhältnis von Systemdenken und Methode, in: DZfPh, 7/1981, S. 756.

die Dialektik endgültig überflüssig wird.[61] Hier liegt einer seiner entscheidenden Irrtümer. Die systemtheoretische Näherung wird von Ropohl ausgehend von einer Gegenüberstellung seiner methodischen Ideale „Atomismus und Holismus" vorgenommen. Dabei wendet er sich u. a. gegen Habermas' Totalitätsmystifikation. Habermas hatte in der sog. Positivismus-Diskussion formuliert: „Der Unterschied zwischen System und Totalität ... Kann unmittelbar nicht gezeigt werden, weil dieser Unterschied sich in der Sprache der formalen Logik auflösen, in der Sprache der Dialektik verschwindend eine Bewahrung durchlaufen würde."[62] Ropohl verweist mit recht darauf, daß ein derartiger Totalitätsbegriff **vorwissenschaftlichem** holistischem Denken angehört. Gleichzeitig charakterisiert er treffend die Dialektikfeindlichkeit K. R. Poppers. Popper kritisiert das holistische Prinzip, indem er es entweder als unerfüllbar oder als trivial hinzustellen sucht. Ropohl sieht durchaus richtig, daß Popper die Dialektik ausgehend von der „atomistischen" Methode kritisiert, dabei seinen Gegner ausschließlich in extremster Form faßt und das Ergebnis als Dialektik überhaupt „vernichtet". Für Ropohl ist hingegen Dialektik nicht der Totalitätsglaube der Frankfurter Schule, sondern lediglich eine Art heuristisches Hilfsmittel, das bei der Ausarbeitung begrifflich präziser Denkmethoden seine Existenzberechtigung notwendigerweise verliert: Die Systemtheorie sei „tatsächlich in der Lage, solche Ganzheitsprobleme zu entmystifizieren und zu präzisieren. An die Stelle monokausaler und eindimensionaler treten polykausale und mehrdimensionale Modelle; ... Doch so sehr der komplexe Zusammenhang der Ganzheiten akzentuiert wird, so wenig wird darüber die Mannigfaltigkeit der Teile aus dem Auge verloren ..." Ropohl sieht „im systemtheoretischen Denken die endlich fällige **Synthese zwischen atomistischem und holistischem Prinzip**"[63].

Offenbar glaubt Ropohl tatsächlich, das dialektische Denken durch die systemtheoretische Erörterung überflüssig zu machen. Wir betonen, daß er darin irrt. Wir halten es aber generell für wichtig, eine falsche Grundposition und richtige Teilerkenntnisse auseinanderzuhalten. Um das mehr zu verdeutlichen, müssen wir auf das Verhältnis von analytischem Denken und Dialektik, von atomistischem Paradigma und analytischem Denken eingehen.

Das systemtheoretische Denken ist u. E. die paradigmatische Überflügelung der herkömmlichen atomistisch-analytischen Denkweise, aber auf einer den dialektischen Widerspruch unmittelbar ausschließenden Ebene der formalen, analytischen Eindeutigkeit. Das systemtheoretische Denken ermöglicht die mathematische Behandlungsweise von bisher dafür unzugänglichen Problemen (nicht zufällig gehört zu den Momenten seiner Vorgeschichte der Aufschwung der Kybernetik, der Informationstheorie und der Untersuchung mathematischer Strukturen). Darin besteht sein Vorteil. Gleichzeitig ist das aber auch die Schranke des systemtheoretischen Denkens. Seine formale Eindeutigkeit setzt

[61] Vgl. G. Ropohl, Eine Systemtheorie der Technik. Zur Grundlegung der allgemeinen Technologie, München 1979, S. 92—96.

[62] J. Habermas, Analytische Wissenschaftstheorie und Dialektik, in: Th. W. Adorno (Hrsg.), Der Positivismusstreit in der deutschen Soziologie, Neuwied—Berlin(West) 1969, S. 159.

[63] G. Ropohl, Eine Systemtheorie der Technik. Zur Grundlegung der allgemeinen Technologie, a. a. O., S. 96.

voraus, daß die Erörterung unter fixierten Voraussetzungen verläuft, analytisch modelliert wird. In der jeweiligen Ableitung sind diese Voraussetzungen unveränderbar. In der Entwicklung der Wissenschaftsmethodologie ist es gerade eine wesentliche neue Aufgabe, das Verhältnis der Dialektik zur Systembetrachtung als dialektische Kritik der festgesetzten Voraussetzungen der gegenwärtigen Systemmethode auszuarbeiten. Dabei erweist sich, daß die Dialektik für die Systemtheorie unentbehrlich ist.

Wir wenden uns daher dagegen, daß jemand mit der Systemtheorie die „unscharfen" dialektischen Begriffe ersetzen zu können meint. Einspruch ist auch gegen eine falsche Ontologisierung des Systemdenkens zu erheben. Weiter ist dagegen einzuwenden, daß — da im gegebenen Systembezug das jeweilige Objekt gemäß einer „konkreten Perspektive" dem systemtheoretischen Denken unterzogen werden muß — manche mit einem Kunstgriff eben nur die gegebene „Perspektive" für das untersuchte System voraussetzen (man vgl. die Kritik Luhmanns am Marxismus). Trotz alledem sollte man jedoch u. E. auch nicht den Fehler begehen, das Systemdenken und die Dialektik einfach einander gegenüberzustellen und auf den Standpunkt Habermas' „zurückzurutschen". Für H. H. Holz gibt es Versuche, den „Mangel einer bloß analytischen, einer sich auf das ‚Teilsystem Technik' beschränkenden Technikdeutung . . . unter Umgehung marxistischer Ansätze mit den Mitteln der Systemtheorie zu bewältigen. Repräsentativ für diesen Neuansatz ist Günter Ropohl."[64] Nach Holz kann „die Systemtheorie ihre Herkunft aus dem großen Feld der analytischen Philosophie nicht verleugnen. Ihre Modellierungen bleiben deskriptiv (darin stimmen wir Holz zu — I. H./J. R.), sie verzichtet darauf, Fundierungsverhältnisse und genetische Gesetzlichkeiten anzugeben und vermag Symptome nicht an der Wurzel zu fassen, aus der sie entspringen. Wo also aus der Beschreibung der Systemmängel gesellschaftliche Handlungsziele abgeleitet werden, bleiben diese auf partielle Reformen, auf Optimierungen innerhalb des Systems beschränkt, so daß das systemtheoretische Verfahren letzten Endes konservierend wirken muß.[65] U. E. irren Holz und andere marxistische Autoren, wenn sie für den Systembegriff von vornherein politisch-ideologische Bedeutung, systemerhaltende Dynamik voraussetzen.

Ropohls Ansichten müssen auf gesellschaftsphilosophischer Ebene bekämpft werden. Wie ein großer Teil der bürgerlichen Autoren setzt er sich für die Ausarbeitung einer „allgemeinen Technologietheorie" ein und sucht diese als endgültiges gesellschaftstheoretisches Fundament darzustellen: es sei die Theorie der Technikentwicklung, die durch Ableitung der Herrschaft der in der Technik gegebenen Sachzwänge mittels abstrakter Wertprinzipien entstünde.

Die Entgegensetzung verschiedener bürgerlicher „Technikphilosophien" läßt sich nicht primär aus sich selbst erklären. Sie bringt einen Grundwiderspruch der bürgerlichen Gesellschaft zum Ausdruck. Es ist für die bürgerliche Ideologie generell charakteristisch, daß sie die objektiven Widersprüche ihrer Gesellschaft

[64] H. H. Holz, Zur Kritik der bürgerlichen Technikphilosophie, in: Technik, Umwelt, Zukunft: eine marxistische Diskussion über Technologie-Entwicklung, Ökologie, Wachstumsgrenzen und die „Grünen", a. a. O., S. 95.

[65] Vgl. ebenda, S. 96. Ähnlich urteilen G. Banse und S. Wollgast, vgl. Anm. 60.

mit einem „Ideenpluralismus" zu verdecken sucht. Bei U. Niederwemmer beispielsweise zeigt sich sehr anschaulich, wie die soziologischen Wurzeln unterschiedlicher, gegensätzlicher Ideologien, die objektiven Widersprüche der Gesellschaft kurzschlüssig und ausschließlich auf die Erscheinungsebene reduziert werden. Für ihn geht es um die „Mandarinen-Problematik", an welche Intelligenzschichten — wenigstens bis zu den 70er Jahren — die „optimistischen" und die „pessimistischen" Varianten der „Technikphilosophie" gebunden waren.[66] Der Kunstgriff seiner Methode besteht darin, die sich aus der Grundstruktur der Gesellschaft ergebenden Probleme soziologisch zu verbergen, und zwar dadurch, daß diese ausschließlich als Probleme der sich an der Oberfläche manifestierenden Trägerschichten, als Widerspruch zwischen diesen Schichten dargestellt werden.

Empirisch gesehen sind die Wurzeln des Gegensatzes von „Optimismus" und „Pessimismus" nach dieser Auffassung im Widerspruch der in der gesellschaftlichen Hierarchie eingenommenen Position zweier Schichten der Intelligenz lokalisiert. Die gegensätzlichen Technik-Rezeptionen drücken den Widerspruch zwischen den beiden Systemen der Legitimation und der Regulation aus. Nach Niederwemmer besteht in der bürgerlichen Gesellschaft eine Spannung zwischen der technischen Intelligenz und den Humanwissenschaftlern, zwischen der „Funktions-" und der „Wertelite". Während früher das Sozialprestige der Ingenieurarbeit geringer war als das der Humanintelligenz, hätten neuerdings beide in der Prestigehierarchie die Plätze getauscht. In dieser Sicht bedeute die technikpessimistische Ideologie das Abreagieren dieser Prestigekrise, die Verteidigung der verlorenen Position. (Die gleiche Argumentation findet sich z. B. auch bei H. Lübbe).[67]

Diese Auffassung negiert u. a., daß der sog. Technikoptimismus und -pessimismus tiefgreifende Wurzeln im kapitalistischen System haben. Zudem kann keine Rede davon sein, daß die Ingenieure heute ein höheres Sozialprestige in der bürgerlichen Welt besitzen. Publikationen im VDI-Verlag wenden sich im wachsenden Maße gegen Technikpessimismus und dagegen, daß die Schuld am Versagen der kapitalistischen, auf hocheffektiver Technik beruhenden Wirtschaft immer wieder den Ingenieuren zugeschoben wird: „Das geht so weit, daß die Ingenieure und Techniker letztlich allein verantwortlich gemacht werden für alles, was die ‚Superstruktur' Technik und die industrielle Gesellschaft an Lebens- und Umweltgefährdung im Laufe der vergangenen Jahrzehnte zusammengebracht hat. Sie seien die stets auf frischer Tat ertappten und zu ertappenden Bösewichter, damit auch die klar erkannten Sündenböcke."[68]

[66] Vgl. U. Niederwemmer, Programmatische Skizze für eine Sozialphilosophie der Technik, in: Techne — Technik — Technologie. Philosophische Perspektiven, a. a. O., S. 173—197.

[67] Vgl. H. Lübbe, Bemerkungen zur aktuellen Technokratie-Diskussion, in: Technokratie als Ideologie. Sozialphilosophische Beiträge zu einem politischen Dilemma, a. a. O., S. 94 bis 104.

[68] F.-J. Schlösser/P. Teckentrup (Hrsg.), Technik zwischen Macht und Mangel, a. a. O., S. 1—2.

In der Sicht der empirisch-funktionalistischen Soziologie dagegen verschwindet scheinbar die in der Klassenstruktur der Gesellschaft gegebene Grundstruktur und deren Widersprüchlichkeit. Es handelt sich danach nicht mehr um das widersprüchliche Verhältnis der bürgerlichen Gesellschaft zur Entwicklung der Technik bzw. der materiellen Produktivkräfte, sondern lediglich um in der Theorie maßlos hypostasierte Reibereien zwischen den Intelligenzschichten der bürgerlichen Gesellschaft. Der Konflikt der Wertsysteme drückt nicht die Widersprüchlichkeit der Grundstruktur aus, sondern einfach das gegensätzliche Verhältnis zweier empirisch gegebener Wertsysteme.

Wenn ein aus der Klassenstruktur folgender grundlegender Widerspruch nicht gesehen wird, dann kann es natürlich nur sinnlose Rebellion sein, wenn im Zusammenhang mit der „Krise der Technik" das kapitalistische System als Ganzes angegriffen wird. Wenn es sich lediglich um die widersprüchliche Entwicklung der sozialen Schichtung handelt, durch die bestimmte Intelligenzschichten einander gegenübergestellt werden, und die Humanwissenschaftler zwecks Wiedererwerb ihres Prestiges die Technik angreifen, so dürfte einem Reformvorschlag wie dem Niederwemmers, der der Umgestaltung humaner Bildung einen wichtigen Platz zuweist, eine große Zukunft beschieden sein.

Die Widersprüchlichkeit der Technik als gesellschaftlicher Erscheinung ermöglicht es, daß durch Verselbständigung einzelner Momente dieses Widerspruchs und deren Gegenüberstellung zu anderen Momenten sich einander als „Erzfeinde" verstehende bürgerliche Technikinterpretationen entstehen können. Als „absolute Gegensätze" schaffen sie ein Diskussionsmedium, das trotz der Leidenschaft der kleinbürgerlichen Antikapitalismuskritiken, in gewissem Maße sogar mit deren Hilfe **als Ganzes** die Stabilität des Systems gewährleistet, unabhängig von den Absichten einzelner kleinbürgerlicher Kritiker des Systems. Als „absoluter", d. h. als abstrakter Gegensatz der Anschauung, die die Probleme der Produktivkräfte als „Probleme der Technik" verschwinden läßt, kann sich die entgegengesetzte Auffassung, die das gesellschaftliche Verhältnis der Technik selbst in den Produktivkräften entdeckt, als schonungslose Kritik ausgeben. Letztere Auffassung entlarvt, ist aber dennoch systemstabilisierend, da sie zugleich vernebelt, und durch Geißeln der Produktivkräfte am wirklichen Problem vorbeigeht und fehlorientiert. Hier handelt es sich letztlich um das Nichtbegreifen von Platz und Stellung der Technikentwicklung. Diese Auffassung schafft immer die Möglichkeit, daß eine bürgerliche apologetische Kritik, die sich auf objektive, aus dem gegebenen Entwicklungsstand der Technik erwachsende Probleme beruft, auch die geleistete Gesellschaftskritik zurückweist. Gleichzeitig verschließt sich diese, die Technik als gesellschaftliches Verhältnis auffassende bürgerlich-„linke" Kritik den Weg dazu, einen aus den spezifischen Problemen der bürgerlichen Gesellschaftsformation herausführenden sozialistischen Weg zu finden. Im Gegenteil, in vielen Fällen sieht eine solche „linke" Kritik als mögliche innere Folge — da sie dem Marxismus eine objektivistische Technikauffassung (Fetischisierung der Produktivkräfte, Fetischisierung der Technik) zuschreibt — in der staatlich gelenkten Entwicklung der Produktivkräfte gerade den Gipfelpunkt der „Entfremdung".

Seit den 60er Jahren haben in der BRD auch einige ausländische kleinbürgerliche Technikkritiker eine bedeutende Wirkung ausgeübt. Die Arbeiten des in Wien geborenen, in Mexiko lebenden I. Illich oder des Amerikaners D. Dickson gehören zu den Erfolgsbüchern.[69] Wir möchten Illichs Konzeption kurz zusammengefaßt darlegen, um gewisse Schattierungen in der kleinbürgerlichen Gesellschaftskritik zu verdeutlichen.

Ausgangspunkt der Gesellschaftskritik Illichs ist die „industrielle Produktionsweise". Er untersucht, „wie eine zunehmende Abhängigkeit von massenproduzierten Gütern und Dienstleistungen allmählich die für ein **konviviales** (Hervorhebung — I. H./J. R.) Leben notwendigen Bedingungen zerstört"[70]. Nach Illich wirkt auf allen Gebieten des wirtschaftlichen Wachstums ein allgemeines Gesetz: „Sobald nämlich die industrielle Produktionsweise jenen Grad der Vorherrschaft erreicht, den ich als ‚radikales Monopol' bezeichne, werden unvermeidlich Gebrauchswerte zerstört . . . das industrielle Wachstum (führt) lediglich zur Modernisierung der Armut."[71]

Die industrielle Produktion selbst wende sich wegen ihrer Ausmaße notwendigerweise gegen die Produktion von Gebrauchswerten, da diese Ausmaße zur Zwischenschaltung des Marktes zwängen. Auf der Ebene der Abhängigkeit vom Markt trete in der Form eines frustrierenden Überflusses modernisierte Armut auf. Der Mensch werde zu einem passiven Verbraucher, er verliere die Fähigkeit zu autonomem, schöpferischem Handeln: dieser frustrierende Überfluß „beschränkt sie (die Verbraucher? — I. H./J. R.) aufs Überleben im Kreislauf der Marktbeziehungen"[72]. Die kulturell herausgebildeten Gebrauchswerte werden von Waren verdrängt, die durch Fachleute projektiert sind und die Autonomie völlig untergraben. „Massenproduktion", „Ware" stehe der menschlichen „Aktivität" gegenüber. Der „Verbraucher Mensch" sei überall auf der ganzen Welt gleichermaßen ausgeliefert: „Ob das Produkt von einem Unternehmer oder einem Apparatschick geliefert wird — das Resultat ist letztlich das gleiche: die Ohnmacht des Staatsbürgers — unsere spezifisch-moderne Form der Armut."[73]

Illich verkündet Gemeinplätze, unmittelbare Reflexionen und Halbwahrheiten. Er will das „autonome Subjekt" vor „der Planung" schützen. Während der Mensch der entwickelten bürgerlichen Gesellschaften tagtäglich sehen muß — wenn er sehen will —, wie seine „Verbrauchergewohnheiten" manipuliert werden, kann er beim Lesen von Illichs Buch zu der Folgerung kommen, daß hier von der auf Überverbrauch dimensionierten und massenproduzierenden Großindustrie, von der Verantwortung der ihr dienstbaren Experten die Rede ist, werden doch die Bedürfnisse des Individuums von „der Großindustrie" und von den „Experten" geplant und in Warenform herausgebildet. Sich aus dem Profitinteresse ergebende Deformationen, die so offensichtlich sind wie die Mode des Verbrauchs „moderner" Arzneimittel oder pornographischer Druckschriften, einer

19 Vgl. z. B. I. Illich, Fortschrittsmythen. Schöpferische Arbeitslosigkeit oder die Grenzen der Vermarktung — Energie und Gerechtigkeit — wider die Verschulung, Reinbek bei Hamburg 1978; D. Dickson, Alternative Technologie. Strategien der technischen Veränderung, 1. dtsch. Aufl., München 1978.

70 I. Illich, Fortschrittsmythen, a. a. O., S. 7.

71 Ebenda.

72 Ebenda, S. 8.

73 Ebenda, S. 9.

der größten Angriffe auf die Integrität des Individuums, werden damit auf eine Stufe gestellt mit der Tatsache, daß in den sozialistischen Ländern der noch bestehende Wohnungsmangel durch den Bau von Wohnsiedlungen in Paneelbauweise verringert und die dabei unvermeidliche Uniformität dieser Bauten in Kauf genommen wird.

Illich vermeint, die Problemlösung gefunden zu haben: er klärt die Beziehung „zwischen der Natur der Werkzeuge und der Auffassung von Gerechtigkeit"[74]. Dabei gibt er vor, erklärt zu haben, daß es moderne Arbeitsmittel gibt, die die Warenproduktion vergrößern, gleichzeitig aber auch die Schaffung von Gebrauchswerten gestatten. Illich geht nicht von der universellen Manipulation aus, die die menschliche Integrität mit Hilfe des auf der Massenproduktion basierenden Marktes zerstört. Er will mit Hilfe einer „konvivialen Politik" den geschichtlichen Prozeß umkehren. Damit will er die Wiederherstellung der „den Gebrauchswert herstellenden, radikalen Techniken" gewährleisten. Er hält es für zutreffend, daß „sich unter bestimmten Umständen in einer Technologie die Werte jener Gesellschaft, für die sie erfunden wurde, vergegenständlichen, und dies in einem Maße, daß diese Werte in jeder Gesellschaft, die jene Technologie anwendet, zur Herrschaft gelangen", trotzdem könne jedoch eine „richtig kontrollierte Technologie" geschaffen werden.[75] Illich wendet sich damit — indirekt — gegen die Konzeption des technologischen Determinismus, der die konservativen politischen Aussagen der Technokratiethese fundiert. „Ein moderner Mythos will uns glauben machen, daß das Ohnmachtsgefühl, mit dem die meisten Menschen heute leben, die Folge einer Technologie sei, die zwangsläufig gewaltige Systeme schaffe. Aber es ist nicht die Technologie, die die Systeme gewaltig aufbläht, die Werkzeuge mit immensen Kräften ausstattet, die Kommunikationskanäle zu Einbahnstraßen macht. Ganz im Gegenteil: richtig kontrolliert, könnte die Technologie jedem Menschen zur Fähigkeit verhelfen, seine Umwelt besser zu verstehen und sie mit eigenen Händen und aus eigener Kraft zu gestalten und ihm ein nie zuvor gekanntes Maß an wechselseitiger Kommunikation ermöglichen. Solche alternative Nutzung der Technologie wäre die fundamentale Alternative im Bildungswesen."[76]

Das Zitat läßt erkennen: Illich bestreitet nicht, daß hinter der Großtechnologie Entscheidungen stehen, die dem Profitinteresse entsprechen und sich den Anschein von „Sachzwang" geben. Allerdings erweitert er den „Sachzwangcharakter" der Großtechnologie im Sinne der Industriegesellschaftshypothese auch auf die sozialistische Gesellschaft. Die alternative Nutzung der Technik sieht er eindeutig in der Rückkehr zu den Handwerkzeugen.

Illich sucht in der Entwicklung der Technik den „richtigen Mittelweg", seiner Grenzwertthese entsprechend die Alternative zu einer Gesellschaft, die „bedrückend untertechnisiert" und „zerstörerisch überindustrialisiert" ist. Seine „Fahrrad-Ideologie" ist die Apotheose des idyllischen Glücks von nur marginal für den Markt produzierenden kleinen Gemeinwesen.

[74] Ebenda, S. 13.
[75] Vgl. ebenda.
[76] Ebenda, S. 132.

Gerade weil er von alltäglichen Platitüden lebt, kann Illich auf den von den Marktmanipulationen ermüdeten Kleinbürger und auch auf solche Schichten der Intelligenz wirken, die angesichts des immer mehr zum Verbraucher manipupulierten Menschen und seiner zerstörten Umwelt durch Wahl einer am Rande der kapitalistischen Produktion angesiedelten Lebensweise oder doch wenigstens in ihrem alltäglichen Leben durch Protest gegen manipulative „Verbrauchszwänge" antworten. Unbedingt kann man sagen, daß diese „Weigerung", so sehr sie auch romantisch, in mancher Hinsicht grundsätzlich reaktionär ist, dem hemmungslosen Treiben des Profitinteresses einige Kopfschmerzen bereitet. In der bürgerlichen Kritik gegen Illich fehlt nicht die Stimme der den Interessen des Großkapitals unmittelbar Dienstbaren. Von anderen bürgerlichen Wissenschaftlern wird die Gegnerschaft Illichs gegen die Technikentwicklung als grundsätzlich menschenfeindlich interpretiert, einfach aufgrund der unmittelbar einleuchtenden Tatsache, daß es ohne technische Entwicklung unmöglich ist, die immer dringlicher werdenden Sorgen der Menschheit zu lösen. Ropohl wiederum kritisiert Illich ausgehend von seinem liberalistischen Humanismus.[77]

Die Technikkritik-Bewegung hat viele Vertreter. Es ist unmöglich, sie alle in ihren gerechtfertigten Kritikelementen und verschiedenartigen vernebelnden Aspekten hier auch nur zu erwähnen. Wir können nur anhand einiger Beispiele den Linksradikalismus etwas näher charakterisieren.

So stellt sich der US-Amerikaner D. Dickson die Aufgabe, den Widerspruch zwischen der Legitimation der Technik und der Realität der neueren Technikentwicklung zu enthüllen. Er schreibt: „(ich) versuche zu zeigen, wie die gegenwärtigen Probleme mit der Technologie **aus ihrem Wesen hervorgehen** (Hervorhebung — I. H./J. R.) und in der Art ihrer Anwendung zum Ausdruck kommen", und fügt hinzu: „. . . wobei das Wesen hauptsächlich von gesellschaftlichen und politischen Faktoren bestimmt wird".[78] Mit seiner Fragestellung sucht Dickson in allen gesellschaftlichen Objektivationen die „Verdinglichung", die durch einen objektivistischen Schein versteckte Herrschaft zu enthüllen.

Seine Gedanken über eine „utopische Technologie" finden sich bei O. Ullrich in entwickelterer Form. Ullrichs Buch „Technik und Herrschaft" ist das interessanteste Dokumente der Technik- und Wissenschaftskritik des kleinbürgerlichen Radikalismus aus der zweiten Hälfte der 70er Jahre. Seine Bedeutung besteht nicht zuletzt darin, daß es eine ausführliche Analyse der früheren „linken" antitechnischen Auffassungen enthält. H. H. Holz sagt darüber in seinem bereits zitierten Referat: „Ullrichs soziologisch-politökonomische Untersuchung macht die strukturellen Gründe der bei der jüngeren Technikergeneration spürbaren Ver-

[77] Vgl. G. Ropohl, Ivan Illichs Attacke gegen die Technik. Kritik des technologischen Revisionismus — „Konviviale" und „nichtkonviviale" Werkzeuge — 1. Teil, in: VDI-Nachrichten (Düsseldorf), 51/1979, S. 21f.; G. Ropohl, Ivan Illichs Attacke gegen die Technik, Kritik des technologischen Revisionismus — Eine aufgeklärte Gesellschaft wird die moderne Technik bewältigen — 2. Teil, in: ebenda, 52/1979, S. 15.

[78] D. Dickson, Alternative Technologie. Strategien der technischen Veränderung, a. a. O., S. 7.

unsicherung deutlich, wenn seine eigene Lösung auf alternative Technologien geht, scheint dabei allerdings ein starker utopischer Einschlag unverkennbar."[79]

Ullrich gibt eine systematische Kritik der früheren Hauptvarianten. Seine Fragestellung widerspiegelt eine gewisse Erweiterung des Blickpunktes. Ullrich will nämlich feststellen, **inwieweit** die Technik Herrschaftsstrukturen formt. Er will vermitteln, in bürgerlich-„radikaler" Weise über die früheren Extreme hinausgehen. Nach seiner Ansicht ist die frühere Geschichte des Problems durch starre Gegnerschaft zweier Komponenten gekennzeichnet. Die Herrschaftsverhältnisse sollten entweder nur aus der Logik des „Kapitals" oder nur aus der Logik der Technik abgeleitet werden. Die Technikkritik habe früher entweder auf einer „kulturkritischen Gesamtschau" oder auf philosophischen Totalkategorien bzw. auf der Ableitung aus einem einzigen Prinzip basiert, sie sei soziologiefremd gewesen, habe eine „pauschalisierende Argumentation" geliefert. Diese Methodik machte nach Ullrich das Problem in seiner Gesamtheit diskreditierbar. Er verspricht eine differenzierte Wissenschafts- und Technikauffassung, die zeigen soll, daß sich die relativ selbständigen Determinanten zu einer Struktur vereinen, deren Gesamtwirkung Herrschaftscharakter erhält. Dieser Herrschaftsmechanismus hat als Ergebnis dann die blinde Ablauflogik des Gesamtprozesses. Der vergegenständlichte Prozeß gewährleistet auf diese Weise selbst die Stabilisierung. Mit seiner Analyse will Ullrich demnach vor allem nachweisen, daß die Determiniertheit der Technik durch eine sich aus vielen, relativ autonomen Momenten zusammensetzende Struktur entsteht. Ullrich will sowohl gegen den „Bürger" auftreten, der die Technik und die Wissenschaft als „interessenfreie Sachlogik" analysiert, wie auch gegen die Marxisten, die die Herrschaftsfolgen nur auf dem Gebiet der „Anwendung" sähen.

Ullrichs Ausgangspunkt ist demnach die Analyse des Problems der „Sachgesetzlichkeit". Es müsse untersucht werden, ob es sich dabei lediglich um einen ideologischen Reflex handelt, der nur entlarvt werden muß, oder ob ein echtes Moment existiert, auf das sich die Fehlinterpretation stützen kann. Ullrich stellt fest, daß in der Entwicklung des Sachzwang-Gedankens H. Schelsky ein zentraler Platz eingeräumt werden muß, der bei der Frage der Herrschaft das Problem der „Interessenbezogenheit" überhaupt eliminiert. Ullrich legt auch richtig dar, daß bei konservativen Denkern wie A. Gehlen und H. Freyer, dann auch bei Schelsky, die Betonung des Sachzwang-Charakters immer eindeutiger wird, daß sie aus der Angewiesenheit des Menschen auf die Technik Schicksal formen. Die Sachzwang-These hat bei Schelsky nicht mehr nur anthropologisch-sozialpsychologische, sondern bereits auch politisch-gesellschaftliche Aspekte. Ullrich sieht weiter richtig, daß Schelsky die Beschreibungen seiner auf ähnlichen Positionen basierenden Betriebssoziologen-Kollegen projiziert und verallgemeinert.

Seine Marcuse-Analyse leitet Ullrich folgendermaßen ein: „Trotz unterschiedlicher Ausgangspunkte und Begründungsweisen im Themenkomplex Technik und Herrschaft stimmen die bisher erwähnten Autoren ... in einem wichtigen Punkt überein: ob und in welcher Weise hinter der ‚Herrschaft der Technik' ... eine

[79] H. H. Holz, Zur Kritik der bürgerlichen Technikphilosophie, in: Technik, Umwelt, Zukunft: eine marxistische Diskussion über Technologie-Entwicklung, Ökologie, Wachstumsgrenzen und die „Grünen", a. a. O., S. 108.

personale, Gruppen- oder Klassenherrschaft ‚versteckt' ist, wird nicht erörtert, oder wie bei Schelsky, ausdrücklich verneint ... hinter der scheinbar sachlichen Abhängigkeit steht die personale Herrschaft profitorientierter Klassen, die nur nicht mehr allen deutlich in Erscheinung tritt. Die Behauptung von einer ‚Herrschaft der Technik' ist eine Schutzbehauptung für die wirklich Herrschenden, damit diese nicht entdeckt werden. Gehlen, Freyer und Schelsky sind Ideologen, die die wahren Herrschaftsverhältnisse der bürgerlich-kapitalistischen Produktionsweise verschleiern."[80] Die Kritik jedoch — behauptet Ullrich — akzeptierte gleichzeitig auch die These von der „Schuldfreiheit" oder „Neutralität" der Technik, d. h. die Technik ist lediglich ein für beliebige Ziele ableitbares Mittel. Gemäß der Folgerung dieser Auffassung ist „Herrschaft durch die Technik möglich, Herrschaft als Technik nicht, es sei denn Ideologie."

Unter den Kritikern der Sachzwang-These bildet H. Marcuse eine Ausnahme. Er hat nach Ullrich bereits in der formalen Logik die Eindimensionalität gesehen, die formale Logik mache die Begriffe zu Mitteln der Voraussicht und der Kontrolle. Abstraktion, Eingrenzung der Fragestellung auf ein enges Gebiet, Quantifizierung, Mathematisierung setzten die Voraussetzungen dafür, daß die Naturwissenschaft einen ungeahnten Lebensstandard möglich machte. Das ergibt sich nicht nur aus der Anwendung, sondern auch daraus, zitiert Ullrich Marcuse, daß „die allgemeine Richtung, in der (die Wissenschaft) angewandt wurde, der reinen Wissenschaft bereits innewohnte"[81].

Bekanntlich gab Marcuse aus neomarxistischer Sicht eine schlechte Naturwissenschafts-Rekonstruktion, die — obwohl er die „Eindimensionalität" und das Kontrollmoment richtig analysierte — dadurch, daß er nicht von der dialektisch-materialistischen Naturauffassung ausging, das naturwissenschaftliche, analytische Denken nur als Kontrollwissen auffassen konnte, es darauf reduzierte. Darüber hinaus glaubte Marcuse aus der Fähigkeit der Kontrolle unseres Verhältnisses zur Natur auch die gesellschaftliche Herrschaft und die Manipulation ableiten zu können. Deswegen kann ihm scheinen, daß „Wissenschaftlich-technische Rationalität und Manipulationen ... zu neuen Formen sozialer Kontrolle zusammengeschweißt"[82] wurden. Diesem Gedanken liegt eine individualistisch-bürgerliche Auffassung von der menschlichen Freiheit zugrunde.

Die sich im Zeichen eines „technologischen Apriori" entwickelnde Natur- und Gesellschaftswissenschaft gibt dann die Basis für Kontrolle und Herrschaft. So entwickelte sich durch die Vermittlung der Beherrschung der Natur auch die Beherrschung des Menschen durch den Menschen. So würde demnach die Herrschaft in Technologie übertragen. Genauer: obwohl der technische Verstand

80 O. Ullrich, Technik und Herrschaft. Vom Hand-werk zur verdinglichten Blockstruktur industrieller Produktion, Frankfurt/M. 1977, S. 41—42.

81 Ebenda, S. 44. — Vgl. H. Marcuse, Der eindimensionale Mensch, Neuwied—Berlin (West) 1967, S. 161.

82 Vgl. H. Marcuse, Der eindimensionale Mensch, a. a. O., S. 161; vgl. zu Marcuse aus marxistischer Sicht R. Steigerwald, Herbert Marcuses dritter Weg, Berlin 1969; vgl. R. Steigerwald, Bürgerliche Philosophie und Revisionismus im imperialistischen Deutschland, Berlin 1980, S. 179—183, 192ff., 235—242.

kein „Gehäuse der Hörigkeit" herstellt, so ist doch die Technik „jeweils ein geschichtlich-gesellschaftliches Projekt; in ihr ist projektiert, was eine Gesellschaft und die sie beherrschenden Interessen mit dem Menschen und mit den Dingen zu machen gedenken"[83].

Nach Ullrich können aus der Analyse Marcuses folgende Fragen gestellt werden: „Welche Strukturelemente bringt die kapitalistische Logik in die Technik ein, die nicht primär technisch sind und mit dem Verschwinden des Kapitalismus auch aus der Technik verschwinden würden? Welche Strukturelemente einer technologischen Rationalität wirken kapitalhomolog, werden aber nicht erkannt und mit der Technik in eine nichtkapitalistische Gesellschaft übernommen? Könnte so eine nichterkannte kapitalhomologe Struktur durch die ‚neutrale' Technik in nichtkapitalistische Gesellschaften eindringen?"[84]

Ullrich beschäftigt sich anschließend mit einer „genauen Analyse" von Technik, Wissenschaft und Kapital. Sein „neomarxistisches" Ziel ist die Weiterentwicklung einer Variante der Denkweise der „Frankfurter Schule". Die Kritik der politischen Ökonomie kann und muß innerhalb des Marxismus ergänzt werden, schreibt er. Das ist eine seiner großen „Entdeckungen", da die Entwicklungsdynamik und die Herrschaftsverhältnisse der modernen Industriegesellschaften nicht nur durch die Logik des Kapitals bestimmt werden. Bei Ullrich finden wir eine eigenartige neue Widersprüchlichkeit. Im Gegensatz zu seinem geistigen Meister Marcuse, der die Notwendigkeit der „Big Technology" wenigstens als Übergangsnotwendigkeit, als „Übergang zu einer menschlicheren Gesellschaft" akzeptiert, lehnt Ullrich die Technologie bereits in diesem Bezug ab. Gleichzeitig geht Ullrich, wenn er die Technik als Herrschaftsfaktor zu einer „strukturellen Affinität" abschwächt, einen Schritt in die Richtung, die zum rationellen Kern dieser fetischistischen Begriffsschöpfung führt. Um mit J. Schleifstein zu sprechen, hinterließen die kapitalistischen Bedingungen, unter denen Technik realisiert wurde, ihre Spuren auf der Technik, und die danach eigengesetzlich funktionierende Technik verbirgt diesen Zusammenhang.[85]

Für die 70er Jahre ist kennzeichnend, daß die Technikkritik langsam zu einer umfassenden Bewegung wird, die ihre eigenen politischen Formen sucht. Ullrich hat für die angelsächsische Leserschaft thesenartig einige grundlegende Sätze der Gegenbewegung formuliert.[86] Es ist hier nicht von Belang, daß es sich nicht

[83] Zit. nach O. Ullrich, Technik und Herrschaft, Vom Hand-werk zur verdinglichten Blockstruktur industrieller Produktion, a. a. O., S. 45. Vgl. H. Marcuse, Industrialisierung und Kapitalismus, in: Max Weber und die Soziologie heute, Verhandlungen des 15. Deutschen Soziologentages, Tübingen 1965, S. 179.

[84] Ebenda, S. 49.

[85] Vgl. J. Schleifstein, Marxistische Grundpositionen zur Entwicklung von Wissenschaft und Technik im Kapitalismus, in: Technik, Umwelt, Zukunft: eine marxistische Diskussion über Technologie-Entwicklung, Ökologie, Wachstumsgrenzen und die „Grünen", a. a. O., S. 64 bis 67.

[86] Vgl. O. Ullrich, Counter-movements and the Sciences. Theses Supporting Counter-movements to the „Scientisation of the World", in: Counter-movements in the Sciences. The Sociology of the Alternatives to Big Science, ed. by H. Novotny/H. Rose, Dordrecht—Boston—London 1979, S. 127—146 (Sociology of the Sciences. A Yearbook, ed. R. D. Whitley, Vol. III).

um Technik-, sondern um Wissenschaftskritik handelt. Den engen Zusammenhang dieser beiden Dinge drückt R. Nemitz treffend mit den Worten aus, daß diese Technikkritik „gewissermaßen als gegenständliche Seite“ der „Kritik der ‚instrumentellen Vernunft‘“ zu verstehen ist.[87] Heute sind die Gegenbewegungen nach Ullrich noch heterogen und es sei noch nicht abzusehen, inwieweit sie im Kapitalismus zu einer politischen Kraft würden. Es sei jedoch möglich, daß sie dazu werden, da die vom industriellen System verursachten Schäden unmittelbar wahrnehmbar geworden sind, die Jugend keine Perspektive hat und das kapitalistische System sich in einer Legitimationskrise befindet. Für Ullrich ist von entscheidender Bedeutung, daß sich die Angehörigen der Mittelklasse sensibilisieren. Nach seiner Meinung sind die Angehörigen der „Mittelklasse“ deshalb fähig, die Probleme zu erfassen, weil ihr Verbrauch auf einem hohen Niveau befriedigt wird, und weil sie gebildet sind. So wird die Mittelklasse zum Hort des wahren Verantwortungsbewußtseins. Sie erscheint als jene Schicht, die die humane Zukunft der Menschheit zu erkennen vermag. Zwecks Politisierung der Bewegungen seien die Gesellschaftswissenschaftler zu gewinnen, damit sie das wissenschaftliche Bewußtsein der Bewegung gestalten und vertreten. Das Haupthindernis dafür sei „ihr Glaube an die Grundlage des industriellen Systems, d. h. an die Wissenschafts- und Technikmetaphysik.“ Ullrich, der zuvor eine genauere Analyse des Kapitals versprochen hatte, bietet statt dessen die freie Erfindung an, daß die Folge der als Kontrollwissenschaft entwickelten Naturwissenschaft in der Industrie die „Ideologie des einzigen besten Weges“ sei.[88]

Da nun zwischen der Produktionsfähigkeit der wissenschaftlichen Technologie und ihrer Verantwortungsfähigkeit eine wachsende (und notwendige) Divergenz bestehe, da den Wissenschaftler isolierte Prozesse interessieren, er nicht das Ganze zu erfassen vermag, können wir die Verantwortung für die Weiterentwicklung der Technologie nicht tragen. Die „large scale“ Wissenschaft und Technologie, vom Menschen nicht gebraucht, wird zu seinem Gegner, weil wir sie nicht verantwortlich zu kontrollieren vermögen. Ullrich gelangt zu einer allgemeinen Industriekritik: die Unmenschlichkeit der Technikentwicklung ist die Folge der Arbeitsteilung, der wachsenden Größe der Unternehmen, des wachsenden Zentralisierungsgrades. Nach Ullrich wohnt der kapitalistischen Gesellschaft die Tendenz inne, diesen Prozeß weiterzuführen, aber in wirklich ausgesprochener Weise realisiere er sich nur im Sozialismus. Damit sind wir beim völlig reaktionären, an die Oberfläche gelangten Unterbewußtsein der scheinbar so radikal begonnenen Kapitalismuskritik angelangt. Der Sozialismus ist so nur eine Weiterführung des Kapitalismus, und die einzige mögliche Lösung ist die Utopie Illichs, die Entwicklung der Technik zu beschränken.[89]

[87] Vgl. R. Nemitz, Technik als Ideologie, in: Das Argument, Zeitschrift für Philosophie und Sozialwissenschaften (Berlin(West)—Karlsruhe) (19) 103/1977, S. 360.

[88] Vgl. O. Ullrich, Counter-movements and the Sciences, in: Counter-movements in the Sciences, a. a. O., S. 131; vgl. zur Einschätzung von O. Ullrichs Beitrag die Rezension von H.-H. Lanfermann in: Deutsche Literaturzeitung für Kritik der internationalen Wissenschaft, Berlin 5/1982, S. 384.

[89] Vgl. ebenda, S. 137ff.

Auch bei Ullrich müssen wir eine grundlegende Unwissenschaftlichkeit seiner Analysen feststellen. Dennoch sind auch die Berührungspunkte für eine mögliche Diskussion der Marxisten mit den Vertretern der alternativen Technologie zu finden. Es geht um Bündnispartner, und zweifellos sind die Auffassungen der Bündnispartner stets von den eigenen verschieden. Die prinzipielle Basis einer politischen Verbindung ist hier (wir folgen der Zusammenfassung H. Jungs[90]) dadurch gegeben, daß die Zurückweisung der bürgerlichen Gesellschaft als Gesellschaftsalternative die Erforschung der möglichen Alternativen der Technikentwicklung innerhalb der gegebenen gesellschaftlichen Formation nicht ausschließt. Gleichzeitig stößt die Ausarbeitung von Alternativen auf gesellschaftlich-politische Hindernisse, die letztlich auf dem Profitinteresse beruhen. Es handelt sich somit nicht um eine rein technische Frage.

Während der Gedanke der alternativen Technik als extreme Form falschen Bewußtseins zurückgewiesen, seine Unwissenschaftlichkeit dargelegt werden muß, sind auch aus dem falschen Bewußtsein, aus der fetischisierenden Denkweise jene echten Probleme herauszuschälen, die die Grundlage einer Diskussion bilden können. Sowohl bei denen, die die Probleme der Technik, die durch die ökonomische Formation bedingt sind, als innere Probleme der Technik aufzufassen suchen, als auch bei den Vertretern jener Konzeptionen, die die Probleme der Technikentwicklung nur als Problem der Gesellschaftsformation zu sehen vermögen. Gegenüber einem großen Teil der „Grünen" bedeutet dies, daß in jedem einzelnen Fall die wahre gesellschaftliche Determination des Problems der Technikentwicklung aufgezeigt werden kann, für den Fall der extremen Technikfeindlichkeit hingegen, daß die Kritik der „entfremdeten Technik" den Abschied vom Fortschritt bedeutet.

In den 70er Jahren machte der dem bürgerlichen Denken inhärente Technikfetischismus Veränderungen durch. In der von uns analysierten apologetischen Reformideologie wird die „Eigengesetzlichkeit" der Technik eindeutig zurückgewiesen. Eine moderne Variante äußert sich im Aufwerfen der gesellschaftlich-menschlichen Probleme des technischen Fortschritts und in der Suche nach deren Lösung in einem Gedankensystem, das auf abstrakter Anthropologie beruht und Wertentscheidungen bewußt macht. Eliminiert man den Begriff des konkreten gesellschaftlichen Systems aus der Analyse, so ist dieses Gedankensystem zum ideologischen Schutz der bürgerlichen Gesellschaft und einer gewissen prinzipiell-praktischen Fundierung eines bürgerlichen Reformstrebens geeignet. Gleichzeitig ist diese Richtung, da sie die Existenz der Wertprobleme anerkennt, mehr zur Konfrontation mit dem Marxismus gezwungen als ihre konservativen Vorgänger.

Auch der fetischistische Charakter der bürgerlich-radikalen Technikkritik hat sich geändert. Verglichen mit der klassischen Kulturkritik liegt hier die Betonung nicht mehr darauf, daß die sich auf die Entwicklung der „Zivilisation" konzentrierende Gesellschaft die „Kultur" aus den Augen verliert. Das Problem der Kritiker ist nicht der vorausgesetzte Gegensatz zwischen Kultur und Zivilisation, sondern daß eine Industrieentwicklung bestimmten Typs zur Verschärfung

[90] Vgl. H. Jung, Zur Eröffnung: Progressiver Standpunkt bedarf fundierter Kenntnisse, in: Technik, Umwelt, Zukunft: eine marxistische Diskussion über Technologie-Entwicklung, Ökologie, Wachstumsgrenzen und die „Grünen", a. a. O., S. 9—12.

der Ausbeutung der Arbeit — auch der geistigen Arbeit — und zur weiteren, verstärkten Umweltvernichtung führt. Es handelt sich nicht mehr um Betrachtungen über den „Technikdämon" und um Attitüdenwechsel, sondern mehr und mehr um einen wirklichen Austritt aus der bürgerlichen Gesellschaft. Da sich das Gewicht der Schichten, deren Realitätswahrnehmung im „Technikpessimismus" zum Ausdruck kommt, geändert hat, bzw. da sich die menschenfeindlichen Folgen der Technikentwicklung verschärften, handelt es sich nicht mehr um ein kontemplatives Verhältnis zur vorhandenen Realität, sondern um die Suche nach einer Alternative innerhalb des Kapitalismus oder dessen romantische Verneinung. Durch die in der kapitalistischen Gesellschaft verlaufende Technikentwicklung werden die unterschiedlichen kleinbürgerlichen Schichten immer mehr bedroht, und indem sie sich radikalisieren, werden sie auf ihre Weise zu Handelnden.

Für den Erfolg der marxistischen Kritik bürgerlicher philosophischer Auffassungen zur Technik ist es außerordentlich wichtig, daß wir die mehrfache Determiniertheit der Technik beachten. Wir müssen genau klären, welches die sich aus dem jeweiligen Entwicklungsstand der Technik als materielle Produktivkraft ergebenden gesellschaftlichen Probleme sind, die in jeder Gesellschaftsordnung auftreten, welche Probleme für das heutige Technikverhältnis der kapitalistischen Gesellschaft charakteristisch und welche Merkmale typisch für den wissenschaftlich-technischen Fortschritt im realen Sozialismus sind.

Personenregister

Autorenverzeichnis

Adelhoch, Bernd	Dr. phil., Sektion Marxismus-Leninismus der Technischen Hochschule Karl-Marx-Stadt
Banse, Gerhard	Dr. sc. phil., Zentralinstitut für Philosophie der Akademie der Wissenschaften der DDR zu Berlin
Hronszky, Imre	Dr. phil., Kandidat der phil. Wissenschaften, Institut für Marxismus-Leninismus der Technischen Universität Budapest
Kovács, Gizella	Prof. Dr. phil., Institut für Marxismus-Leninismus der elektrotechnischen Hochschule Budapest
Petzoldt, Helga	Dr. phil., Sektion Philosophie und Kulturwissenschaften der Technischen Universität Dresden
Rathmann, János	Doz. Dr. phil., Kandidat der phil. Wissenschaften, Institut für Marxismus-Leninismus der Technischen Universität Budapest
Rezsö, Margit	Doz. Dr. phil., Kandidat der phil. Wissenschaften, Institut für Marxismus-Leninismus der Technischen Universität Budapest
Wöhler, Hans-Ulrich	Dr. phil., Sektion Philosophie und Kulturwissenschaften der Technischen Universität Dresden
Woit, Ernst	Prof. Dr. phil. et sc. pol., Sektion Philosophie und Kulturwissenschaften der Technischen Universität Dresden
Wollgast, Siegfried	Prof. Dr. phil. habil., Sektion Philosophie und Kulturwissenschaften der Technischen Universität Dresden

Kolibri 360 GmbH
Ferdinand-Jühlke-Straße 7
99095 Erfurt, Deutschland
produktsicherheit@kolibri360.de